火电厂生产岗位技术问答

HUODIANCHANG SHENGCHAN GANGWEI JISHU WENDA

汽轮机检修

主　编　张文军
参　编　余　飞　郭　宁
张炳生

中国电力出版社
CHINA ELECTRIC POWER PRESS

内 容 提 要

为帮助广大火电机组运行、维护、管理技术人员了解、学习、掌握火电机组生产岗位的各项技能，加强机组运行管理工作，做好设备的运行维护和检修工作，特组织专家编写《火电厂生产岗位技术问答》系列丛书。

本套丛书采用问答形式编写，以岗位技能为主线，理论突出重点，实践注重技能。

本书为《汽轮机检修》分册，书中简明扼要地介绍了火电厂汽轮机基础知识及汽轮机检修岗位技能知识。主要内容有汽轮机岗位基础知识，汽轮机设备、结构及工作原理，检修岗位技能知识，故障分析与处理等。

本书可供从事火电厂检修工作的生产人员、技术人员和管理人员学习参考，以及为考试、现场考问等提供题库；也可供相关专业的大、中专学校的师生参考阅读。

图书在版编目(CIP)数据

汽轮机检修/《火电厂生产岗位技术问答》编委会编. —北京：中国电力出版社，2013.1（2020.9重印）

（火电厂生产岗位技术问答）

ISBN 978-7-5123-3269-0

Ⅰ. ①汽…　Ⅱ. ①火…　Ⅲ. ①火电厂-蒸汽透平-检修　Ⅳ. ①TM621.4

中国版本图书馆CIP数据核字(2012)第151626号

中国电力出版社出版、发行

(北京市东城区北京站西街19号　100005　http://www.cepp.sgcc.com.cn)

三河市航远印刷有限公司印刷

各地新华书店经售

*

2013年1月第一版　2020年9月北京第三次印刷

850毫米×1168毫米　32开本　13.625印张　440千字

印数5001—6500册　定价**41.00**元

《火电厂生产岗位技术问答》
编 委 会

前言

在电力工业快速持续发展的今天，积极发展清洁、高效的发电技术是国内外共同关注的问题，对于能源紧缺的我国更显得必要和迫切。在国家有关部、委积极支持和推动下，我国火电机组的国产化及高效大型火电机组的应用逐步提高。我国现代化、高参数、大容量火电机组正在不断投运和筹建，其发电技术对我国社会经济发展具有非常重要的意义。因此，提高发电效率、节约能源、减少污染，是新建火电机组、改造在运发电机组的头等大事。

根据火力发电厂生产岗位的实际要求和火电厂生产运行及检修规程规范以及开展培训的实际需求，特组织行业专家编写本套《火电厂生产岗位技术问答》丛书。本丛书共分11个分册，包括《汽轮机运行》、《汽轮机检修》、《锅炉运行》、《锅炉检修》、《电气运行》、《电气检修》、《化学运行》、《化学检修》、《集控运行》、《热工仪表及自动装置》和《燃料运行与检修》。

本丛书全面、系统地介绍了火力发电厂生产运行和检修各岗位遇到的各方面技术问题和解决技能。其编写目的是帮助广大火电机组运行、维护、管理技术人员了解、学习、掌握火电机组生产岗位的各项技能，加强机组运行管理工作，做好设备的运行维护和检修工作，从而更加有效地将这些知识运用到实际工作中。

本丛书主要讲述火电机组生产岗位的应知应会技能，重点从工作原理、结构、启动、正常运行、异常运行、运行中的监视与调整、机组停运、事故处理、检修、调试等方面以问答的形式表述；注重新设备、新技术，并将基本理论与成功的实用技术和实际经验结合，具有针对性、有效性和可操作性强的特点。

本书为《汽轮机检修》分册，由张文军主编，余飞、郭宁、张炳生参编。本书共分十四章，其中，第一章、第二章、第三章由余飞、郭宁编写；第四章、第九章由余飞编写；第五章、第十章由郭宁编写；第六章、第八章、第十一章由张炳生编写；第七章、第十二章由张文军编写；第十三章由张文军、郭宁、张炳生编写；第十四章由张文军、余飞、郭宁、张炳生编写。全书由余飞统稿。

本丛书可作为火电机组运行及检修人员的岗位技术培训教材，也可为火电机组运行人员制订运行规程、运行操作卡，检修人员制订检修计划及检修工艺卡提供有价值的参考，还可作为发电厂、电网及电力系统专业的大中专院校的教师和学生的教学参考书。

由于编写时间仓促，本丛书难免存在疏漏之处，恳请各位专家和读者提出宝贵意见，使之不断完善。

《火电厂生产岗位技术问答》编委会

2012年7月

目录

第一部分　岗位基础知识

第二部分 设备、结构及工作原理

第三部分 检修岗位技能知识

第十二章 汽轮机泵类设备检修岗位技能知识 …… 300

第四部分 故障分析与处理

第一部分

岗位基础知识

第一章　汽轮机基础知识

1-1　汽轮机工作的基本原理是什么？汽轮发电机组是如何发出电来的？

答：具有一定压力、温度的蒸汽，进入汽轮机，流过喷嘴并在喷嘴内膨胀获得很高的速度。高速流动的蒸汽流经汽轮机转子上的动叶片做功，当动叶片为反动式时，蒸汽在动叶中发生膨胀产生的反动力亦使动叶片做功，动叶带动汽轮机转子，按一定的速度均匀转动。这就是汽轮机最基本的工作原理。

从能量转换的角度讲，蒸汽的热能在喷嘴内转换为汽流动能，动叶片又将动能转换为机械能，反动式叶片，蒸汽在动叶膨胀部分，直接由热能转换成机械能。

汽轮机的转子与发电机转子是用联轴器连接起来的，汽轮机转子以一定速度转动时，发电机转子也跟着转动，由于电磁感应的作用，发电机定子绕组中产生电流，通过变电配电设备向用户供电。

1-2　汽轮机如何分类？

答：汽轮机按热力过程可分为：

(1) 凝汽式汽轮机（代号为N）。

(2) 一次调整抽汽式汽轮机（代号为C）。

(3) 二次调整抽汽式汽轮机（代号为C、C）。

(4) 背压式汽轮机（代号为B）。

按工作原理可分为：

(1) 冲动式汽轮机。

(2) 反动式汽轮机。

(3) 冲动反动联合式汽轮机。

按新蒸汽压力可分为：

(1) 低压汽轮机：新蒸汽压力为1.18～1.47MPa。

(2) 中压汽轮机：新蒸汽压力为1.96～3.92MPa。

(3) 高压汽轮机：新蒸汽压力为5.88～9.81MPa。

(4) 超高压汽轮机：新蒸汽压力为 11.77～13.75MPa。

(5) 亚临界压力汽轮机：新蒸汽压力为 15.69～17.65MPa。

(6) 超临界压力汽轮机：新蒸汽压力为 22.16MPa。

(7) 超超临界压力汽轮机：新蒸汽压力为 26.25MPa。

按蒸汽流动方向可分为：

(1) 轴流式汽轮机。

(2) 辐流式汽轮机。

1-3 汽轮机的型号如何表示？

答：汽轮机型号表示汽轮机基本特性，我国目前采用汉语拼音和数字表示汽轮机型号，其型号由三段组成：

× ××-×××/×××/×××-×

(第一段)(第二段) (第三段)

第一段表示形式及额定功率（MW），第二段表示蒸汽参数，第三段表示设计变型序号。

例 N100-90/535 型表示凝汽式 100MW 汽轮机，新蒸汽压力为 8.82MPa，新蒸汽温度为 535℃。

1-4 什么是冲动式汽轮机？

答：冲动式汽轮机指蒸汽主要在喷嘴中进行膨胀，在动叶片中蒸汽不再膨胀或膨胀很少，而主要是改变流动方向。现代冲动式汽轮机各级均具有一定的反动度，即蒸汽在动叶片中也发生很小一部分膨胀，从而使汽流得到一定的加速作用，但仍算作冲动式汽轮机。

1-5 什么是反动式汽轮机？

答：反动式汽轮机是指蒸汽在喷嘴和动叶中的膨胀程度基本相同。此时动叶片不仅受到由于汽流冲击而引起的作用力，而且受到因蒸汽在叶片中膨胀加速而引起的反作用力。由于动叶片进出口蒸汽存在较大压差，所以与冲动式汽轮机相比，反动式汽轮机轴向推力较大。因此一般都装平衡盘以平衡轴向推力。

1-6 什么是凝汽式汽轮机？

答：进入汽轮机做功后的蒸汽，除少量漏汽外，全部或大部分排入凝汽器凝结成水又返回锅炉的汽轮机，称为凝汽式汽轮机。蒸汽全部排入凝汽器的又称为纯凝汽器式汽轮机；采用回热加热系统，除部分抽汽外，大部分蒸汽排入凝汽器的汽轮机，称为凝汽式汽轮机。凝汽式汽轮机的排汽热量被冷却水带走，排汽热损失较大，经济性不高。

1-7 什么是背压式汽轮机?

答: 不用凝汽器，而将进入汽轮机做功后的蒸汽以高于大气压力排出，供工业或采暖使用的汽轮机，称做背压式汽轮机，即排汽压力（背压）高于大气压力的汽轮机。排汽用于供热的背压式汽轮机为供热式汽轮机的一种，应用很广；排汽用作其他汽轮机进汽的背压式汽轮机称为前置式汽轮机。

背压式汽轮机排汽压力高，通流部分的级数少，结构简单，同时不需要庞大的凝汽器和冷却水系统，机组轻小，造价低。当它的排汽用于供热时，热能可得到充分利用，但这时汽轮机的功率与供热所需蒸汽量直接相关，因此不可能同时满足热负荷和电（或动力）负荷变动的需要，这是背压式汽轮机用于供热时的局限性。发电用的背压式汽轮机通常都与凝汽式汽轮机或抽汽式汽轮机并列运行或并入电网，用其他汽轮机调整和平衡电负荷。对于驱动泵和通风机等机械的背压式汽轮机，则用其他汽源调整和平衡热负荷。发电用的背压式汽轮机装有调压器，根据背压变化控制进汽量，使进汽量适应生产流程中热负荷的需要，并使排汽压力控制在规定的范围内。

对于蒸汽参数低的电站汽轮机，有时可在老机组之前叠置一台高参数背压式汽轮机（即前置式汽轮机），以提高电站热效率，增大功率，但这时需要换用新锅炉和水泵等设备。

1-8 什么是调整抽汽式汽轮机?

答: 从汽轮机某一级中经调压器控制抽出大量已经做了部分功的一定压力范围的蒸汽，供给其他工厂及热用户使用，机组仍设有凝汽器，这种形式的机组称为调整抽汽式汽轮机。它一方面能使蒸汽中的含热量得到充分利用，同时因设有凝汽器，当用户用汽量减少时，仍能根据低压缸的容量保证汽轮机带一定电负荷。

1-9 什么是中间再热式汽轮机?

答: 中间再热式汽轮机就是蒸汽在汽轮机内做了一部分功后，从中间引出，通过锅炉的再热器提高温度（一般升高到机组额定温度），然后再回到汽轮机继续做功，最后排入凝汽器的汽轮机。

1-10 中间再热式汽轮机主要有什么优点?

答: 中间再热式汽轮机优点主要是提高机组的经济性。在同样的初参数下，再热机组比不再热机组的效率提高4%左右。其次是对防止大容量机组低压末级叶片水蚀特别有利，因为末级蒸汽湿度比不再热机组大大降低。

1-11 大功率机组在总体结构方面有哪些特点?

答: 大功率汽轮机由于采用了高参数蒸汽、中间再热以及低压缸分流等措施，汽缸的数目相应增加，这就带来了机组布置、级组分段、定位支持、热膨胀处理等许多新问题。

从总体结构上讲，大功率汽轮机有如下特点：

(1) 为了适应新蒸汽高压、高温的特点，蒸汽室与调速汽门从高压汽缸壳上分离出来，构成单独的进汽阀体，从而简化了高压缸的结构，保证了铸件质量，降低了由于运行温度不均而产生的热应力。国产300MW以上机组的高、中压调速汽门以及200MW汽轮机的高压缸调速汽门都采用这种结构形式。

(2) 高、中压级的布置采用两种方式。一种是高、中压级合并在一个汽缸内（如上海汽轮机厂 CZK300-16.7/0.4/538/538 型 300MW 机组）。另一种是高、中压级分缸的结构（如东方汽轮机厂 200MW 机组）。

(3) 大功率汽轮机各转子之间一般用刚性联轴器连接，由此带来机组定位和胀差过大的问题，必须设置合理的滑销系统。

(4) 大机组都装有胀差保护装置，一旦胀差超过极限时，便发出信号报警或紧急停机。

(5) 大机组大都不把轴承布置在汽缸上，而采用全部轴承座直接由基础支持的方法。

1-12 汽轮机本体主要由哪几个部分组成?

答: 汽轮机本体主要由以下几个部分组成：

(1) 转动部分：由主轴、叶轮、轴封和安装在叶轮上的动叶片及联轴器等组成。

(2) 固定部分：由喷嘴室汽缸、隔板、静叶片、汽封等组成。

(3) 控制部分：由调速系统、保护装置和油系统等组成。

1-13 什么叫汽轮机的余速损失?

答: 余速损失指蒸汽从动叶出口流出时尚有一定的速度，其动能不能再利用时所造成的损失称为余速损失。

1-14 什么是汽轮机的级?

答: 级是由一列喷嘴或隔板静叶栅和一列动叶栅组成的汽轮机的最基本单元。

1-15 从材料学的角度说明制造多级汽轮机的必要性是什么?

答: 随着蒸汽参数的提高，蒸汽总焓降增加，若仍为单级汽轮机，为保证在最佳速比附近工作，圆周速度就得随之升高，使转动部件直径加大，所受的离心力升高，但材料的许用应力是有限的，故单级汽轮机功率的提高受材料的限制，为得到大功率的原动机，只能采用多级汽轮机。

1-16　什么叫多级汽轮级的重热现象？

答：在多级汽轮机中，前一级的作功损失，可变为热能重又被蒸汽吸收，使后一级的进汽焓值提高，级的理想焓降增加，于是使各级单个的理想焓降之和，大于全机在总压降范围内的总的理想焓降值，这种现象称为多级汽轮机的重热现象。

1-17　湿蒸汽中微小水滴对汽轮机有何影响？

答：湿蒸汽中微小水滴不但消耗蒸汽的动能形成湿汽损失，还会因其速度比蒸汽速度低而冲蚀叶片进入背弧，使叶片受到水蚀损坏，威胁叶片的安全。

1-18　什么是汽轮机的机械损失？

答：汽轮机主轴转动时，克服轴承的摩擦阻力，以及带动主油泵、调速器等，都将消耗一部分有用功而造成损失，统称为机械损失。

1-19　什么是汽缸散热损失？

答：汽缸虽然敷设了保温层，但保温层表面温度仍高于环境温度，故而向周围低温空气散热，形成汽缸散热损失。

1-20　什么是汽轮机的变工况运行？

答：负荷、新蒸汽参数、真空等实际情况与设计工况不相符合时，叫汽轮机变工况运行。

1-21　什么是汽轮机的内功率？

答：当只考虑扣除汽轮机的各种内部损失，包括进汽节流损失、级内损失和排汽管压力损失后，汽轮机所发出的功率，叫汽轮机的内功率。

1-22　什么叫汽化？它分为哪两种形式？

答：物质由液态转变成汽态的过程叫汽化。

汽化有两种形式，即蒸发与沸腾。

1-23　什么叫凝结？水蒸气凝结有什么特点？

答：物质由汽态转变成液态的过程叫凝结。

一定压力下的水蒸气必须降低到一定的温度才能开始凝结成液体，这个温度就是该压力所对应的饱和温度。如果压力降低，则饱和温度也随之降低；压力升高，对应的饱和温度也升高。另外，在凝结温度下，从蒸汽中不断放出热量，使蒸汽不断地凝结成水并保持温度不变。

1-24 什么叫给水回热循环？

答：把在汽轮机中部分做过功的蒸汽抽出来，去加热给水的循环叫给水回热循环。

1-25 采用给水回热循环的意义是什么？

答：采用给水回热循环后，一方面从汽轮机中间抽出一部分蒸汽去加热给水，提高了锅炉给水温度，这样可使这部分抽汽不在凝汽器中凝结放热，即减少冷源损失；另一方面提高给水温度，使给水在锅炉中的吸热量减少。所以，在蒸汽初、终参数不变的情况下，采用给水回热循环比朗肯循环热效率高。

1-26 给水中含有氧气会产生什么影响？

答：给水中含有氧气会增大换热面的热阻，影响热交换的传热效果，氧气本身又能腐蚀管道等热力设备，使之泄漏，降低热力设备的可靠性及使用寿命。

1-27 什么叫中间再热循环？

答：把在高压缸内做了部分功的蒸汽再引入锅炉的再热器，重新进行加热，使蒸汽温度提高，再引入汽轮机中、低压缸进行做功，然后排入凝汽器，这样的循环就是中间再热循环。

1-28 采用中间再热循环的目的是什么？

答：采用中间再热循环的目的有两个：

（1）降低终湿度。由于大型机组初压的提高，使排汽湿度增加，对汽轮机的末几级叶片侵蚀增大。虽然提高初温可以降低终湿度，但提高初温度受金属材料耐温性能的限制，因此对终湿度改善较少；采用中间再热循环有利于终湿度的改善，使得终湿度降到允许的范围内，减轻湿蒸汽对叶片的冲蚀，提高低压部分的内效率。

（2）提高热效率。采用中间再热循环，正确的选择再热压力后，循环效率可以提高4%～5%。

1-29 什么叫换热？换热有哪几种基本形式？

答：换热指冷热两流体间所进行的热量传递，是一种属于传热过程的单元操作。

换热的基本形式有三种：

(1) 热传导。在同一物体中，热量从高温部分传至低温部分，或两个不同的固体彼此接触时，热量从高温部分传至低温部分的过程称为热传导。

(2) 对流换热。流体和固体表面接触时，相互之间的热传递过程称为对流换热。

(3) 辐射换热。指高温物质通过电磁波等把热量传递给低温物质的过程。这种热交换与热传导、对流换热有本质上的区别，它不仅产生能量转移，而且还伴有能量形式的转换，即由热能转变为辐射能，再由辐射能转变为热能。

1-30　造成汽轮机热冲击的原因有哪些？

答：汽轮机运行中产生热冲击主要有以下几种原因：

(1) 启动时蒸汽温度与金属温度不匹配。一般启动中要求启动参数与金属温度相匹配，并控制一定的温升速度，如果温度不相匹配，相差较大，则会产生较大的热冲击。

(2) 极热态启动时造成的热冲击。单元制机组极热态启动时，由于条件限制，往往是在蒸汽参数较低情况下冲转，这样在汽缸、转子上极易产生热冲击。

(3) 负荷大幅度变化造成的热冲击。额定满负荷工况运行的汽轮机甩去较大部分负荷，则通流部分的蒸汽温度下降较大，汽缸、转子受冷而产生较大热冲击。突然加负荷时，蒸汽温度升高，放热系数增加很大，短时间内蒸汽与金属间有大量热交换，产生的热冲击更大。

(4) 汽缸、轴封进水造成的热冲击。冷水进入汽缸、轴封体内，强烈的热交换造成很大的热冲击，往往引起金属部件变形。

1-31　蒸汽对汽轮机金属部件表面的热传递有哪些方式？

答：蒸汽对汽轮机金属表面的热传递方式有：

(1) 当金属温度低于蒸汽的饱和温度时，热量以凝结放热的方式对金属表面传热。

(2) 当金属温度等于或高于饱和温度时，热量以对流方式对金属表面传热。

1-32　汽轮机启、停和工况变化时，哪些部位热应力最大？

答：汽轮机启、停和工况变化时，最大热应力发生的部位通常是：高压缸的调节级处、再热机组中压缸的进汽区、高压转子在调节级前后的汽封处、中压转子的前汽封处等。

1-33 什么叫热疲劳？

答：金属零部件被反复加热和冷却时，其内部产生交变热应力，在此交变热应力反复作用下零部件遭到破坏的现象叫热疲劳。

1-34 什么叫蠕变？

答：金属材料长期在高温环境和一定应力作用下工作，逐渐产生塑性变形的过程叫蠕变。

1-35 什么叫应力松弛？

答：金属材料在高温和某一初始应力作用下，若维持总变形不变，随时间的延长，其应力逐渐降低，这种现象叫应力松弛。

1-36 什么叫热冲击？

答：金属材料受到急剧的加热或冷却时，在其内部产生很大的温差，从而产生很大的冲击热应力，这种现象称为热冲击。热冲击对金属的破坏性很大。

1-37 什么叫汽轮机积盐？

答：带有各种杂质的过热蒸汽进入汽轮机后，由于做了功，压力和温度便有所降低，而钠化合物和硅酸在蒸汽中的溶解度便随着压力的降低而减小。当其中某种物质的携带量大于它在蒸汽中的溶解度时，该物质就会以固态排出。沉积在蒸汽的通流部分。沉积的物质主要是盐类，这种现象常称汽轮机积盐。

1-38 对机器的旋转部分应有哪些防护措施？

答：机器的转动部分必须装有防护罩或其他防护设施（如栅栏）。露出的轴端必须盖有护盖，以防绞卷衣服。禁止在机器转动时，从靠背轮上取下防护罩或其他防护设施。

1-39 什么叫油的闪点、燃点、自燃点？

答：随着温度的升高，油的蒸发速度加快，油中的轻质馏分首先蒸发到空气中。当油气和空气的混合物与明火接触时，能够闪出火花，这种短暂的燃烧过程即为闪燃，而发生闪燃的最低温度就叫油的闪点。油被加热到温度超过闪点温度时，油蒸发出的油气和空气的混合物与明火接触时，立即燃烧并能持续5s以上，油发生这种燃烧的最低温度叫油的燃点。当油的温度逐渐升高到一定的温度时，没有遇到明火也会自动燃烧起来，这叫油的自燃点。

1-40 汽机房的防火重点部位有哪些？

答：汽机房的重点防火部位有汽轮机油系统、发电机氢气系统、汽轮机本体下部各高温管道、靠近汽轮机的电缆、控制室下部电缆及汽机房各辅助设备中间箱。

1-41 针对汽机房应有什么防火措施？

答：针对汽机房应有以下防火措施：

(1) 在一切重点防火部位应设有明显的“严禁吸烟”标示牌。

(2) 生产现场严禁存放易燃易爆物品，严禁存放超过规定数量的工作用油，需使用的油类应盛放在金属密闭的容器里。

(3) 在生产现场不得用汽油洗刷机件和设备，不得用汽油、煤油洗手，各类废油应倒入指定的容器内，严禁随意倾倒。

(4) 生产现场应配备有带盖的铁箱，以便放置擦拭材料，用过的擦拭材料应另放在废棉纱箱内，每天定期清除。

(5) 现场应配备足够的各种灭火器。

1-42 什么叫热工检测和热工测量仪表？

答：发电厂中，热力生产过程的各种热工参数（如压力、温度、流量、液位、振动等）的测量方法叫热工检测，用来测量热工参数的仪表叫热工测量仪表。

1-43 什么叫允许误差？什么叫精确度？

答：根据仪表的制造质量，在国家标准中规定了各种仪表的最大误差，称为允许误差。允许误差表示为

K＝仪表的最大允许绝对误差/（量程上限－量程下限）×100%

允许误差去掉百分量以后的绝对值（K 值）叫仪表的精确度，一般实用精确度的等级有：0.1、0.2、0.5、1.0、1.5、2.5、4.0 等。

1-44 温度测量仪表分哪几类？各有哪几种？

答：温度测量仪表按其测量方法可分为两大类：

(1) 接触式测温仪表。主要有：膨胀式温度计、热电阻温度计和热电偶温度计等。

(2) 非接触式测量仪表。主要有：光学高温计、全辐射式高温计和光电高温计等。

1-45 压力测量仪表分为哪几类？

答：压力测量仪表可分为滚柱式压力计、弹性式压力计和活塞式压力计等。

1-46 水位测量仪表有哪几种？

答：水位测量仪表主要有玻璃管水位计、差压型水位计、电极式水位计等。

1-47 流量测量仪表有哪几种？

答：根据测量原理，常用的流量测量仪表（即流量计）有差压式、速度式和容积式三种。火力发电厂中主要采用差压式流量计来测量蒸汽、水和空气的流量。

1-48 如何选择压力表的量程？

答：为防止仪表损坏，压力表所测压力的最大值一般不超过仪表测量上限的2/3；为保证测量的准确度，被测压力不得低于标尺上限的1/3。当被测压力波动较大时，应使压力变化范围处在标尺上限的1/3～1/2处。

1-49 什么叫双金属温度计？其测量原理怎样？

答：双金属温度计是用来测量气体、液体和蒸汽的较低温度的工业仪表。它具有良好的耐振性，安装方便，容易读数，没有汞害。

双金属温度计用绕成螺旋弹簧状的双金属片作为感温元件，将其放在保护管内，一端固定在保护管底部（固定端），另一端连接在一细轴上（自由端），自由端装有指针，当温度变化时，感温元件的自由端带动指针一起转动，指针在刻度盘上指示出相应的被测温度。

1-50 什么叫热电偶？

答：在两种不同金属导体焊成的闭合回路中，若两焊接端的温度不同时，就会产生热电势，这种由两种金属导体组成的回路就称为热电偶。

1-51 什么叫继电器？它有哪些分类？

答：继电器是一种能借助于电磁力或其他物理量的变化而自行切换的电器。它本身具有输入回路，是热工控制回路中用得较多的一种自动化元件。

根据输入信号不同，继电器可分为两大类：一类是非电量继电器，如压力继电器，温度继电器等，其输入信号是压力、温度等，输出的都是电量信号。一类是电量继电器，它输入、输出的都是电量信号。

1-52 电流是如何形成的？它的方向是如何规定的？

答：在金属导体中存在着大量电子，能自由运动的电子叫自由电子，金属中的电流就是自由电子朝一个方向运动所形成的。

电流是有一定方向的，规定正电荷运动的方向为电流方向。

1-53 什么是电路的功率和电能？它们之间有何关系？

答：电路的功率就是单位时间内电场所做的功。电能用来表示电场在一段时间内所做的功。它们之间的关系为

$$E = Pt$$

式中 P——功率，kW；

t——时间，h；

E——电能，kW·h。

注：1kW·h就是平常所说的1度电。

1-54 锅炉对给水有哪几点要求？

答：锅炉对水质的要求随着锅炉额定压力的提高而提高。给水品质还随电厂的性质而有差别。凝汽式发电厂比热电厂要求高，单段蒸发比分段蒸发要求高，直流锅炉比汽包锅炉要求高。对锅炉给水一般有如下要求：

(1) 锅炉给水必须是经化学处理的除盐水。

(2) 锅炉给水的压力和温度必须达到规定值。

(3) 锅炉给水品质标准要求：硬度、溶解氧、pH值、含油量、含二氧化碳、含盐量、联氨量、含铜量、含铁量必须合格，水质澄清。

1-55 汽缸的作用是什么？

答：汽缸是汽轮机的外壳。汽缸的作用主要是将汽轮机的通流部分（喷嘴、隔板、转子等）与大气隔开，保证蒸汽在汽轮机内完成做功过程。此外，它还支撑汽轮机的某些静止部件（隔板、喷嘴室、汽封套等），承受它们的重量，还要承受由于沿汽缸轴向、径向温度分布不均而产生的热应力。

1-56 汽轮机的汽缸可分为哪些种类？

答：汽轮机的汽缸一般制成水平对分式，即分上汽缸和下汽缸。

为合理利用钢材，中小型汽轮机汽缸常以一个或两个垂直结合面分为高压段、中压段和低压段。

大功率的汽轮机根据工作特点分别设置高压缸、中压缸和低压缸。

高压、高温采用双层汽缸结构后，汽缸分内缸和外缸。

汽轮机末级叶片以后将蒸汽排入凝汽器，这部分汽缸称排汽缸。

1-57 为什么汽缸通常制成上、下缸的形式?

答: 汽缸通常制成具有水平结合面的水平对分形式。上、下汽缸之间用法兰螺栓连在一起,法兰结合面要求平整,光洁度高,以保证上、下汽缸结合面严密不漏汽。汽缸分成上、下缸,主要是便于加工制造与安装、检修。

1-58 汽缸个数通常与汽轮机功率有什么关系?

答: 根据机组的功率不同,汽轮机汽缸有单缸和多缸之分。通常功率在100MW以下的机组采用单缸,300MW以下采用2～4个汽缸,600MW以下采用4～6个汽缸。

如国产100MW机组为单缸,125MW机组为双缸,200MW机组为3缸,300MW机组为3缸或4缸。

但随着金属材料及铸造工艺的发展,耐高温、高压的合金钢出现,机组设计中将高、中压缸合缸设计已非常普遍,一方面可以节省大量材料;另一方面机组体积及安装占地面积减少,有利于安装和运输;同时就整体操作与运行来说,相对简便。

1-59 按制造工艺分类,汽轮机汽缸有哪些不同形式?

答: 主要分铸造与焊接两种。

汽缸的高、中压段一般采用合金钢或碳钢铸造结构;低压段根据容量和结构要求采用铸造或简单铸件、型钢及钢板的焊接结构。

1-60 汽轮机的汽缸是如何支撑的?

答: 汽缸的支撑要求平稳并保证汽缸能自由膨胀而不改变它的中心位置。

汽缸都是支撑在基础台板(也叫座架、机座)上;基础台板又用地脚螺栓固定在汽轮机基础上。小型汽轮机用整块铸件做基础台板,大功率汽轮机的汽缸则支撑在若干块基础台板上。

汽轮机的高压缸通过水平法兰所伸出的猫爪(亦称搭爪)支撑在前轴承座上。它又分为上缸猫爪支撑和下缸猫爪支撑两种方式。

1-61 下缸猫爪支撑方式有什么优、缺点?

答: 中、低参数汽轮机的高压缸通常是利用下汽缸前端伸出的猫爪作为承力面,支撑在前轴承座上。这种支撑方式较简单,安装检修也较方便,但是由于承力面低于汽缸中心线(相差下缸猫爪的高度数值),当汽缸受热后,猫爪温度升高,汽缸中心线向上抬起,而此时支持在轴承上的转子中心线未变,结果将使转子与下汽缸的径向间隙减小,与上汽缸径向间隙增大。对高参数、大功率汽轮机来说，由于法兰很厚，温度很高，猫爪膨胀的影响是不能忽视的。

1-62 上缸猫爪支撑法的主要优点是什么？

答：上缸猫爪支撑方式亦称中分面（指汽缸中分面）支撑方式。主要的优点是由于以上缸猫爪为承力面，其承力面与汽缸中分面在同一水平面上，受热膨胀后，汽缸中心仍与转子中心保持一致。

当采用上缸猫爪支撑方式时，上缸猫爪也叫工作猫爪。下缸猫爪叫安装猫爪，只在安装时起支持作用，下面的安装垫铁在检修和安装时起作用，当安装完毕，安装猫爪不再承力。这时上缸猫爪支撑在工作垫铁上，承担汽缸质量。

1-63 大功率汽轮机的高、中压缸采用双层缸结构有什么优点？

答：大功率汽轮机的高、中压缸采用双层缸结构有如下优点：

（1）整个蒸汽压差由外缸和内缸分担，从而可减薄内、外缸缸壁及法兰的厚度。

（2）外层汽缸不致与高温蒸汽相接触，因而外缸可以采用较低级的钢材，节省优质钢材。

（3）双层缸结构的汽轮机在启动、停机时，汽缸的加热和冷却过程都可加快，因而缩短了启动和停机的时间。

1-64 高、中压汽缸采用双层缸结构后应注意什么问题？

答：高、中压汽缸采用双层缸结构有很大的优点，但也需注意一个问题。

国产200、300MW机组，在高压内、外缸之间由于隔热罩的不完善以及抽汽口布置不当，会造成外缸内壁温度升高到超过设计允许值，并且使内缸的外壁温度高到不允许的数值，这种情况应设法予以改善，否则有可能造成汽缸产生裂纹。125MW机组取消正常运行中夹层冷却蒸汽后，由于某些原因，也出现外缸内壁温度过高的现象。

1-65 大机组的低压缸有哪些特点？

答：大机组的低压缸有如下特点：

（1）低压缸的排汽容积流量较大，要求排汽缸尺寸庞大，故一般采用钢板焊接结构代替铸造结构。

（2）再热机组的低压缸进汽温度一般都超过230℃，与排汽温度差达200℃，因此也采用双层结构。通流部分在内缸中承受温度变化，低压内缸

用高强度铸铁铸造，而兼作排汽缸的整个低压外缸仍为焊接结构。庞大的排汽缸只承受排汽温度，温差变化小。

（3）为防止长时间空负荷运行，排汽温度过高而引起的排汽缸变形，在排汽缸内还装有喷水降温装置。

（4）为减少排汽损失，排汽缸设计成径向扩压结构。

1-66 什么叫排汽缸径向扩压结构？

答： 所谓径向扩压结构，实质上指整个低压外缸（汽轮机的排汽部分）两侧排汽部分用钢板连通。离开汽轮机的末级排汽由导流板引导径向、轴向扩压，以充分利用排汽余速。然后排入凝汽器。

采用径向扩压主要是充分利用排汽余速，降低排汽阻力。提高机组效率。

1-67 低压外缸的一般支撑方式是怎样的？

答： 低压汽缸（双层缸时的外缸），在运行中温度较低，金属膨胀不显著，因此低压外缸的支撑不采用高、中压汽缸的中分面支撑方式，而是把低压缸直接支撑在台板上。内缸两侧搁在外缸内侧的支撑面上，用螺栓固定在低压外缸上。内、外缸以键定位。外缸与轴承座仅在下汽缸设立垂直导向键（立销）。

1-68 排汽缸的作用是什么？

答： 排汽缸的作用是将汽轮机末级动叶排出的蒸汽导入凝汽器。

1-69 为什么排汽缸要装喷水降温装置？

答： 在汽轮机启动、空载及低负荷时，蒸汽流通量很小，不足以带走蒸汽与叶轮摩擦产生的热量，从而引起排汽温度升高，排汽缸温度也高。排汽温度过高会引起排汽缸较大的变形，破坏汽轮机动静部分中心线的一致性，严重时会引起机组振动或其他事故。所以，大功率机组都装有排汽缸喷水降温装置。

小功率机组没有喷水降温装置，应尽量避免长时间空负荷运行而引起排汽缸温度超限。

1-70 再热机组的排汽缸喷水装置是怎样设置的？

答： 喷水减温装置装在低压外缸内，喷水管沿末级叶片的叶根呈圆周形布置，喷水管上钻有两排喷水孔，将水喷向排汽缸内部空间，起降温作用。喷水管在排汽缸外面与凝结水管相连接，打开凝结水管上的阀门即进行喷水，关闭阀门则停止喷水。

1-71　为什么汽轮机有的采用单个排汽口，而有的采用几个排汽口？

答：大功率汽轮机的极限功率实质上受末级通流截面的限制，增大叶片高度能增大机组功率，但增大叶片高度又受材料强度和制造工艺水平的限制。如采用同样的叶片高度，将汽轮机由单排汽口改为双排汽口，极限功率可增大一倍。为增加汽轮机的极限功率，现在大功率汽轮机采用多个排汽口。如国产 125MW 汽轮机为双排汽口，200MW 汽轮机为 3 排汽口，300MW 为 4 排汽口（200、300MW 汽轮机末级采用长叶片后改为双排汽口）。

1-72　汽缸进汽部分布置有哪几种方式？

答：从调速汽门到调节级喷嘴这段区域叫做进汽部分，它包括蒸汽室和喷嘴室，是汽缸中承受压力、温度最高的区域。

一般中、低参数汽轮机进汽部分与汽缸浇铸成一体，或者将它们分别浇铸好后，用螺栓连接在一起。高参数汽轮机单层汽缸的进汽部分则是将汽缸、蒸汽室、喷嘴分别浇铸好后，焊接在一起。这种结构由于汽缸本身形状得到简化，而且蒸汽室、喷嘴室沿着汽缸四周对称布置，汽缸受热均匀，因而热应力较小。又因高温、高压蒸汽只作用在蒸汽室与喷嘴室上，汽缸接触的是调节级喷嘴出口后的汽流，因而汽缸可以选用比蒸汽室、喷嘴室低一级的材料。

1-73　为什么大功率高参数汽轮机的调速汽门与汽缸分离单独布置？

答：新汽压力在 9.0MPa、新汽温度在 535℃以下的中、小功率汽轮机，调速汽门均直接装在汽缸上。更高参数的大功率汽轮机，为减小热应力，使汽缸受热均匀及形状对称，这就要求喷嘴室沿圆周均匀分布，而且汽缸上下都要有进汽管和调速汽门。由于调速汽门布置在汽缸下部，会给机组布置、安装、检修带来困难，因此需要调速汽门与汽缸分离单独布置。

另外，大功率汽轮机新汽和再热汽进汽管道都为双路布置，需要两个主汽门。这样就可以把两个主汽门分置于汽缸两侧，并且分别和调速汽门合用一个壳体，每个主汽门控制两个或多个调速汽门。

1-74　双层缸结构的汽轮机，为什么要采用特殊的进汽短管？

答：对于采用双层缸结构的汽轮机，因为进入喷嘴室的进汽管要穿过外缸和内缸，才能和喷嘴室相连接，而内外缸之间在运行时具有相对膨胀，进汽管既不能同时固定在内、外缸上又不能让大量高温蒸汽外泄。因此采用了

一种双层结构的高压进汽短管，把高压进汽导管与喷嘴室连接起来。

1-75 高压进汽短管的结构是怎样的?

答: 国产125MW汽轮机和300MW汽轮机的高压进汽短管外层通过螺栓与外缸连接在一起，内层则套在喷嘴室的进汽管上，并有密封环加以密封。这样既保证了高压蒸汽的密封，又允许喷嘴室进汽管与双层套管之间的相对膨胀。

为遮挡进汽连接管的辐射热量，在双层套管的内外层之间还装有带螺旋圈的遮热衬套管，或称遮热筒。遮热衬套管上端的小管就是汽缸内层中冷却蒸汽流出或启动时加热蒸汽流入的通道。

1-76 隔板的结构有哪几种形式?

答: 隔板的具体结构是根据隔板的工作温度和作用在两侧的蒸汽压差来决定的，主要有以下三种形式:

(1) 焊接隔板。焊接隔板具有较高的强度和刚度，较好的气密性，加工较方便，被广泛用于中、高参数汽轮机的高、中压部分。

(2) 窄喷嘴焊接隔板。高参数大功率汽轮机的高压部分，每一级的蒸汽压差较大，其隔板做得很厚，而静叶高度很短，采用宽度较小的窄喷嘴焊接隔板，优点是喷嘴损失小。但有相当数量的导流筋存在，将增加汽流的阻力。国产125、300MW汽轮机都是采用的窄喷嘴焊接隔板。

(3) 铸造隔板。铸造隔板加工制造比较容易，成本低，但是静叶片的表面光洁度较差，使用温度也不能太高，一般应小于300℃，因此都用在汽轮机的低压部分。

1-77 什么叫喷嘴弧?

答: 采用喷嘴调节配汽方式的汽轮机第一级喷嘴，通常根据调速汽门的个数成组布置，这些成组布置的喷嘴称为喷嘴弧段，简称喷嘴弧。

1-78 喷嘴弧有哪几种结构形式?

答: 喷嘴弧结构形式如下:

(1) 中参数汽轮机上采用的由单个铣制的喷嘴叶片组装、焊接成的喷嘴弧。

(2) 高参数汽轮机采用的整体铣制焊接而成或精密浇铸而成的喷嘴弧。

如25MW汽轮机采用第一种喷嘴弧，125MW汽轮机采用后一种喷嘴弧。

1-79 汽轮机喷嘴、隔板、静叶的定义是什么？

答：喷嘴是由两个相邻静叶片构成的不动汽道，是一个把蒸汽的热能转变为动能的结构元件。装在汽轮机第一级前的喷嘴成若干组，每组由一个调速汽门控制。

隔板是汽轮机各级的间壁，用以固定静叶片。

静叶是指固定在隔板上静止不动的叶片。

1-80 什么叫调节级和压力级？

答：当汽轮机采用喷嘴调节时，第一级的进汽截面积随负荷的变化在相应变化，因此通常称喷嘴调节汽轮机的第一级为调节级。其他各级统称为非调节级或压力级。

压力级是以利用级组中合理分配的压力降或焓降为主的级，是单列冲动级或反动级。

1-81 什么叫双列速度级？

答：为了增大调节级的焓降，利用第一列动叶出口的余速，减小余速损失，使第一列动叶片出口汽流经固定在汽缸上的导叶改变流动方向后，进入第二列动叶片继续做功。这时把具有一列喷嘴和一级叶轮上有两列动叶片的级，称为双列速度级。

1-82 采用双列速度级有什么优、缺点？

答：采用速度级后可增大汽轮机调节级的焓降，减少压力级级数，节省耐高温的优质材料，但效率较低。

100MW 汽轮机的调节级采用双列速度级，125、200、300MW 汽轮机采用单列调节级。

1-83 高压、高温汽轮机为什么要设汽缸法兰螺栓加热装置？

答：高压、高温汽轮机的汽缸要承受很高的压力和温度，同时又要保证汽缸结合面有很好的严密性，所以汽缸的法兰必须做得又宽又厚。这样给汽轮机的启动就带来了一定的困难，即沿法兰的宽度产生较大温差。如温差过大，所产生的热应力将会使汽缸变形或产生裂纹。一般来说，汽缸比法兰容易加热，而螺栓的热量是靠法兰传给它的，因此螺栓加热更慢。对于双层汽缸的机组来说，外缸受热比内缸慢很多，外缸法兰受热更慢，由于法兰温度上升较慢，牵制了汽缸的热膨胀，引起转子与汽缸间过大的膨胀差，从而使汽轮机通流部分的动、静间隙消失，发生摩擦。

简单地说，为了适应快速启、停的需要，减小额外的热应力和减少汽缸

与法兰、法兰与螺栓及法兰宽度上的温差，有效地控制转子与汽缸的膨胀差，125、200、300MW 机组采用双层缸结构，内外汽缸除法兰螺栓有加热装置外，还设有汽缸夹层加热装置。

1-84　为什么汽轮机第一组喷嘴安装在喷嘴室，而不固定在隔板上？

答：第一级喷嘴安装在喷嘴室的目的是：

（1）将与最高参数的蒸汽相接触的部分尽可能限制在很小的范围内，使汽轮机的转子、汽缸等部件仅与第一级喷嘴后降温减压后的蒸汽相接触。这样可使转子、汽缸等部件采用低一级的耐高温材料。

（2）由于高压缸进汽端承受的蒸汽压力较新蒸汽压力低，故可在同一结构尺寸下，使该部分应力下降，或者保持同一应力水平，使汽缸壁厚度减薄。

（3）使汽缸结构简单匀称，提高汽缸对变工况的适应性。

（4）降低了高压缸进汽端轴封漏汽压差，为减小轴端漏汽损失和简化轴端汽封结构带来一定好处。

1-85　隔板套的作用是什么？采用隔板套有什么优点？

答：隔板套的作用是用来安装、固定隔板。

采用隔板套可使级间距离不受或少受汽缸上抽汽口的影响，从而使汽轮机轴向尺寸相对减小。此外，还可简化汽缸形状，又便于拆装，并允许隔板受热后能在径向自由膨胀，还为汽缸的通用化创造方便条件。

国产 100、125、200、300MW 机组的部分级组均采用隔板套结构。

1-86　什么是汽轮机的转子？转子的作用是什么？

答：汽轮机中所有转动部件的组合叫做转子。

转子的作用是承受蒸汽对所有工作叶片的回转力，并带动发电机转子、主油泵和调速器转动。

1-87　什么叫大功率汽轮机的转子蒸汽冷却？

答：汽轮机的转子蒸汽冷却是大功率机组为防止转子在高温、高转速状况下无蒸汽流过带走摩擦产生的热量，而使转子、汽缸温度过高，热应力过大而设置的结构。如再热机组热态用中压缸进汽启动时，达到一定转速，高压缸排汽止回门旁路自动打开，一部分蒸汽逆流经过汽缸由进汽口排至凝汽器，这样达到冷却转子、汽缸的目的。

1-88　为什么大功率汽轮机采用转子蒸汽冷却结构？

答：大功率汽轮机普遍采用整锻转子或焊接转子。随着转子整体直径的增大，离心应力和同一变工况速度下热应力增大了。在高温条件下受离心力作用而产生的金属蠕变速度以及脆变危险也增大了。因此，更有必要从结构上提高转子的热强度（特别是启动下的热强度）。

从结构上减小金属蠕变变形和降低启动工况下热应力的有效方法之一，就是在高温区段对转子进行蒸汽冷却。国外300～350MW以上的机组几乎都采用了转子蒸汽冷却结构。国产亚临界参数300MW再热机组的中压转子也采用了蒸汽冷却结构。

1-89　汽轮机转子一般有哪几种形式？

答：汽轮机转子有如下几种形式：

(1) 套装叶轮转子。叶轮套装在轴上，国产25MW汽轮机转子和100MW汽轮机低压转子都是这种形式。

(2) 整锻型转子。由一整体锻件制成，叶轮联轴器、推力盘和主轴构成一个整体。

(3) 焊接转子。由若干个实心轮盘和两个端轴拼焊而成。如125MW汽轮机低压转子为焊接式鼓型转子。

(4) 组合转子。高压部分为整锻式，低压部分为套装式。如100MW机组高压转子、200MW机组中压转子。

1-90　套装叶轮转子有哪些优、缺点？

答：套装叶轮转子的优点：加工方便，材料利用合理，叶轮和锻件质量易于保证。

缺点：不宜在高温条件下工作，快速启动适应性差，材料高温蠕变和过大的温差易使叶轮发生松动。

1-91　整锻转子有哪些优、缺点？

答：整锻转子的优点：避免了叶轮在高温下松动的问题，结构紧凑，强度、刚度高。

缺点：生产整锻转子需要大型锻压设备、锻件质量较难保证，而且加工要求高，贵重材料消耗量大。

1-92　组合转子有什么优点？

答：组合转子兼有整锻转子和套装叶轮转子的优点，广泛用于高参数中等容量的汽轮机上。

1-93　焊接转子有哪些优、缺点？

答： 焊接转子的优点：强度高，相对质量轻，结构紧凑，刚度大，而且能适应低压部分需要大直径的要求。

缺点：焊接转子对焊接工艺要求高，要求材料有良好的焊接性能。

随着冶金和焊接技术的不断发展，焊接转子的应用日益广泛。如 BBC 公司生产的 1300MW 双轴汽轮机的高、中、低压转子就全部采用焊接结构。

1-94　整锻转子中心孔起什么作用？

答： 整锻转子通常打有 $\phi100$ 的中心孔，其目的主要是为了便于检查锻件质量，同时也可以将锻件中心材质差的部分去掉，防止缺陷扩展，以保证转子的强度。

1-95　汽轮机主轴断裂和叶轮开裂的原因有哪些？

答： 主轴断裂和叶轮开裂的原因多数是材料及制造上的缺陷造成的，如材料内部有气孔、夹渣、裂纹、材料的冲击韧性值及塑性偏低，叶轮机械加工粗糙、键装配不当造成局部应力过大。另外，长期过大的交变应力及热应力作用易引起材料内部微观缺陷发展，造成疲劳裂纹，甚至断裂。

运行中，叶轮严重腐蚀和严重超速是引起主轴、叶轮设备事故的主要原因。

1-96　防止叶轮开裂和主轴断裂应采取哪些措施？

答： 防止叶轮开裂和主轴断裂应采取措施有以下几点：

(1) 首先应由制造厂对材料质量提出严格要求，加强质量检验工作。尤其应特别重视表面及内部的裂纹发生，加强设备监督。

(2) 运行中尽可能减少启停次数，严格控制升速和变负荷速度，以减少设备热疲劳和微观缺陷发展引起的裂纹，要严防超压、超温运行，特别是要防止严重超速。

1-97　叶轮的作用是什么？叶轮是由哪几部分组成的？

答： 叶轮的作用是用来装置叶片，并将汽流力在叶栅上产生的扭矩传递给主轴。

汽轮机叶轮一般由轮缘、轮面和轮毂三部分组成。

1-98　运行中的叶轮受到哪些作用力？

答： 叶轮工作时受力情况很复杂，除叶轮自身、叶片零件质量引起的巨大的离心力外，还有温差引起的热应力，动叶引起的切向力和轴向力，叶轮两边的蒸汽压差和叶片、叶轮振动时的交变应力。

1-99 在叶轮上开平衡孔的作用是什么？

答：在叶轮上开平衡孔是为了减小叶轮两侧蒸汽压差，减小转子产生过大的轴向力。但在调节级和反动度较大、负载很重的低压部分最末一、二级，一般不开平衡孔，以使叶轮强度不致削弱，并可减少漏汽损失。

1-100 为什么叶轮上的平衡孔为单数？

答：每个叶轮上开设单数个平衡孔，可避免在同一径向截面上设两个平衡孔，从而使叶轮截面强度不致过分削弱。通常开孔5个或7个平衡孔。

1-101 按轮面的断面型线不同，可把叶轮分成几种类型？

答：按轮面的断面型线不同，可把叶轮分为如下类型：

(1) 等厚度叶轮。叶轮轮面的断面厚度相等，用在圆周速度较低的级上。

(2) 锥形叶轮。叶轮轮面的断面厚度沿径向呈锥形，广泛用于套装式叶轮上。

(3) 双曲线叶轮。叶轮轮面的断面沿径向呈双曲线形，加工复杂，仅用在某些汽轮机的调节级上。

(4) 等强度叶轮。叶轮设有中心孔，强度最高，多用于盘式焊接转子或高速单级汽轮机上。

1-102 套装叶轮的固定方法有哪几种？

答：套装叶轮的固定方法有以下几种：

(1) 热套加键法。

(2) 热套加端面键法。

(3) 销钉轴套法。

(4) 叶轮轴向定位采用定位环法。

1-103 动叶片的作用是什么？

答：在冲动式汽轮机中，由喷嘴射出的汽流，给动叶片一冲动力，将蒸汽的动能转变成转子上的机械能。

在反动式汽轮机中，除从喷嘴出来的高速汽流冲动动叶片做功外，蒸汽在动叶片中也发生膨胀，使动叶出口蒸汽速度增加，对动叶片产生反动力，推动叶片旋转做功，将蒸汽热能转变为机械能。

由于两种机组的工作原理不同，其叶片的形状和结构也不一样。

1-104 叶片工作时受到哪几种作用力？

答：叶片在工作时受到的作用力主要有两种：一种是叶片本身质量和围带、拉筋质量所产生的离心力；另一种是汽流通过叶栅槽道时使叶片弯曲的作用力以及汽轮机启动、停机过程中，叶片中的温度差引起的热应力。

1-105 汽轮机叶片的结构是怎样的?

答: 叶片由叶形、叶根和叶顶三部分组成。叶形部分是叶片的工作部分，它构成汽流通道。按照叶形部分的横截面变化规律，可以把叶片分成等截面叶片和变截面叶片。

等截面叶片的截面积沿叶高是相同的，各截面的型线通常也一样。变截面叶片的截面积则沿叶高按一定规律变化，一般地说，叶形也沿叶高逐渐变化，即叶片绕各截面形心的连线发生扭转，所以通常叫做扭曲叶片。

叶根是叶片与轮缘相连接的部分，它的结构应保证在任何运行条件下叶片都能牢靠地固定在叶轮上，同时应力求制造简单，装配方便。

叶形以上的部分叫叶顶。随叶片成组方式不同，叶顶结构也各异。采用铆接与焊接围带时，叶顶做成凸出部分（端钉）。采用弹性拱形围带时，叶顶必须做成与弹性拱形片相配合的铆接部分。当叶片用拉筋联成组或作为自由叶片时，叶顶通常削薄，以减轻叶片重量并防止运行中与汽缸相碰时损坏叶片。

1-106 汽轮机叶片的叶根有哪些形式?

答: 叶根的形式较多，有以下 6 种：

(1) T 形叶根。

(2) 外包凸肩 T 形叶根。

(3) 菌形叶根。

(4) 双 T 形叶根。

(5) 叉形叶根。

(6) 枞树形叶根。

1-107 装在动叶片上的围带和拉筋起什么作用?

答: 动叶顶部装围带（也称覆环）和动叶中部串拉筋，都是为了使叶片之间连接成组，增强叶片的刚性，调整叶片的自振频率，改善振动情况。另外，围带还有防止漏汽的作用。

1-108 汽轮机高压段为什么采用等截面叶片?

答: 一般在汽轮机高压段，蒸汽容积流量相对较小，叶片短，叶高比 d/h（d 为叶片平均直径，h 为叶片高度）较大，沿整个叶高的圆周速度及汽流参数差别相对较小。此时依靠改变不同叶高处的断面型线，不能显著地提高叶片工作效率，所以多将叶身断面型线沿叶高做成相同的，即做成等截面叶片。这样做虽使效率略受影响，但加工方便，制造成本低，而强度也可得到保证，有利于实现部分级叶片的通用化。

1-109　为什么汽轮机有的级段要采用扭曲叶片？

答：大机组为增大功率，往往叶片做得很长。随着叶片高度的增加，当叶高比具有较小值（一般为小于10）时，不同叶高处圆周速度与汽流参数的差异已不容忽视。此时叶身断面型线必须沿叶高相应变化，使叶片扭曲变形，以适应汽流参数沿叶高的变化规律，减小流动损失；同时，从强度方面考虑，为改善离心力所引起的拉应力沿叶高的分布，叶身断面面积也应由根部到顶部逐渐减小。

1-110　多级凝汽式汽轮机最末几级为什么要采用去湿装置？

答：多级凝汽式汽轮机的最末几级蒸汽温度很低，一般均在湿蒸汽区工作。湿蒸汽中的微小水滴不但消耗蒸汽的动能形成湿汽损失，还将冲蚀叶片，威胁叶片安全。因此必须采取去湿措施，以保证凝汽式汽轮机膨胀终了的允许湿度。大功率机组采用中间再热，对减少低压级叶片湿度具有显著的效果。当末级湿度达不到要求时，应加装去湿装置和提高叶片的抗冲蚀能力。

1-111　汽轮机末级排汽的湿度一般允许值为多少？

答：一般规定汽轮机末级排汽的湿度不超过10%～12%。中间再热机组的排汽湿度一般为5%～8%。

1-112　汽轮机去湿装置有哪几种？

答：去湿装置根据它所安装的位置有级前和动叶片前两种。它是利用水珠受离心力作用而被抛向通流部分外圆的原理工作的。一般将水滴甩进到去湿装置的槽中，然后引入凝汽器。另外还采用具有吸水缝的空心静叶，利用凝汽器内很低的压力，把附着在静叶表面的水滴沿静叶片上开设的吸水缝直接吸入凝汽器。

1-113　汽封的作用是什么？

答：为了避免动、静部件之间的碰撞，必须留有适当的间隙，这些间隙的存在势必导致漏汽，为此必须加装密封装置——汽封。根据汽封在汽轮机中所处位置可分为：轴端汽封（简称轴封）、隔板汽封和围带汽封（通流部分汽封）三类。

1-114 汽封的结构形式和工作原理是怎样的？

答：汽封的结构类型有曲径式和迷宫式。曲径式汽封有梳齿形（平齿、高低齿）、J形、枞树形3种。

曲径式汽封的工作原理：一定压力的蒸汽流经曲径式汽封时，必须依次经过汽封齿尖与轴凸肩形成的狭小间隙，当经过第一个间隙时通流面积减小，蒸汽流速增大，压力降低。随后高速汽流进入小室，通流面积突然变大，流速降低，汽流转向，发生撞击和产生涡流等现象，速度降到近似为零，蒸汽原具有的动能转变成热能。当蒸汽经过第二个汽封间隙时，又重复上述过程，压力再次降低。蒸汽流经最后一个汽封齿后，蒸汽压力降至与大气压力相差甚小。所以在一定的压差下，汽封齿越多，每个齿前后的压差就越小，漏汽量也越小。当汽封齿数足够多时，漏汽量为零。

1-115 什么是通流部分汽封？

答：动叶顶部和根部的汽封叫做通流部分汽封，用来阻碍蒸汽从动叶两端漏汽。通常的结构形式为动叶顶端围带及动叶根部有个凸出部分以减小轴向间隙，围带与装在汽缸或隔板套上的阻汽片组成汽封以减小径向间隙，使漏汽损失减小。

1-116 轴封的作用是什么？

答：轴封是汽封的一种。汽轮机轴封的作用是阻止汽缸内的蒸汽向外泄漏，低压缸排汽侧轴封是防止外界空气漏入汽缸。

1-117 汽轮机为什么会产生轴向推力？运行中轴向推力怎样变化？

答：纯冲动式汽轮机动叶片内蒸汽没有压力降，但由于隔板汽封的漏汽，使叶轮前后产生一定的压差，且一般的汽轮机中，每一级动叶片蒸汽流过时都有大小不等的压降，在动叶片前后产生压差。叶轮和叶片前后的压差及轴上凸肩处的压差使汽轮机产生由高压侧向低压侧与汽流方向一致的轴向推力。

影响轴向推力的因素很多，轴向推力的大小基本上与蒸汽流量的大小成正比，也即负荷增大时轴向推力增大。

需指出：当负荷突然减小时，有时会出现与汽流方向相反的轴向推力。

1-118 减小汽轮机的轴向推力，可以采取哪些措施？

答：减小汽轮机轴向推力，可采取如下措施：

（1）高压轴封两端以反向压差设置平衡活塞。

（2）高、中压缸反向布置。

（3）低压缸对称分流布置。

（4）叶轮上开平衡孔。

余下的轴向推力，由推力轴承承受。

1-119　什么是汽轮机的轴向弹性位移？

答：汽轮机的轴向位移反映的是汽轮机转动部分和静止部分的相对位置，轴向位移变化，也是转子和定子轴向相对位置发生了变化。

所谓轴向弹性位移是指汽轮机推力盘及工作推力瓦片后的支撑座、垫片瓦架等在汽轮机负荷增加、推力增加时，会发生弹性变形。由此产生随着负荷增加而增加的轴向弹性位移。当负荷减小时，弹性位移也减少。

1-120　汽轮机为什么要设滑销系统？

答：汽轮机在启动及带负荷过程中，汽缸的温度变化很大，因而热膨胀值较大。为保证汽缸受热时能沿给定的方向自由膨胀，保持汽缸与转子中心一致，同样，汽轮机停机时，保证汽缸能按给定的方向自由收缩，汽轮机均设有滑销系统。

1-121　汽轮机的滑销有哪些种类？它们各起什么作用？

答：根据滑销的构造形式、安装位置，汽轮机的滑销可分为下列六种：

（1）横销。一般安装在低压汽缸排汽室的横向中心线上，或安装在排汽室的尾部，左右两侧各装一个。横销的作用是保证汽缸横向的正确膨胀，并限制汽缸沿轴向移动。由于排汽室的温度是汽轮机通流部分温度最低的区域，故横销都装于此处，整个汽缸由此向前或向后膨胀，形成了轴向死点。

（2）纵销。多装在低压汽缸排汽室的支撑面、前轴承箱的底部、双缸汽轮机中间轴承的底部等和基础台板的接合面间。所有纵销均在汽轮机的纵向中心线上。纵销可保证汽轮机沿纵向中心线正确膨胀，并保证汽缸中心线不能作横向滑移。因此，纵销中心线与横销中心线的交点形成整个汽缸的膨胀死点，在汽缸膨胀时，这点始终保持不动。

（3）立销。装在低压汽缸排汽室尾部与基础台板间，高压汽缸的前端与轴承座间。所有的立销均在机组的轴线上。立销的作用可保证汽缸的垂直定向自由膨胀，并与纵销共同保持机组的正确纵向中心线。

（4）猫爪横销。起着横销作用，又对汽缸起着支撑作用。猫爪一般装在前轴承座及双缸汽轮机中间轴承座的水平接合面上，是由下汽缸或上汽缸端

部突出的猫爪特制的销子和螺栓等组成。猫爪横销的作用是：保证汽缸在横向的定向自由膨胀，同时随着汽缸在轴向的膨胀和收缩，推动轴承座向前或向后移动，以保持转子与汽缸的轴向相对位置。

（5）角销。装在排汽缸前部左右两侧支撑与基础台板间。销子与销槽的间隙为0.06～0.08mm。

（6）斜销。其是一种辅助滑销，不经常采用，它能起到纵向及横向的双重导向作用。

1-122　什么是汽轮机膨胀的“死点”？通常布置在什么位置？

答：横销引导轴承座或汽缸沿横向滑动并与纵销配合成为膨胀的固定点，称为“死点”。也即纵销中心线与横销中心线的交点。“死点”固定不动，汽缸以“死点”为基准向前后左右膨胀滑动。

对凝汽式汽轮机来说，死点多布置在低压排汽口的中心线或其附近，这样在汽轮机受热膨胀时，对于庞大笨重的凝汽器影响较小。国产200MW和125MW汽轮机组均设两个死点，高、中压缸向前膨胀，低压缸向发电机侧膨胀，各自的绝对膨胀量都可适当减小。

1-123　汽轮机联轴器起什么作用？有哪些种类？各有何优、缺点？

答：联轴器又叫靠背轮。汽轮机联轴器是用来连接汽轮发电机组的各个转子，并把汽轮机的功率传给发电机。

汽轮机联轴器可分为刚性联轴器、半挠性联轴器和挠性联轴器。

这三种联轴器的优、缺点如下：

刚性联轴器：优点是构造简单、尺寸小、造价低、不需要润滑油。缺点是转子的振动、热膨胀都能相互传递，校中心要求高。

半挠性联轴器：优点是能适当弥补刚性靠背轮的缺点，校中心要求稍低。缺点是制造复杂、造价较大。

挠性联轴器：优点是转子振动和热膨胀不互相传递，允许两个转子中心线稍有偏差。缺点是要多装一道推力轴承，并且一定要有润滑油，直径大，成本高，检修工艺要求高。

大机组一般高低压转子之间采用刚性联轴器，低压转子与发电机转子之间采用半挠性联轴器。

1-124　刚性联轴器分哪两种？

答：刚性联轴器分装配式和整锻式两种形式。

装配式刚性联轴器是把两半联轴器分别用热套加双键的方法，套装在各自的轴端上，然后找准中心、铰孔，最后用螺栓紧固。

整锻式刚性联轴器与轴整体锻出。这种联轴器的强度和刚度都比装配式高，且没有松动现象。为使转子的轴向位置作少量调整，在两半联轴器之间装有垫片，安装时按具体尺寸配制一定厚度的垫片。

1-125 什么是半挠性联轴器?

答: 半挠性联轴器的结构是在两个联轴器间用半挠性波形套筒连接，并用螺栓紧固。波形套筒在扭转方向是刚性的，在弯曲方向则是挠性的。

1-126 挠性联轴器的结构形式是怎样的?

答: 挠性联轴器有齿轮式和蛇形弹簧式两种形式。

齿轮式挠性联轴器多用在小型汽轮机上，它的结构是两个齿轮用热套加键的方式分别装在两个轴端上，并用大螺母紧固，防止从轴上滑脱。两个齿轮的外面有一个套筒，套筒两端的内齿分别与两个齿轮啮合，从而将两个转子连接起来。套筒的两侧安置挡环限制套筒的轴向位置，挡环用螺栓固定在套筒上。

蛇形弹簧联轴器其主要结构是由两个半联轴节，两个半外罩，两个密封圈及蛇形弹簧片组成。它是靠蛇簧嵌入两半联轴节的齿槽内来传递扭矩，联轴器以蛇形弹簧片嵌入两个半联轴节的齿槽内，来实现主动轴与从动轴的链接。运转时，是靠主动端齿面对蛇簧的轴向作用力带动从动端来传递扭矩，因此在很大程度上避免了共振现象发生，且簧片在传递扭矩时所产生的弹性变量，使机械系统能获得较好的减振效果，其平均减振率达36%以上。

1-127 汽轮机的盘车装置起什么作用?

答: 汽轮机冲动转子前或停机后，进入或积存在汽缸内的蒸汽使上缸温度比下缸温度高，从而使转子不均匀受热或冷却，产生弯曲变形。因而在冲转前和停机后，必须使转子以一定的速度连续转动，以保证其均匀受热或冷却。换句话说，冲转前和停机后盘车可以消除转子热弯曲。同时还有减小上下汽缸的温差和减少冲转力矩的功用，还可在启动前检查汽轮机动静之间是否有摩擦及润滑系统工作是否正常。

1-128 盘车有哪两种方式? 电动盘车装置主要有哪两种形式?

答: 小机组采用人力手动盘车，中型和大型机组都采用电动盘车。

电动盘车装置主要有以下两种形式。

(1) 具有螺旋轴的电动盘车装置（大多数国产中、小型汽轮机组及125、300MW机组采用）。

(2) 具有摆动齿轮的电动盘车装置（国产50、100、200MW机组采用）。

1-129 具有螺旋轴的电动盘车装置的构造和工作原理是怎样的?

答：螺旋轴电动盘车装置由电动机、联轴器、小齿轮、大齿轮、啮合齿轮、螺旋轴、盘车齿轮、保险销、手柄等组成。啮合齿轮内表面铣有螺旋齿与螺旋轴相啮合，啮合齿轮沿螺旋轴可以左右滑动。

当需要投入盘车时，先拔出保险销，推手柄，手盘电动机联轴器直至啮合齿轮与盘车齿轮全部啮合。当手柄被推至工作位置时，行程开关接点闭合，接通盘车电源，电动机启动至全速后，带动汽轮机转子转动进行盘车。

当汽轮机启动冲转后，转子的转速高于盘车转速时，使啮合齿轮由原来的主动轮变为被动轮，即盘车齿轮带动啮合齿轮转动，螺旋轴的轴向作用力改变方向，啮合齿轮与螺旋轴产生相对转动，并沿螺旋轴移动退出啮合位置，手柄随之反方向转动至停用位置，断开行程开关，电动机停转，基本停止工作。

若需手动停止盘车，可手揿盘车电动机停按钮，电动机停转，啮合齿轮退出，盘车停止。

1-130 具有摆动齿轮的盘车装置的构造和工作原理是怎样的?

答：具有摆动齿轮的盘车装置主要由齿轮组、摆动壳、曲柄、连杆、手轮、行程开关、弹簧等组成。齿轮组通过两次减速后带动转子转动。

盘车装置脱开时，摆动壳被杠杆系统吊起，摆动齿轮与盘车齿轮分离；行程开关断路，电动机不转，手轮上的锁紧销将手轮锁在脱开位置；连杆在压缩弹簧的作用下推紧曲柄，整个装置不能运动。

投入盘车时，拔出锁紧销，逆时针转动手轮，与手轮同轴的曲柄随之转动，克服压缩弹簧的推力，带动连杆向右下方运动；拉杆同时下降，使摆动壳和摆动轮向下摆动，当摆动轮与盘车齿轮进入啮合状态时，行程开关闭合，接通电动机电源，齿轮组即开始转动。由于转子尚处于静止状态，摆动齿轮带着摆动壳继续顺时针摆动，直到被顶杆顶住。此时摆动壳处于中间位置，摆动轮与盘车齿轮完全啮合并开始传递力矩，使转子转动起来。

盘车装置自动脱开过程如下：冲动转子以后，盘车齿轮的转速突然升高，而摆动齿轮由主动轮变为被动轮，被迅速推向右方并带着摆动壳逆时针摆动，推动拉杆上升。当拉杆上端点超过平衡位置时，连杆在压缩弹簧的推动下推着曲柄逆时针旋转，顺势将摆动壳拉起，直到手轮转过预定的角度，锁紧销自动落入锁孔将手轮锁住。此时行程开关动作，切断电动机电源，各齿轮均停止转动，盘车装置又恢复到投用前脱开状态。操作盘车停止按钮，切断电源，也可使盘车装置退出工作。

1-131 主轴承的作用是什么？

答：轴承是汽轮机的一个重要组成部件，主轴承也叫径向轴承。它的作用是承受转子的全部重量以及由于转子质量不平衡引起的离心力，确定转子在汽缸中的正确径向位置。由于每个轴承都要承受较高的载荷，而且轴颈转速很高，所以汽轮机的轴承都采用液体摩擦为理论基础的轴瓦式滑动轴承，借助于有一定压力的润滑油在轴颈与轴瓦之间形成油膜，建立液体摩擦，使汽轮机安全稳定地运行。

1-132 轴承的润滑油膜是怎样形成的？

答：轴瓦的孔径较轴颈稍大些，静止时，轴颈位于轴瓦下部直接与轴瓦内表面接触，在轴瓦与轴颈之间形成了楔形间隙。

当转子开始转动时，轴颈与轴瓦之间会出现直接摩擦。但是，随着轴颈的转动，润滑油由于黏性而附着在轴的表面上，被带入轴颈与轴瓦之间的楔形间隙中。随着转速的升高，被带入的油量增多，由于楔形间隙中油流的出口面积不断减小，所以油压不断升高，当这个压力增大到足以平衡转子对轴瓦的全部作用力时，轴颈被油膜托起，悬浮在油膜上转动，从而避免了金属直接摩擦，建立了液体摩擦。

1-133 固定式圆筒形支持轴承的结构是怎样的？

答：固定式圆筒形支持轴承用在容量为50～100MW的汽轮机上。轴瓦外形为圆筒形，由上下两半组成，用螺栓连接。下瓦支持在三块垫铁上，垫铁下衬有垫片，调整垫片的厚度可以改变轴瓦在轴承洼窝内的中心位置。上轴瓦顶部垫铁的垫片可以用来调整轴瓦与轴承上盖间的紧力。润滑油从轴瓦侧下方垫铁中心孔引入，经过下轴瓦体内的油路，自水平结合面的进油孔进入轴瓦。由于轴的旋转，使油先经过轴瓦顶部间隙，再经过轴颈和下瓦间的楔形间隙，然后从轴瓦两端泄出，由轴承座油室返回油箱。在轴瓦进油口处由节流孔板来调整进油量大小。轴瓦的两侧装有防止油甩出来的油挡。轴瓦水平结合面处的锁饼用来防止轴瓦转动。

轴瓦一般用优质铸铁铸造，在轴瓦内部车出燕尾槽，并浇铸锡基轴承合金（即巴氏合金，也称乌金）。

1-134 什么是自位式轴承？

答：圆筒形支持轴承和椭圆形支持轴承按支持方式都可分为固定式和自位式（又称球面式）两种。

自位式与固定式不同的只是轴承体外形呈球面形状。当转子中心变化引起轴颈倾斜时，轴承可以随轴颈转动自动调位，使轴颈和轴瓦之间的间隙在整个轴瓦长度内保持不变。但是这种轴承的加工和调整较为麻烦。

1-135　椭圆形轴承与圆筒形轴承有什么区别?

答: 椭圆形支持轴承的结构与圆筒形支持轴承基本相同，只是轴承侧边间隙加大了，通常侧边间隙是顶部间隙的 2 倍。轴瓦曲率半径增大。

使轴颈在轴瓦内的绝对偏心距增大，轴承的稳定性增加。同时轴瓦上、下部都可以形成油楔（因此又有双油楔轴承之称)。由于上油楔的油膜力向下作用，使轴承运行的稳定性好，这种轴承在大、中容量汽轮机组中得到广泛运用。

1-136　什么是三油楔轴承?

答: 在大容量机组中，如国产 125、200、300MW 机组都采用三油楔轴承。

三油楔支持轴承的轴瓦上有三个长度不等的油楔，从理论上分析，三个油楔建立的油膜其作用力从三个方向拐向轴颈中心，可使轴颈稳定地运转。但这种轴承上、下轴瓦的结合面与水平面倾斜角为 35°，给检修与安装带来不便。

从有的机组三油楔支持轴承发生油膜振荡的现象来看，这种轴承的承载能力并不大，稳定性也并不十分理想。

1-137　什么是可倾瓦支持轴承?

答: 可倾瓦通常由 3~5 块或更多块能在支点上自由倾斜的弧形巴氏合金瓦块组成。瓦块在工作时可以随转速、载荷及轴承温度的不同而自由摆动，在轴径四周形成多个油楔。每一块瓦块通过其背面的球面销及垫片支撑在轴承套中，瓦块可以绕其球面支撑销摆动；轴承中分面上部瓦块、背面分别装有弹簧，从瓦块一端压迫瓦块，人为地建立油楔。润滑油从各瓦块之间的间隙进入轴承，从轴承的两端油封环开孔处排出。如果忽略瓦块的惯性，支点的摩擦力及油膜剪切内摩擦力等的影响，每个瓦块作用到轴径上的油膜作用力总是通过轴径的中心，不会产生引起轴径涡动的失稳力，因此具有较高的稳定性，理论上可以完全避免油膜振荡的产生。另外，由于瓦块可以自由摆动增加了支撑柔性，还具有吸收转轴振动能量的能力，即具有很好的减振性。

1-138　几种不同形式的支持轴承各适应于哪些类型的转子?

答: 圆筒形支持轴承主要适用于低速重载转子；三油楔支持轴承、椭圆形支持轴承分别适用较高转速的轻中和中、重载转子；可倾瓦支持轴承则适用于高转速轻载和重载转子。

1-139 推力轴承的作用是什么？

答：推力轴承的作用是承受转子在运行中的轴向推力，确定和保持汽轮机转子和汽缸之间的轴向相互位置。

1-140 什么叫推力间隙？

答：推力盘在工作瓦片和非工作瓦片之间的移动距离叫推力间隙，一般不大于0.4mm。瓦片上的乌金厚度一般为1.5mm，其值小于汽轮机通流部分动静之间的最小间隙，以保证即使在乌金熔化的事故情况下，汽轮机动静部分也不会相互摩擦。

1-141 汽轮机推力轴承的工作过程是怎样的？

答：安装在主轴上的推力盘两侧工作面和非工作面各有若干块推力瓦块，瓦块背面有一销钉孔，靠此孔将瓦块安置在安装环的销钉上，瓦块可以围绕销钉略为转动。

瓦块上的销钉孔设在偏离中心7.54mm处，因此瓦块的工作面和推力盘之间就构成了楔形间隙。当推力盘转动时油在楔形间隙中受到挤压，压力提高，因而这层油膜上具有承受转子轴向推力的能力。安装环安置在球面座上，油经过节流孔送入推力轴承进油室，分为两路经推力轴承球面座上的进油孔进入主轴周围的环形油室，并在瓦块之间径向流过。在瓦块与瓦块之间留有宽敞的空间，便于油在瓦块中循环。

推力轴承球面座上装有回油挡油环，油环围在推力盘外圆形成环形回油室。在工作面和非工作面回油挡环的顶部各设两个回油孔，而且还可以用针形阀来调节回油量。

在推力瓦块安装环与推力盘之间也装有挡油环，该挡油环包围住推力瓦块，形成推力轴承的环形进油室。

1-142 什么是原则性热力系统？

答：原则性热力系统是把主要热设备按工质热力循环顺序连接起来的系统，一般只表示设备在正常工作时相互之间的联系。同类型、同参数的设备在图上只表示一台，备用设备及配件在图上不表示。

1-143 汽轮机排汽在凝汽器中的放热是什么热力过程？在这个过程中工质的温度、比热容、焓值如何变化？

答：汽轮机排汽在凝汽器中的放热是既定压又定温的过程。在这个过程中工质的温度不变，比热容减小，焓值减小。

1-144 为什么在火力发电厂中广泛采用回热循环，而再热循环只用在超高压机组上？

答：因为在火力发电厂中采用回热循环可以提高循环热效率及带来其他一些有利因素且不受蒸汽压力限制，而再热循环的主要目的是提高排汽干度，在超高压机组中这一矛盾比较突出，在中高压机组中基本上能满足排汽干度要求。此外，采用再热后设备的投资、运行费用增大，因此，一般只在超高压机组中采用再热循环。

1-145 什么是金属的疲劳？

答：金属材料在交变应力的长期作用下，其承受的应力远低于材料的屈服极限，所发生断裂的现象称金属的疲劳。

1-146 流体在管道内流动有哪些损失？

答：液体在管道内流动有沿程阻力损失和局部阻力损失两种。

1-147 电厂中有哪几种高压给水管道系统？

答：电厂中典型的高压给水管道系统有：

（1）集中母管制给水系统。

（2）切换母管制给水系统。

（3）单元制给水系统。

（4）扩大单元制给水系统。

1-148 电厂的转动设备对轴承合金有哪些要求？

答：根据轴承的工作条件，要求合金具有低的磨合性和抗咬合性，有足够的强度、硬度与韧性以及良好的导热性和耐蚀性能等。

1-149 汽轮发电机组的汽耗率和热耗率的定义是什么？

答：汽轮发电机组的汽耗率是指汽轮发电机组每生产1kW·h的电能所消耗的蒸汽量。汽轮发电机的热耗率是指汽轮发电机组每生产1kW·h的电能消耗的热量。

1-150 滚动轴承的特点是什么？

答：滚动轴承的特点是轴承间隙小、保证轴的对中性好、摩擦力小、结构紧凑、尺寸小、维修方便，但其受重载能力较差。

1-151　金属材料的力学性能和工艺性能是指什么?

答: 金属材料的力学性能是指金属材料在外力作用下表现出来的特性，如强度、弹性、塑性、冲击韧性、疲劳强度等。

金属材料的工艺性能是指铸造性、可锻性、焊接性和切削加工性能等。

1-152　发电厂内部汽水损失的原因是什么?

答: 发电厂内部汽水损失的主要原因是:

(1) 主机和辅机的自用蒸汽消耗。

(2) 热力设备、管道及附件连接不严密造成的汽水泄漏。

(3) 热力设备在检修和停运时的放水、放汽。

(4) 经常性和暂时性的汽水损失。

(5) 热力设备启动时的用汽和排汽。

第二章　焊接基本知识

2-1　什么叫焊接？

答：两种或两种以上材质（同种或异种）通过加热、加压或二者并用，达到原子之间的结合而形成永久性连接的工艺过程叫焊接。

2-2　什么叫电弧？

答：由焊接电源供给的，在两极间产生强烈而持久的气体放电现象叫电弧。

（1）按电流种类可分为：交流电弧、直流电弧和脉冲电弧。

（2）按电弧的状态可分为：自由电弧和压缩电弧（如等离子弧）。

（3）按电极材料可分为：熔化极电弧和不熔化极电弧。

2-3　什么叫母材？

答：被焊接的金属叫做母材。

2-4　什么叫熔滴？

答：焊丝先端受热后熔化，并向熔池过渡的液态金属滴叫熔滴。

2-5　什么叫熔池？

答：熔焊时焊件上所形成的具有一定几何形状的液态金属部分叫熔池。

2-6　什么叫焊缝？

答：焊接后焊件中所形成的结合部分叫焊缝。

2-7　什么叫焊缝金属？

答：由熔化的母材和填充金属（焊丝、焊条等）凝固后形成的那部分金属叫焊缝金属。

2-8　什么叫保护气体？

答：焊接中用于保护金属熔滴以及熔池免受外界有害气体（氢、氧、氮）侵入的 气体叫保护气体。

2-9 什么叫焊接技术?

答: 各种焊接方法、焊接材料、焊接工艺以及焊接设备等及其基础理论的总称叫焊接技术。

2-10 什么叫焊接工艺?它有哪些内容?

答: 焊接过程中的一整套工艺程序及其技术规定叫焊接工艺。

焊接工艺内容包括:焊接方法、焊前准备加工、装配、焊接材料、焊接设备、焊接顺序、焊接操作、焊接工艺参数以及焊后处理等。

2-11 什么叫 CO_2 焊接?

答: 用纯度大于99.98%的 CO_2 做保护气体的熔化极气体保护焊被称为 CO_2 焊接。

2-12 什么叫 MAG 焊接?

答: 用混合气体75%～95%Ar+25%～5%CO_2(标准配比:80%Ar+20%CO_2)做保护气体的熔化极气体保护焊叫 MAG 焊接。

2-13 什么叫 MIG 焊接?

答: 用高纯度氩气(Ar≥99.99%)做保护气体的熔化极气体保护焊接铝及铝合金、铜及铜合金等有色金属;用98% Ar+2%O_2 或 95%Ar+5% CO_2 做保护气体的熔化极气体保护焊接实心不锈钢焊丝;用氦+氩惰性混合气做保护的熔化极气体保护焊的工艺方法叫 MIG 焊接。

2-14 什么叫 TIG(钨极氩弧焊)焊接?

答: 用纯钨或活化钨(钍钨、铈钨、锆钨、镧钨)作为不熔化电极的惰性气体保护电弧焊,简称 TIG 焊接。

2-15 什么叫 SMAW(焊条电弧焊)焊接?

答: 用手工操纵焊条进行焊接的电弧焊方法叫 SMAW 焊接。

2-16 什么叫碳弧气刨?

答: 使用碳棒作为电极,与工件间产生电弧,用压缩空气(压力0.5～0.7MPa)将熔化金属吹除的一种表面加工的方法叫碳弧气刨。常用来焊缝清根、刨坡口、返修缺陷等。

2-17 什么叫焊接材料?焊接材料包括哪些内容?

答: 焊接时消耗的材料统称焊接材料。

焊接材料包括焊条、焊丝、焊剂、气体、电极、衬垫等。

2-18 什么叫焊丝？

答：焊接时作为填充金属，同时用来导电的金属丝叫焊丝。分实心焊丝和药芯焊丝两种。常用的实心焊丝型号：ER50-6（牌号：H08Mn2SiA）。

2-19 为什么 MAG 焊接接头比 CO_2 焊接接头的冲击韧性高？

答：MAG 焊接时，活性气体仅为 20%，焊丝中的合金元素过渡系数高，焊缝的冲击韧性高。CO_2 焊活性气体为 100%，焊丝中的锰、硅合金元素联合脱氧，其合金元素过渡系数略低，焊缝的冲击韧性不如 MAG 焊高。如唐山神钢 MG-51T 焊丝（相当于 ER50-6）其常温冲击韧性值：MAG 焊接为 160J；CO_2 为焊接 110J。

2-20 什么叫药芯焊丝？

答：由薄钢带卷成圆形钢管，同时在其中填满一定成分的药粉，经拉制而成的一种焊丝。

2-21 为什么药芯焊丝用 CO_2 气体保护？

答：按保护方式区分药芯焊丝有两种类型：药芯气保焊丝和药芯自保焊丝。药芯气保焊丝一般用 CO_2 气体作保护，属于气渣联合保护形式，焊缝成形好，综合力学性能高。

2-22 为什么药芯焊丝焊缝表面会出压痕气孔？

答：因药芯焊丝是由薄钢带卷成的管状焊丝，属于有缝焊丝，空气中的水分会通过缝隙侵入药芯，焊药潮湿（无法烘干），造成焊缝有压痕气孔。

2-23 为什么对 CO_2 气体纯度有技术要求？

答：一般 CO_2 气体是化工生产的副产品，纯度仅为 99.6%左右，含有微量的杂质和水分，会给焊缝带来气孔等缺陷。焊接重要产品一定要选用 CO_2 纯度≥99.8% 的气体，焊缝气孔少，含氢量低，抗裂性好。

2-24 为什么对氩气纯度有较高技术要求？

答：目前市场上有三种氩气：普氩（纯度为 99.6%左右）、纯氩（纯度为 99.9%左右）、高纯氩（纯度为 99.99%），前两种可焊接碳钢和不锈钢；焊接铝及铝合金、钛及钛合金等有色金属一定要选用高纯氩；避免焊缝及热影响区被氧化无法进行焊接。

2-25 为什么 TIG 焊喷嘴有大小多种规格？

答：有 4 号～8 号五种规格喷嘴，焊接碳钢可选用 4 号、5 号喷嘴，焊接不锈钢和铝及铝合金应选用 6 号、7 号大喷嘴，以加强焊缝及热影响区的保护范围。焊接钛及钛合金等有色金属应选用 7 号、8 号更大的喷嘴，才能防止焊缝及热影响区被氧化。

2-26 什么叫酸性焊条？

答：药皮中含有多量酸性氧化物的焊条叫酸性焊条。如结 422(E4303)、结 502（E5003）等交直流两用电焊条。

2-27 什么叫碱性焊条？

答：药皮中含有多量碱性氧化物同时含有氟化物的焊条叫碱性焊条，如结 507（E5015)、结 506（E5016）等电焊条。

2-28 什么叫纤维素型（向下立焊专用）焊条？

答：药皮中含有多量有机物的焊条叫纤维素型焊条，管道及薄板结构向下立焊专用。如：

(1) E6010（相当于 E4310、J425G)，适用于打底焊、热焊、填充焊。

(2) E8010（相当于 E5511、J555）适用于热焊、填充焊、盖面焊层。一般用低氢向下焊条盖面焊；E7048（相当于 J506X）焊缝外形整洁、美观。

2-29 为什么焊前焊条要严格烘干？

答：焊条往往会因吸潮而使工艺性能变坏，造成电弧不稳、飞溅增大，并容易产生气孔、裂纹等缺陷。因此，焊条使用前必须严格烘干。一般酸性焊条的烘干温度为 150～200℃，时间为 1h；碱性焊条的烘干温度为 350～400℃，时间为 1～2h，烘干后放在 100～150℃的保温箱内，随用随取。

2-30 什么叫焊接电源？

答：电焊机中，供给焊接所需的电能并具有适宜于焊接电气特性的设备称为焊接电源。

2-31 为什么对弧焊电源有特殊要求？有哪些要求？

答：为了保证焊接电弧稳定燃烧和适应各种焊接工艺要求，对弧焊电源具有下列特殊要求：

(1) 弧焊电源的静特性（或称外特性）稳态输出电流和输出电压之间的关系，有下降特性（恒流特性）和平特性（恒压特性）。

1) 焊条电弧焊、TIG 焊和碳弧气刨电源的外特性是下降（恒流）特性；

2) CO_2/MAG/MIG 电弧焊电源的外特性是平特性（恒压特性）。

(2) 弧焊电源的动特性。当负荷状态发生瞬时变化时（如熔滴的短路过

渡、颗粒过渡、射流过渡等），弧焊电源输出电流和输出电压与时间的关系，用以表征对负荷瞬变的反应能力（即动态反应能力）简称“动特性”。

(3) 空负荷电压。引弧前电源显示的电压。

(4) 调节特性。改变电源的外特性以适应焊接规范的要求。

2-32　为什么电弧长度发生变化时，电弧电压也会发生变化？

答：由弧焊电源的外特性所决定的，电弧越长，电弧电压越高；电弧越短，电弧电压越低。

2-33　为什么采用 CO_2 焊接，焊丝伸出长度发生变化时，电流显示值也会发生变化？

答：焊丝伸出长度（即干伸长度）越长，焊丝的电阻量越大，由电阻热消耗的电流越大，焊接电流显示值越小，实际焊接电流也变小。所以焊丝伸出长度一般设定在 12～20mm 范围内。

2-34　为什么采用 CO_2/MAG/MIG 焊接时，焊接电流和电弧电压要严格匹配？

答：CO_2/MAG/MIG 焊接时，调节焊接电流，即调节焊丝的给送速度；调节电弧电压，即调节焊丝的熔化速度。很显然，焊丝的熔化速度和给送速度一定要相等，才能保证电弧稳定焊接。

(1) 在焊接电流一定时，调节电弧电压偏高，焊丝的熔化速度增大，电弧长度增加，熔滴无法正常过渡，一般呈大颗粒飞出，飞溅增多。

(2) 在焊接电流一定时，调节电弧电压偏低，焊丝的熔化速度减小，电弧长度变短，焊丝扎入熔池，飞溅大，焊缝成形不良。

(3) 焊接电流和电弧电压最佳匹配效果：熔滴过渡频率高，飞溅最小，焊缝成形美观。

2-35　什么叫电弧挺度？

答：在热收缩和磁收缩等效应的作用下，电弧沿电极轴向挺直的程度，叫电弧挺度。

2-36　为什么焊接电弧有偏吹现象？

答：焊接过程中，因气流的干扰、磁场的作用或焊条偏心的影响，而使电弧中心偏离电极轴线。

2-37　什么叫磁偏吹？

答：直流电弧焊时，因受到焊接回路中电磁力的作用而产生的电弧偏吹叫磁偏吹。通过改变接地线位置或减小焊接电流及改变焊条角度，能够减弱磁偏吹的影响。

2-38 什么叫CO_2电源电弧系统的自身调节特性？为什么CO_2焊接用细焊丝？

答：等速送丝系统下，当弧长变化时引起电流和熔化速度变化，使弧长恢复的作用成为电源电弧系统的自身调节作用叫CO_2电源电弧系统的自身调节特性。

使用的焊丝直径越细，电弧的自身调节作用越强，电弧越稳定，飞溅越少，这就是CO_2焊接用细焊丝的原理。

2-39 什么叫焊机的负荷持续率？

答：焊机的负荷持续率指焊接电源在一定电流下连续工作的能力。国标规定手工焊额定负荷持续率为60%，自动或半自动焊额定负荷持续率为60%和100%。如500KR2焊机在额定负荷持续率为60%时的额定电流是500A，在实际负荷持续率为100%（自动焊）时，其最大焊接电流小于或等于387A。

2-40 什么叫焊接条件？它有哪些内容？

答：焊接时周围的条件叫焊接条件。

内容包括：母材材质、板厚、坡口形状、接头形式、拘束状态、环境温度及湿度、清洁度以及根据上述诸因素而确定的焊丝（或焊条）种类及直径、焊接电流、电压、焊接速度、焊接顺序、熔敷方法、运枪（或运条）方法等。

2-41 什么叫焊接接头？基本形式有几种？

答：用焊接方法连接的接头叫焊接接头。焊接接头包括焊缝、熔合区和热影响区三部分。

接头基本形式有：对接、角接、搭接和T形接等。

2-42 什么叫熔深？

答：在焊接接头横截面上，母材熔化的深度叫熔深。

2-43 什么叫焊接位置？有几种形式？

答：熔焊时，焊件接缝所处的空间位置叫焊接位置。

焊接位置有平焊、立焊、横焊和仰焊等形式。

2-44 什么叫向下立焊和向上立焊?

答:（1）立焊时，电弧自上向下进行的焊接叫向下立焊。如纤维素焊条向下立焊、CO_2向下立焊等。

（2）立焊时，电弧自下向上进行的焊接叫向上立焊。

2-45 什么叫焊接结构?

答: 用焊接方法连接的钢结构称为焊接结构。

2-46 为什么对焊件要开坡口?

答: 坡口是根据设计或工艺要求，将焊件的待焊部位加工成一定几何形状，经装配后形成的沟槽。为了将焊件截面熔透并减少熔合比，对焊件要开坡口。常用的坡口形式有：V、I、Y、X、U、K、J形等。

2-47 为什么对某些材料焊前要预热?

答: 为了减缓焊件焊后的冷却速度，防止产生冷裂纹，对某些材料焊前要预热。

2-48 为什么对某些焊接构件焊后要进行热处理?

答: 为了消除焊接残余应力和改善焊接接头的组织和性能，对某些焊接构件焊后要进行热处理。

2-49 为什么焊前要制定焊接工艺规程?

答: 保证焊接质量依靠五大控制环节：人、机、料、法、环。人指焊工的操作技能和经验；机指焊接设备的高性能和稳定性；料指焊接材料的高质量；法指正确的焊接工艺规程及标准化作业；环指良好的焊接作业环境。焊前依据焊接试验和焊接工艺评定，制订的焊接工艺规程是“法规”，是保证焊接质量的重要因素。

第三章　起重基本知识

3-1　什么叫重心？

答：在重力场中，物体处于任何方位时所有各组成质点的重力的合力都通过的那一点叫重心。

3-2　求物体重心的方法有哪些？

答：求物体重心的方法有：

（1）悬挂法。只适用于薄板（不一定均匀）。首先找一根细绳，在物体上找一点，用绳悬挂，划出物体静止后的重力线，同理再找一点悬挂，两条重力线的交点就是物体重心。

（2）支撑法。只适用于细棒（不一定均匀）。用一个支点支撑物体，不断变化位置，越稳定的位置，越接近重心。

一种可能的变通方式是用两个支点支撑，然后施加较小的力使两个支点靠近，因为离重心近的支点摩擦力会大，所以物体会随之移动，使另一个支点更接近重心，如此可以找到重心的近似位置。

（3）针顶法。同样只适用于薄板。用一根细针顶住板子的下面，当板子能够保持平衡，那么针顶的位置接近重心。

与支撑法同理，可用3根细针互相接近的方法，找到重心位置的范围，不过这就没有支撑法的变通方式那样方便了。

（4）铅垂线法。用铅垂线找重心的方法（任意一图形，质地均匀）。用绳子找其一端点悬挂，后用铅垂线挂在此端点上（描下来）。而后用同样的方法作另一条线，两线交点即其重心。

3-3　确定物体重心的意义是什么？

答：不论在工程实际中，还是日常生活中，确定重心的位置都具有非常重要的意义。

（1）重心的位置影响物体的平衡与稳定。重心高容易翻倒且不稳定。起吊重物时，吊钩就应位于被吊物体重心的正上方，以保证起吊过程中物体保持平稳。

(2) 重心的位置影响质心的运动。对于转动刚体，如电动机转子、飞轮等旋转部件，在设计、制造安装时，要求它的重心应尽量靠近转轴，否则会产生强烈的振动，甚至会引起破坏，影响机器寿命。

对于振动打桩机、混凝土振捣器等又要求其转动部分重心偏离转轴以得到预期的振动。

3-4 物体重心的估算方法有哪些？

答：对形状规则的均匀物质的物体重心比较容易确定，如长方体的重心在高度等于一半的垂直于高的截面的对角线交点上；长圆棒的重心，就是长度为一半处的圆的横截面的圆心；三角形薄板的重心为三角形中线的交点等。

对形状不规则的设备、构件，因在运输吊装中必须了解其重心的位置，所以在其设备出厂时常标注好吊装位置或装设吊环、吊耳。

3-5 什么叫滑动摩擦力和滚动摩擦力？

答：摩擦分为静摩擦和动摩擦。动摩擦又可分为滑动摩擦和滚动摩擦两种。

一物体沿着另一物体表面滑动时所产生的摩擦叫滑动摩擦；沿着另一物体表面滚动时所产生的摩擦叫滚动摩擦。

3-6 钢丝绳的优点有哪些？

答：钢丝绳具有断面相等、强度高、弹性大、耐磨损、运行平稳、无噪声、自重轻、成本低、工作可靠等优点。

3-7 钢丝绳的绳芯的作用是什么？

答：钢丝绳的绳芯一般分为有机芯、棉芯、麻芯、石棉芯和钢丝芯等几种。通常，起重机上使用的钢丝绳一般以麻芯居多，它具有较高的挠性和弹性，并能储存一定的润滑油，当钢丝绳被拉伸时，油挤到钢丝之间起润滑作用。钢丝芯适用于高温或多层缠绕的场合；石棉芯适用于高温场合；有机芯适用于非高温场合。

3-8 起重常用的工具和机具主要有哪些？

答：常用的起重工具有千斤顶、链条葫芦、滑车和滑车组、卷扬机等。

常用的起重机具有独脚桅杆起重机、系缆桅杆起重机、门式起重机、塔式起重机、桥式起重机、龙门式起重机和移动式起重机等。

3-9 多股钢丝绳和单股钢丝绳在使用上有什么差异？

答：多股钢丝绳挠性较好，可在较小直径的滑轮或卷筒上工作；而单股钢丝绳刚性较大，不易挠曲，要求滑轮或卷筒直径稍大些。

3-10　在起重工作中，吊环和卡环各有什么作用？

答： 吊环是为了便于起吊而装配在设备上的一种固定的拴连工具，如电动机外壳上、汽轮机的轴承盖上都装有吊环，这样起吊系结和解除绳索是非常方便的。

卡环主要用于千斤绳、千斤绳与滑轮组、千斤绳与各种设备的连接。它是起重工作中应用最广的拴连工具。

3-11　起吊专用的支撑横吊梁和扁担横吊梁的主要作用是什么？

答： 支撑横吊梁可以防止被吊件变形和防止吊索与被吊件发生磨压。对于结构单薄、形体较长的屋架、桁回、拱圈以及汽轮机汽缸 180°翻转起吊时，采用支撑横吊梁尤为重要。

扁担横吊梁除具有支撑横吊梁的作用外，还可以降低索具高度，从而提高起重机的有效提升高度，从而提高起重机的有效提高高度。

3-12　钢丝绳的报废标准是什么？

答： 鉴于起重工作的安全，钢丝绳有下列情况之一者，报废换新或截除。

（1）在一个节距内断丝的数量超过表 3-1 中规定时应报废。

表 3-1　钢丝绳的报废标准

钢丝绳采用的安全系数	钢丝绳种类					
	6×19+1 钢丝绳一个节距内断丝数		6×37+1 钢丝绳一个节距内断丝数		6×61+1 钢丝绳一个节距内断丝数	
	钢丝绳搓捻方法		钢丝绳搓捻方法		钢丝绳搓捻方法	
	逆绕	顺绕	逆绕	顺绕	逆绕	顺绕
$K<6$	12	6	22	11	36	18
$K=6\sim7$	14	7	26	13	38	19
$K>7$	16	8	30	15	40	20

（2）钢丝绳中有断股应报废。

（3）钢丝绳的钢丝磨损或腐蚀达到及超过原来钢丝直径的 40%时，钢丝绳受过严重火灾或局部受电火烧过时应报废。但当腐蚀深度直径达 10%时应按表 3-1 中所列的断丝数减少 15%；达 15%时，减少 20%；达 20%时，减少 30%；达 25%时，减少 40%；达 30%时，减少 50%。

（4）钢丝绳受冲击载荷后，这段钢丝绳较原来长度延长 0.5%，应将这

段钢丝绳割除。

3-13 用钢丝绳起吊物体时，钢丝绳应满足哪些条件才能保证安全生产？

答：(1) 有足够的强度，能承受最大负荷。

(2) 有足够抵抗挠曲和磨损的强度。

(3) 要能承受不同方式的冲击载荷的影响。

(4) 在工作环境不利的条件下，也能满足上述条件。

3-14 使用液压千斤顶顶升或下落时，应采取哪些安全措施？

答：使用液压千斤顶顶升或下落时，应采取以下安全措施：

(1) 千斤顶的顶重头必须能防止重物的滑动。

(2) 千斤顶必须垂直放在荷重的下面，必须安放在结实的或硬板的基础上，以免发生歪斜。

(3) 不准把千斤顶的摇（压）把加长。

(4) 禁止工作人员站在千斤顶安全栓的前面。

(5) 千斤顶升至一定高度时，必须在重物下垫上垫板；千斤顶下落时，重物下的垫片应随高度逐步撤去。

(6) 禁止将千斤顶放在长期无人照料的荷重下面。

3-15 在什么超重作业条件下，需采用辅助工具调节钢丝绳的一端长度？

答：在起吊不规则物体的拆装或就位时，需要用手拉葫芦（倒链）或花篮拴来调节一端钢丝绳的长度。

3-16 汽轮机吊装有什么特点？

答：汽轮机设备吊装具有设备出厂整体性强、单件重量大、安装尺寸要求精确、装配间隙小、水平度要求高、单件吊装频繁等特点，对起重工作要求精细。

3-17 简述履带式起重机的组成及性能特点。

答：履带式起重机由发动机、起重及扬臂卷扬机构、旋转装置、下部支架、平衡重、履带及起重臂等主要部件组成。

它在建筑安装中用的最广泛，可吊重物行走，稳定性好。不足是行走缓慢，自重量大，行驶时对路面有损坏。

3-18 简述汽车起重机的组成及性能特点。

答：它是装置在标准的或特制的汽车底盘上的起重设备。由内燃发动机作动力，通过机械或液压进行传动。它主要由起吊杆、回转装置、变幅装置、支承腿和汽车底盘等组成。

3-19 起重工的“五步”工作法是什么？

答：起重工的“五步”工作法是：

（1）实地勘察阶段，即“看”；

（2）了解情况，即“问”；

（3）制定方案，即“想”；

（4）方案实施，即“干”；

（5）总结阶段，即“收”。

3-20 起重工的“十字”操作法是什么？

答：抬、撬、捆、挂、顶、吊、滑、转、卷、滚等统称为“十字”操作法。

3-21 起吊物体时，捆绑操作要点是什么？

答：（1）捆绑物件或设备前，应根据物体或设备的形状及其重心的位置确定适当的绑扎点。一般情况下，构件或设备都设有专供起吊的吊环。未开箱的货件常标明吊点位置，搬运时，应该利用吊环和按照指定吊点起吊。起吊竖直线细长的物件时，应在重心两侧的对称位置捆绑牢固，起吊前应先试吊，如发现倾斜，应立即将物件落下，重新捆绑后再起吊。

（2）捆绑整物还必须考虑起吊时吊索与水平面要有一定的角度，一般以60°为宜。角度过小，吊索所受的力过大；角度过大，则需很长的吊索，使用也不方便；同时，还要考虑吊索拆除是否方便，重物就位后，会不会把吊索压住或压坏。

（3）捆绑有棱角的物体时，应垫木板、旧轮胎、麻袋等物，以免使物体棱角和钢丝绳受到损伤。

3-22 常用的起重指挥信号有哪几种表达形式？使用时的注意事项有哪些？

答：常用的起重指挥信号有旗语、口笛及手势等表达形式，现将惯用的旗语、信号和手势列出，见表3-2～表3-4。

使用时应注意：

（1）信号的提前量。

（2）信号的传递要及时准确。

（3）信号的使用应统一、规范化。

表 3-2　　　　旗　语

指挥人动态	目　的
红、绿旗上举	开　车
红、绿旗下举	停　车
两旗平行（相距 50mm），然后一旗上指	起　吊
两旗平行（相距 50mm），然后一旗下指	下　降
两旗交叉	工作完毕

表 3-3　　　　口笛（一般作为手势的辅助信号）

吹两短声，笛笛—笛笛—笛笛	起　吊
吹三短声，笛笛笛—笛笛笛—笛笛笛	下　降
吹一长声，笛—	停　止

表 3-4　　　　手　势

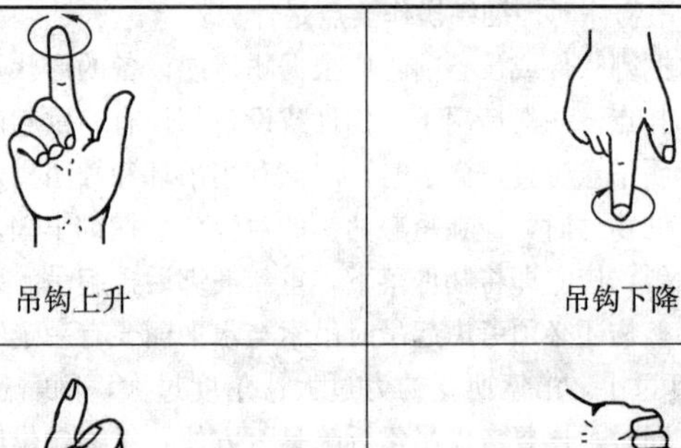 吊钩上升	吊钩下降
 起大钩	 落大钩
 起小钩	 落小钩

续表

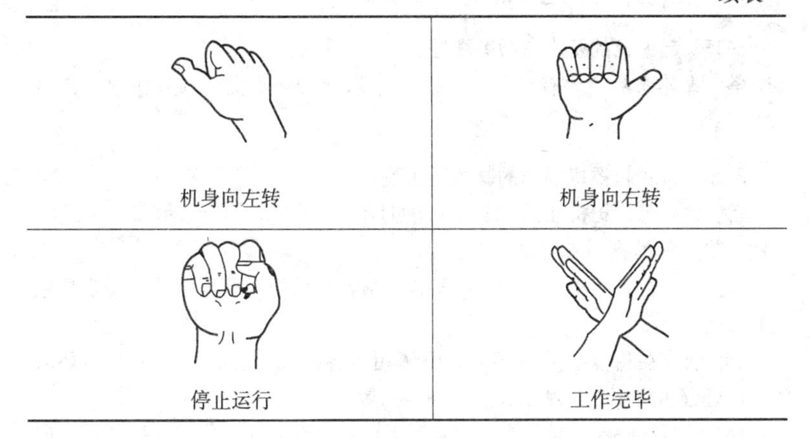

3-23 起重机械司机的“十不吊”是什么？

答： 起重机械司机的“十不吊”是：

(1) 被吊物体质量不明确时不吊。

(2) 起重指挥信号不清楚时不吊。

(3) 钢丝绳等捆绑不牢时不吊。

(4) 被吊物体被埋在地下或冻结在一起时不吊。

(5) 斜拉、斜拖时不吊。

(6) 施工现场照明不足时不吊。

(7) 室外作业遇六级以上大风时不吊。

(8) 被吊物体上站人或下面有人时不吊。

(9) 易燃易爆危险品没有安全作业时不吊。

(10) 被吊物体质量超过机械规定负荷时不吊。

3-24 在起重作业中如何选用卷扬机？

答： (1) 根据导向滑车后的引出绳拉力确定，一般情况下，卷扬机的牵引力按其额定值80%～90%来考虑，即保证安全，又可延长卷扬机寿命。

(2) 根据被吊物件精密程度及安装难易来考虑。

(3) 根据吊物件的次数多少及起吊速度来考虑。

(4) 根据移动卷扬机工作的难易及地锚的布置来考虑。如地锚不好布置、卷扬机搬运容易，被吊物较轻，就可选大吨位卷扬机，利用其自重代替地锚。

（5）根据施工地点电气条件进行选择。

3-25 起重机的基本参数有哪些？

答：基本参数主要有起重量、起升高度、幅度、轨距、变幅速度、起升速度等。

3-26 桥式起重机操作的基本要求是什么？

答：（1）稳。司机在操作起重机的过程中，必须做到启动、制动平稳，吊钩、吊具和吊物不游摆。

（2）准。在操作稳的基础上，吊钩、吊具和吊物应准确地停在指定位置上方降落。

（3）快。在稳、准的基础上，协调相应各机构动作，缩短工作循环时间，保证起重机不断连续工作，提高生产效率。

（4）安全。确保起重机在完好情况下可靠、有效地工作，在操作中，严格执行起重机安全技术操作规程，不发生任何人身和设备事故。

（5）合理。在了解掌握起重机性能和电动机的机械特性的基础上，根据吊物的具体状况，正确地操纵控制器并做到合理控制。

3-27 紧急开关的作用是什么？

答：起重机的紧急开关一般是用来控制因设备故障或者操作失误导致危险情况的紧急制动作用的。

3-28 缓冲器的作用是什么？

答：缓冲装置也称缓冲器，其作用是吸收起重机与终端挡板相撞时或起重机之间相撞时的能量。要求它在最小的外廓尺寸下吸收最大的能量，并且没有或有较小的反作用力，以保证七种技能平稳的停车。

起重机上常用的缓冲装置有橡胶缓冲器、弹簧缓冲器和液压缓冲器。

3-29 起重机静力试验的方法是什么？

答：加最大工作荷载重量，提升离地面约100mm，悬吊10min；然后将荷重增加10%，再吊10min，检查整个起重设备的状况。

3-30 选择起重机应考虑哪些因素？

答：（1）应考虑工作效率。如劳动生产率、施工成本、工期要求等。

（2）应考虑作业场地周围环境，如作业面积、空间高度及作业地点的平整、坚硬程度等。

（3）应考虑起吊物的质量、外形尺寸、安放要求等。

3-31 制动器的作用是什么？

答：起重机制动器安装在电动机的转轴上，用来制动电动机的运转，使其运行或起升机构能够准确可靠的停在预定的位置上。常用的有弹簧式短行程电磁铁双闸瓦制动器，简称短冲程制动器（单相制动器）。

3-32 联轴器的作用是什么？

答：不同的联轴器有不同的作用，综合各种联轴器的作用如下；把原动机和工作机械的轴连接起来并传递扭矩；可以适当补偿两根轴因制造、安装等因素造成的径向和轴向误差；当发生过载时，联轴器打滑或销子断开以保护工作机械；弹性联轴器还有缓冲和吸振的作用。

3-33 起重机速度包括哪些？

答：对于非流动型起重机，如桥式起重机、门式起重机、门座起重机等，起重机的运行速度包括大车运行速度和小车运行速度（门座起重机只有大车运行），大（小）车运行速度指大（小）车运行机构的走行速度，单位为 m/min。对于流动式起重机，指起重机自行运动的速度。如汽车起重机的运行速度，指底盘汽车的行驶速度，浮式起重机的运行速度指在水面航行的速度。流动式起重机的运行速度单位为 km/h 或节。

3-34 起重机上采用的安全防护装置主要有哪些？

答：安全防护装置大致可分为防护装置、显示指示装置、安全装置三类。

防护装置是通过设置物体障碍，将人与危险隔离。例如，走台栏杆、暴露的活动零部件的防护罩、导电滑线防护板、电气设备的防雨罩及起重作业范围内临时设置的栅栏等。

显示指示装置是用来显示起重机工作状态的装置，是人们用以观察和监控系统过程的手段，有些装置兼有报警功能，还有的装置与控制调整连锁。此类装置有偏斜调整和显示装置、幅度指示计、水平仪、风速风级报警器、登机信号按钮、倒退报警装置、危险电压，报警器等。

安全装置是指通过自身的结构功能，限制、防止某种危险的单一装置或与防护装置联用的保护装置。其中，限制力的装置有超载限制器、力矩限制器、缓冲器、极限力矩限制器等；限制行程的装置有上升极限位置限制器、下降极限位置限制器、运行极限位置限制器、防止吊臂后倾装置、轨道端部止挡等；定位装置有支腿回缩锁定装置、回转定位装置、夹轨钳和锚定装置或铁鞋等；其他的还有连锁保护装置、安全钩、扫轨板等。

3-35 简述汽缸 180°翻转方法。

答： 大小钩并用。大钩主吊，小钩主落（因其负荷原因）见图 3-1。

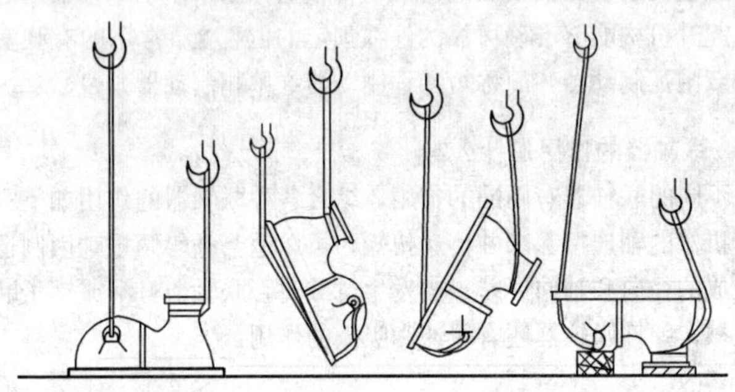

图 3-1 汽缸 180°翻转示意图

大钩吊起一头，小钩适当跟随。到一定高度后，小钩缓慢落至全松，解小钩绳索。将汽缸旋转 180°。复挂上小钩绳索。缓慢升小钩至适当高度，落大钩，至汽缸水平即可。重点注意大小钩交换使用，不宜同时升降，切记大钩主吊。

3-36 钢丝绳的搓捻方法有哪几种？

答： 按绕捻方法不同可分为左同向捻、右同向捻、左交互捻、右交互捻四种，起重作业中常用右交互捻钢丝绳。

3-37 起重有哪些基本方法？

答：（1）撬。利用杠杆原理，用撬棒把重物撬离原地。

（2）顶与落。用千斤顶把重物从较低位置顶至较高位置的操作为顶；用千斤顶把重物从较高位置放到较低位置的操作则为落。

（3）捆。用各种绳索捆绑需要搬移、吊升物体的操作。

（4）滑和滚。滑是移动重物常用的方法，一般用手动葫芦或卷扬机牵引。滚是在重物下设置滚道和滚杠，使物体随滚道间滚杠的滚动向后移动。

（5）吊。起吊作业主要使用起重机、电动或手动葫芦、卷扬机和滑轮。

3-38 如何选用麻绳？

答： 麻绳较软、轻硬、容易绑扎，但强度较低、磨损较快、受潮后容易腐烂。麻绳由处理过的大麻编织而成。常用麻绳有三股、四股、九股。

选用麻绳时，必须根据下式进行强度验算，即

$$p \leqslant S_b / K$$

式中　p——允许起吊质量，kg；

S_b——麻绳破断拉力，kg；

K——麻绳的安全系数。

麻绳的安全系数见表 3-5。

表 3-5　麻绳的安全系数

使用情况	安全系数 K
一般起吊作业	5
缆　风　绳	6
千　斤　绳	6～10
绑　扎　绳	10

3-39　怎样选用钢丝绳？使用时注意什么事项？

答：钢丝绳是用优质高强度碳素钢制成，它的柔韧性较好、拉力强度高、耐磨损，适用于起吊重大物体。

常用的钢丝绳有 6×19＋1、6×37＋1、6×31＋1 等几种型号。例："6×19＋1" 中，6 代表 6 股，19 代表每股有 19 根钢丝，1 代表钢丝绳中有 1 根钢绳芯。

钢丝绳的强度计算：钢丝绳的破断拉力与每根钢丝面积的总和及抗拉强度成正比，即

$$S_b = \pi d_i^2/4 \times n\delta_b\psi = nF_i\delta_b\psi$$

式中　S_b——钢丝绳的破断拉力，N；

d_i——钢丝绳中每一根钢丝的直径，mm；

n——钢丝绳中钢丝的总根数；

δ_b——钢丝的抗拉强度，MPa；

F_i——每根钢丝的断面积，mm^2；

ψ——钢丝绳中钢丝搓捻不均匀而引起的受载不均匀系数，对于 6×19＋1 的钢丝绳，ψ=0.85；对于 6×37＋1 的钢丝绳 ψ=0.82，对于 6×61＋1 的钢丝绳，ψ=0.80。

在起吊过程中，钢丝绳除受拉应力外，还受弯曲和扭转应力等，根据这些因素，钢丝绳的允许拉力可按下式计算，即

$$p_k = S_b/K$$

式中 p_k——钢丝绳的允许拉力，N；

K——安全系数，当钢丝绳用绑扎时，$K=10$；用于拖拉时，$K=3.5$；用于起重时，$K=5\sim6$。

选用钢丝绳直径时，可根据钢丝绳工作拉力及安全系数 K 求出破断拉力 S_b，再根据 S_b 查表，找出所需钢丝绳直径。

使用钢丝绳的注意事项如下：

（1）钢丝绳在使用时不允许呈锐角折曲、被夹被砸或发生扁平松股现象。

（2）钢丝绳穿用的滑车，其滑轮边缘不应有破裂现象且滑轮槽应大于钢丝绳的直径。

（3）钢丝绳在机械运行中要避免与其他物体相接触发生摩擦，尤其不允许直接接触棱角物体和带电物体。

（4）钢丝绳应存放在干燥的地方，当存放时间较长时，应涂好油，然后卷放在木架上。

（5）钢丝绳在使用过程中会不断磨损，甚至断丝，当磨损严重、断丝较多、不能满足安全使用要求时应予报废。

3-40 使用吊环时应注意什么？

答：吊环是起吊时的一种固定工具。主要利用吊环来起吊汽轮机的隔板及轴瓦等设备，不仅钢丝绳的系结方便，而且起吊安全。吊环在使用前，应检查其螺丝杆部位是否弯曲变形、丝扣是否准确、丝牙是否损坏；吊环拧入螺孔时，一定要拧到螺丝杆根部，对于两个以上的吊点，使用吊环时钢丝绳之间的夹角不应超过60°，以防吊环受过大的水平力而变形、断裂。

3-41 如何选用卸卡？

答：卸卡用于钢丝千斤绳与滑车组等的固定或钢丝千斤绳与各种设备的连接。使用前应仔细检查卸卡销子和弯曲部分有无裂纹，螺扣完好时方可使用。根据荷重选择合适的卸卡，使用时注意作用在卸卡上的受力方向应正确。

3-42 如何使用千斤顶？

答：（1）千斤顶使用前应擦洗干净，并检查活塞升降是否灵活、有无损坏、油液是否干净。

（2）使用时应放在平整坚固的地方，如地面松软应铺设垫板，钢丝绳与物体接触处应垫木板。

（3）千斤顶不可超负荷使用，顶升高度不要超过活塞上的标志线，无标志线时不应超过活塞总高度的3/4。

（4）操作时先将物体稍微顶起一点，检查千斤顶底部垫板是否平整牢固，千斤顶是否垂直，顶升时应在物体下面垫保险枕木架。下降时应微开回油门，使其缓慢下降，不能突然下降。

（5）螺旋千斤顶螺纹磨损率不超过20%，自动控制装置良好。

（6）新的或大修后的千斤顶，应以1.25倍的荷重进行10min的静力试验，再以1.1倍的荷重做动力试验，应无裂纹及显著局部变形。

3-43　使用手拉葫芦时应注意什么？

答：使用手拉葫芦时应注意如下事项：

（1）使用前应检查吊钩、链条与轴是否有变形或损坏。链条的销子是否牢固，传动部分是否灵活。

（2）使用时先把链条稍微拉紧后，检查各部有无变化，再试摩擦片、圆盘和转轮圈的自锁情况是否良好。

（3）起重时，不能超限起重使用能力，不能随意在任何位置使用，拉链方向应在链轮转动的平面上，拉链时用力要均匀，不能过快或过猛，拉不动时应查明原因。

（4）使用时检查起重链子是否缠扭，吊钩是否完好。

（5）起重重物的中途停歇时间较长时，要将手拉链拴在重链上，以防自锁失灵。

（6）转动部分要经常上润滑油，但不得将油渗进摩擦片内。

（7）新的或大修后的葫芦，应以1.25倍荷重进行10min的静力试验，再以1.1倍的工作荷重做动力试验。

3-44　电力设备运输应知道的项目有哪些？

答：电力设备运输应知道的项目如下：

（1）工程量方面应了解设备的件数、吨位、运输距离、时间要求等。

（2）掌握设备外形尺寸及特点和最大单件重量。

（3）了解施工地点及道路情况。

（4）现有的或可供用的起重机具和运输机械配备情况尽量采用机械化，以提高工效。

3-45　为什么双机在抬吊重物时，吊车的额定工况起重量都要乘以一个小于1的安全系数？

答：原因如下：

（1）双机抬吊时重物的水平度是相对的，重心距两个抬钩垂线的距离也会随之改变，起重机的负载量始终在一定范围内变化。

（2）双机抬吊速度不同，起升快的由于起停造成的惯性力，对负载产生影响。

（3）无论两台起重机的吊钩速度是否相同，重物都不可能同时离开支撑点，起重机的负载量由此变化。

（4）抬吊中，起重机行走或回转动作时，也会互相牵扯而增加起重机的负载量。

3-46 什么叫一次运输？什么叫二次运输？

答：一次运输是指机械设备由制造厂运到工地仓库、设备组装场地或堆放地，运输距离较长。一次运输采用铁路、公路或水路运输。

二次运输是把一次运输的设备、机械运到安装现场，一般运输距离较短。

3-47 滑轮组的花穿有什么作用？使用花穿滑轮组时应注意什么？

答：采用花穿方法，可以促使滑车组受力均匀，起吊平稳。

使用中应使动滑轮和静滑轮之间有足够的距离，以防止钢丝绳磨损滑轮护板。

3-48 滑车在使用中有哪些注意事项？

答：滑车在使用中应注意以下事项：

（1）严格遵照滑车出厂安全起重量使用，不允许超载。

（2）选用滑车时，滑轮直径大小、轮槽的宽窄应与配合使用的钢丝绳直径大小适合。

（3）滑车在使用前，应检查各部分是否良好。

（4）在受力方向变化较大的地方和高空作业中，不宜使用吊钩式滑车，应选用吊环式。用吊钩式滑车时，必须绑牢封口，以防脱钩。

（5）使用中应注意绳的牵引力方向和导向轮的位置是否正确，防止绳子脱槽、卡死。

3-49 吊钩的形式有哪些？各有什么优点？

答：吊钩的形式有双钩、单钩、吊环等。

单钩构造简单，使用方便，但受力条件没有双钩好，因双钩受力对称，构件材料能充分利用。吊环受力情况比单钩有利，当起重量相同时，吊环的质量较轻，但使用没单钩方便，只做固定吊具使用。

3-50 什么叫地锚？地锚有几种？

答：地锚又称地龙或锚锭，是用来固定卷扬机、导向滑车、运输拖拉滑车组及各种扒杆起重机的缆风绳等。

地锚可分为桩锚（又分埋设桩锚和打桩桩锚）、炮眼锚、坑锚、（又分挡水坑锚、无挡水坑锚和混凝土坑锚）。

3-51 地锚在设置和使用中应注意哪些事项？

答：地锚在设置和使用中应注意的事项有：

（1）根据土质情况按设计要求开挖土方和埋设，开挖的基槽要求工整。

（2）地锚的埋设地点要求平整、不积水。

（3）地锚只准在规定的方向受力。

（4）使用时应指定专人检查，如发现异常，应采取措施，以防发生事故。

（5）固定的结构物与建筑物，可以利用作为地锚，但必须经过核算，证明安全可靠才可利用。

3-52 怎样选择匀质细长杆件在单点和多点吊挂时的吊点位置？

答：（1）一个吊点。吊点位置应在距杆件上端的 $0.3L$ 处（L 为杆长度）。

（2）两个吊点。吊点分别在距杆件各端点的 $0.21L$ 处。

（3）三个吊点。其中两端的两个吊点位置距各端点的 $0.13L$ 处，而中间的一个吊点位置则在杆件的中心。

（4）四个吊点。两端的两个吊点在距各端点的 $0.095L$ 处，然后将两点距离三等分，即可得到中间两端点位置，距两端的吊点 $0.27L$ 处。

3-53 常用发电机定子的吊装方法有哪几种？

答：定子吊装方法有：

（1）加固改造桥式起重机的方法。

（2）设计制作专用吊笼加滑移方法。

（3）用双机抬吊法。

（4）用液压提升器的方法。

3-54 卷扬机在操作时应注意哪些事项？

答：（1）操作人员必须熟悉卷扬机的构造性能，并有一定的实际操作经

验。

（2）使用前，应检查卷扬机各部分机件转动是否灵活，制动装置是否可靠灵敏，各滑动部位是否有油。

（3）起吊重物时，应进行试吊，并应检查绳扣及物件捆绑是否结实、牢固可靠，卷扬机运转时，动作应平稳，严禁突然启动加速。

（4）操作人员应事先与指挥人员商定好指挥信号。

（5）卷扬机停止后，要切断电源，控制器放在零位，用保险闸制动刹紧。

第二部分

设备、结构及工作原理

第四章 汽轮机本体

4-1 什么叫螺栓的剩余应力?

答: 汽轮机高压汽缸螺栓在高温和较大应力作用下，螺栓经过规定的工作时间后，由于材料松弛和蠕变，部分弹性变形转化为塑性变形，使原来的初应力降低，其后所剩下的应力，叫剩余应力。

4-2 为什么在热松汽缸结合面大螺栓时，不允许使用烤把加热螺栓内孔?

答: 烤把火焰温度太高而又集中，容易发生偏斜，使螺栓内孔壁局部过热，甚至达到局部熔化状态，不仅使螺栓金属性能发生变化，而且会产生很大的热应力，从而产生裂纹甚至断裂，影响螺栓寿命和运行安全。

4-3 应当按什么原则确定松紧汽缸结合面螺栓的顺序?

答: 汽缸法兰结合面间隙主要是由于下汽缸自重产生垂弧而造成的，松紧汽缸螺栓。都应当从汽缸中部垂弧值最大，即间隙最大处开始，两侧对称地向前后顺序松或紧螺栓。用这样顺序紧螺栓，可将垂弧间隙赶向两端而消除，用这样顺序松螺栓，不至于造成垂弧间隙最大处的螺栓难以拆卸甚至损坏。

4-4 汽缸高温螺栓断裂的原因有哪些方面?

答:（1）热松或热紧螺栓时，工艺或操作不当，仅螺栓孔壁局部过热产生裂纹。

（2）螺栓材料有缺陷，例如元素偏析等。

（3）材料热处理不当，强度不合适或钢材热脆性显著。

（4）由于螺栓本身结构不合理或加工不当，存在应力集中现象。

（5）螺栓所受的附加应力过大。

（6）螺栓预紧力过大等。

4-5 为什么大机组高、中压缸采用双层缸结构?

答: 随着机组参数的提高，汽缸壁需要加厚，汽缸内、外壁温差则会增

大，很容易发生汽缸裂纹的问题。为了尽量使高、中压汽缸形状简单，节省优质钢，以减少热应力、热变形，对于高参数、大容量机组，不仅要采用多个汽缸，而且还要采用内、外分层汽缸。把汽轮机的某级抽汽通入内、外缸的夹层，使内、外缸所承受的压差、温差大大减小。多层缸可使汽缸厚度减薄，有利于汽轮机的快速启动。

4-6 为什么中间再热式机组只能采用一机配一炉的单元制系统?

答: 因中间再热的蒸汽压力是随负荷大小而变化的，故不能在几台再热机组间设置再热蒸汽母管，中间再热器又必须至少有8%～15%额定流量的蒸汽来冷却，故采用单元系统较合理。

4-7 运行中在什么情况下使汽轮机调节级的焓降达到最大值?

答: 第一个调速汽门刚刚开满，而第二个调速汽门因重叠度原因也已开始打开，但开度很小，此时调节级焓降达到最大值。因为第一个调速汽门全开时，调速级后汽室压力还处于较低状态，故第一喷嘴组压差最大，焓降值达到最大。随后，第二个调速汽门逐渐开大时，调速级后汽室压力逐渐升高，则使调节级的焓降逐渐减少。

4-8 汽缸内、外张口的变形大小与什么因素有关?

答: 与汽缸壁及法兰金属厚度和结构尺寸有关；与启停工况和投入法兰、螺栓加热的操作有关；与汽缸保温情况也有一定的关系；还和制造过程有关。

4-9 汽缸热补焊有什么特点?有什么缺点?

答: 采用与汽缸材料相同的焊条，用工频感应法加热，跟踪锤击、跟踪回火的方法解决补焊与汽缸变形的矛盾。只要工艺正确，它是一种较为可靠的方法。补焊时，要保持补焊部位温度在290℃左右，跟踪回水温度保持在700℃左右，因此工艺较冷焊复杂，焊工的工作条件比较恶劣。

4-10 转子的中心孔有什么作用?

答: 整锻转子由整体锻件加工而成，钻中心孔是为了便于检查锻件质量，并去掉转子大轴中心较差的材质，保证转子的强度。目前，随着冶金工业的发展，锻造技术有了很大提高，现在有部分整锻转子不再加工中心孔，也能保证质量和强度。

4-11 隔板在汽缸中的支撑和定位方法有哪几种?各适用于哪种隔板?

答: 隔板在汽缸中的支撑和定位方法有：

（1）销钉支撑定位。适用于低压铸造隔板。

（2）悬挂销和键支撑定位。广泛适用于高压隔板。

（3）异型悬挂销中分面支撑定位。适用于超高参数机组隔板。

4-12　旋转隔板的作用是什么？

答：通过调整回转轮与隔板之间对应孔上遮挡面积，来控制进入抽汽口后部各级的蒸汽量，以达到调节抽汽压力和抽汽流量的目的。

4-13　有部分隔板在进汽侧装的数个轴向销钉起什么作用？

答：因铸铁隔板长时间在高温下运行会发生蠕胀，使轮缘与凹槽卡涩或咬死，因此，装销钉，以减少轮缘与隔板套或汽缸凹槽在这一侧的接触面积，使拆装隔板时不易卡涩。

4-14　迷宫式汽封最常用的断面形式是哪两种？各有什么优、缺点？

答：有纵树形和梳齿形。

枞树形汽封的优点是结构紧凑，缺点是形状复杂、造价高，已被梳齿形汽封所取代。梳齿形汽封又分为汽封环梳齿式和轴上镶J形齿式两种，汽封环梳齿式的优点是结构简单，更换备件容易。但动静部分发生摩擦时，大轴易受弯曲，J形齿式汽封的优缺点与汽封环式恰恰相反。

4-15　发电机采用氢气冷却方式有什么优、缺点？

答：相对于空气冷却，氢气的导热性能好，因为它冷却效率高，氢气比重又小，故噪声低，风扇耗能低，可减少发电机尺寸（同容量相比）。

采用氢气冷却的缺点是，氢气一旦泄漏与空气混合到一定比例，则发生爆炸，对于氢气系统的严密性要求非常高。

4-16　汽封块背后的弹簧片有什么作用？

答：汽封块与汽封套之间空隙很大，装上弹簧片后，直弹簧被压成弧形，遂将汽封弧块弹性地压向转子轴心，保持汽轮机动静部分的标准间隙。一旦汽封块与转子发生摩擦时，使汽封块能进行弹性向外退让，减少摩擦的压力，防止大轴发生热弯曲。

4-17　汽轮机轴承如何分类？

答：汽轮机按作用分为支持轴承和推力轴承两种。

4-18　转子支持轴承有什么作用？

答：在支持轴承的轴瓦与轴颈的楔形空隙中建立油膜，支撑转子的质量，使转子转动摩擦阻力减少，并由支持轴承确定转子的径向位置。

4-19 转子推力轴承有什么作用？

答： 承受转子的正反两个方向的轴向推力，并作为转子的定位死点，膨胀时保持转子与汽缸的轴向位置不变，并通过调整工作瓦块及非工作瓦块与转子推力瓦之间的总间隙（即推力间隙）来确定转子的轴向串动量，保持转子在任何运行状态下，有一定的轴向移动范围。

4-20 转子支持轴承有哪几种结构形式？

答： 转子支持轴承结构形式主要有：

(1) 圆筒轴承。

(2) 椭圆轴承。

(3) 三油楔轴承。

(4) 可倾瓦轴承。

4-21 汽轮机在安装时，每个轴承专门配制的桥规有什么用途？

答： 用于测量轴颈的下沉值，用以监视下轴瓦轴承合金的磨损，轴瓦垫铁和垫片厚度变化的情况。测量时桥规两脚必须放在下轴承座结合面原始标记的位置上，用塞尺测量轴颈与桥规凸缘之间的间隙值，叠用塞尺不应超过3片。

4-22 圆筒形、椭圆形及三油楔瓦结构各有什么特点？

答： 它们的特点如下。

圆筒形瓦：轴瓦内孔成圆筒形，内径等于轴颈直径 D 加顶部间隙，而顶部间隙一般约为 $2D/1000$，两侧间隙各为 $D/1000$，下部修刮出与轴颈接触的区域。其接触角的大小，随轴瓦长度与轴颈之比值以及轴承负荷的大小有所不同，一般为60°左右。

椭圆形瓦：椭圆形轴瓦的顶部间隙约为 $D/1000$，两侧间隙各约为 $2D/1000$，即内孔上下直径是 $D+D/1000$；左右直径是 $D+2\times2D/1000$。

三油楔瓦：轴瓦两端的阻油边内孔为圆筒形，其半径稍比轴颈的半径大，使与轴颈在半径方向形成的间隙为0.001 2～0.001 5倍半径。内孔中开有三个油楔及三个进油口，每个油楔的楔形部分长与所占弧长之比约为2/3，楔深等于4/3～3/2油间隙。

这三种轴瓦以圆筒形轴瓦结构最简单；油量的消耗和摩擦损失都较小，但它只在下部形成一个楔形压力油膜，在高速轻载的条件下，油膜刚性差，容易引起振动。因此适于在重载低速的条件下使用。

椭圆形轴瓦下部和上部形成两个对称的楔形压力油膜，相互作用，使油膜刚度较好，在垂直方向的抗振性能强。虽然耗油与摩擦损失都比圆筒形轴瓦大，但在高压汽轮机中仍得到广泛的采用。

三油楔轴瓦的抗振性能就更为优越，不但在垂直方向上，而且在水平方向上都有较好的抗振性能。但其结构较复杂，制造及检修都比较困难。

4-23　轴瓦的球面支撑方式有什么优点？

答：球面支撑结构是将瓦枕内侧面和轴瓦壳体外侧面做成球面，互相配合，因而使轴瓦能随着轴的挠度而变化，自动调整瓦和轴的中心一致，使轴瓦与轴颈保持良好的接触，能在长度方向上均匀分配负荷。

4-24　轴瓦的高压油顶轴装置有什么作用？

答：在轴瓦下部开有两个顶轴油腔，启动盘车之前，利用顶轴油泵向顶轴油腔供入高压油，将轴顶起0.02～0.04mm，以降低转子启动时的摩擦力矩，为使用高速盘车、减少转子临时热弯曲创造条件，同时也减少轴瓦的磨损。

4-25　推力瓦块背面的摆动线的作用是什么？

答：瓦块背面由肋条或棱角形成的摆动线，将瓦块分成工作面积不同的两部分，运行中瓦块可以沿舞动线微量摆动，瓦块与推力盘面形成倾角，其间形成楔形油膜，又叫油楔，油楔产生的压力平衡转子的轴向推力。

4-26　推力间隙过大会造成什么后果？

答：若推力间隙过大，会在转子推力发生方向性改变时，增加通流部分的轴向间隙的变化，而且对非工作瓦块会产生过大的冲击力，使转子的轴向位置不稳定。有些机组因其调速系统结构特性原因，会造成调速器窜动，使负荷不稳。

4-27　多级汽轮机的轴向推力主要由哪些因素构成？

答：多级汽轮机的轴向推力，主要由以下因素构成：

(1) 动叶片在运行中由于存在反动度，使动叶片前后之间有压降，形成一定的轴向推力。

(2) 中轮前后的压力差在轮面上形成的轴向推力，特别是隔板汽封漏汽大时，使叶轮前后压差增大。

(3) 转子大轴上，汽封凸肩前后的压力差，形成一个轴向力。

(4) 转子具有阶梯结构时，轮毂前后压差形成的轴向推力。

4-28 为平衡汽轮机轴向推力，常采取哪些方式方法？

答：(1) 在叶轮上开设平衡孔。

(2) 采用平衡活塞结构或将前轴封套直径加大。

(3) 将高、中压缸布置成相反方向流动，低压缸采用分流结构等。

4-29 工作侧及非工作侧推力瓦各有什么作用？

答：在汽轮机转子推力盘的非推力侧，装有非工作推力瓦块，是为了承担急剧变工况时发生的反向推力，限制转子的轴向位移，防止产生动静部分相磨。

在汽轮机转子推力盘的推力侧，装有工作推力瓦块，是承担汽轮机正常运行时产生的正向推力，限制转子的轴向位移，防止产生动静部分相磨。

4-30 什么是可倾瓦？有什么优点？

答：滑动轴承中的一种液体动压轴承，由若干独立的能绕支点摆动的瓦块组成。按承受载荷的方向，可分为可倾瓦块径向轴承和可倾瓦块推力轴承。

可倾瓦块径向轴承工作时，借助润滑油膜的流体动压力作用在瓦面和轴颈表面间形成承载油楔，它使两表面完全脱离接触。油楔进口和出口处的油膜厚度之比称为间隙比，是影响瓦块承载能力的主要参数。与最大承载能力相应的间隙比称为最优间隙比，其值随瓦宽（瓦块的轴向尺寸）b 和瓦长 L 之比而定，大约在 2～3 之间变化。瓦块支点的位置应偏于油楔的出口，其值由间隙比确定。当间隙比为 2.2 时，支点距瓦块的进油边约为 $0.58L$。随着轴承工作状况的变化，瓦面倾斜度和油膜厚度都会发生变化，但间隙比不变，始终保持设计状态。这是可倾瓦块轴承优于其他成型面多油楔轴承之处。

可倾瓦块径向轴承的承载能力是各瓦块承载能力的向量和。因此，它比单油楔液体动压径向轴承的承载能力低，但回转精度高，稳定性能好，广泛用于高速轻载的机械中，如汽轮机和磨床等。瓦块数目一般为 3～6。瓦块的布置方式有载荷正对相邻瓦块支点之间和载荷正对某一瓦块支点两种。若载荷相同，后者轴的偏心率较小；若承受载荷最大的瓦面最小油膜厚度相同，前者承载能力高、功耗小、温升低。

4-31 密封瓦的作用是什么？

答：为防止发电机内部的氢气外漏，在发电机两端轴与静止部分之间设置密封瓦，中间通以连续不断的比氢气压力高的压力油流，阻止氢气外泄。

4-32 滑销系统的作用是什么?

答: 保证汽缸受热时能自由膨胀并保持汽缸与转子中心的一致。

4-33 怎样判断汽缸的膨胀死点?

答: 在滑销系统中，低压汽缸与金属台板之间所设的横销中心连接线与汽轮机的轴承箱、排汽室、基础台板之间，所设的纵销中心线的交点，就是汽缸的膨胀死点。

4-34 汽轮机常见盘车装置有哪几种?

答: 盘车装置按照驱动方式可分为手动盘车和自动盘车两种，自动盘车又可分为电动盘车、液动盘车、气动盘车三种；按照结构可以分为螺旋杆盘车和摆动齿轮盘车两种；按照盘车的转速又可分为高速盘车和低速盘车两种，高速盘车的转速为 40、61.5、65r/min，低速盘车的转速为 4.10、4.25r/min。

4-35 盘车装置一般包括哪几部分?

答: 盘车装置一般包括：驱动装置、减速装置、回转装置、润滑部分。

第五章　汽轮机调速系统

5-1　汽轮机调速系统的任务是什么？

答： 汽轮机调速系统的基本任务是：在外界负荷变化时，及时地调节汽轮机的功率以满足用户用电量变化的需要，同时保证汽轮发电机组的工作转速在正常允许范围之内。

5-2　调速系统一般应满足哪些要求？

答： 调速系统应满足如下要求：

(1) 当主汽门全开时，能维持空负荷运行。

(2) 由满负荷突降到零负荷时，能使汽轮机转速保持在危急保安器（ETS 保护）动作转速以下。

(3) 当增、减负荷时，调速系统应动作平稳、无晃动现象。

(4) 当危急保安器（ETS 保护）动作后，应保证高、中压主汽门，调速汽门迅速关闭。

(5) 调速系统速度变动率应满足要求（一般在 4%～6%），迟缓率越小越好，一般应在 0.5%以下。

5-3　汽轮机调速系统一般由哪几个机构组成？

答： 汽轮机的调速系统根据其动作过程，一般由转速感受机构、传动放大机构、执行机构、反馈装置等组成。

5-4　汽轮机调速系统各组成机构的作用分别是什么？

答： 汽轮机调速系统的组成机构的作用如下：

(1) 转速感受机构。感受汽轮机转速变化，并将其变换成位移变化或油压变化的信号送至传动放大机构。按其原理分为机械式、液压式、电子式三大类。

(2) 传动放大机构。放大转速感受机构的输出信号，并将其传递给执行机构。

(3) 执行机构。通常由调速汽门和传动机构两部分组成。根据传动放大机构的输出信号，改变汽轮机的进汽量。

（4）反馈装置。为保持调节的稳定，调速系统必须设有反馈装置，使某一机构的输出信号对输入信号进行反向调节，这样才能使调节过程稳定。反馈一般有动态反馈和静态反馈两种。

5-5 电磁超速保护装置的结构是怎样的?

答: 电磁超速保护装置的结构有两种形式。

一种是上半部为电磁铁，下半部为套筒和滑阀，在正常运行中滑阀将放大器来的二次油堵住，当电磁铁动作时滑阀芯杆上移，将二次油从回油孔排掉。

另一种是电磁加速器控制阀（简称电磁阀）。上部为电磁铁，下部为控制活塞，正常运行时活塞将校正器和放大器来油与高、中压油动机油路接通。当电磁铁动作时，活塞将校正器和放大器的来油口关闭，而将高、中压油动机的油路与排油接通，使高、中压调速汽门同时关闭。当电磁阀线圈电源中断后，靠弹力和重力使活塞下落，校正油压和二次油压重又恢复，使高、中压调速汽门恢复到较低位置的开度。

5-6 电液调节系统的基本工作原理是怎样的?

答: 电液调节装置是一个以转速信号作为反馈的调节系统。转速信号来自安装在汽轮机轴端的磁阻发送器（或测速发电机），将被测轴的转速转换成相应的频率电信号，线性地转换成电压输出，通过运算放大器与转速给定值综合比较，并将其差值放大。这一代表转速偏差的电量又在下一级运算放大器中与同步器给出的电压偏量综合，然后作为电液调节的总输出。经过电液转换器将这一输出电量线性地转换成油压量。最后由控制执行机构——高、中压油动机改变高、中压调速汽门开度，对汽轮机转速进行自动调节。

5-7 汽轮机为什么必须有保护装置?

答: 为了保证汽轮机设备的安全，防止设备损坏事故的发生，除了要求调速系统动作可靠以外，还应该具有必要的保护装置，以便汽轮机遇到调速系统失灵或其他事故时，能及时动作，迅速停机，避免造成设备损坏等事故。

保护装置本身应特别可靠，并且汽轮机容量越大，造成事故的危害越严重，因此对保护装置的可靠性要求就越高。

5-8 汽轮机轴向位移保护装置起什么作用?

答: 汽轮机转子与定子之间的轴向间隙很小，当转子的轴向推力过大，致使推力轴承乌金熔化时，转子将产生不允许的轴向位移，造成动静部分摩

擦，导致设备严重损坏事故，因此汽轮机都装有轴向位移保护装置。其作用是：当轴向位移达到一定数值时，发出报警信号；当轴向位移达到危险值时，保护装置动作，切断汽轮机进汽，停机。

5-9 低油压保护装置的作用是什么？

答： 润滑油油压过低，将导致润滑油膜破坏，不但要损坏轴瓦，而且造成动静之间摩擦等恶性事故，因此，在汽轮机的油系统中都装有润滑油低油压保护装置。

低油压保护装置一般具有以下作用：

(1) 润滑油压低于正常要求数值时，首先发出信号，提醒运行人员注意并及时采取措施。

(2) 油压继续下降到某数值时，自动投入备用油泵（备用交流润滑油泵和直流油泵），以提高油压。

(3) 备用油泵投入后，油压仍继续下降到某一数值应掉闸停机。

5-10 低真空保护装置的作用是什么？

答： 汽轮机运行中真空降低，不仅会影响汽轮机的出力和降低热经济性，而且真空降低过多还会因排汽温度过高和轴向推力增加影响汽轮机安全，因此大功率的汽轮机均装有低真空保护装置。

当真空降低到一定数值时，发出报警信号，真空降至规定的极限时，能自动停机。以保护汽轮机免受损坏。

5-11 汽轮机设置保安系统的原因及组成是什么？

答： 为了保证汽轮机设备安全运行，防止设备损坏事故发生，除调速系统动作正确、可靠外，还必须设置一些必要的保护装置，以便在汽轮机遇到调速系统失灵或其他异常事故时，能及时动作，切断汽轮机的进汽，迅速停机。保护装置必须特别可靠，特别是大功率汽轮机组，对保护装置的可靠性要求更高。

汽轮机保安系统由主汽门、超速保护装置、轴向位移保护装置、低油压保护装置、低真空保护装置、抽汽止回门液压自动关闭机构、防止保安部套卡涩的保护装置、轴承及推力轴承油温保护装置等组成。

5-12 危急保安器有哪两种形式？

答： 按结构特点不同，危急保安器可分为飞锤式和飞环式两种。

5-13 飞锤式危急保安器的结构和动作过程是怎样的？

答： 飞锤式危急保安器装在主轴前端纵向孔内，由飞锤、外壳、弹簧和调整螺母等组成。飞锤的重心和旋转中心偏离 6.5mm，所以又称偏心飞锤。飞锤被弹簧压住，在转速低于动作转速时，弹簧力大于离心力，飞锤不动。当转速高于飞出转速时，飞锤离心力大于弹簧力，飞锤向外飞出。飞锤一旦动作，偏心距将随之增大，离心力随之增加，所以飞锤必然加速走完全部行程。飞锤的行程由限位衬套的凸肩限制，正常情况下，全行程为 6mm。飞锤飞出后打击脱扣杠杆，使危急遮断油门动作，关闭主汽门和调速汽门，切断汽轮机进汽，使汽轮机迅速停机。

在汽轮机转速降至某一转速时，飞锤离心力小于弹簧力，飞锤在弹簧力的作用下，回到原来位置，这个转速称为复位转速，一般复位转速在 3050r/min 左右。

飞锤的动作转速，可通过改变弹簧的初紧力加以调整，转动调整螺母使导向衬套移动，就能改变弹簧的初紧力。

5-14 飞环式危急保安器与飞锤式危急保安器在结构上有什么不同?

答: 飞环式危急保安器和飞锤式危急保安器主要不同之处就是用一个套在汽轮机主轴上的具有偏心质量的飞环代替偏心飞锤。当汽轮机转速升高到动作转速时，偏心环的离心力克服弹簧力而向外飞出。飞环的飞出转速也可以通过调整螺母改变弹簧力来调整。

5-15 危急遮断器的种类及动作原理是怎样的?

答: 按结构特点不同，危急保安器可分为飞锤式和飞环式两种。它们的工作原理完全相同。其基本原理是当汽轮机转速达到危急保安器规定的动作转速时，飞锤（或飞环）飞出，打击脱扣杆件，使危急遮断滑阀（危急遮油门）动作，关闭自动主汽门和调速汽门，使汽轮机迅速停机。

5-16 危急遮断器杠杆的作用、结构与工作原理是怎样的?

答:（1）危急遮断器杠杆的作用。它在危急遮断器与危急遮断器滑阀间起传递信号的桥梁作用。在机组超速时，它能把危急遮断器飞锤击出的信号传给危急遮断器滑阀，实现停机；在机组正常运行时，为了做危急遮断器的某一飞锤的喷油击出试验，而且又不允许将该飞锤的击出信号传给危急遮断器滑阀，这时它又起隔离信号的作用。

（2）危急遮断器杠杆的结构与工作原理。危急遮断器杠杆的结构见图 5-1。其动作原理如下：杠杆 2 用销钉与连动杆连为一体，它们能在壳体上两个轴承内灵活转动和串动。杠杆 2 有两根，分别连 1 号飞锤及危急遮断器滑阀和 2 号飞锤及危急遮断器滑阀。当机组超速到危急遮断器动作转速时，任

何一个飞锤击出，都可使杠杆转动，杠杆另一端压下危急遮断器滑阀导致停机。

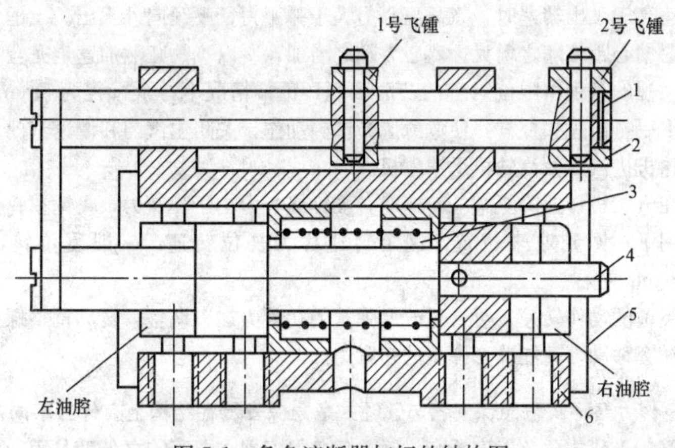

图 5-1 危急遮断器杠杆的结构图

1—联动杆；2—杠杆；3—弹簧；4—阀轴；5—套筒；6—壳体

5-17 危急遮断器滑阀结构及工作原理是怎样的？

答：图 5-2 所示为东方汽轮机厂生产的危急遮断器滑阀结构。它主要由大滑阀 1、小滑阀 6 及弹簧 2 等组成，套筒 3 上油口由上到下第一挡油口为挂闸油口，与启动阀相通；压力油经 $\phi8$ 节流孔、启动阀、危急遮断器滑阀上第二、三挡油口进入遮断转换阀下部，形成安全油路。第四挡油口为排油口，第五挡油口通中间继动滑阀下部的二次脉动油，第六挡油口通附加保安油路。

机组启动前，大滑阀 1 下部承受附加保安油压，对大滑阀有向上作用力。而大滑阀 1 上部承受启动阀来的挂闸油压作用力，大滑阀 1 在上、下压差的作用下，上升到上限点位置，即工作点位置。当危急遮断器动作时，杠杆将小滑阀 6 压下，压力油进入 A 室，大滑阀在新的油压差作用下落下，通过其排油口将高、中压主汽门油动机脉动油（通过遮断转换阀）和中间继动滑阀下的二次脉动油泄掉，从而迅速关闭高、中压主汽门和调速汽门，实现停机。B 室为附加保安油，它受辅助超速遮断阀、轴向位移遮断阀、手动遮断阀和电磁遮断阀的控制。当上述任一项保护动作时，B 室附加保安油压迅速跌落，从而使大滑阀 1 落下，实现停机。

图 5-3 所示为上海汽轮机厂生产的 N300 机组的危急遮断错油门，它主要由拉钩 1、活塞 2、弹簧 3、油门外壳 4 等组成。

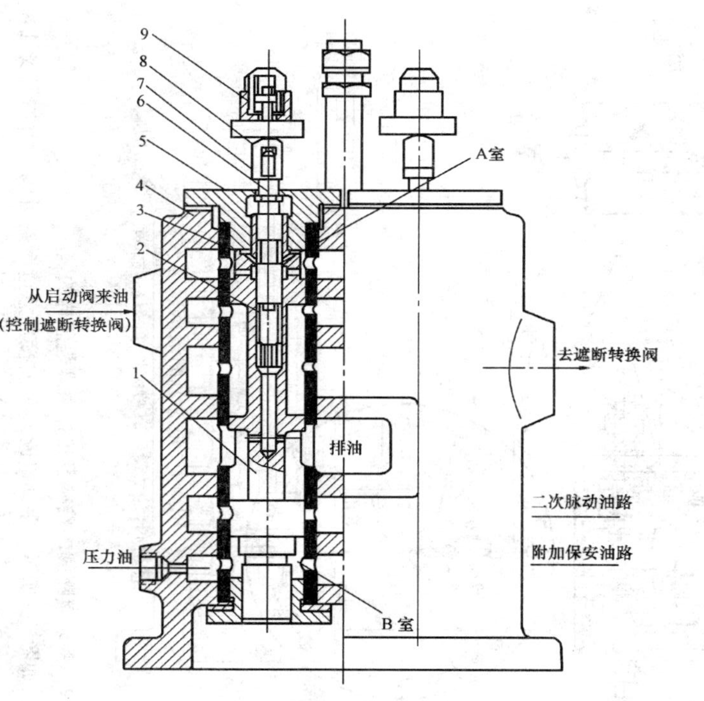

图 5-2 危急遮断器滑阀

1—大滑阀；2—弹簧；3—套筒；4—阀体；5—阀盖；6—小滑阀；7—垫圈；8—罩螺母；9—限位块

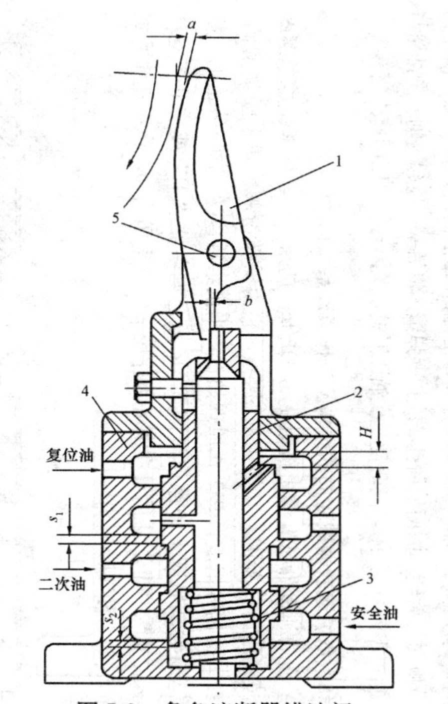

图 5-3 危急遮断器错油门

1—拉钩；2—活塞；3—弹簧；4—油门外壳；5—销轴；s_1、s_2—活塞对油口的过封度；H—油门活塞的工作行程

当危急遮断器的飞锤或偏心环动作后，打击在错油门的拉钩1上，使拉钩绕销轴5顺时针旋转，因而使活塞2脱扣，弹簧3将活塞2顶起，则安全油路与回油接通，使主汽门关闭，同时使二次油压泄去，关闭高、中压调速汽门。

5-18 危急遮断器试验阀的结构及工作原理是怎样的?

答：危急遮断器试验阀是机组在3000r/min的条件下，用来做危急遮断器飞锤喷油压出试验的。其结构见图5-4，它由操作滑阀、两个喷油滑阀、操作旋钮、插销等组成。其工作原理如下：当机组转速达3000r/min时，操作危急遮断器试验阀上的操作滑阀3，向危急遮断器“Ⅰ”或“Ⅱ”室喷油，进入“Ⅰ”、“Ⅱ”室的油在离心力作用下，产生压力p，作用在1号或2号飞锤底部，使飞锤压出。

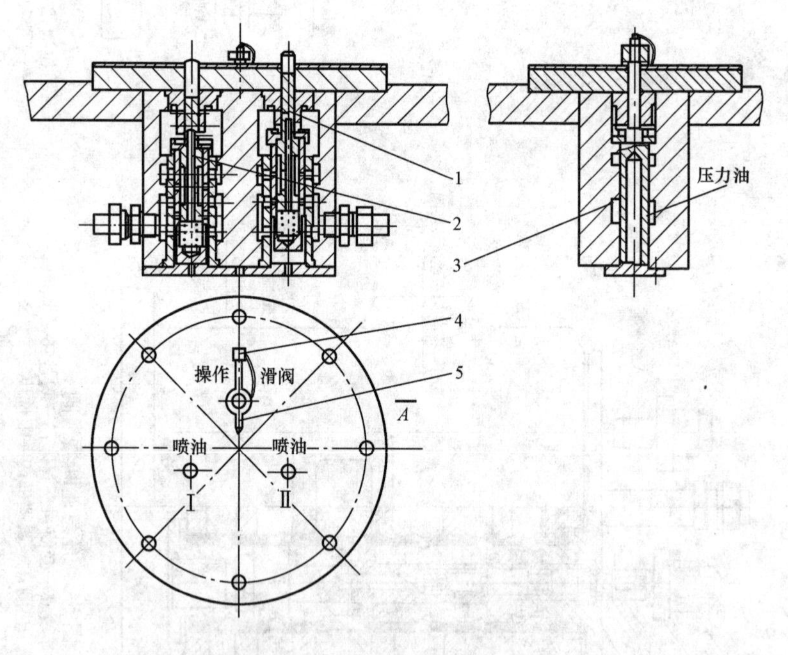

图5-4 危急遮断器试验阀

1、2—两个喷油滑阀；3—操作滑阀；4—插销；5—操作滑阀上的旋钮

5-19 手动遮断阀的结构及工作原理是怎样的?

答：如图5-5所示，手动遮断阀来油接危急遮断器滑阀下附加保安油，

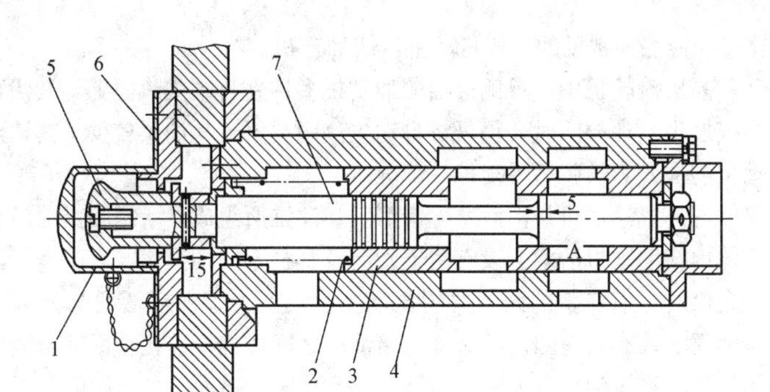

图 5-5 手动遮断阀

1—罩；2—弹簧；3—套筒；4—壳体；5—按钮；6—法兰；7—轴

排油去前轴承箱。

手动遮断阀的动作过程是用手将按钮 5 按入前箱，使其达到极限点。A 油口打开，排油迅速泄至前轴承箱，危急遮断器滑阀动作，从而关闭主汽门和调速汽门，实现停机。

5-20 电磁遮断阀的作用是什么？

答：电磁遮断阀的作用是快速泄掉危急遮断器滑阀下的附加保安油，使危急遮断器滑阀动作，从而关闭主汽门和调速汽门。

5-21 自动主汽门的作用是什么？

答：自动主汽门的作用是在汽轮机保护装置动作后，迅速切断汽轮机的进汽而停机。自动主汽门应动作迅速、关闭严密，从保护装置动作到自动主汽门全关的时间应不大于 0.5～0.8s，对大功率机组应不大于 0.6s。调速汽门全开的条件下，自动主汽门全关后，机组转速应能降到规定转速以下（有些机组规定此转速为 1000r/min 左右）。

自动主汽门分为操纵油动机和阀门两部分，其开启与关闭都是靠压力油的建立与消失来完成的。用于控制自动主汽门开闭的压力油叫安全油。

5-22 自动主汽门油动机的结构、种类及工作原理是怎样的？

答：自动主汽门油动机一般多用单侧进油油动机，即油动机靠油压推动活塞来开启汽门，而关闭汽门则依靠活塞上部的弹簧力来完成。在关闭阀门时不需要高压油，因此耗油量少。但单侧进油油动机也有其缺点，即提升力较小，因为提升阀门时，高压油的作用力有一部分要用来克服弹簧力。

图 5-6 为三种常见的高压自动主汽门油动机。

现代高压汽轮机中，单侧进油的油动机多用在自动主汽门上，其优点是当油系统发生断油故障时，仍可将自动主汽门关严，耗油量较少。其缺点在于油动机的提升力被弹簧平衡掉一部分。

单侧进油式油动机是由活塞、错油门、油缸所组成。活塞和错油门装在一个壳体内。油动机活塞上设有两个旋向及直径不同的弹簧。当弹簧下油压降到一定值时，借弹簧的张力关闭自动主汽门。为了保证活塞与油缸的密封，在活塞上装有密封圈。活塞杆与错油门之间以杠杆连接，活塞下油压由错油门控制。当错油门下油压升高到 0.8MPa 时，错油门处于中间位置。油压升高时，油进入活塞下部使油动机上移，当错油门下油压降低时，使错油门下移，此时活塞上、下移动时通过反馈杠杆使错油门回到中间位置，油动

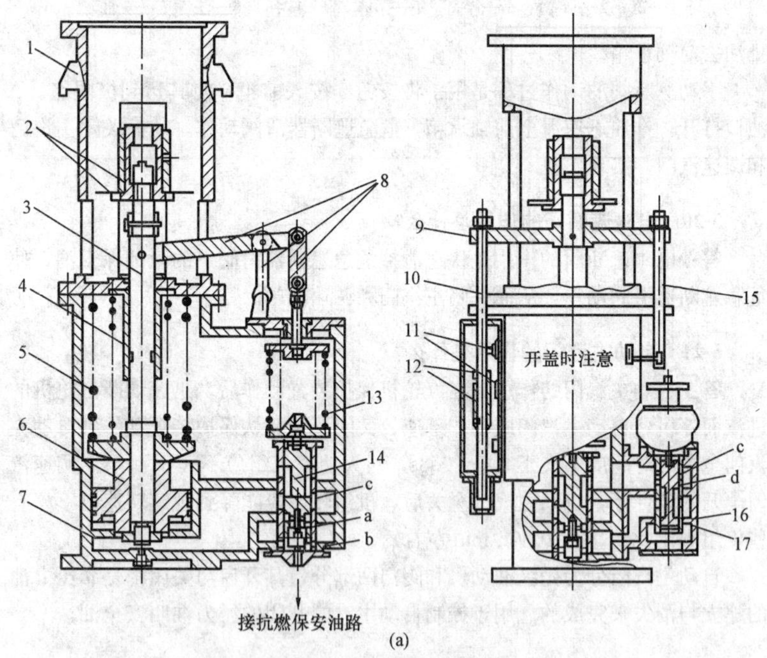

图 5-6 高压自动主汽门油动机（一）

(a) 第一种高压自动主汽门油动机

1—下横梁；2—下部限位环；3—套筒；4—节流孔；5—操作滑阀；6—小滑阀；7—手轮；8—上部限位环；9—回复杠杆；10—特制螺帽；11—压紧环；12—导向杆套；13—小弹簧；14—大弹簧；15—活塞杆；16—活塞；17—活塞环

a—下部油口；b—壳体；c—上部油口；d—滑阀

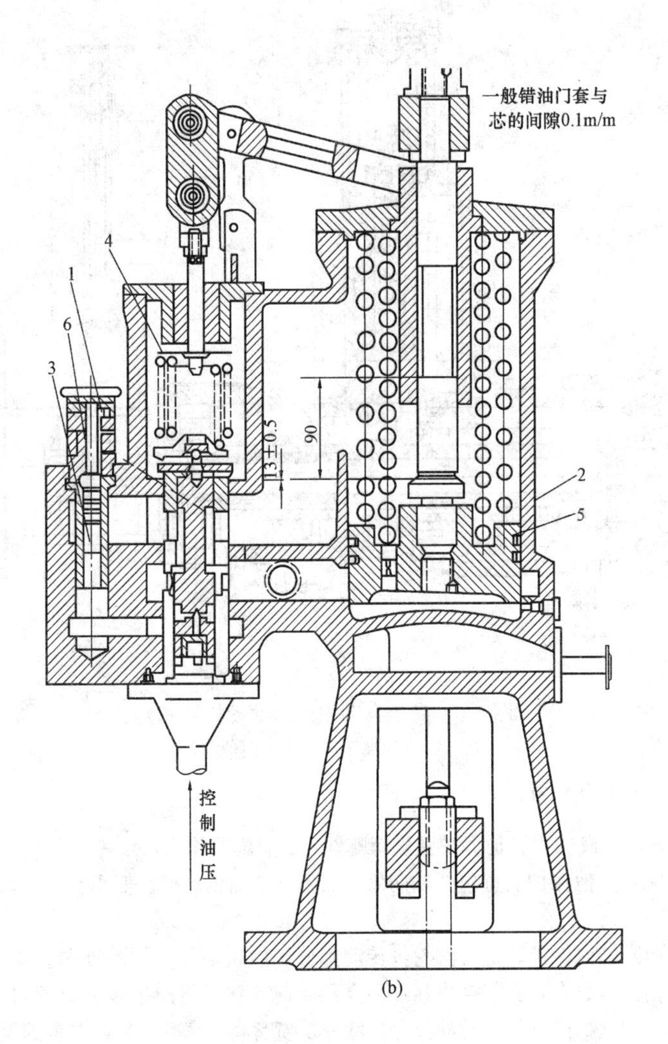

图 5-6　高压自动主汽门油动机（二）

(b) 第二种高压自动主汽门油动机

1—手轮；2—壳体；3—滑阀；4—弹簧；5—活塞；6—试验阀

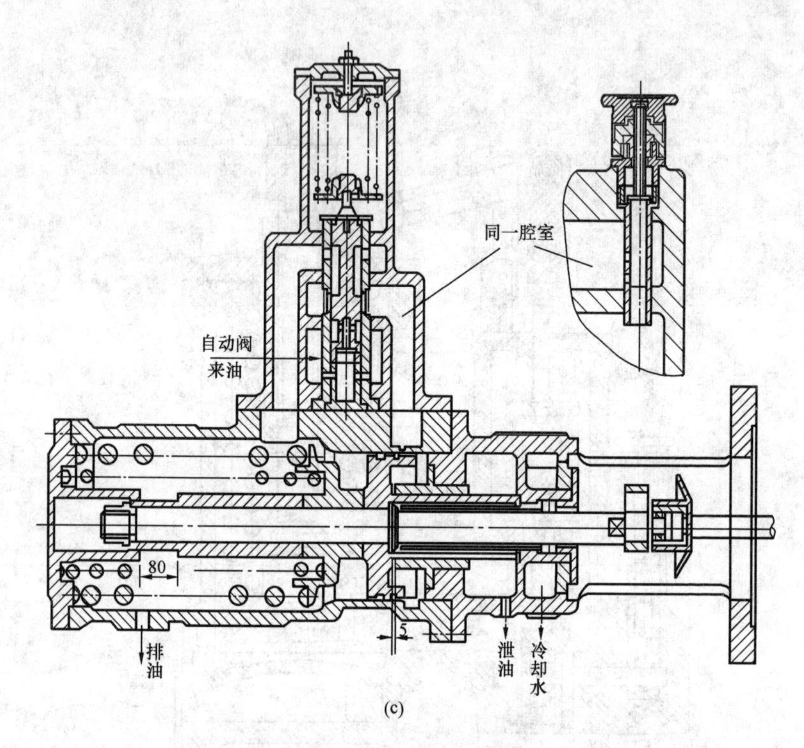

图 5-6 高压自动主汽门油动机（三）

（c）第三种高压自动主汽门油动机

机停留在新的位置上。

5-23 汽轮机其他保护装置有哪些？各有哪些作用？

答：其他保护装置包括轴向保护装置、低油压保护、低真空保护。作用如下：

（1）轴向保护装置。汽轮机转动部分和静止部分之间的轴向间隙很小。当轴向推力过大，引起推力瓦片乌金熔化时，转子将产生较大的轴向串动，这将引起汽缸内汽封、动静部分、叶片及喷嘴间的摩擦，造成严重的设备损坏。为了防止这种严重事故的发生，汽轮机设有轴向位移保护装置。轴向位移保护装置有液压式和电气式。

（2）低油压保护。润滑油压过低时，会使汽轮机轴承不能正常工作，严重时将会使轴瓦乌金熔化，大轴发生位移，造成动静摩擦等恶性事故。因此润滑油系统都设有低油压保护装置。

低油压保护装置一般应具有以下功能：

1）油压降低至一定数值时，启动交流润滑油泵，以提高润滑油压。

2）油压继续降低至一定数值时，启动直流润滑油泵。

3）当油压再继续降低至一定数值时，停止盘车或使保安系统动作停机。

(3) 低真空保护。汽轮机排汽的真空降低，不但使汽轮机的出力减少和经济性下降，而且还会造成轴向推力的增大、排汽温度的升高以及振动增大等威胁机组安全运行的异常事故。所以大功率汽轮机都设有低真空保护装置，当真空下降到某一数值时，发出信号。真空继续下降到允许的极限值时，保护装置动作，关闭自动主汽门和调速汽门，实现停机。

5-24 抗燃油新油的质量标准有哪些?

答: 抗燃油新油的质量标准见表 5-1。

表 5-1 抗燃油新油的质量标准表

项　　目	高压抗燃油	试验方法
外观	透明	DL/T 429.1—1991《电力系统油质试验方法——透明度测定法》
颜色	淡黄	DL/T 429.2—1991《电力系统油质试验方法——颜色测定法》
密度（20℃，g/cm^3）	1.13～1.17	GB/T 1884—2000《原油和液体石油产品密度实验室测定法（密度计法）》
运动黏度（40℃，mm^2/s）	37.9～44.3	GB 265—1988《石油产品运动黏度测定法和动力黏度计算法》
凝点（℃）	≤−18	GB 510—1983《石油产品凝点测定法》
闪点（℃）	≥240	GB/T 3536—2008《油石产品闪点和燃点的测定　克利夫兰开口杯法》
自燃点（℃）	≥530	DL/T 706—1999《电厂用抗燃油自燃点测定方法》
颗粒度污染 NAS1638 分级	≤7	DL/T 432—2007《电力用油颗粒污染度测量方法》

续表

项 目	高压抗燃油	试 验 方 法
水分（%，m/m）	≤0.1	GB 7600—1987《运行中变压器油中水分含量测定法（库仑法）》
酸值（mgKOH/g）	≤0.08	GB/T 1668—2008《增塑剂酸值及酸度的测量》
氯含量（%，m/m）	≤0.005	DL 433—1992《抗燃油中汞含量测定方法（氧弹法）》
泡沫特性（24℃，mL）	≤25	GB/T 12579—2002《润滑油泡沫特性测定法》
电阻率（20℃，Ω·cm）	≥5.0×10^9	DL 421—2009《电力用油体积电阻率测定法》

5-25 机组在运行中对抗燃油质量标准有哪些要求?

答：机组运行中抗燃油质量标准见表5-2。

表5-2 机组运行中抗燃油质量标准表

项 目	高压抗燃油	试验方法
外观	透明	DL 429.1—1991
颜色	橘红	DL 429.2—1991
密度（20℃，g/cm^3）	1.13～1.17	GB/T 1884—2000
运动黏度（40℃，mm^2/s）	37.9～44.3	GB 265—1988
凝点（℃）	≤−18	GB 510—1983
闪点（℃）	≥240	GB 3536—2008
自燃点（℃）	≥530	DL/T 706—1999
颗粒度污染NAS1638分级	≤6	DL/T 432—2007
水分（%，m/m）	≤0.1	GB 7600—1987
酸值（mgKOH/g）	≤0.20	GB/T 1668—2008
氯含量（%，m/m）	≤0.010	DL 433—1992
泡沫特性（24℃，mL）	≤200	GB/T 12579—2002
电阻率（20℃，Ω·cm）	≥5.0×10^9	DL 421—2009

5-26　抗燃油指标控制有哪些要求和标准?

答: 抗燃油指标控制的要求和标准如下:

(1) 酸度指标控制。高酸度会导致抗燃油产生沉淀、起泡以及空气间隔等问题。应严密监视抗燃油酸度指标,每月进行一次检测和一次外置式滤油机滤油。当酸度指标达到0.1~0.2mgKOH/g时,投再生装置(按再生装置投运规程进行),并每周进行一次检测和一次外置式滤油机滤油;当酸度指标超过0.5mgKOH/g时,使用再生装置(硅藻土滤芯)很难使酸度指标下降到正常值,建议更换新油。在未更换新油之前,要每周进行两次检测和两次外置式滤油机滤油,严密监视抗燃油酸度的变化情况,以便及时采取措施。

(2) 黏度指标控制。抗燃油的黏度指标是比较稳定的,只有当抗燃油中混入了其他液体,它的黏度才发生变化。所以说,监视抗燃油的黏度是为了监视污染。正常情况下每一个月检测一次,当黏度发生变化时,要每周进行一次检测。

(3) 含水量控制。由于磷酸酯的水解趋势,水是引起它分解的最主要的原因。水解所产生的酸性产物又催化产生进一步的水解,促进敏感部件的腐蚀和/或侵蚀。当含水量正常(≤0.1%)时,每月进行一次检测和一次外置式滤油机滤油。当含水量不是很大(>0.1%)时,可使用过滤介质吸附或在油箱的通气孔上装带干燥剂的过滤器,同时每周进行两次检测和两次外置式滤油机滤油。

(4) 颗粒度指标控制。抗燃油中的固体颗粒主要来源于外部污染及内部零件的磨损,包括不正确的冲洗和经常更换过滤滤芯。抗燃油中颗粒度指标过高,会引起控制元件卡涩、节流孔堵塞及加速液压元件的磨损等,油中的固体颗粒还会加快抗燃油的老化。所以说,油中的颗粒度指标对整个系统影响很大,应严格加以控制。应每月检测一次。通常采取如下措施来控制抗燃油的颗粒污染:

1) 在系统中合理地布置过滤器。

2) 新油过滤合格后才能加入到系统中。

3) 经常开起滤油泵旁路滤油。

注意:每次更换过滤器滤芯后应装上冲洗板进行油冲洗。

4) 抗燃油颗粒度分级标准见表5-3。

(5) 电阻率指标控制。抗燃油高电阻率可帮助防止由电化学腐蚀引起的伺服阀损坏。要保持高的电阻率,需做到:

1) 保持抗燃油在好的工作环境中运行。

表 5-3　　NAS1638 的油颗粒度（清洁度）分级标准表

分级 （颗粒度/100mL）	颗粒度尺寸（μm）				
	5～15	15～25	25～50	50～100	>100
00	125	22	4	1	0
0	250	44	8	2	0
1	500	89	16	3	1
2	1000	178	32	6	1
3	2000	356	63	11	2
4	4000	712	216	22	4
5	8000	1425	253	45	8
6	16 000	2850	506	90	16
7	32 000	5700	1012	180	32
8	64 000	11 400	2025	360	64
9	128 000	22 800	4050	720	128
10	256 000	45 600	8100	1440	256
11	512 000	91 200	16 200	2880	512
12	1 024 000	182 400	32 400	5670	1024

2）经常更换滤芯。

3）防止矿物油和冷却水对抗燃油的污染。

抗燃油电阻率正常时要每一个月检测一次和进行一次外置式滤油机滤油。当抗燃油电阻率小于 5×10^9 时，要每周检测一次和进行一次外置式滤油机滤油。

（6）含氯量指标控制。高氯含量会加速引起伺服阀电化学腐蚀。要防止氯污染，需做到：

1）使用高品质的抗燃油。

2）不可使用含氯溶剂去清洗系统部件。

3）系统新安装或检修过的设备，在注入抗燃油运行前，必须经过抗燃油冲洗，油质检验指标全部合格后，方可投入使用。

抗燃油含氯量正常时要每 6 个月检测一次，当抗燃油含氯量大于 0.010%（m/m）时要每一个月检测一次和进行两次外置式滤油机滤油。

（7）外观检查。抗燃油颜色的变化是油质改变的综合反映，当油液出现老化、水解、沉淀等现象时，油液的颜色会变深。新油表现为浅黄色，并澄清透明，当颜色表现为深棕色时，可能表示油质已经老化。

5-27　数字式电液调节系统（DEH）的作用及工作原理有哪些？

答：新设计的大型汽轮机大多采用数字式电液调节系统（digital electrohydraulic)，如我国引进美国西屋公司技术生产的300MW汽轮机采用了西屋公司的“WDPF（美国西屋电气公司的分布式计算机网络控制系统)”。

DEH控制系统是对汽轮发电机组实现闭环控制的数字式电液调节控制系统。汽轮发电机组是被控对象。在启动阶段，DEH系统先后通过高压缸的主汽门和调速汽门来控制机组按要求的方式进行升速，直至并网。如果机组配有旁路系统，在启动时旁路系统投入运行，那么由中压缸调速汽门进行调节控制汽轮机升速至一定转速再切换至高压主汽门控制。在正常运行时，DEH系统是通过高压调速汽门来控制机组的输出功率。当电网部分甩负荷时，DEH系统中压缸调速汽门执行快速关闭和开启来保护电网的稳定。当发电机主油开关跳闸时，DEH系统控制中压缸调速汽门的开启或关闭来防止机组超速，并由高压调速汽门来控制转速，维持机组在规定转速下空载运行。为了实现上述功能，DEH系统必须获得机组运行的有关信息。这些信息包括汽轮机转速信号、发电机输出功率信号和代表汽轮机负荷的调节级压力信号。这三个信号用来作为转速和负荷控制的反馈信号。此外，还有主汽压力、励磁机开关状态信号、再热蒸汽压力等反映机组运行状态的信息。主汽门、主调速汽门和中压调速汽门的液动执行机构是由一套高压油系统来驱动的。高压油系统是由两台互为备用的电动油泵及减压阀建立一定的油压。在正常运行情况下，它根据DEH的控制信号来调整主汽门或调速汽门的开度。

当出现危急状态时，通过自动停机跳闸电磁阀来泄掉有关的驱动油实现紧急停机。自动停机跳闸（保安油）母管是通过节流阀与高压油系统相连接的。另外，它又通过一个常闭隔膜阀与机械超速和手动跳闸母管相连接。后者的油压是由主压力润滑油系统经过节流建立的。一旦出现机械超速的跳闸时，该母管压力就降低，使常闭隔膜阀打开，泄掉自动停机跳闸母管的压力，使汽轮机停机。自动停机跳闸母管上还装有电磁阀，可接受电气跳闸信号。这些随机出现的跳闸信号有凝汽器真空低、轴承油压低、推力轴承磨损(窜轴保护)、电液调节系统油压低、汽轮机超速10%以及用户需要的其他跳闸保护信号。其中任一跳闸信号出现均可使汽轮机停机。此外，超速保护控制器动作时，仅关闭高、中压调速汽门而自动停机，跳闸母管的油压不变，使高、中压主汽门处于开启状态。

5-28　DEH系统的主要组成部分有哪些？

答：DEH数字电液调节控制系统由以下几个主要部分组成，如图5-7所示。

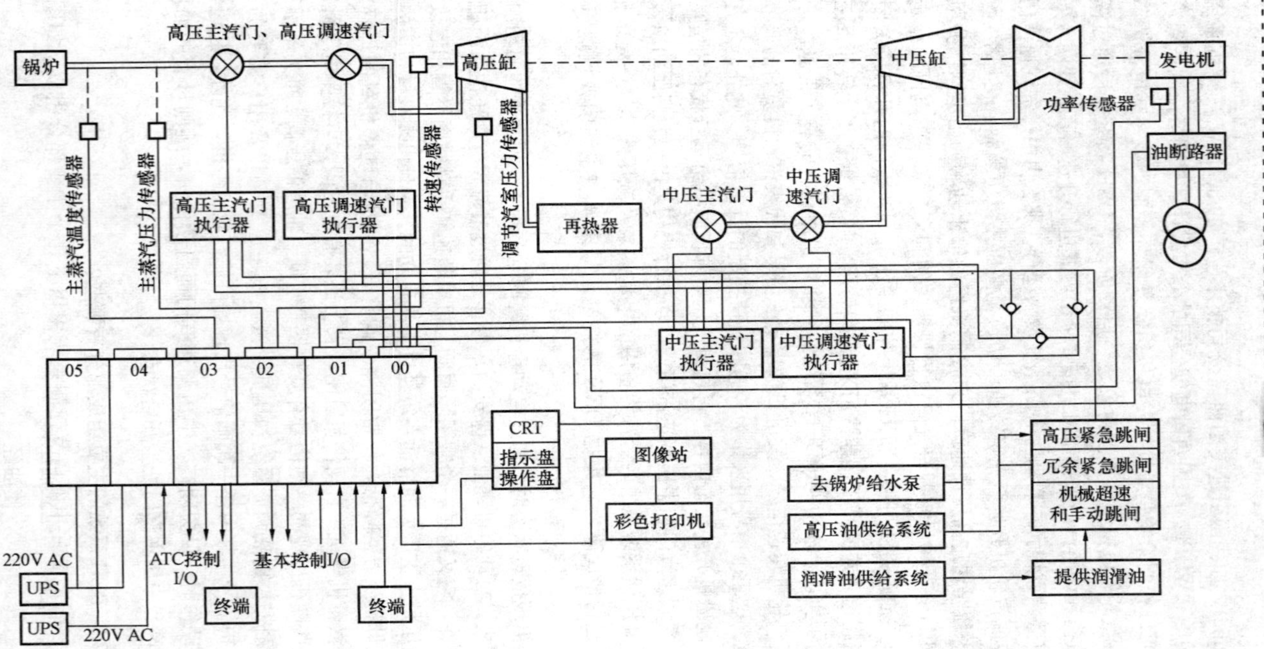

图 5-7 300MW 数字电液（DEH）控制系统

(1) 电子控制器柜。电子控制器是将转速或负荷的给定值和汽轮机各反馈信号进行基本运算，并发出控制各汽门伺服执行机构的输出信。

(2) 操作盘、屏幕（CRT）和打印机。操作盘布置在控制室内，是机组控制中心，盘上有指示信号灯、按钮及在线指示汽轮机各变量的数字显示器，如转速给定、功率给定、汽门位置、汽门阀位限制和升负荷率等。

运行人员可通过各按钮改变电子控制器的输入给定值，以改变机组转速和负荷。通过屏幕，运行人员可以观察故障报警、汽轮机信息以及诸参数，如压力、温度等。

(3) 蒸汽门伺服执行机构，见图 5-8。

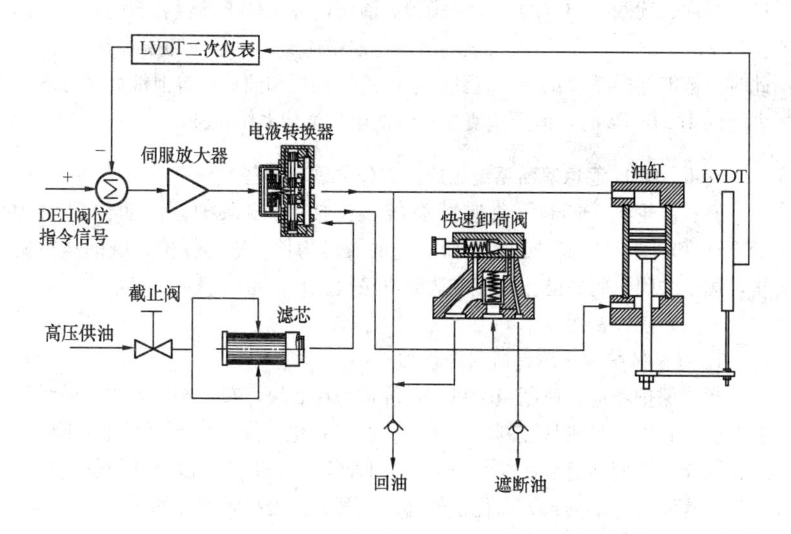

图 5-8 高中压调速汽门伺服机构原理示意图

各个蒸汽门的位置是由各自的执行机构来控制的，一个汽门配置一个油动机，其开启由抗燃油压力驱动，而关闭靠弹簧力。液压油缸是与一个控制组块连接，每个控制块上安装有隔离阀、泄油阀、止回阀及电液伺服阀。

一般再热主汽门和再热调速汽门仅要求全开或全关（具有旁路系统时，再热调速汽门也需进行比例调节）。

高压抗燃油经节流孔流入油动机活塞下部腔室，该腔室内的油压由一个副阀控制的泄油阀调节。当汽轮机控制系统复位后，副阀控制的泄油阀关闭，使该腔室重新建立油压，开启再热主汽门和再热调速汽门。试验用电磁阀可以打开泄油阀，使油经节流管道泄放，从而慢慢关下汽门。

主汽门和调速汽门的执行机构可以控制相应的汽门开启和汽轮机进汽量。执行机构有一个电液伺服阀和一个线性电压位移变送器 LVDT，高压油经过 10μm 的滤网供给电液伺服阀，该伺服阀接受伺服放大器来的阀位信号，从而控制执行机构。LVDT 输出一个表示阀位的模拟信号，反馈到伺服放大器，组成一个闭环回路。

5-29 EH 供油系统的组成及工作过程有哪些?

答: 如图 5-9 所示，EH 供油系统由油箱、油泵、控制组件、冷油器、滤网、蓄能器、泄压阀、溢油阀及油管路等组成。油泵出来的抗燃油经 EH 控制组件、滤网、卸压阀、止回阀和溢油阀，进入高压母管和蓄能器。当油压达 14.5MPa 时，卸压阀将泵的出口与油箱连通，油泵在卸压状态下工作，此时由蓄能器向系统供油，直到由于电液转换器和油动机等泄油而使母管压力降到 1.24MPa 时，泄压阀复位，泵的出口油向系统供油。

5-30 DEH 危急遮断系统组成及工作原理有哪些?

答: 汽轮机 DEH 危急遮断系统，包括 OPC 保护、自动停机脱扣(ETS) 和机械超速保护三大系统，它的液压构件，称为保护系统的执行机构，用于关闭汽阀并防止超速或遮断汽轮机。

一、系统设备组成

1. 超速保护和危急遮断组合机构

超速保护和危急遮断组合机构，统称为控制块，布置在汽轮机前轴承箱的右侧，其主要组成是控制块壳体、2 个 OPC 电磁阀、4 个 AST 电磁阀和 2 个止回阀，它们均组装在控制块上，为 OPC 和 AST 总管以及其他管件提供接口，这种组合结构大大简化了外部连接管道而提高了整体的可靠性，同时也有结构紧凑的特点。

(1) 超速保护电磁阀（OPC，2 个）。该阀由 DEH 调节器 OPC 系统所控制。机组正常运行中，该阀是关闭的，切断了 OPC 总管的泄油通道，使高压和中压调速汽门油动机活塞的下腔能建立起油压，起正常的调节作用。当 OPC 系统动作，例如转速达到 103%额定转速时，该电磁阀被激励通道信号打开，使 OPC 总管泄去安全油，快速卸载阀随之打开，并泄去油动机动力油，使高压缸和中压缸的调速汽门关闭。

(2) 危急遮断电磁阀（AST，4 个）。该阀受 ETS 系统所控制。机组正常运行时，它们也是关闭的，切断了自动停机时危急遮断总管上高压油的泄油通道，使所有主汽门的调速汽门油动机的下腔室能建立油压，行使正常控制的任务。当被测参数有遮断请求时，该电磁阀打开，使遮

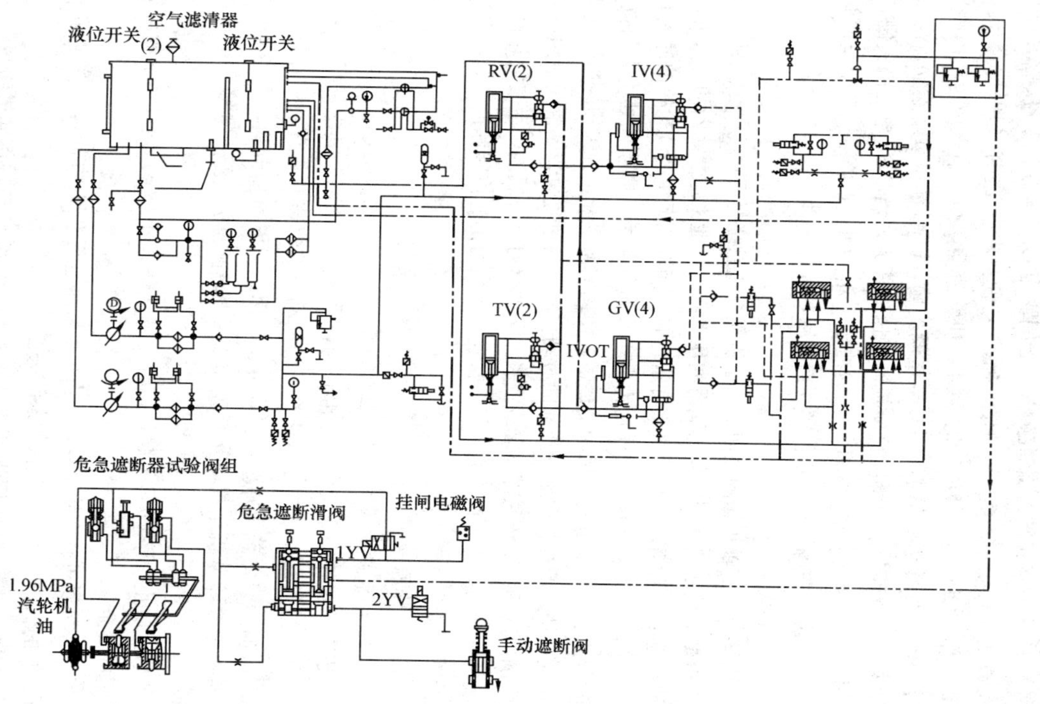

图 5-9　200MW 汽轮机高压纯电调液压调节保安系统供油装置原理图

断总管迅速泄油，通过快速卸载阀，关闭所有的主汽门和调速汽门，实行紧急停机。

(3) 止回阀（2个）。止回阀即逆止阀，分别安装在自动停机危急遮断油路AST和超速保护控制油路OPC之间。当OPC电磁阀激励、AST电磁阀失励时，单向阀维持AST油路的油压，使高、中压主汽门保持全开。当OPC动作，OPC电磁阀激励时，OPC油管泄油，高、中压调速汽门关闭，待转速降低到额定转速时，OPC电磁阀失励，OPC油压重新建立，高、中压调速汽门重新打开，继续行使控制转速的任务。当AST电磁阀失励，即使OPC电磁阀激励时，AST油路的油压下降，OPC油路通过2个止回阀的油压也下降，关闭所有的进汽阀和抽汽阀，进行停机。

2. 隔膜阀

该阀装在前轴承箱的侧面，用于机械超速系统与ETS系统的动作联系，其作用是机械超速系统动作、润滑油压下降时，泄去危急遮断油总管上的安全油，遮断汽轮机。当汽轮机正常运行时，润滑油系统的汽轮机油通入阀盖内隔膜阀的上部腔室中，其作用力大于弹簧约束力，隔膜阀处于关闭位置，切断危急遮断油总管通向回油的通道，使调节系统能正常工作。当机械超速机构或手动遮断杠杆分别动作或同时动作时，通过危急遮断滑阀泄油，可使该范围内的润滑油压局部下降或消失，压弹簧打开隔膜闪，泄去危急遮断总管上的安全油，通过快速卸载阀，快速关闭所有的进汽阀和抽汽阀，实行紧急停机。

二、工作原理

1. OPC电磁阀的连接及其工作原理

超速保护控制系统的2个电磁阀，采用并联回路，其中只要有一路动作，便可通过高压和中压调速汽门的油动机的快速卸载阀，释放油动机内的控制油，快速关闭调速汽门，防止超速。何时重新开启，是由DEH调节器根据故障分析结果，然后发出指令来进行的。这种连接方法可以做到：

(1) 防止一路OPC不起作用时，另一路仍可工作，确保系统的可靠和机组的安全。

(2) 可以进行在线试验，即当1个回路进行在线试验时，另一回路仍具有连续的保护功能，避免保护系统失控。

OPC电磁阀只对DEH调节器来的信号产生响应，例如机组负荷下跌，引起机组突然升速，或其他原因使机组超速达到103%时，由DEH调节器对电磁阀发出指令，通过快速卸载阀，把高、中压调速汽门油动机内的控制油泄去，从而关闭调速汽门，防止继续超速而引起 AST 电磁阀的动作。与此同时，止回阀的逆止作用，保证 AST 遮断总管不会泄油，使各主汽门仍保持在全开状态。在各调速汽门关闭后，待机组的转速下降，DEH 调节器重新发出指令关闭 OPC 电磁阀，OPC 总管建立油压，调速汽门才能恢复控制任务。该方法可避免机组停机，减少重新启动的损失，节约时间，间接地提高了电厂运行的热经济性。

2. AST 电磁的连接及其工作原理

自动停机脱扣系统（ETS），可以认为是 OPC 的上一层保护，因为此时要涉及停机，所以要求更加可靠和准确地工作，为此，AST 电磁阀采用串联混合连接系统。

(1) 串联油路中四个 AST 电磁阀中的任何一路动作，都可以进行停机；而任何一个电磁阀误动作，也不会引起错误停机。

(2) 并联油路中，任何一个奇数号电磁阀和任何一个偶数号电磁阀动作，系统都可以顺序或交叉动作并停机。

这样，由于采取了双路双阀门的顺序或交叉连接系统，不仅确保系统的动作可靠，而且当任何一个阀门不动作或做在线试验时，系统仍然具有保护功能。换言之，该系统只有在一对奇数号或偶数号电磁阀都不起作用的双重故障下，保护系统才会失效，这种机会显然极小。

综观前面所述，从液压系统看 AST4 个电磁阀为混合串联、并联连接系统，而从继电器控制逻辑系统看又是双通道系统，因此，可使保护系统中的任意一个电气或液压元件发生故障时，都保证系统能可靠地工作，而且误动作的可能性也减至最小。

5-31 功频电液调节的特点是什么？

答：功能电液调节的特点如下：

(1) 提高了机组动态响应性能。由于中间再热机组在负荷变化时，中、低压缸有较大的功率滞后，如果此时根据实发功率与给定功率信号差作为控制依据，就能使高压调速汽门比较快地开启或关闭，因而消除了中间容积滞后的影响，较好地进行动态过调。

(2) 可以减少甩负荷时动态超速。对于一般调节系统来说，由于只有转速控制信号，甩负荷后，转速若不升高到 $(1+\delta)^n$，则功率就不会减到零。采用测功信号，当全甩负荷时，若同时切除给定功率信号，则汽轮机调速汽门很快关闭。汽轮机实发功率迅速降到零，这时实际转速与给定转速之差 $K\ (n_s-n_g)$ 迅速减少到零，减小了汽轮机动态升速。

注：δ为转速升速系数；n为额定转速；K为功率系数；n_s为实际转速；n_g为给定转速。

(3) 启动方便，转速调节精确度可达到1～2r/min，并可根据启动要求，改变升速率，转速稳定，便于并网及实现自动。

(4) 正常运行时负荷稳定，有较好的抗内扰能力，可较精确地按照机组静态特性参与一次调频。

(5) 综合能力强，便于集中控制，易于实现机炉联合控制，为电站自动化及计算机控制创造了条件。

5-32 伺服阀的工作原理是什么？

答：伺服阀又称电液转换器，它将控制输出信号转换成液压信号，是EH油系统的核心部件，它由一个力矩马达和两级液压扩大及机械反馈系统组成，如图5-10所示。当有电信号输入时，伺服阀力矩马达中的电磁铁线圈中就有电流通过，产生一旋转力矩使衔铁旋转，带动与之相连的挡板转动，此挡板伸到两个喷嘴中间。正常情况下，挡板两侧与喷嘴的距离相等，使两侧喷嘴的泄油面积相等，喷嘴两侧油压相等。当有电信号输入，衔铁带动挡板转动，挡板移近一只喷嘴，使这只喷嘴的泄油面积变小，流量变小，喷嘴前油压变高，对侧则相反，这样就将电信号转变为机械位移信号，最终转变为油压信号，并通过喷嘴挡板系统将信号放大。挡板两侧喷嘴前油压与下部滑阀的两腔室相同，两端油压差使滑阀移动，并由滑阀上的凸肩控制的油口开启或关闭，以控制高压油通向油动机活塞下腔，克服弹簧力，打开阀门，或将活塞下腔通向回油，关小阀门。伺服阀中还设置了反馈弹簧，并设

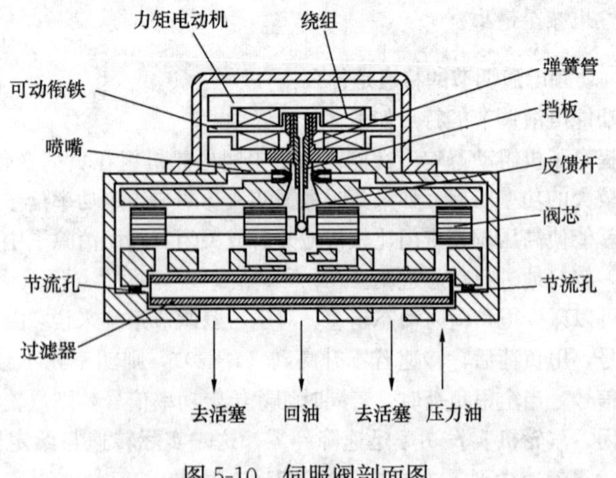

图5-10 伺服阀剖面图

有机械偏零，在失去电信号时，滑阀偏向一侧，使阀门关闭。

5-33　快速卸荷阀的动作过程是什么？

答：快速卸荷阀安装在油动机液压块上，当机组紧急停机或危急脱扣装置动作时，危急遮断油失压，滑阀上移，压力油与回油导通，使得油动机下腔的压力油经卸荷阀回油快速释放，这时不论伺服放大器输出的信号大小，在阀门弹簧力的作用下，均使阀门关闭。

5-34　AST 电磁阀的动作过程是什么？

答：正常情况下，四只电磁阀被通电励磁关闭，当电磁阀失电打开时，首先泄去由压力油，经节流孔提供的先导控制油压，使得主阀后移，遮断油口被打开，泄去危急遮断油，导致蒸汽阀门关闭，汽轮机停机。四只电磁阀是串并联布置，有多重保护功能，每个通道中至少须一只电磁阀打开，才会导致停机。同时也提高了系统的可靠性，四只电磁阀中任意一只损坏或拒动均不会引起停机，见图 5-11。

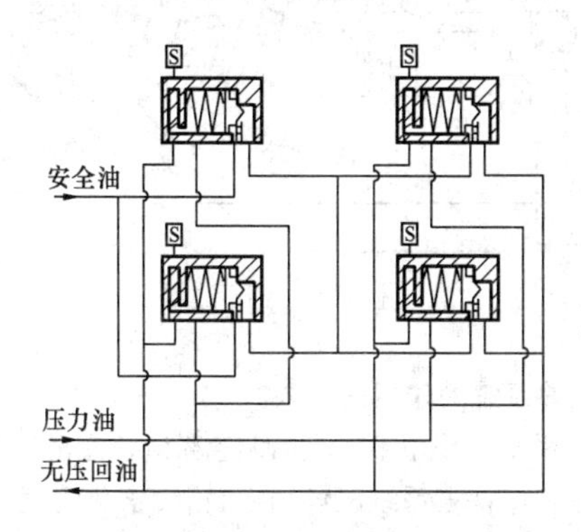

图 5-11　AST 电磁阀

5-35　EH 油泵的工作原理有哪些？

答：EH 油泵为恒压变量柱塞泵，它恒定的压力输出是通过出口压力变化，反馈调节实现的。调节装置分为两部分：调节阀和推动机构。调节阀装于泵的上部，感受泵出口压力变化并转化成推动机构的推力；推动机构在泵体内部，调节阀输出的压力信号变化将转化为斜盘倾角变化，活塞产生的推力克服弹簧力决定泵斜盘倾角，使泵的输出压力发生变化，其结构如图 5-12 所示。

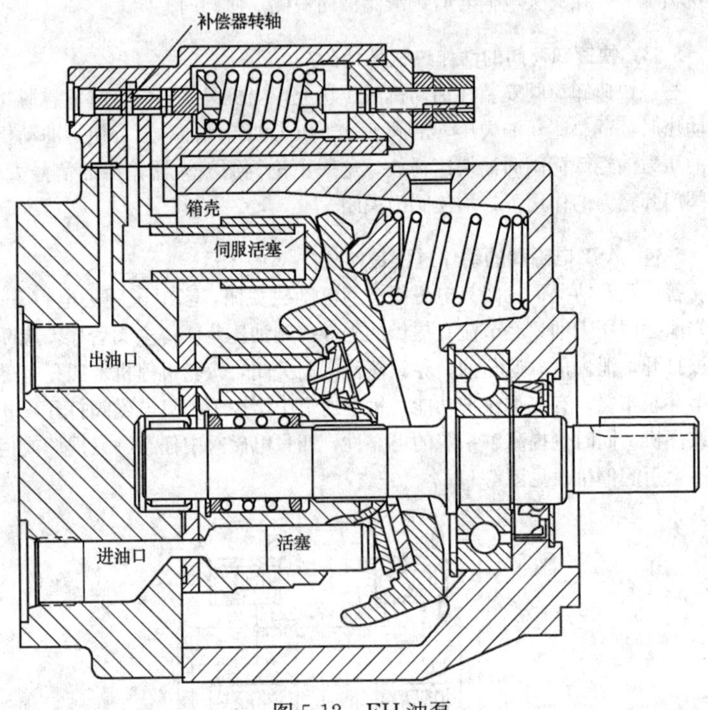

图 5-12 EH 油泵

5-36 汽轮机油系统的作用是什么?

答: 汽轮机油系统的作用主要是向调速系统、润滑油系统、密封油系统不间断供油，保证机组保安系统、各轴瓦润滑、冷却用油，及发电机密封瓦正常工作用油，确保机组在正常运行参数范围要求内正常运行。

5-37 汽轮机供油系统的作用有哪些?

答: 汽轮机供油系统的作用如下：

(1) 向汽轮发电机组各轴承提供润滑油。

(2) 向调节保安系统提供压力油。

(3) 启动和停机时向盘车装置和顶轴装置供油。

(4) 对有些采用氢冷的发电机，向氢气环式密封瓦的空气侧和氢气侧提供密封油。

油系统必需在任何情况下都能保证实现上述要求，即不论在机组正常运行时，还是在启动、停机、事故甚至当厂用电停止时，都应能确保供油。对于高速旋转的机组，哪怕是短暂时间（如几秒钟）的供油中断也会引起重大事故。首先是轴承的巴氏合金因中断冷却而熔化，机组的转子失去支撑，动静部分将发生严重磨损。而调节系统断油，整台机组将失去控制。发电机氢密封系统如因断油而造成氢气泄漏，则容易引起爆炸。因此，保证供油系统的正常工作对机组的安全至关重要。

随着科学技术的不断发展，汽轮机越来越向大容量、高参数方向发展。大功率机组一般都采用抗燃油作为调节保安系统的工作油。

5-38 汽轮机润滑油供油系统的组成及作用有哪些?

答：本系统采用汽轮机转子直接驱动的主油泵——射油器供油方式，如图 5-13 所示，主要用来供给汽轮发电机组润滑油及调节保安部套用的压力油。

本系统部套主要有：集装式油箱、射油器、主油泵及其联轴器、油烟分离器、排烟风机、高压启动油泵、交流润滑油泵、直流润滑油泵、溢油阀、冷油器、套装油管路、油氢分离器等设备。

机组正常运行时，由主油泵提供压力油，通过套装油管路进入集装油箱内的供油管道内后，分成三路：一部分作为 1 号（供油）射油器的动力油，该射油器的出口油向主油泵提供进口油，中间分流一小部分向 3 号（氢密封）射油器提供吸入油；第二部分作为 2 号（润滑）射油器的动力油，2 号射油器出口的油经冷油器冷却后，通过润滑油母管向机组轴承提供润滑油以及向顶轴油泵提供进口油；第三部分向调节、保安系统及 3 号射油器输送动力油。

5-39 汽轮机密封油供油系统的组成及作用有哪些?

答：汽轮机密封油供油系统主要由空气侧密封油泵（交、直流油泵各一台）、氢气侧密封油泵、射油器、氢压控制站、密封油箱、油氢分离器、密封油冷油器、排氢风机、油封筒等设备组成。其作用是一方面供给发电机密封瓦用油，防止氢气外漏；另一方面分离出油中的氢气、空气和水蒸气，起净化油的作用。如图 5-14 所示。

密封油系统的回油管一般直径较大，但回油量并不多，其目的是使油回到油管时，利用油管空间使油中的一部分氢气分离出来。

油氢分离箱是油的净化装置，有的油氢分离箱还设有专门的真空泵，将箱内抽成真空。油流入该箱内，由于压力极低，使油中的氢气、空气分离出来，水分蒸发，然后抽出，排往大气。

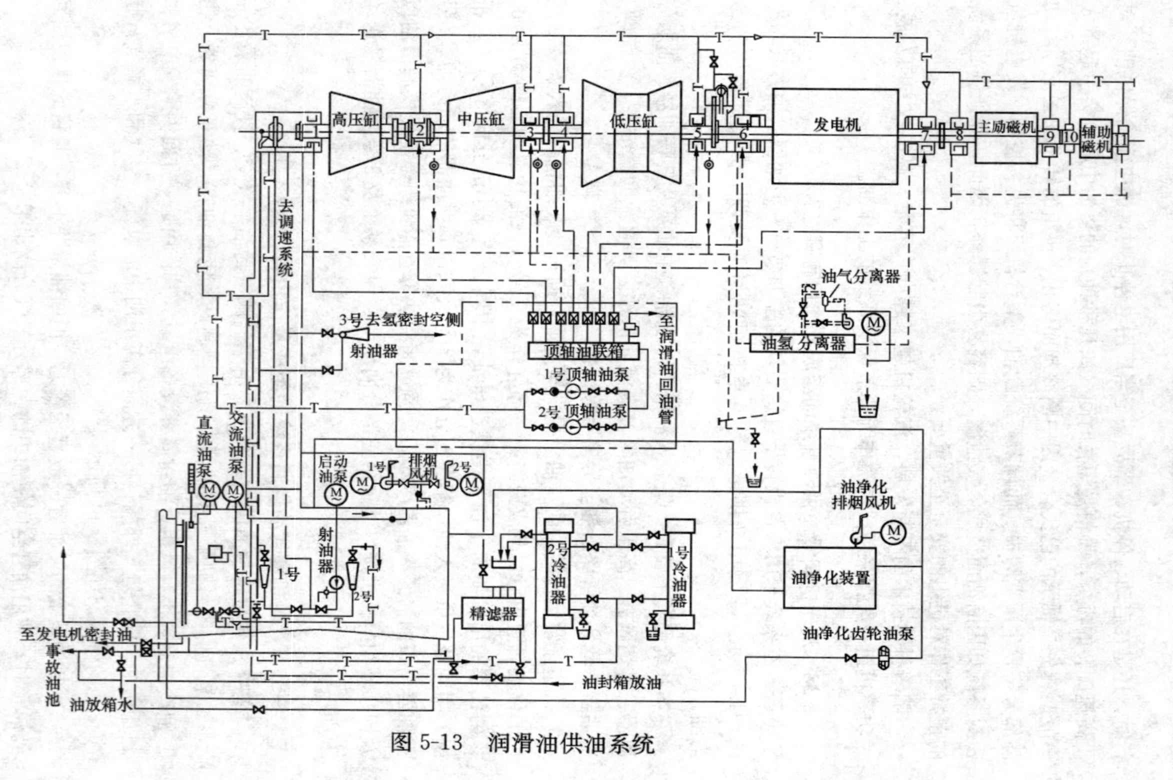

图 5-13 润滑油供油系统

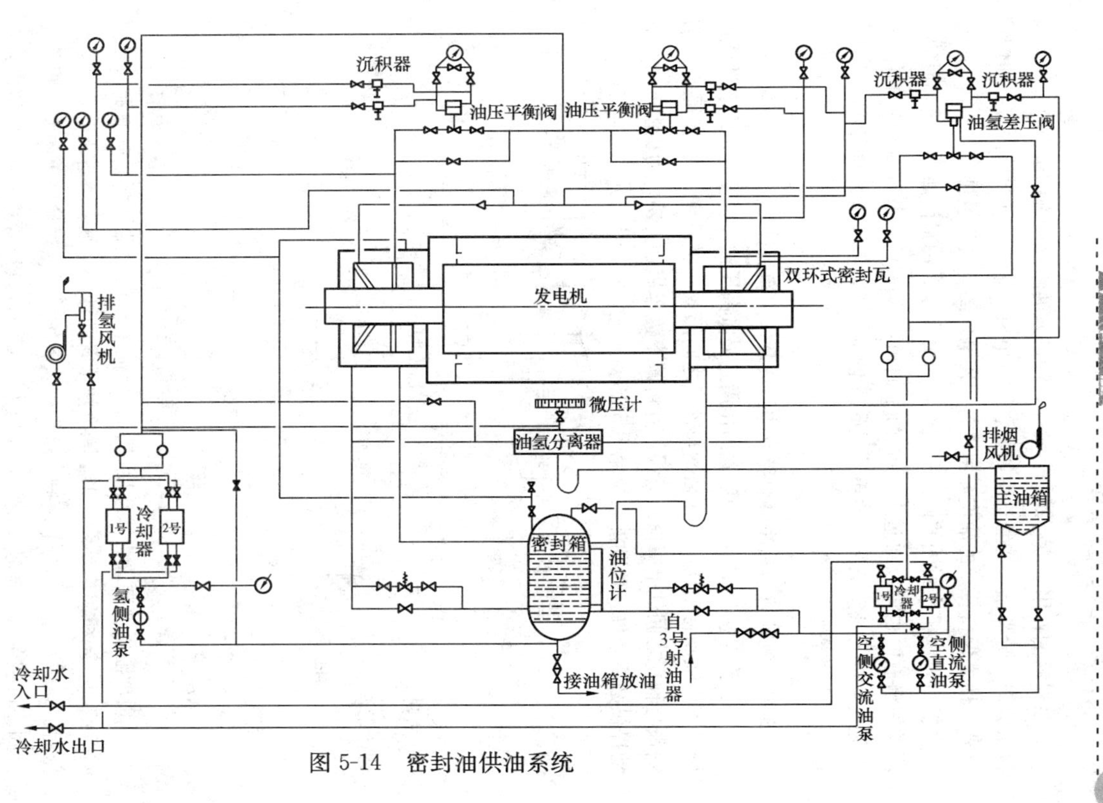

图 5-14 密封油供油系统

油封筒的作用一般有两个：第一，油进入油封筒后进一步扩容，使氢气再次分离，分离出来的氢气由回氢管回发电机。第二，油封筒内装有油位调整器，使之保持一定的油位，用以封住发电机的氢气不至排走。

氢冷发电机密封油的回油一般经油氢分离箱、油封筒回主油箱，但油封筒发生事故时也可以通过U形管回主油箱，这里U形管起到密封的作用，以免发电机的氢气被压人油箱。但此时必须注意，氢气压力的高低，不能超过U形管的密封能力。

5-40 汽轮机顶轴油供油装置的组成及作用有哪些？

答：汽轮机顶轴油供油装置的作用是提供高压油，以便在机组启动或停机过程中强制将轴顶起，在轴颈与轴瓦之间形成一层很薄油膜，消除转子各轴颈与轴瓦之间的干摩擦及磨损，并可减小盘车启动力矩，为机组的盘车启动提供必要条件。顶轴油系统见图5-15。

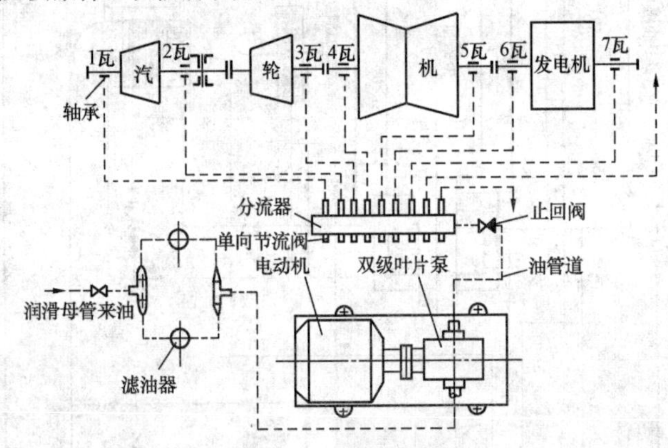

图5-15 顶轴油系统图

顶轴油供油装置由双级叶片泵、单向节流阀、溢流阀、滤油器、分离器等组成。当机组启动前，来自润滑油母管的油经滤油器后进入叶片泵，升压后进入分流器、单向节流阀，最后进入各轴承，通过调整单向节流阀及溢流阀，可控制进入各轴承的流量及压力，使轴承顶起高度在合理的范围内。

5-41 主油泵的常用形式及作用是什么？

答：汽轮机的主油泵多数采用离心油泵，泵和主轴连接，又和弹性调速器、脉冲泵、旋转阻尼等调速部件连接在一起。主要用途是提供调节保安系统用油及射油器的动力油，使用介质为润滑油。

5-42 主油泵的结构组成有几种？

答：主油泵的结构主要有双侧进油和单侧进油两种。

（1）双侧进油的主油泵。如图 5-16 所示，双侧进油的离心式主油泵由泵壳、前后轴瓦、泵转子、空心轴、工作轮、上盖、前后密封环组成。

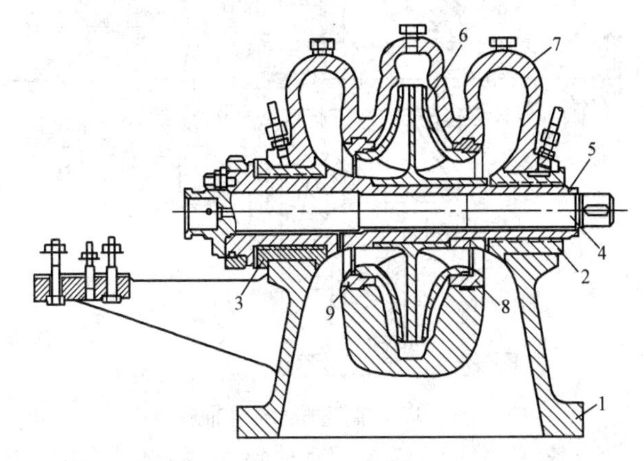

图 5-16 双侧进油的主油泵

1—泵壳；2、3—前后轴瓦；4—泵转子；5—空心轴；6—工作轮；7—上盖；8、9—前后密封环

（2）单侧进油的主油泵。单侧进油的主油泵见图 5-17，它由泵体 1、密封环 2、叶轮 3、旋转阻尼密封环 4、油封环 5 等组成。该主油泵为悬臂式，与主轴成刚性连接，无支持轴承。

5-43 主油箱的作用及对油箱的要求有哪些？

答：主油箱是用钢板焊成的容器，它的作用除储存和过滤油以外，还担负着分离油中水分、沉淀物和空气的作用，为此主油箱底部作成斜面，以便将沉淀物和水放掉。

对油箱的要求主要有：油箱内无腐蚀点、无杂物，滤网无破损，油箱底部正常排水口及排烟口畅通，油位计浮漂动作灵活、无渗漏、指示准确、回油畅通、补油口、溢油口设计位置符合要求，油箱容积能够满足正常运行中油气分离、油水分离、清除杂质等功能。

5-44 汽轮机带不上满负荷的原因有哪些？

答：汽轮机带不上满负荷的根本原因是进汽量不足，而进汽量不足有两

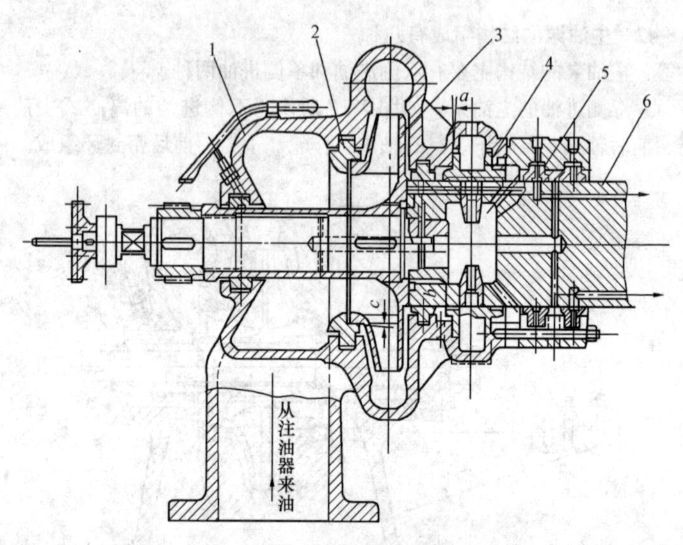

图 5-17 单侧进油的主油泵

1—泵体；2—密封环（右旋）；3—叶轮；4—旋转阻尼密封环；5—油封环；6—阻尼体

种情况：一是机组本身的问题，如喷嘴严重结垢、堵塞等。二是调速系统的问题，即有：

（1）同步器高限行程不足或同步器失灵。

（2）功率限制器未调整好，当机组尚未带满负荷时，功率限制器过早起作用或功率限制器没完全退出。

（3）油动机开启侧行程不足。

（4）错油门行程受到限制。

（5）主汽门或调速汽门滤网堵塞。

（6）主汽门大阀碟脱落，仅小阀进汽。

（7）部分调速汽门有问题，如连杆脱落，卡涩等。

5-45 油温对汽轮机振动有什么影响?

答：汽轮机转子和发电机转子在运行中，轴颈和轴瓦之间有一层润滑油膜。假如油膜不稳定或者油膜被损坏，转子轴颈就可能和轴瓦发生干摩擦或半干摩擦，使机组强烈振动。

引起油膜不稳和破坏的因素很多，如润滑油的黏度、轴瓦间隙、油膜单位面积上受的压力等。在运行中如果油温发生变化，油的黏度也跟着变化。当油温偏低时，润滑油黏度增大，轴承油膜变厚，汽轮机转子容易进入不稳定状态，使润滑油的油膜破坏，产生油膜振荡，使汽轮机发生强烈振动。

5-46　油封筒的作用是什么？

答：油封筒的作用一般来说有两个：

(1) 油进油封筒后进一步扩容，使氢气再次分离，分离出来的氢气由回氢管回发电机。

(2) 油封筒内装有油位调整器，使之保持一定油位用以封住发电机的氢气不至排走。

图 5-18 为东汽 NC300/220-16.7/537/537 机组的集装油箱。油箱上部装有高压启动油泵、交流润滑油泵、直流润滑油泵。油箱内的油位高度可以使三台泵浸入油内并有足够的深度，保证油泵足够的吸人高度，防止油泵气蚀。油箱顶部装有一只薄膜调节阀，机组启动时开启，用来排除高压油管道空气。还装有两台排烟风机抽出油箱内的烟气，在风机前排烟管道上装有油烟分离器使油烟分离后，烟气由风机抽出，油流回油箱。油箱顶部装有一只浸入式油位计。在油箱内部设有射油器及管道止回门。

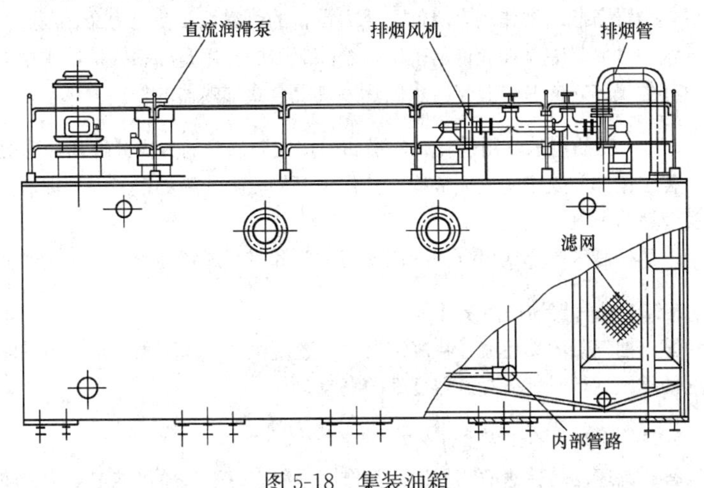

图 5-18　集装油箱

5-47　汽轮机油管路的组成及作用有哪些？

答：油管路系统主要用来供给汽轮发电机组轴承润滑油、调节保安部套

用的压力油。抗燃油管路系统用于供给高、中压主汽门、调速汽门油动机压力油。油管路由油管、法兰、截门及其他附件等组成。

5-48 EH油系统冷油器的工作原理有哪些？

答：EH油系统有两个冷油器装在油箱上。系统由一个独立的自循环冷却系统（主要由循环泵和冷却电磁水阀26YV. 27YV组成），以确保在正常工况下工作时，油箱油温能控制在正常的工作温度范围之内。当油箱温度超过上限值45℃时，冷却电磁水阀26YV. 27YV打开，冷却水流过冷油器，当油温降到下限值38℃时，冷却电磁水阀26YV. 27YV关闭。

5-49 对主汽门和调速汽门门杆材料的要求是什么？

答：因为主汽门和调速汽门门杆在高温条件下工作，且必须具有快速可靠关闭的特性，因此在任何条件下门都不允许产生卡涩现象，所以要求材料具有良好的高温强度和耐磨腐蚀性能。

常用的门杆材料有：工作温度≤500℃时，采用25Cr2MoV；工作温度≤530℃时，采用Cr11MoV；工作温度≤570℃时，采用Cr12WMoV。

5-50 除氧器的作用是什么？

答：给水中含有气体，特别是氧气，不仅影响热交换的传热效果，而且将对热力设备起腐蚀作用，降低了热力设备的可靠性及使用寿命，因此必须把给水中含氧量控制在允许的范围内。除氧器的作用是除去锅炉给水中的氧气及其他气体，同时也起着给水回热系统混合式加热器的作用。

5-51 错油门的作用是什么？错油门按控制油流的方式分哪几种形式？

答：错油门是中间放大机构，其作用是接收上一级的信号并加以放大或转换传递给下一级机构。

按其控制油流方式可分为断流式错油门和贯流式错油门。

5-52 抽气器的作用是什么？

答：抽气器的作用就是将凝结器中不能凝结的气体不断抽出，启动时建立正常负压运行时维持凝汽器良好的真空。

5-53 调速器的作用是什么？

答：调速器是转速敏感元件，其作用是用来感受汽轮机转速变化，将其变换成机械位移或油压变化信号送至传动放大机构，如错油门等，放大后操纵调速汽门。

5-54 配汽机构包括哪几部分？常见的有哪几种形式？

答：配汽机构包括两大部分：调速汽门和带动调速汽门的传动装置。

传动装置常见的是凸轮机构和提升传动机构。

5-55 传动放大机构由哪几部分组成？

答：传动放大机构由前级继流传动放大装置（如压力变换器，随动油门等）和最终提升调速汽门的断流放大装置（如错油门和油动机）两部分组成。

5-56 调速系统的基本任务是什么？

答：调速系统的基本任务有三个：

(1) 汽轮机孤立运行时，当工况发生变化时调节汽轮机的转速，使之保持在规定范围内。

(2) 汽轮机并入电网运行，当电网频率变化时，调整汽轮机负荷，使之保持在规定范围内。

(3) 对于调整抽汽的汽轮机来说，当汽轮机工况发生变化时，调整抽汽压力在规定范围内。

5-57 密封油泵的作用是什么？常见的有哪几种形式？

答：密封油泵的作用是供给密封瓦一定压力的密封油，常见的多采用齿轮式容积泵，为了保证油系统不超压，在油泵的出口装有自动和手动再循环门。

5-58 配汽机构的任务是什么？

答：配汽机构又称执行机构，它的任务是控制汽轮机的进汽量，使之与负荷相适应。它经油动机连杆操纵凸轮机构，从而改变汽轮机的进汽量，以达到改变转速或功率的目的。

5-59 什么是油系统循环倍率？循环倍率大有什么危害？

答：油系统的循环倍率是指所有油每小时通过油系统的次数，即系统每小时的循环油量与油系统的总油量之比。

循环倍率越大，表明油在油箱中停留的时间越短，油的分离作用和冷却效果变差，容易导致油品质恶化。

5-60 密封油系统的回油管一般直径较大，为什么？

答：密封瓦的回油，特别是氢气侧回油，由于和氢气接触，油内含氢量较大，当油回到油管时，由于空间较大，使一部分氢气分离出来，这部分氢气可沿油管路的上部空间回到发电机去，回油管直径较大的目的就在于此。

5-61 简述DEH数字电液控制系统的主要功能。

答： DEH数字电液控制系统的主功能是：

（1）转速及负荷控制。

（2）汽轮机自动启停控制。

（3）实现机炉协调控制。

（4）汽轮机保护。

（5）主汽压控制。

（6）阀门管理。

5-62 如何做自动主汽门和调速汽门关闭时间试验？

答： 自动主汽门和调速汽门除要求严密外，还要求动作迅速、灵活，一般要求自动主汽门关闭时间不大于0.5～0.8s，调速汽门油动机关闭时间不大于1s。因此需要做关闭时间试验。

试验一般在无蒸汽力作用下静止状态进行，进行关闭时间测定时，汽门的开度应处在最大工况位置。测定仪表一般采用电秒表或摄波仪。起始信号接自手拍脱扣器，终止信号取汽阀全关状态，手动危急脱扣器，记录自动主汽门、调速汽门及油动机的关闭时间。

5-63 自动主汽门在哪些情况下自动关闭？

答： 自动主汽门在下列情况下自动关闭：

（1）汽轮机的保护系统任意一个保护动作。

（2）手动危急遮断器动作。

（3）电气油开关跳闸，差动保护动作。

5-64 对自动主汽门有什么要求？

答： 为了保证机组安全，自动主汽门应动作迅速，能在很短的时间内切断汽源，同时要关闭严密，当汽门关闭后，汽轮机转速能迅速下降到1000r/min以下，否则不允许机组投入运行，自动主汽门的关闭时间应不大于0.5s。

5-65 DEH系统的液压伺服系统的组成及各组成部分的作用是什么？

答： DEH系统的液压伺服系统由伺服放大器、电液伺服阀、油动机及其位移反馈（即线性位移差动变送器）组成。

（1）伺服放大器的作用是将控制机构送来的信号与反馈信号的差值进行功率放大，并转换成电流信号。

（2）电液伺服阀的作用是将电气量转换为液压量去控制油动机。

(3) 油动机的作用是接受电液伺服阀的液压信号，控制油动机活塞的开度，通过连杆带动，使汽阀开度变化。

(4) 线性位移差动变送器的作用是把油动机活塞的位移（同时也代表调节汽门的开度）转换成电压信号，反馈到伺服放大器前端，实现油动机开度的闭环控制。

5-66 电磁加速器（电超速保护）的作用和工作原理是什么？

答： 在中间再热机组中，为了进一步改善调速系统的甩负荷特性，防止机组超速，在二次油压和校正器的油路上并联了电超速保安装置——电磁加速器。

电磁加速器有两副触点，当再热器后汽压 $p>60\%$ 额定值时，电接点式压力表断开，使中间继电器接通；同时当发电机电流 $I>25\%$ 额定值时，使过电流继电器断开，此时电磁阀在关闭位置。甩负荷时发电机电流迅速下降，当电流小于 25%额定值时，则使电流继电器接通，此时再热器后汽压尚未降下来，所以中间继电器仍然接通，因而电磁开关打开，二次油压和校正器油压被泄去，高、中压调速汽门关小，直到中间再热器后汽压降到 60%额定值时，中间继电器断开，电磁阀复位，汽轮机维持空转。

在低负荷时，发电机的输出电流较小，但中压调速汽门后的压力亦较低，故电超速保护装置不会动作。

5-67 汽轮机调速系统应满足哪些要求？

答： 汽轮机调速系统应满足下列要求：

(1) 自动主汽门全开时，调速系统应能维持机组空负荷运行。

(2) 机组从空负荷到满负荷范围内应能稳定运行。负荷摆动应在允许范围内，增减负荷应平稳。

(3) 在设计范围内，应能使机组在电网频率高、新蒸汽参数低或排汽压力高时带上满负荷；在电网频率低而新蒸汽参数高或排汽压力低的情况下，能减负荷到零与电网解列。

(4) 当机突然甩掉全部负荷时，调速系统应能使机组的转速维持在危急遮断器的动作转速以下。

(5) 调速汽门、自动主汽门、抽汽止回门等严密性试验合格。

(6) 对于供热机组，当热负荷发生变化时，还要求调速系统能保证供热蒸汽的压力。

5-68 汽轮机有哪些保护装置？其作用是什么？

答：为了保证汽轮机设备安全运行，除调速系统的动作正确、可靠外，还必须设置一些必要的保护装置，保证在调速系统或机组发生事故，危及设备安全时，及时动作，切断汽轮机的进汽，迅速停机。这些保护装置有：自动主汽门、超速保护、轴向位移保护、低油压保护、低真空保护、振动保护、油温保护等。

（1）自动主汽门是所有保护装置的执行部件。各种保护装置动作后最终都是通过自动主汽门切断进汽，使汽轮机停机的。

（2）超速保护是在汽轮机转速大于等于额定转速的1.10～1.12倍时动作，使汽轮机停机，以防止因过大的离心力使汽轮机的转动部件损坏。

（3）轴向位移保护是在汽轮机轴向位移达到某设定值时动作，使汽轮机停机，以防止因汽轮机动静间隙消失而使汽轮机发生动静碰磨、造成设备损坏。

（4）低油压保护是汽轮机润滑油压低时动作，以防止汽轮机轴承发生供油不足或断油，而导致轴承烧毁，发生动静相碰的恶性设备事故。其动作分多段执行，一般低一值时发生声光报警；低二值时启动交流油泵；低三值时启动直流油泵；低四值时执行停机操作；低五值时停盘车。

（5）低真空保护是在汽轮机排汽真空低于某设定值时动作，防止因低的排汽真空导致过高的排汽温度而使汽轮机的排汽部分发生振动、变形、损坏和使凝汽器因过大的热膨胀而发生损坏等设备事故。低真空保护也是先发声光报警信号，继续降低到设定值时执行停机操作。

（6）振动保护是汽轮机轴或轴承振动达设定值时动作，防止过大的振动使汽轮机部件因大的交变应力或发生动静相碰而造成恶性设备事故。振动保护也是先发声光报警信号，继续增大到设定值时执行停机操作。

（7）润滑油温低于35℃或高于45℃时，均发现声光报警信号，油温过低会影响汽轮机轴瓦油膜的形成，会造成大轴与轴承之间摩擦加剧，不利于机组的安全运行，油温过高会造成汽轮机各支撑轴承温度普遍提高，造成烧瓦事故，推力瓦温度高，会发声光报警信号，直至机组保护动作而停机。

5-69 汽轮机润滑油污染的原因有哪些？

答：汽轮机润滑油污染的原因如下：

（1）水分污染。汽轮机油运行中，水分增加是不可避免的。水分主要通过汽轮机轴封漏汽被吸入轴承箱内，也有可能是冷油器等设备的泄漏引起的。

汽轮机油中的水分以溶解态和自由态两种形式存在。汽轮机油含水超标，对汽轮机设备的影响主要体现在两方面：①影响润滑特性而造成机组磨损加快；②使油中产生酸性物质而造成部件腐蚀，腐蚀产物成为系统中的磨料，将进一步加剧机组磨损，危害系统安全运行。

(2) 机械杂质污染。机械杂质进入油系统的渠道较多，新建系统管路经过严格的冲洗能达到油质颗粒度指标，但运行一段时间后机械杂质就会增加，如果油系统中含水量过大，上述腐蚀产物急剧增加，就会造成油膜破坏，加速机组磨损，而瓦温升高后果是较为严重的。

(3) 油泥污染。油泥是油品中长期含水量偏高，运行老化的产物，在补充新油或添加抗氧剂、防锈剂时特别容易析出。油泥同样影响机组的润滑，有时还会造成油路不畅、滤网堵塞。

5-70 汽轮机油净化装置的工作原理有哪些？

答：汽轮机净化装置的工作原理如下：

(1) 利用重力作用的沉淀分离。静置含有杂质和水分（游离态）的油品，密度比油大的杂质和水珠会在重力作用下沉降。为加速沉降过程，特引入多层倾斜的分离网结构，这是最原始的方法。该方法的优点是设备简单、维护工作量较小、能耗较小；缺点是只能去除大颗粒的杂质、大滴的游离水，净化油的效果极差。一般情况不单独采用上述方法。

(2) 利用微孔阻挡杂质颗粒和水珠的过滤分离。用金属丝制成滤网或用纤维制成网状体或织成滤布，当油品通过这类滤网时，就能将大颗粒的杂质或水珠挡在滤网的一侧，从而达到过滤分离的目的。该方法的优点是操作原理简单、运行费用较低；缺点是过滤精度不高、除水能力较差，特别是采用框式滤油机时滤油工的劳动强度大。

(3) 利用材料的亲油或亲水特性实现聚结脱水。当含水润滑油在机械动力的驱动下，通过这种特殊过滤材料时，油中的水分聚结成水滴沉降至脱水室，残留水分再经过滤网吸附，进一步除去水分从而达到脱水的目的。该方法的优点是处理过程中油液不会变质，能除水、去杂质、脱气；缺点是流速宜慢，不宜大流量处理，吸附滤芯使用一段时间后会失效，不能长期在线运行，且运行费用较高。

(4) 利用分子吸附原理。吸附剂分子具有较高的界面能，它能吸引其他分子，从而降低自身的界面能。吸附剂能吸附油品中的极性基因，从而达到去除杂质的目的。常用的吸附剂有硅胶、硅藻土、801吸附剂等。该方法的

优点是处理过程中，能去除油中有害化学成分的分子，达到油再生的目的；缺点是维护工作量大、检修工艺要求较高。

（5）利用高速旋转产生的离心力实现不同密度物质的分离。含水油进入离心分离机，水的密度比油大，而机械杂质密度更大，所以它们会被甩至油品的外层。该方法的优点是在处理高含水量及含有较大颗粒杂质的被污染油时，处理速度较快；缺点是设备在极高的转速下运行，需要专人照看维护，检修时维修人员需要很高的技能；不能去除油中的溶解气体及脱水不完全；破乳化能力差，难以实现在线式不间断运行。

（6）真空脱水脱气原理。在真空条件下，利用油、水、气体的不同饱和温度，饱和温度较低的水和气体迅速蒸发，从而实现油品的脱水脱气。以此原理制造的真空滤油机的脱水脱气能力由工作真空度、温度、油膜蒸发、表面积、蒸发表面的更新蒸发持续时间 5 个因素确定。其效率不高；不宜用于处理高含水量及高黏度的被污染油；使用辅助电加热将油液加热到 50～60℃，甚至更高温度以加快净油速度，增加能耗，加速油液老化，破坏油液中的添加剂，降低了设备的安全系数；多次循环时，除水脱气效率大大降低；真空室内使用的雾化器使油液雾化，雾化油易被真空泵抽吸至泵外，对大气环境造成二次污染。

5-71 EH 冷油器的工作原理及影响效率的因素有哪些？

答：EH 冷油器是一种热交换器，其作用是将调节保安系统用的高压抗燃油冷却后再循环使用。冷油器属于表面式热交换器，两种不同的介质分别在铜管内、外逆向流动，通过热传递，温度高的流体将热量传给温度低的流体，使自身得到冷却，温度降低。一般运行中，冷油器应该保持油侧压力大于水侧，以保证当冷油器泄漏时，水不会进入油内。

影响冷油器传热效率的因素主要有以下几点：

（1）传热材料对冷油器的传热效率最大，一般使用铜管。

（2）流体的流速。流速越大，传热效率越高。

（3）流体的流向，包括横流、顺流和逆流。一般采用逆流方式。

（4）冷却面积，即热交换面积。热交换面积越大，换热效率越高。

（5）冷油器的清洁程度。冷油器内部越干净，换热效率越高。

5-72 隔膜阀的结构及工作原理是怎样的？

答：隔膜阀连接着汽轮机油（低压安全油）系统与 EH 油（高压安全油）系统，其作用是当汽轮机油系统的压力降到不允许的程度时，可通过 EH 油系统遮断汽轮机。

隔膜阀装于前轴承箱座的侧面，当汽轮机正常运行时，汽轮机油通入阀盖内隔膜（或活塞）上面的腔室中，克服了弹簧力，使阀保持在关闭位置，堵住EH危急遮断油母管向回油的通道，使EH系统投入工作。图5-19为隔膜阀结构。

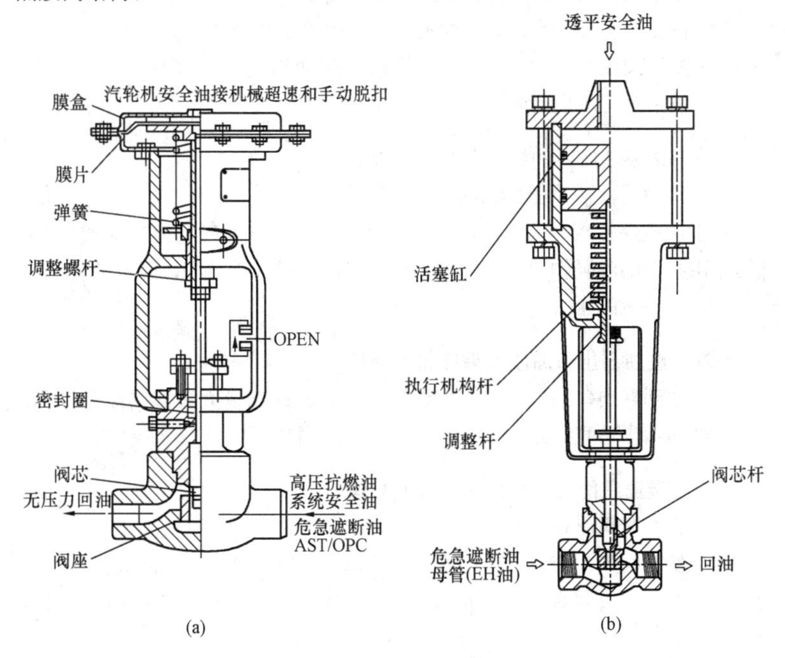

图5-19 隔膜阀结构图

（a）膜式隔膜阀；（b）活塞式隔膜阀

机械超速遮断机构或手动超速试验杠杆的单独动作或同时动作，均能使汽轮机油压力降低或消失，因而使压缩弹簧打开隔膜阀阀门，把EH危急遮断油排到回油管，AST安全油迅速失压，从而关闭所有的进汽阀。

5-73 油系统着火的主要原因是什么？

答：汽轮机油系统着火大多数是由于漏油至高温热体上引起的，另外是氢冷发电机氢压过高，氢气漏入油箱，引起爆炸而着火。一般漏油容易引起着火的部位有：热管道附近的高压油管法兰，油动机处及表管接头，前箱油挡等。

5-74 润滑油压降低的原因有哪些？

答：一般汽轮机的润滑油是通过注油器供给的，润滑油压降低可能有以下原因：

(1) 注油器工作正常，喷嘴堵塞。

(2) 油箱油位太低，使注油器的吸油量受到影响。

(3) 油中产生大量泡沫，使润滑油含有大量空气。

(4) 溢油阀位置不对，调整螺栓松动或滑阀卡涩。

(5) 油系统有严重漏油现象。

5-75 试述注油器的构造和工作原理。

答：注油器由油喷嘴、滤网、扩散管所组成。

其工作原理是：当压力油经油喷嘴高速喷出时，在喷嘴出口形成真空，利用自由射流的卷吸作用，把油箱中的油经滤网带入扩散管，经扩散管减速升压后，以一定的压力排出。

5-76 注油器出口油压太高应如何处理？

答：注油器出口油压太高，主要原因是高压油流量太大，供油量过剩，只要将油喷嘴出口直径减少即可（通过计算适当减少）。

5-77 调速汽门门座松动时应如何处理？

答：先查明阀座材质和壳体是否一致，若不一致，要更换阀座材质。优先推荐更换新阀座。若条件不具备时则应取出阀座，对配装表面进行补焊处理。焊后按孔的实际要求尺寸加0.10～0.15mm过盈量进行加工装配，最后配固定销子。

5-78 调速汽门阀座应如何进行组装？

答：先将阀座喷射液体二氧化碳，使之冷却到比孔的尺寸小0.05～0.1mm，并在组装表面涂以猪油，手持阀座对正孔口装入并压靠。应避免撞击以免卡死。装好后四周点焊四处，然后配固定销子。

5-79 自动主汽门的预启阀有什么作用？

答：预启阀开启时，使蒸汽进入汽轮机内，同时，充满了主阀头后部，降低了主阀前后的压差，从而减少开启主阀门时的提升力。也有的机组靠预启阀开机，便于控制机组转速。

5-80 试述压力变换器的作用和工作原理。

答：压力变换器为第一级脉冲放大装置，其主要部件有：套筒、滑阀和弹簧等。在压力变换器的套筒上开有T形溢流窗口，滑阀的凸肩控制着油口的开度，以控制脉冲油的逃油量。主油泵出口的压力油，通往滑阀的底部，与上部的弹簧力相平衡，当转速（或弹簧紧力）发生变化时，滑阀的平衡被破坏，滑阀产生移动，改变了溢油口的开度，从而使脉冲油压发生变化，将油压变化信号传给下一级传动放大装置。

5-81 对大型汽轮机组危急遮断系统的要求有哪些？

答：大型汽轮机组危急遮断系统应满足下列要求：

(1) 设计适当的冗余回路，至少有两个独立的通道，以保证遮断动作无误，提高保护的可靠性。

(2) 在每个遮断通道上都提供两个输出，分别用于DAS（数据采集）监视系统和硬报警接线系统。

(3) 在线试验遮断功能。在功能测试或检修期间，保护功能依然存在。

(4) 当引发遮断保护动作的原因消失后，遮断保护系统需经人工复位，才允许汽轮机再次启动。

(5) 遮断保护动作前后，有关的指示信号按时间先后储存，用于鉴别引起遮断的主要原因。

(6) 汽轮机危急遮断系统的保护信号均采用硬接线。

5-82 大型汽轮机组有哪些保护项目？

答：为了保证汽轮机的安全运行，大型机组至少需要实现下列遮断保护：

(1) 手动停机（双按钮控制）。

(2) 机组超速保护（至少有三个独立于其他系统，且来自现场的转速测量信号）。

(3) 主蒸汽温度异常下降保护。

(4) 凝汽器低真空保护（至少设三个进口逻辑开关）。

(5) 机组轴向位移超限保护。

(6) 汽轮机振动超限保护。

(7) 转子偏心度超限保护。

(8) 胀差超限保护。

(9) 油箱油位过低保护。

(10) 排汽温度超限保护。

(11) 支持轴承或推力轴承金属温度超限保护。

(12) 轴承润滑油压力低保护（至少设三个进口逻辑开关）。

(13) 汽轮机抗燃油压低保护（至少设三个进口逻辑开关）。

(14) 发电机故障保护。

(15) DEH 断电保护。

(16) MFT（总燃料跳闸）。

(17) 汽轮机、发电机制造厂要求的其他保护项目。除第（1）（2）（15）（16）项外，其他各项在遮断保护值之前均设越限报警值。另外，回热器、除氧水箱、凝汽器水位高也设置越限报警（无遮断保护）；润滑油和抗燃油压力低保护在遮断前备用泵会自动投入。

5-83 大容量机组机械超速遮断系统的构成及动作原理有哪些？

答：机械超速遮断系统包含有危急遮断器、危急遮断器滑阀以及保安操纵装置。如图 5-20 所示，其作用是在下列情况下迅速切断汽轮机进汽，停止汽轮机的运行并发出报警信号。

(1) 汽轮机工作转速达到额定转速的 110%时，机械式危急遮断器动作，关闭高、中压主汽门和高、中压调速汽门。

(2) 手动跳闸手柄时，关闭高、中压主汽门和高、中压调速汽门。

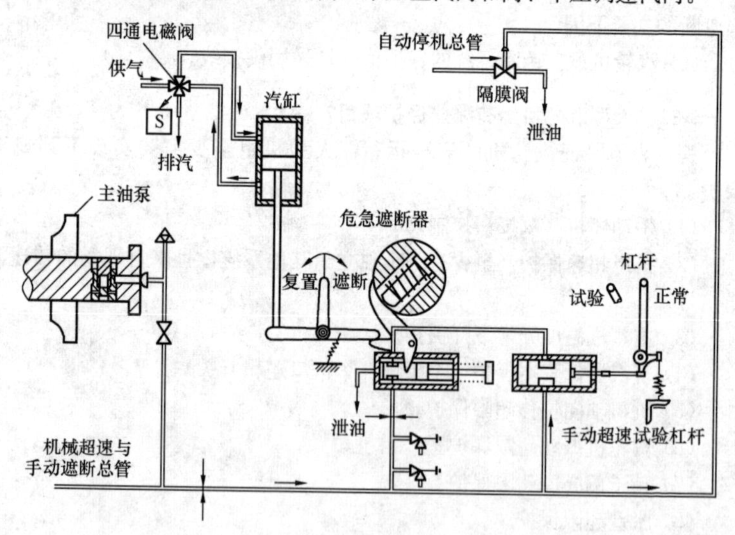

图 5-20 机械超速遮断系统构成图

飞锤式机械危急遮断器如图 5-21 所示。它由撞击子和压缩弹簧组成，安装在汽轮机转子延长轴的径向通孔内。一端用螺塞定位，为防止螺塞松动，再用定位螺钉锁定；另一端用可调螺纹套环压紧套在撞击子上的弹簧。撞击子被弹簧力压向定位螺塞，其重心与转子回转子中心偏离。在正常转速下，

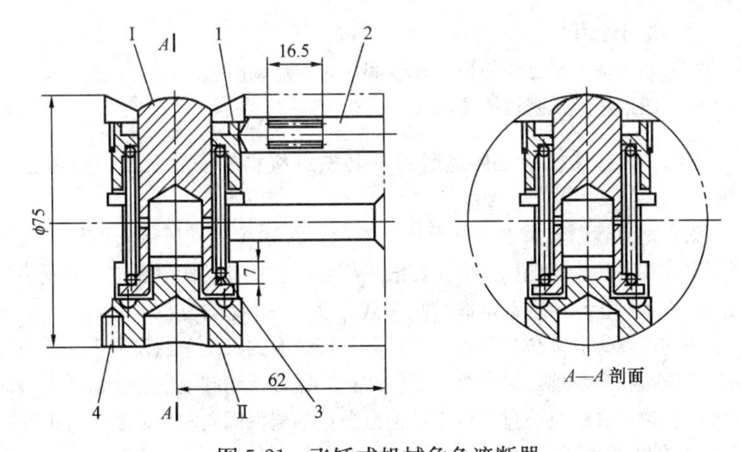

图 5-21 飞锤式机械危急遮断器

Ⅰ—撞击子；Ⅱ—平衡块；

1—螺纹套环；2—超速挡圈销；3—弹簧；4—螺钉

撞击子的不平衡离心力小于弹簧的压力，撞击子保持与定位螺塞接触。此时危急遮断器控制的危急遮断阀关闭低压保安油的泄口，低压保安油压正常。

当汽轮机的工作转速达到额定转速的109％～110％时，撞击子的不平衡离心力克服弹簧的约束力从孔中伸出，其不平衡离心力进一步增大，直至极限位置，打击碰钩，使其绕轴摆动一个角度，使危急遮断器滑阀向右移动，打开低压保安油的排油口，致使薄膜阀迅速打开，高压油系统中的AST母管泄油，从而关闭所有主汽门及调速汽门，使机组停机。由于撞击子伸出后偏心距增大，弹簧力减小，必须等转速降低到3050r/min左右时，撞击子才会复位，而危急遮断器滑阀不能自动复位。

5-84 大容量机组危急遮断器安装时的注意事项有哪些?

答：为保证汽轮机跳闸机构的功能正常，安装危急遮断器时应进行下列调整：

(1) 撞击子在正常位置，危急遮断器滑阀复位时，碰钩和撞击子间应有1.6～2.4mm的间隙。

(2) 撞击子在正常位置，危急遮断器滑阀在右端跳闸位置时，碰钩和撞击子间的最小间隙应为9.5mm。

5-85 对大容量机组机械超速跳闸机构的功能试验有哪些要求?

答：机械超速跳闸机构的功能试验应按下列间隔或条件进行：

(1) 每6个月。

(2) 如果发电机已经停机一段时间后，再启动时。

(3) 如果超速跳闸机构要求。

5-86 大容量机组危急遮断器及其操纵机构的设置及复位过程是怎样的?

答: 危急遮断器滑阀是低压危急遮断系统中控制低压保安油压的泄油阀，安装在前箱轴承箱内。为了在线进行试验和使其动作后复位，以及手动跳闸，设置一个试验隔离滑阀和喷油截止阀、一个远方复位气动四通阀以及一个手动遮断——复位杠杆、一个试验杠杆。有的机组单独设置手动遮断滑阀。汽轮机在启动前可远方操作复位按钮，通过气动阀使危急遮断器滑阀向左移动复位或在现场通过复位手柄使危急遮断器滑阀向左移动复位（也称挂闸）。在机组跳闸后，要立即启动，必须在转子转速降低到撞击子返回其正常位置的转速后（约为正常转速的2%）才能进行复位操作。

系统设置远方复位（挂闸）四通电磁阀和挂闸汽缸，当它接受到DEH的挂闸信号时，电磁阀带电，使汽缸上端进气，下端排大气，使汽缸活塞下行推动危急遮断器滑阀的连杆，使危急遮断器滑阀复位。此时限位开关动作，切断电磁阀电源，空气进入汽缸的下端，使活塞返回，复位杠杆也返回到正常位置。

转动位于前轴承箱的手动跳闸——复位手柄至遮断位置，可手动跳闸停机。

5-87 大容量机组危急遮断器的超速试验的过程是怎样的?

答: 危急遮断器的超速试验目的是确定其动作转速，在新机试运行和大修后启动都要进行超速试验。超速试验在并网前空负荷工况进行，有的机组要求先并网带20%～40%负荷运行4h后降负荷解列，然后再进行试验。在进行超速试验时，设置目标转速为3360r/min和低于100r/min的升速率，慢慢升至跳闸转速。

在升速过程中，应由专人密切注意转速表，并有一个运行人员始终站在手动跳闸手柄旁，当其不能在所规定的转速下自动跳闸时，手动进行跳闸停机并检查危急遮断器，以确信撞击子在其壳体内无卡涩现象。检查后重新进行超速试验，如果撞击子仍然不能动作，则可能是弹簧预紧力过大，阻止了重锤在规定的转速内击出。此时应将压紧弹簧的螺纹套环向外拧出一些，以减小弹簧的预紧力。将螺纹套环拧紧或放松一扣，危急遮断器的动作转速将改变25r/min。如果机组在低于所要求的转速跳闸时，应将螺纹套环拧紧一些。在对压缩弹簧进行更改后，应重新进行超速试验，直到危急遮断器动作转速符合要求。

5-88 大容量机组危急遮断器喷油试验的过程有哪些?

答: 危急遮断器的喷油试验是在正常运行时活动机械超速跳闸机构，防止其卡涩。在进行喷油试验时，将试验手柄（位于轴承箱前端）保持在试验位置，使试验隔离滑阀将危急遮断器滑阀与低压保安油母管隔离，后动打开喷油试验阀，压力油从喷嘴喷出，经轴端的小孔进危急遮断器撞击子的下腔室，在撞击子的下部建立起油压，推动撞击子克服其弹簧的预紧力向外移动，直至撞击挂钩，模拟超速试验，达到活动撞击子的目的。关闭喷油试验阀停止喷油后，危急遮断器撞击子下腔内的油靠离心力从定位螺塞的小孔逐渐甩出，撞击子复位。通过手动遮断——复位手柄使危急遮断器滑阀复位，确认超速跳闸装置油压为正常值后，松开试验杠杆，试验隔离滑阀复位。

在实验过程中，始终用于保持试验杠杆在试验位置十分重要，可防止不必要的停机事故。

5-89 大容量机组 AST 和 OPC 电磁阀组件的构成及动作过程是怎样的?

答: AST 电磁阀是将遮断保护装置发出的电气跳闸信号转换为液压信号的元件，4 只 AST 电磁阀（20/AST-1、2、3、4）两两并联（1、3 和 2、4），再串联组合在一起。OPC 电磁阀是防止严重超速的保护装置，也称超速保护电磁阀。2 只超速保护电磁阀（20/OPC-1、2）并联布置，通过 2 个止回阀和危急遮断油路相连接。4 只 AST 电磁阀、2 只 OPC 电磁阀和两个止回阀布置在一个控制块内，构成超速保护——危急遮断保护电磁阀组件，这个组件布置在高压抗燃油系统中。它们是由 DEH 控制器的 OPC 部分和 AST 部分所控制的。

OPC 电磁阀与 AST 电磁阀在控制油路中的区别为前者是由内部供油控制的，而后者则是由来自高压抗燃油路的外部供油控制的。

正常运行时，4 个 OPC 电磁阀断电常闭，封闭 OPC 母管的泄油通道，使高、中压调速汽门油动机活塞的下腔建立油压。当出现下列情况，OPC 电磁阀通电打开并报警：

(1) 转速超过 103%的额定转速（3090r/min）时。

(2) 甩负荷时，中压缸排汽压力仍大于额定负荷的 15%对应的压力时。

(3) 转速加速度大于某一值时。

(4) 发电机负荷突降，发电机功率小于汽轮机功率一定值时。

此时使 2 个 OPC 电磁阀通电被打开，OPC 母管油液经无压回油管路排

至油箱。此时各调速汽门执行机构上的快速卸荷阀快速开启，使各高、中压调速汽门关闭，同时使空气控制阀打开，各回热抽汽的气动止回阀迅速关闭。延时 2s，OPC 电磁阀断电，OPC 母管油压恢复，高、中压调速汽门重新开启。

冗余设置的 2 个 OPC 电磁阀并联布置，即使一路拒动，另一路仍可动作，以提高超速保护控制的可靠性。另外，还可以进行在线试验，即对 1 个回路进行在线试验时，另一路仍有保护功能，以避免保护系统失控。

4 个串并联布置的 AST 电磁阀是由危急跳闸装置（ETS）电气信号所控制的，运行时这 4 个 AST 电磁阀通电关闭，封闭危急遮断母管的泄油通道使主汽门和调速汽门执行机构油动机的活塞下腔建立油压。当机组发生危急情况时，任意一个 ETS（跳闸）信号输出，这 4 个电磁阀失电被打开，使 AST 母管的油液经无压回油管路排至 EH 油箱。这样主汽门和调速汽门执行机构上的快速卸荷阀就快速打开，使各个进汽门快速关闭，机组事故停机。

4 个 AST 电磁阀布置成串并联方式，如图 5-22 所示，其目的是为了该系统的安全可靠，防止误动作，并可进行在线试验。每一项电气跳闸信号同时引入 4 只 AST 电磁阀的断电继电器，2 个并联电磁阀组中至少有一个电磁阀动作，才可以将 AST 母管中的压力在复位时，两组电磁阀中至少要有一组关闭，AST 母管中才可以建立起油压，使汽轮机具备启机的条件。

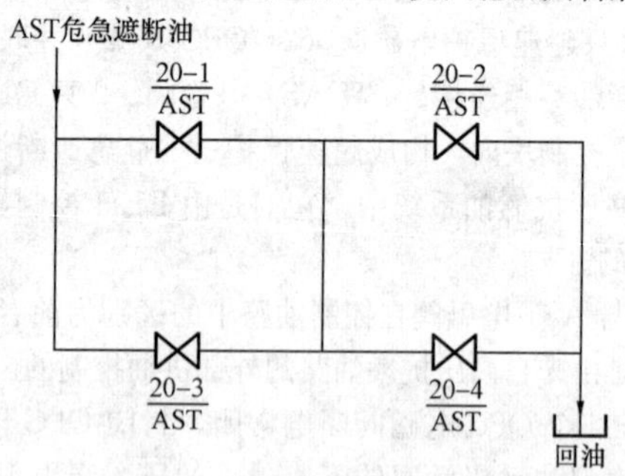

图 5-22 AST 电磁阀成串并联布置简图

在线试验 AST 电磁阀时，分组一个一个地进行。试验前一组电磁阀时，该阀动作后，阀后油压等于危急遮断油压；试验后一组的电磁阀时，该阀动作后，阀后油压等于回油压力。

AST 油路和 OPC 油路通过 2 个止回阀隔开，当 OPC 电磁阀动作时，AST 母管油压不受影响；当 AST 电磁阀动作时，OPC 母管油压也降低。

2 只压力开关（63-1/ASP，63-2/ASP）用来监视供油压力，因而可监视每一通道的状态，而另 2 只（63-1/ASP，63-2/ASP）用来监视汽轮机的状态（复置或遮断）。

5-90 大容量机组密封油系统运行方式有哪些？

答：密封油系统有 3 种运行方式，能保证各种工况下对机内氢气的密封。正常运行时，一台主密封油泵运行，油源来自主机润滑油。

当主密封油泵均故障或交流电源失去时，运行方式如下：油源来自主机润滑油—直流密封油泵—密封瓦—膨胀箱—空气析出箱—主油箱。

当交直流密封油泵均故障时，应紧急停机并排氢，降压直至主机润滑油压能够对氢气进行密封。系统正常时，密封油差压调节阀调节正常，氢油差压维持在 56kPa，不得过高或过低，以防漏氢和发电机进油。定期活动滤网手柄，密封油真空箱油位正常，真空大于－88kPa，以利析出并排出油中水气。检查密封油真空泵油水分离器是否有积水，发现有积水应及时排掉。

当密封油泵切换时，全面检查备用主密封油泵备用良好，具备启动条件。检查密封油真空箱油位正常，主机润滑油系统运行正常，备用主密封油泵进出口门开启。关闭备用密封油泵出口，启动备用主密封油泵，检查其振动、声音、出口压力等正常，开启出口门。关闭原运行主密封油泵出口门，注意密封油母管压力正常。停止原运行主密封油泵，开启停运主密封油泵出口门，投入备用。

5-91 对汽轮机主冷油器运行有什么要求？

答：运行时备用冷油器应充满油，检修后的冷油器必须充油放气后方可作为备用，进出油门开启，冷却水停用。检查主油箱油位在 0 位以上，否则应向主油箱补油。一台冷油器运行，另一台检查后充油时，应稍开冷油器注油阀，注意监视润滑油压的变化，待冷油器油侧空气放尽后关闭注油阀。确认冷油器冷却水调节阀前后隔离门开启，旁路门关闭。微开冷油器进水门，向冷油器注水放气，当放气阀见水后关闭。开启冷油器出水门，确认冷油器冷却水调节阀控制气源投入，调节动作正常。运行中冷油器进行切换时，应注意主油箱油位、润滑油压力及温度的变化。确认冷油器的出油阀全开，备用冷油器充满油后，投入备用冷油器的冷却水，转动切换阀的大手轮，使阀松动。沿箭头方向使小手轮转动 90°，即可进行切换。注意冷却水调节阀动作情况，确认冷油器出油温度在 38～49℃之间，润滑油压力正常，切换正常后，用大手轮锁住切换阀，停原运行冷油器冷却水，原运行冷油器转入备

用状态。

5-92 对汽轮机顶轴油系统运行有什么要求？

答：顶轴油泵入口压力≤0.02MPa时，就地报警，顶轴油泵跳闸，应立即查明原因。顶轴油泵出口压力≤7MPa时，就地报警，应启动备用顶轴油泵，停运故障顶轴油泵，并查明原因。双联过滤器压差≥0.10MPa，就地报警，应切换备用滤网，联系检修清理故障滤网。顶轴油泵出口过滤器压差≥0.35MPa，就地报警，应启动备用顶轴油泵，停运运行顶轴油泵，联系检修清理滤网。自动反冲洗滤油器进油压力与出油压力之差≥0.04MPa时，联系检修处理。一台顶轴油泵停电前，应将就地控制柜内信号电源切换至另一台顶轴油泵电源供电。电动机保护器动作后重新启动电动机时，应先按停止按钮，使保护器复位。

5-93 EH油系统运行时应重点监视的部位有哪些？

答：当系统运行稳定，备用泵备用良好时，可进行EH油泵切换。启动备用泵，检查其一切正常，停原运行泵，该泵停止运行，出口母管压力正常。将停运EH油泵投入自动，检查EH油系统运行正常。正常运行时，EH油箱油位正常，各压力指示正常，EH油系统进口高压滤油器滤网差压、出口滤网差压、油再生装置滤网差压、回油过滤器滤网差压超过0.24MPa时，需清理滤网，油箱温度正常。油箱空气干燥呼吸器投入良好，干燥剂呈蓝色。

5-94 油净化器投运的注意事项有哪些？

答：油净化器连续投运时，应经常检查其油位计油变化，注意检查各油箱的油位正常，尤其主油箱及给水泵驱动汽轮机油箱，严防跑油、漏油现象发生。油净化装置投运期间，主油箱油位不能低于－50mm，给水泵驱动汽轮机油箱油位不能低于中间位置，否则应查明原因并及时向油箱补油。检查压力指示，调整节流阀，以使自动冲洗装置能正常工作。

当精滤器出口油压达到0.354MPa时，由压差发讯器发出报警信号，输油泵停运，及时停运油净化装置，更换滤芯。定期倾听自动反冲洗滤油器自动冲洗装置的工作情况，正常工作时会发出清脆的“咔嚓”声，频率为60～100次/min，如无声音，说明反冲洗过滤装置异常，应检查清理。油净化装置运行中发生异常时，应立即关闭主油箱或给水泵驱动汽轮机油箱至油净化装置的进油门，将被净化的油箱与净化装置完全隔离。当润滑油净化装置发出报警信号时，应立即到就地检查油净化装置工作情况，防止油净化装置跑油。当输出油泵出口油压超过0.44MPa时，发出声光报警信号并自动停止输油泵。主机、单台给水泵驱动汽轮机需要补油时，应将油净化装置停运且与主机或给水泵驱动汽轮机油箱完全隔离，方可进行补油，补油只能单个油箱进行，注意和其他油箱隔离好。

5-95 对主油箱内油进行净化处理时有什么要求？

答：油净化装置各项连锁试验已合格，主油箱内油位正常，最低不低于－50mm，油净化装置油位计有油位指示，且已与给水泵驱动汽轮机油箱、储油箱完全隔离。开启主油箱至油净化装置手动截止门、过滤器截止门，油净化装置进油总门处于调整开度，开启油净化装置进油总门（至主机和给水泵驱动汽轮机油箱）及至主油箱门。

用手转动供油泵转子，检查其转动应灵活。送油净化装置控制盘电源，在就地控制盘上开启电磁阀，主油箱来油进入油净化装置，注意观察主油箱油位下降幅度，保证主油箱油位最低不能低于－50mm。油净化装置启动后必须确认通风机同时启动。

打开过滤器前截止阀，启动供油泵，检查油泵及自动反冲洗滤网工作正常、液位控制器对油泵控制正确。及时调整油净化装置进油总门，使油净化装置油位计指示基本保持在400～600mm范围内不变，然后将供油泵及进油电磁阀投入自动。给水泵驱动汽轮机油箱内油的净化过程与主油箱内油的净化种相同。

5-96 大容量高参数汽轮机的主保护项目有哪些？

答：（1）发电机主保护动作。

（2）锅炉MFT。

（3）手动紧急停机按钮（取自控制台，两个按钮同时按下）。

（4）EH油压低至7.55MPa（三取二）。

（5）凝结器真空低至－76kPa（三取二）。

（6）润滑油压低至0.07MPa。

（7）汽轮机任一轴承处轴振（轴承盖振）达跳闸值，同时任一轴承处轴振（轴承盖振）达报警值，延时3s，主机跳闸。（1号～10号轴振跳闸值为250μm，报警值为150μm；9号～11号轴承盖振动跳闸值为125μm，报警值为75μm）。

（8）DEH严重故障。

（9）低压缸排汽温度高于107℃（三取二）。

（10）转子轴向位移大＋0.6mm、－1.08mm（发电机侧为工作面）。

(11) DEH 备用超速至 112%（三取二）。

(12) 主汽温度低且发电机负荷大于 10%。

(13) 安全油压低于 3.9MPa。

(14) TSI 超速至 110%（三取二）。

(15) 通风阀故障开启（行程开关三取二）。

(16) 加热器解列时 RB（辅机故障，快速降负荷保护）不成功（5 号、6 号低压加热器同时解列，若发电机负荷大于额定负荷的 95%时，RB 动作，10s 内负荷未降至规定值，主机跳机）。

(17) 发电机定子冷却水失去。

其他保护有主机油系统连锁保护、低压排汽缸喷水保护连锁、旁路系统保护、主机盘车装置连锁保护、通风阀连锁保护、汽轮机防进水保护、高压加热器水位和低压加热器水位保护、除氧器水位及压力保护等。

第六章　汽轮机管道与阀门

6-1　选择阀门的原则有哪些？

答：选择阀门的原则如下：

（1）使用温度、压力必须与配用的管道相符合。

（2）使用的口径应与管道口径一致。

（3）通过阀门的阻力越小越好。

（4）操作灵活方便，修、换阀门方便。

（5）在压力和温度状况下阀门关闭后应保持足够的严密性。

6-2　为什么高温、高压闸板门门芯的口径比外连接口径缩小了？

答：在高温高压下，阀体要加厚，门芯和阀座的膨胀需一致，才能关死或卡死，并且需操作便利，这样将门芯缩小，就可以使阀体加厚，膨胀均匀，并且使门芯上所受压力减少，因而操作比较省力，但却增加了压力损失。

6-3　什么是阀门的公称直径、公称压力、工作压力、试验压力？

答：（1）公称直径。指一种名义计算直径，用DN表示，单位为mm。

（2）公称压力。是阀门的一种名义压力，指阀门在规定温度下的最大允许工作压力，用pN表示，单位为MPa。

（3）工作压力：工作压力指阀门在工作状态下的压力，用p表示。

（4）试验压力：阀门进行强度或严密性试验时的压力，称为试验压力，用p_s表示。

6-4　阀门的分类方法有哪些？

答：阀门的分类方法要有以下几种：

（1）按用途分。

（2）按压力分。

（3）按工作温度分。

（4）其他分类方法（如按材质、驱动方式等）。

6-5 阀门按工作温度可分为哪几类？

答： 阀门按工作温度可分为：

(1) 低温阀：≤－30℃。

(2) 常温阀：－30～120℃。

(3) 中温阀：120～450℃。

(4) 高温阀：＞450℃。

6-6 阀门按压力可分为哪几类？

答： 阀门按压力可分为：

(1) 低压阀：1.6MPa。

(2) 中压阀：2.5～6.4MPa。

(3) 高压阀：10～80MPa。

(4) 超高压阀：≥100MPa。

(5) 真空阀：低于大气压力。

6-7 试述高压加热器安全阀的作用。

答： 它的起跳压力是根据高压加热器的汽侧压力而定的。当发生厂用电消失，给水中断的情况下，高压加热器汽侧压力迅速升高，为保护高压加热器的设备安全，安全阀起跳，泄掉汽侧压力，从而保证高压加热器的设备安全。其他的原因，如进气压力由于某种原因升高，也能泄掉汽侧压力。

6-8 疏水阀的结构形式有哪几种？

答： 疏水阀的结构形式有机械型、热静力型、热动力型。

6-9 减压阀的作用是什么？

答： 减压阀是通过启闭件的节流，将进口压力减至某一需要的出口压力，并使出口压力保持稳定。

6-10 阀门的型号由哪几个单元组成？

答： 由类型代号、传动方式代号、连接形式代号、结构形式代号、阀座密封面或衬里材料代号、公称压力、阀体材料代号组成。

6-11 什么是安全阀？

答： 进口蒸汽或气体侧介质静压超过其起座压力整定值时能突然全开的自动泄压阀门叫安全阀。其是锅炉及压力容器防止超压的重要安全部件。

6-12　闸阀的密封原理是什么？其动作特点如何？

答：闸阀密封原理：关闭件（闸板）沿通路中心线的垂直方向移动做全开和全关切断用。

动作特点：流体阻力小，适用的压力、温度范围大，介质流动方向不受限制，密封性能良好。

6-13　节流阀的作用是什么？常见的有哪几种？

答：节流阀的作用：它以改变通流面积的形式来调节流量和压力。

常见的节流阀有沟形、窗形、针形和锥形。

6-14　蝶阀的动作特点和优点是什么？

答：蝶阀的动作特点：蝶阀的阀瓣是圆盘形的，围绕着一个轴旋转，旋角的大小便是阀门的开度。

其优点是轻巧，开关省劲，结构简单，开闭迅速，切断和节流均可用，流体阻力小，操作方便等。

6-15　简述液压抽汽止回阀的作用。

答：逆止阀又称止回阀、单向阀等，它在管道系统中的作用是只允许流体按规定方向流动，而不允许反向流动。它在运行中的开启与关闭都是自动的：当流体按规定方向流动时，阀芯在流体动能作用下自动开启；当流体逆流时，自动关闭，截断流体通道。

6-16　汽轮机阀门按用途可分为哪几类？并分别写出其作用。

答：（1）截断阀。截断阀又称闭路阀，其作用是接通或截断管路中的介质。截断阀包括闸阀、截止阀、旋塞阀、球阀、蝶阀和隔膜阀等。

（2）止回阀。止回阀又称单向阀或止回阀，其作用是防止管路中的介质倒流。水泵入口侧的底阀也属于止回阀类。

（3）安全阀。安全阀类的作用是防止管路或装置中的介质压力超过规定数值，从而达到安全保护的目的。

（4）调节阀。调节阀类包括调节阀、节流阀和减压阀，其作用是调节介质的压力、流量等参数。

（5）分流阀。分流阀类包括各种分配阀和疏水阀等，其作用是分配、分离或混合管路中的介质。

（6）排气阀。排气阀是管道系统中必不可少的辅助元件，广泛应用于锅炉、空调、石油、天然气、给排水管道中。往往安装在制高点或弯头等处，排除管道中多余的气体，提高管道路使用效率及降低能耗。

6-17 闸阀和截止阀各有什么优、缺点?

答: 闸阀的优点:

(1) 流体阻力小，密封面受介质的冲刷和侵蚀小。

(2) 开闭较省力。

(3) 介质流向不受限制，不扰流、不降低压力。

(4) 形体简单，结构长度短，制造工艺性好，适用范围广。

闸阀的缺点:

(1) 密封面之间易引起冲蚀和擦伤，维修比较困难。

(2) 外形尺寸较大，开启需要一定的空间，开闭时间长。

(3) 结构较复杂。

截止阀的优点:

(1) 结构简单，制造和维修比较方便。

(2) 工作行程小，启闭时间短。

(3) 密封性好，密封面间摩擦力小，寿命较长。

(4) 截止阀阀体的结构形式有直通式、直流式和直角式。直通式是最常见的结构，但其流体的阻力最大。直流式流体阻力较小，多用于含固体颗粒或黏度大的流体。直角式阀体多采用锻造，适用于较小通经、较高压力的截止阀。

截止阀的缺点:

(1) 流体阻力大，开启和关闭时所需力较大。

(2) 不适用于带颗粒、黏度较大、易结焦的介质。

(3) 调节性能较差。

(4) 截止阀的种类按阀杆螺纹的位置分有外螺纹式、内螺纹式。按介质的流向分有直通式、直流式和角式。截止阀按密封形式分有填料密封截止阀和波纹管密封截止阀。

(5) 波纹管密封截止阀采用波纹管密封的设计，完全消除了普通阀门阀杆填料密封老化快易泄漏的缺点，不但提高了使用能源效率，增加生产设备安全性，减少了维修费用及频繁的维修保养，还提供了清洁安全的工作环境。

6-18 什么叫汽轮机本体疏水系统?

答: 排除汽轮机内积水，防止汽轮机上下汽缸温差过大而受损的系统叫汽轮机本体疏水系统。

6-19 油系统的阀门为什么要平装?

答: 防止门芯脱落断油。

6-20　简述自密封阀门的工作原理。

答：在自密封阀门安装时，将分裂环卡在阀座内壁环形槽中，使其不能上下移动，通过预紧螺栓，使阀帽向上移动，从而使自密封垫被阀帽斜面及自密封压环紧紧压住。当阀门内部介质压力升高时，阀帽将受到介质向上的压力而将自密封垫更紧地压住，介质压力越高，自密封垫受到的压紧力越大，从而起到更好的密封作用。

6-21　如何进行安全阀的选择？

答：(1) 弹簧式安全阀适用于 PN≤32MPa、DN≤150mm 工作条件下的水、蒸汽、石油等介质。

(2) 碳钢制的弹簧式安全阀适用于介质温度 t≤450℃，合金钢制的弹簧式安全阀适用于介质温度 t≤600℃。

(3) 杠杆重锤式安全阀主要用于水、蒸汽等工作介质。铸铁制的杠杆重锤式安全阀适用于公称压力 PN≤1.6MPa，介质温度 t≤200℃的工作条件下；碳素钢制的杠杆重锤式安全阀适用于 PN≤4.0MPa、介质温度 t≤450℃的工作条件下。

(4) 先导式（脉冲式）安全阀主要用于高压和大口径场合。

6-22　简述升降式抽汽止回阀的工作原理。

答：本阀门在使用过程中，介质按图示箭头方向流动。当介质按规定方向流动时，阀瓣受介质力的作用，被开启；介质逆流时，因阀瓣自重和阀瓣受介质反向力的作用，使阀瓣与阀座的密封面密合而关闭，达到阻止介质逆流的目的。

6-23　调节阀的填料室有哪两种？各有什么特点？

答：填料室常用的有：石墨石棉填料室和聚四氟乙烯填料室。采用石墨石棉填料室时，必须安装注油器，根据流体温度，注入适当的润滑油脂，保证密封润滑作用。但由于一般的润滑油脂不耐高温，容易干涸，造成密封不严，引起介质外漏，增加阀杆摩擦阻力，因此，石墨石棉填料室的密封和润滑性能比聚四氟乙烯填料室差，目前已被后者逐步替代。

聚四氟乙烯填料室采用聚四氟乙烯粉末制成或采用聚四氟乙烯材料加工成密封圈。由于聚四氟乙烯具有良好的物理、化学稳定性能，因此密封性能较好。

6-24　直通双座调节阀有什么结构特点？

答：直通双座调节阀的结构特点如下：

(1) 由于流体压力作用在两个阀芯上，不平衡力相互抵消许多，因此允许压差大。这种能互相抵消许多不平衡力的结构为平衡式结构。

(2) 在关闭时，因存在着加工误差，阀芯与阀座的两个密封面不能同时密封，因此，泄漏量比单座阀大十倍到上百倍；同时，温度变化时，泄漏量也会增大，这是它的突出的缺点，所以不能用在工艺要求泄漏小的场合。

(3) 因阀体流路较复杂，加之上下导向处易被固体颗粒卡住，不适用于高黏度、悬浮液、含固体颗粒等易沉淀、易堵塞场合。

(4) 太笨重。

6-25 热力管道为什么要进行热补偿？有什么意义？

答：由于热力系统中的汽、水管道从冷备用或停止状态到运行状态的温度变化很大，加上管道内流通介质的温度变化也能引起管道的伸缩，因而若管道的布置方式和支吊架的选择不当，则会造成运行中的管道由于冷、热温差变化剧烈产生较大的热应力，使得管道、与管道连接的热力设备的安全受到一定的威胁和损害，最后有可能使管道破裂或连接法兰结合面不严泄漏、管道及其连接的支吊架等设备一同受到不应有的破坏。

热补偿常用的有管道的自然补偿、加装各种形式的补偿器和冷态时施加预紧力等三种方式。其中，自然补偿方式是利用管道的自然变形以及固定支架的位置来补偿管道所产生的热应力，这种方式适用于介质压力小于1.6MPa、介质温度小于350℃的管道。在管道上加装的补偿器常见的有U形和Ω形弯管、波纹补偿器、套筒式补偿器三种类型，波纹补偿器一般只适用于介质压力小于0.06MPa、介质温度小于350℃的汽水管道，套筒式补偿器则主要用于介质压力小于0.6MPa、介质温度小于150℃的汽水管道。对于高温高压的蒸汽管道而言，为了更好地消除管道热应力所带来的消极影响，常见的是采用自然补偿、冷紧以及加装补偿器三种方式中的两种或两种以上方式相结合的补偿方法。

6-26 如何选择热补偿器？

答：布置管道时，首先尽量利用管道的走向，在各区段内选择适当的外径及固定支架位置，使管道有自然补偿的能力，受条件限制自然补偿不足时，应采用补偿器。常用的补偿器有Ω形和U形、波纹补偿器和套筒式补偿器等。

6-27 波纹补偿器和套筒式补偿器的结构及优、缺点是什么？

答：波纹补偿器是用薄壁（0.5～2.5mm）的奥氏体不锈钢或3～4mm

的低碳优质钢板等材料经过压制和焊接制成的，一般波纹数为 2～4 个，最大的可达 8 个，通常只能用于吸收、缓冲直管道沿轴向发生的变形。对碳钢焊制的波纹筒来说，其补偿能力较小，每个波纹可补偿约 5～8mm，波纹数且最多也只有 3 个。对于用薄壁奥氏体不锈钢制作的波纹筒，其补偿能力则较大，每个波纹可补偿约 6～18mm 或更大，波纹数目最多也可达 8 个。其缺点是承受管道径向变形的能力较差，收到径向冲击后易于产生波纹管和两端接管接口的皱裂、开焊损坏。

套筒式补偿器是在管道结合处加装带有填料的套筒，并在填料套筒内的缝隙中充填石棉绳等填料，当管道膨胀时，依靠内、外套筒相对位移来吸收管道的膨胀和伸长。套筒式补偿器的优点是结构尺寸小，流动阻力小，可承受的膨胀量较大。其缺点是需要定期更换密封填料，易于产生泄漏，只能用在小直径的管道上，在电厂的汽、水等密封要求严格的系统中早就不再使用。

6-28　管道焊接时，对其焊口位置有什么具体要求？

答：管道焊接时，焊口位置的要求如下：

(1) 管子的接口距离弯管部分的起弧点不得小于管子的外径，且不小于 100mm；管子的任意两个相邻接口之间的间距不得小于管子的外径，且不小于 150mm；管子的接口不能布置在支吊架上，且至少距离支吊架的边缘 50mm，对于焊接后需进行热处理的焊口，该距离则不得小于焊缝宽度的 5 倍且不应小于 100mm。

(2) 在连接管道上的三通、弯头、异径管或阀件等为铸造件时，应加装钢制短管并在短管上进行焊接，以实现管子与管件的连接；而且当管子的公称直径 DN≥150mm 时，所选配短管的长度不应小于 100mm。

(3) 在管道的焊缝位置或管道附件上，一般不允许进行开孔、连接支管和表管支座的工作。

(4) 在管子进行焊接连接时，不得强行对口；将管子与设备连接时，应在设备定位后进行，且不允许将管子的重量支撑在设备上。

(5) 在焊接对口时应做到内壁平齐，管子或管件的局部错口不应超过管子壁厚的 10%，且不大于 1mm；管子或管件的外壁差值不应超过薄件厚度的 10%加 1mm，且不大于 4mm，若出现超差情况时，需按照规定制作平滑过渡斜坡再进行对接。

(6) 管子对口时，在距离接口 200mm 处用直尺检查测量其折口允许差值 a 为：当管子公称直径 DN＜100mm 时，$a \leqslant 1$mm，当管子公称直径 DN

≥100mm时，a≤2mm。

6-29　管道分哪些类别？

答：（1）按材质：钢管又分为高碳钢管、合金钢管、普通碳钢管、还有不锈钢管、镀锌管等；铜管又分为紫铜管、合金铜管等，复合管、衬胶管等；塑料管又分为聚氯乙烯管、聚丙烯管等；还有橡胶管、铸铁管、水泥管。

（2）按用途：水管、油管、蒸汽管、消防管等。

（3）按压力：高压管道、中低压管道、高压油管、负压管等。

（4）按介质：耐油管、食用油管、水管、蒸汽管、氧气管、氢气管等。

6-30　闸阀的作用是什么？它有什么特点？

答：闸阀的作用是利用阀瓣沿通路中心的垂直线方向移动来实现开启或关闭管路通道。闸阀的特点是结构复杂，尺寸较大，价格较大，开启缓慢，无水锤现象，易调节流量，流体阻力小，密封面较大，易磨损。

6-31　截止阀的作用是什么？它有什么特点？

答：截止阀是利用阀瓣控制启、闭的阀门。其主要作用是切断，也可以粗略调节流量。但不能当调节阀使用。它的特点是操作可靠，关闭严密，但结构复杂，价格较贵，流体阻力大，启、闭缓慢。在安装时，应考虑其方向性。介质流体方向由下向上流过阀瓣，即低进高出。

6-32　止回阀的作用是什么？

答：止回阀广泛地应用于各泵类的出口管路、抽气管路和疏水管路等。它是利用阀前、后的介质压力差而自动启、闭的阀门。它的作用是防止管道中的流体倒流。

6-33　安全阀的作用是什么？

答：安全阀是锅炉和压力容器上起保护作用的阀门。当系统中介质超过规定值，安全阀自动开启，排放部分介质，降低压力，当压力恢复正常后，它会自动关闭。

6-34　节流阀的作用是什么？

答：节流阀也称针型阀，其外形与截止阀并无区别，但阀瓣形状不同，用途也不同。它以改变通流面积的形式来调节流量和压力。常见的节流阀有沟形、窗形、针形和锥形。它适用于输送温度较低、压力较高介质的管路系统，可调节流量和压力。

6-35　蝶阀的作用是什么？

答：蝶阀主要有阀体、阀门板、阀杆与驱动装置等组成。旋转手柄，使驱动装置带动阀门板绕阀体内一固定轴旋转，由转动角度的大小来达到启闭和节流的目的。在电厂中，蝶阀多用于低温、低压的循环水管路系统。

6-36　疏水阀的作用是什么？

答：疏水阀的作用是能自动、间歇排除蒸汽管道及蒸汽设备系统中的冷凝水，并能防止蒸汽漏出。常见的疏水阀有浮桶式、热动力式和脉冲式等。

6-37　安全阀的形式分为哪几类？

答：安全阀的形式有：

（1）弹簧式安全阀。

（2）杠杆重锤式安全阀。

（3）先导式安全阀。

6-38　抽汽止回阀的作用是什么？

答：为了防止机组突然甩负荷时，汽轮机压力突然降低，各抽气管道中的蒸汽倒流入汽轮机内引起超速，并防止加热器管泄漏使水从抽气管道进入汽轮机内发生水冲击事故，在1～7段抽气管上均装有抽气止回阀。

6-39　高压排汽止回阀的作用是什么？

答：高压排汽止回阀安装在汽轮机高压缸排汽至锅炉再热器中间的再热冷段管道上，汽轮机甩负荷主蒸汽关闭时，该止回阀迅速关闭。防止中间再热器的低温蒸汽流入高压缸内。

6-40　高压排汽止回阀的结构是什么？

答：高压排汽止回阀由阀体、阀盖、阀瓣、阀轴、阀臂、密封环、操纵装置、扳手等零部件组成。

6-41　调节阀的作用是什么？

答：调节阀的作用是通过其阀芯的运动来改变阀瓣与阀座之间的通流面积，从而实现对介质参数的调节。

6-42　调节阀的种类有哪些？

答：调节阀可分为：直通式调节阀、三通调节阀、小流量调节阀、套筒形调节阀、角形调节阀、高压调节阀等。

6-43 常见标准法兰的种类及用途有哪些?

答: 按照法兰的结构形式可分为光滑面平焊法兰、凹凸面平焊法兰、光滑面对焊法兰、凹凸面对焊法兰和梯形槽面对焊法兰五种。

对光滑面平焊法兰来说，它主要适用于工作压力 PN≤2.5MPa、温度 t≤300℃的一般介质；而凹凸面平焊法兰则适宜于工作压力 PN≤2.5MPa、温度 t≤300℃的易燃易爆、有毒性和刺激性或要求密封比较严格的介质。

对光滑面对焊法兰而言，它主要适用于工作压力 PN≤4.0MPa、温度 t≥300℃的一般介质；而凹凸面对焊法兰则适宜于中、高压的一般介质以及工作压力 PN≤6.4MPa、温度 t≥300℃的易燃易爆、有毒性和刺激性或要求密封十分严格的介质。

梯形槽面对焊法兰则主要用于工作压力在 6.4MPa≤PN≤16MPa、有特殊要求的汽水管道或中、高压油品及类似的介质。

6-44 机械密封的工作原理是什么?

答: 机械密封是一种限制工作流体沿转轴泄漏的无填料的端面密封装置。它主要由静环、动环、弹性（或磁性）元件、传动元件和辅助密封圈组成。

机械密封是由动环和静环组成密封端面，动环与旋转轴一同旋转并和静环紧密贴合接触，静环是静止固定在设备壳体上而不作旋转运动的。弹簧是机械密封的主要缓冲元件，机械密封借助弹簧的弹性力使动环始终与静环保持良好的贴合接触。紧固螺钉把弹簧座固定在旋转轴上，使之与旋转轴一起回转，并通过传动螺钉与传动销，使推环除了推动动环密封圈使动环和静环很好地贴合接触外，亦随旋转轴一起旋转。止动销则是为防止静环随轴一起转动的。这样当主机启动后，旋转轴通过紧固螺钉带动弹簧座回转；而弹簧座则通过传动螺钉和传动销带动弹簧、推环、动环密封圈和动环一起旋转，从而产生了动环与静环之间的相对回转运动和良好的贴合接触，达到密封的目的。

6-45 机械密封辅助密封圈的作用是什么?

答: 静环密封圈和动环密封圈通常称为辅助密封圈。静环密封圈主要是为阻止静环和密封压盖之间的泄漏；动环密封圈则主要是为了阻止动环和转轴之间径向检修的泄漏，动环密封圈随转轴一同回转。

6-46 什么是主蒸汽的单母管制系统?

答: 将所有锅炉的蒸汽先引到一根蒸汽母管集中后，再由该母管引往各汽轮机或其他用汽处的主蒸汽管道系统，称为单母管制系统。这种形式一般适用于锅炉和汽轮机的容量不匹配、锅炉与汽轮机的台数不相同等情形，目前应用较少，在一些小型的自备电厂或机组的单机容量在25MW以下的电厂还可以见到这种主蒸汽管道系统的布置方式。

6-47　什么是主蒸汽的切换母管制系统？

答：每台锅炉与其对应的汽轮机组成一个单元，而在各单元直接仍装有联络母管并在每一单元与母管连接处设置有切换阀门，这样机、炉即可以单元运行，也可以切换到蒸汽母管上有邻炉供给蒸汽，这种主蒸汽管道系统称为切换母管制系统。目前在供热式机组的电厂且机、炉的容量又不是完全匹配的情况下，仍有选取切换母管制主蒸汽管道系统方式的。

切换母管制主蒸汽管道系统的主要优点是既有足够的可靠性，又有一定的灵活性，能够充分满足锅炉的富裕容量与各炉之间的最佳负荷分配；其主要缺点是系统布置较复杂，阀门多，发生事故的可能性相应增大。

6-48　什么是主蒸汽的单元制系统？

答：每台汽轮机与供给它蒸汽的锅炉组成一个独立的单元，各单元之间没有横向联系的母管，使用新蒸汽的各个辅助设备通过用汽直管与本单元自身的主蒸汽管道相连，这样的主蒸汽管道系统称为单元制系统。目前在大容量、高参数和再热式的汽轮机组中得到了广泛的应用。单元制系统的主要优点是系统简单、管道短、管道中的附近少、投资节省、管道压力损伤和散热损伤小、系统本身产生事故的可能性小、便于集中控制等；其缺点是单元内与主蒸汽管道相连的任何设备或附件发生事故时，整个单元均要停止运行，无法实现与相邻单元的相互支援，机炉之间无法切换运行，即运行方式调整的灵活性差，单元内的主要设备必须同时进行大修等。

6-49　什么是石棉垫？

答：石棉垫以石棉纤维、橡胶为主要原料再辅以橡胶配合剂和填充料，经过混合搅拌、热辊成型、硫化等工序制成。石棉纤维垫片根据其配方、工艺性能及用途的不同，可分为普通橡胶垫片和耐油石棉橡胶垫片。适用于水、水蒸气、油类、溶剂、中等酸、碱的密封，应用在中、低压法兰连接的密封中。

6-50　石棉垫有什么作用？

答：适用于各类汽水、化工、油脂等类压力容器和常压容器人孔盖及相

关连接部位的密封。

产品应用于化工（医药、农药、化肥、染料、高分子、中间体等）石油、电子、机械、电力、环保等众多领域。

然而国际上已公认石棉是一种致癌物质。20 世纪 70 年代，许多国家提出非石棉计划，经过二十多年的努力，美国、日本和澳大利亚等国先后研制成功各种系列非石棉垫片材料，1990 年美国环保局 EPA 颁布政府法规禁止使用石棉材料及其制品，如今世界先进国家已将非石棉材料推广至各应用领域，全面禁用石棉材料。

6-51　石棉垫片有什么优点？

答：石棉垫片的优点：

（1）具有密封性能好优势。

（2）耐腐蚀性能优越。

石棉垫片的适用范围：使用温度为－100～＋1000℃；使用压力为 PN＜5.0MPa。

石棉垫片的主要技术参数：

型号	XB200	XB250	XB300	XB350	XB400	XB450
抗拉强度	5MPa	6MPa	8MPa	9MPa	11MPa	11MPa
温度	＋200℃	＋250℃	＋300℃	＋350°℃	＋400℃	＋450℃

石棉垫片的主要种类：低压石棉垫片、中压石棉垫片、高压石棉垫片、耐油石棉橡胶垫片。

6-52　什么是水位计？

答：水位计也叫“液位计”或“液面计”。因锅炉里的水在高温时汽化供暖，水和汽的损耗较大，要不断地补充水，使锅炉里的水位保持一定的高度，水位过低，锅炉就有爆炸的危险。为了随时了解锅炉内的水位，在锅炉上都装有水位计，水位计和锅炉构成一个连通器。常用的有玻璃液位计、压强液位计、浮标液位计、电容液位计及电阻液位计等。在高温和高压下，也可采用同位素液位计。

自动测定并记录河流、湖泊和灌渠等水体的水位的仪器叫水位计。按传感器原理分浮子式、跟踪式、压力式和反射式等。水位记录方式主要有：记录纸描述、数据显示或打字记录，穿孔纸带、磁带和固体电路储存等。水位计的精确度一般在 1～3cm 以内，国内制造的水位计的记录周期有 1、30、90 天等。走时误差，机械钟为 2min/日，石英晶体钟小于 5min/月。

6-53 水位计有哪几种?

答: 水位计的种类如下:

(1) 浮子式水位计。其原理是由浮子感应水位的升降。有用机械方式直接使浮子传动记录结构的普通水位计,有把浮子提供的转角量转换成增量电脉冲或二进制编码脉冲作远距离传输的电传、数传水位计,还有用微型浮子和许多干簧管继电器组成的数字传感水位计等。应用较广的是机械式水位计。应用浮子式水位计需有测井设备,只适合于岸坡稳定、河床冲淤很小的低含沙量河段使用。

(2) 跟踪式水位计。又称接触式水位计,利用重锤上的电测针接触水面发出电信号,使电动机正转或逆转,随时跟踪水面点的位置,从而测定水位。一般在较陡岸坡上架设铁管、悬锤和悬索,在管道中升降,驱动记录或信号装置。铁管进水口需有沉沙和静水设施。

(3) 压力式水位计。它的工作原理是测量水压力,推算水位。其特点是不需建静水测井,可以将传感器固定在河底,用引压管消除大气压力,从而直接测得水位。压力式水位计有两类。一类为气泡型,在引压管中不断输气,用自动调节的压力天平将水压力转换成机械转角量,从而带动记录机构。另一类为电测型,它应用固态压阻器件作传感器,可直接将水压力转变成电压模量或频率量输出,用导线传输至岸上进行处理和记录。

(4) 声波式水位计。是反射式水位计的一种,应用声波遇不同介面反射的原理来测定水位。分为气介式和水介式两类。气介式以空气为声波的传播介质,换能器置于水面上方,由水面反射声波,根据回波时间可计算并显示出水位。仪器不接触水体,完全摆脱水中泥沙、流速冲击和水草等不利因素的影响。水介式是将换能器安装在河底,向水面发射声波。声波在水介质中传播速度高,距离大,也不需要建测井。两种水位计均可用电缆传输至室内显示或储存记录。

6-54 普通玻璃管液位计和石英玻璃管液位计有什么区别?

答: 水位计产品多种多样,其中以玻璃管液位计和玻璃板液位计使用的最多,玻璃管液位计又因材质的不同分为普通玻璃管液位计和石英玻璃管液位计,两者是有区别的。

GZS-A型双色石英玻璃管液位计:

(1) 测量范围:300~2200mm。

(2) 工作温度:-20~450℃。

(3) 工作压力 PN：0～6.4MPa。

(4) 石英管试验压力：≤13MPa。

(5) 表体材质：优质碳钢或 1Cr18Ni9Ti。

(6) 有液体时为绿色，无液体时为红色。

GZS-C 型普通玻璃管液位计适合在常温、常压下各种环境内使用，最大的特点就是价格低廉、直读显示。

6-55 什么是连通器？有什么性质？

答：上端开口不连通，下部连通的容器叫做连通器。

连通器里的同一种液体不流动时，各容器中直接与大气接触的液面总是保持同一高度。

6-56 连通器的原理是什么？

答：连通器的原理可用液体压强来解释。若在 U 形玻璃管中装有同一种液体，在连通器的底部正中设想有一个小液片 AB。假如液体是静止不流动的。左管中的液体对液片 AB 向右侧的压强，一定等于右管中的液体对液片 AB 向左侧的压强。因为连通器内装的是同一种液体，左右两个液柱的密度相同，根据液体压强的公式 $p=\rho_g h$ 可知，只有当两边液柱的高度相等时，两边液柱对液片 AB 的压强才能相等。所以，在液体不流动的情况下，连通器各容器中的液面应保持相平（理想模型法）。

连通器是液面以下相互连通的两个或几个容器。盛有相同液体、液面上压力相等的连通器，其液面高度相等。

(1) 连通器盛有相同液体，但液面上压力不等，则液面的压力差等于连通器两容器液面高差所产生的压差。

(2) 连通器液面上压力相等，但两侧有互不相混的不同液体，自分界面起两液面之高度与液体密度成反比。

连通器原理在工程上有着广泛的应用。如各种液面计（水位计、油位计等）、水银真空计、液柱式风压表、差压计等，都是应用连通器原理制成的。

6-57 连通器有什么特点？

答：连通器的特点是只有容器内装有同一种液体时各个容器中的液面才是相平的。如果容器倾斜，则各容器中的液体即将开始流动，由液柱高的一端向液柱低的一端流动，直到各容器中的液面相平时，即停止流动而静止。如用橡皮管将两根玻璃管连通起来，容器内装同一种液体，将其中一根管固定，使另一根管升高、降低或倾斜，可看到两根管里的液面在静止时总保持相平。

连通器盛有相同液体，但液面上压力不等，则液面的压力差等于连通器两容器液面高差所产生的压差。

6-58 简述连通器的应用。

答： 连通器在生产实践中有着广泛的应用，例如，水渠的过路涵洞、牲畜的自动饮水器、水位计，以及日常生活中所用的茶壶、洒水壶等都是连通器。世界上最大的人造连通器是三峡船闸和自来水水塔。

所谓连通器，是液面以下相互连通的两个或几个容器。盛有相同液体、液面上压力相等的连通器，其液面高度相等。

（1）连通器盛有相同液体，但液面上压力不等，则液面的压力差等于连通器两容器液面高差所产生的压差。

（2）连通器液面上压力相等，但两侧有互不相混的不同液体，自分界面起两液面之高度与液体密度成反比。

连通器原理在工程上有着广泛的应用。如各种液面计（水位计、油位计等）、水银真空计、液柱式风压表、差压计等，都是应用连通器原理制成的。

6-59 盘根有什么作用？

答： 盘根也叫密封填料，由较柔软的线状物编织而成，通常截面积是正方形或长方形、圆形的条状物，填充在密封腔体内，从而实现密封。填料密封最早是以棉麻等纤维塞在泄漏通道内来阻止液流泄漏，主要用作水泵的轴封。由于填料来源广泛，加工容易，价格低廉，密封可靠，操作简单，所以沿用至今。现在盘根被广泛用于离心泵、压缩机、真空泵、搅拌机和船舶螺旋桨的转轴密封、活塞泵、往复式压缩机、制冷机的往复运动轴封，以及各种阀门阀杆的旋动密封等。

盘根工作原理：轴表面在微观情况下非常不平整，与盘根只能部分贴合，所以盘根和轴之间存在微小的间隙，就像迷宫一样。介质在迷宫被多次截流，从而达到密封作用。

6-60 简述填料密封的结构及原理。

答： 填料密封由填料装于填料函内，通过填料压盖将填料压紧在轴的表面。由于轴表面总有些粗糙，其与填料只能是部分贴合，而部分未接触，此就形成无数个迷宫。当带压介质通过轴表面时，介质被多次节流，凭借这“迷宫效应”而达到密封。填料与轴表面的贴合、摩擦，也类似滑动轴承，应有足够的液体进行润滑，以保证密封有一定的寿命，即所谓的“轴承效

应”。由此可见良好的填料密封，即是迷宫效应和轴承效应的综合。

填料对轴的压紧力通过拧紧压盖螺栓产生。由于填料是弹塑性体，当受到轴向压紧后，产生摩擦力致使压紧力沿轴向逐渐减少，同时所产生的径向压紧力使填料紧贴于轴表面而阻止介质外漏。径向压紧力的分布由外端（压盖）向内端，先是急剧递减后趋平缓，介质压力的分布由内端逐渐向外端递减，当外端介质压力为零时，则泄漏很少，大于零时，泄漏。

随着新材料的不断出现，填料结构形式也有很大的变化，这无疑将促使填料密封的应用更加广泛，用作填料的材料应具备如下特性：

（1）有一定的弹塑性。当填料受轴向压紧时能产生较大的径向压紧力，以获得密封；当机器和轴有振动或轴有跳动及偏心时，能有一定的补偿能力（追随性）。

（2）化学稳定性。既不被介质所腐蚀、溶涨，也不污染介质。

（3）不渗透性。介质对大部分纤维均有一些渗透，故要求填料组织致密，为此在制作填料时往往需要浸渍、填充各种润滑剂和填充剂。

（4）自润滑性好，摩擦系数小并耐磨。

（5）耐温性。当摩擦发热后能承受一定的温度。

（6）拆卸方便。

（7）制造简单，价格低廉。

6-61　简述脉冲式安全阀的工作原理。

答：这种安全阀主要由主安全阀、副阀和连接管道组成，它的工作原理是用副阀来控制主阀，在正常情况下，主阀被弹簧及高压蒸汽压紧，严密关闭，当蒸汽压力达到启动值时，副阀先打开，蒸汽经导汽管引入主阀的活塞上面，由于活塞受压面积大于阀瓣受压面积，同时可以克服蒸汽和弹簧的作用力，将主阀打开。当压力降到一定值后，脉冲阀关闭，活塞上的汽源切断，主阀关闭，以免阀瓣与阀座因冲击而损伤。脉冲阀一般是重锤式或弹簧式。

6-62　弹簧式安全门的工作原理是什么？

答：阀门在关闭时，阀瓣上面受到弹簧的作用力，下面受到介质的作用力。当介质的压力高于阀门的动作压力时，介质作用力克服弹簧力使阀瓣上移，安全阀自动开启。当系统中的压力回降到工作压力时，弹簧作用力克服介质作用力使阀瓣下移，安全阀自动关闭。

6-63　什么叫启动旁路系统？发电厂常用的旁路系统有哪些基本形式？

答：中间再热单元式机组多装有旁路系统。它是指高参数蒸汽不通过汽缸通流部分，而是经过与汽缸并联的减温减压器，降压减温后的蒸汽送至低一级参数的蒸汽管道或凝汽器的连接系统。直流锅炉除装设旁路系统外，还应装设启动分离系统，统称为发电厂的启动旁路系统。

常见的旁路系统有以下几种基本形式：

(1) 汽轮机的Ⅰ级旁路。即新蒸汽绕过汽轮机高压缸，经减温减压后直接进入再热器，也称高压旁路。

(2) 汽轮机的Ⅱ级旁路。即再热器出来的蒸汽绕过汽轮机中、低压缸，经减温减压后直接引入凝汽器，也称低压旁路。

(3) 大旁路。是将新蒸汽绕过整个汽轮机，经降压减温后直接进入凝汽器，也称整机旁路。

6-64　金属在高温下长期运行，会发生哪些组织性能的变化和损坏？

答：金属在高温下长期运行，不但会发生蠕变、断裂和应力松弛等形变过程，而且还会发生一些组织和性能的变化甚至损坏。温度越高，变化速度越大，而这些变化在大多数情况下都会使金属的高温工作能力降低，影响其安全运行。

6-65　什么是钢材的石墨化？石墨化对钢的性能有何影响？

答：钢中渗碳体在高温下分解成游离碳，并以石墨形式析出，在钢中形成了石墨“夹杂”的现象，称之为石墨化。

当钢中产生石墨化现象时，由于碳从渗碳体中析出成为石墨，钢中渗碳体数量减少；而石墨在钢中有如空穴割裂基体，而石墨本身强度又极低，因此石墨化会使钢材的强度降低，使钢材的室温冲击值和弯曲角显著下降，引起脆化。尤其是粗大元件的焊缝热影响区，粗大的石墨颗粒可能排成链状，产生爆裂。

6-66　根据文字内容，写出下列螺纹的规定代号是什么意思。

(1) M20 (2) M20×1 左 (3) T32×12/2-5P 左 (4) G1 (5) ZG1/2

答：(1) 普通粗牙螺纹，直径为 20mm，螺距为 2.5mm，右旋。

(2) 普通细牙螺纹，直径为 20mm，螺距为 1mm，左旋。

(3) 梯形螺纹，直径为 32，导程为 12mm，双头，公差 5P，左旋。

(4) 圆柱管螺纹，公称直径为 1mm。

(5) 锥管螺纹，公称直径为 1/2mm。

6-67　阀门按驱动方式可分为哪几类？

答：阀门按驱动方式手动阀、电动阀、气动阀和液动阀等。

6-68 阀门手动装置形式有哪些?

答: 阀门手动装置一般有手轮、手柄、扳手和远距离手动装置等几种形式。

6-69 简述高压加热器联成阀的结构及工作原理。

答: 高压加热器联成阀也属于三通阀的一种，其是通过接收保护水压信号而动作，确保高压水不会通过抽汽管路进入汽缸中。

当高压加热器水位高三值时，高压加热器电接点水位高三值的电信号传至高压加热器保护电磁阀，高压加热器保护电磁阀开启，通过高压加热器保护水（从凝结水母管引来一路凝结水作为高压加热器保护水）进入活塞下部，在水压的作用下将高压加热器联成阀打开，联通旁路管路，高压给水经过旁路进入给水泵经过升压后进入锅炉。

联成阀是活塞阀，也可以说是四通阀，正常运行，活塞上移至顶部，水从给水母管进入高压加热器，当连锁动作时，活塞下移，主路的给水切断，出口改为两个旁路，到锅炉给水母管，活塞上移是缓慢的，下降很快。

活塞的顶部各水室主要是通保护水，水室有一路进水和一路出水，正常运行时，有水流动，无压运行，保护水进口侧有小的放水门，调节保护水压力用的，运行过程中保护水的压力是稳定的，高压加热器保护电磁阀系统共有4路来水，2路电磁阀，1路节流孔板，1路旁路，旁路关闭时，电磁阀常闭。

当高压加热器的疏水水位高时，电信号传递至电磁阀，电磁阀迅速打开，保护水压力迅速升高，按活塞原理，联成阀关闭，高压给水进入旁路系统管路。

6-70 管件材料选用根据什么来决定?

答: 管件材质选用主要根据管道内介质的温度来决定。除此以外还应考虑介质的压力、腐蚀性等。

6-71 阀门进行强度试验的目的是什么?

答: 对阀门进行强度试验的目的是检查阀体和阀盖的材料强度和铸造、补焊质量。其试验在试验台上进行，用泵试压，试验压力为工作压力的1.5倍，并在此压力下保持5min，无泄漏、渗透现象，强度试验为合格。

6-72 阀门电动装置构成部件有哪些?

答: 阀门电动装置构成部件有电动机、减速机构、行程控制装置、行程指示器、转矩控制装置、手动电动切换机构、手动传动部件、电气附件等。

6-73　闸阀的工作原理是什么？

答：在闸阀的阀体内设有一块与介质流向成垂直方向的平面闸板，靠此闸板的升降来开启或关闭介质的通路。

6-74　管道支吊架的作用是什么？有哪些类型？

答：管道支吊架用于支撑和悬吊管道及工作介质的质量，使管道承受的应力不超过材料的许用应力；同时支吊架在管道胀缩时起到活动和导向的作用，并对管道位移的大小和方向加以限制，使管道在相对固定位置上安全运行。支吊架有支架和吊架两部分。支架有活动支架、固定支架和导向支架；吊架有普通吊架、弹簧吊架和恒力吊架。

6-75　在管道冷拉前应检查哪些内容？

答：管道冷拉前应检查的内容有：

(1) 冷拉区域各固定支架安装牢固，各固定支架间所有焊口焊接完毕(冷拉除外)，焊缝均经检查合格，应作热处理的焊口已作过热处理。

(2) 所有支架已装设完毕，冷拉附近支吊架的吊杆应留足够的调整余量，弹簧支吊架的弹簧应按设计值预压缩，并临时固定。

(3) 法兰与阀门的连接螺栓已拧紧。

(4) 应作热处理的冷拉焊口，焊后必须经检查合格，热处理完毕后，才允许拆除冷拉时所装拉具。

6-76　高压阀门严密性试验的目的和方法有哪些？

答：试验目的是检查门芯与门座、阀杆与盘根、阀体与阀盖等处是否严密。

具体试验方法如下：

(1) 门芯与门座密封面的试验。将阀门压在试验台上，并向阀体内注水，排除阀体内空气，待空气排尽后，再将阀门关死，然后加压到试验压力。

(2) 阀杆与盘根、阀体与阀盖的试验。经过密封面试验后，把阀门打开，让水进入整个阀体内充满，再加压到试验压力。

(3) 试压的质量标准。在试压台上进行试压时，试验压力为工作压力的1.25倍，在试验压力下保持5min。如果无降压、泄漏、渗漏等现象，试压即为合格，如不合格应再次进行修理，还必须重做水压试验，试压合格的阀门要挂上“已修好”的标牌。

6-77 主蒸汽管道、高温再热蒸汽管道的直管、弯管在安装时应做哪些检查？

答：当工作温度高于450℃的主蒸汽管道、高温再热蒸汽管道的直管、弯管和导汽管安装时，应逐段进行外观、壁厚、金相组织、硬度等检查。弯管背弧外表面还需进行探伤。管道安装完毕，对弯管进行不圆度测量，作好技术记录，测量位置应能永久保存。

第七章　汽轮机泵类设备

7-1　什么是泵？它的主要用途是什么？

答：泵是受原动机控制，驱使介质运动的，是将原动机输出的能量转换为介质压力能的能量转换装置。

泵主要用来输送液体，包括水、油、酸碱液、乳化液、悬乳液和液态金属等，也可输送液体、气体混合物以及含悬浮固体物的液体。

7-2　水泵按压力可分为哪几类？

答：水泵按其工作时产生的压力大小，可分为高压泵、中压泵和低压泵。

7-3　按照工作原理，泵分为哪些种类？

答：按照工作原理，泵分为以下种类：

（1）容积式泵。根据运动部件运动方式的不同又分为：往复泵和回转泵两类。

根据运动部件结构不同有：活塞泵和柱塞泵，有齿轮泵、螺杆泵、叶片泵和水环泵。

（2）叶轮式泵。离心泵、轴流泵、混流泵、旋涡泵。

（3）喷射泵。

7-4　水泵的基本构造主要包括哪些部件？

答：包括泵壳、转子、轴封装置、密封环、轴承、底座及轴向推力平衡装置等部件。

7-5　水泵选用材料主要考虑哪些因素？

答：水泵选用材料主要考虑机械强度和抗汽蚀性能，对输送高温液体的泵，还应考虑热应力和蠕变性能。

7-6　离心泵有哪些分类？

答：离心泵的种类很多，常见的分类方法有以下几种：

（1）按工作叶轮数目可分为：单级泵、多级泵。

（2）按工作压力可分为：低压泵、中压泵、高压泵。

（3）按叶轮进水方式可分为：单吸泵、双吸泵。

（4）按泵壳结合缝形式可分为：水平中开式泵、垂直结合面泵。

（5）按泵轴位置可分为：卧式泵、立式泵。

（6）按叶轮出来的水引向压出室的方式可分为：蜗壳泵、导叶泵。

（7）按泵的转速可否改变可分为：定速泵、调速泵。

7-7　离心泵由哪些部分组成？

答：离心泵的主要组成部分有转子和定子两部分。

转子包括叶轮、轴、轴套、键和联轴器等。

定子包括泵壳、密封设备、填料筒、水封环、密封圈、轴承、机座、轴向推力平衡设备等。

7-8　简述离心泵的工作原理。

答：离心泵的工作原理：在泵内充满水的情况下，叶轮旋转使叶轮内的水也跟着旋转，叶轮内的水在离心力的作用下获得能量，叶轮槽道内的液体在离心力的作用下甩向外围流进泵壳，于是叶轮中心压力降低，这个压力低于进水管内压力，水就在这个压力差作用下由吸水池流入叶轮，这样水泵就可以不断的吸水，不断的供水。

7-9　简述齿轮泵的工作原理。

答：齿轮泵是由两个齿轮啮合在一起组成的泵。它的工作原理：齿轮转动时，齿轮间相互啮合，啮合后密闭空间逐渐增大，产生真空区，将外界的液体吸入齿轮泵的入口处，同时齿轮啮合时，使充满于齿轮坑中的液体被挤压，排向压力管。

7-10　简述活塞泵的工作原理。

答：活塞泵的工作原理：在活塞往复运动的过程中，当活塞向外运动时，出口止回门在自重和压差作用下关闭，进口止回门在压差的作用打开，将液体吸入泵腔。当活塞向内挤压时，泵腔内压力升高，使进口止回门关闭，出口止回门打开，将液体压向出口管道。

7-11　简述轴流泵的工作原理。

答：轴流泵的工作原理：在泵内充满液体的情况下，叶轮旋转时对液体产生提升力，把能量传递给液体，使液体沿着轴向前进，同时跟着叶轮旋转。

7-12 简述螺杆泵的工作原理。

答：螺杆泵的工作原理：螺杆旋转时，被吸入螺杆空隙中的液体，由于螺杆间螺纹的相互啮合受挤压，沿着螺纹方向向出口侧流动。螺纹相互啮合后，封闭空间逐渐增加形成真空，将吸入室中的液体吸入，然后被挤出完成工作过程。

7-13 简述自吸泵的工作原理。

答：自吸泵的工作原理：在泵内存满水的情况下，叶轮旋转产生向心力，液体沿槽道流向涡壳。在泵的入口形成真空，使进水止回门翻开，吸入进水管内的空气进入泵内，在叶轮槽道中，空气与径向回水孔（或归水管）里的水混杂，一同沿槽道沿蜗壳流动，进入分别室，在分别室中，空气从液体中别离进去，液体从新回到叶轮，这样重复循环，直至将吸入管道中的空气排绝，使液体进入泵内，完成自吸进程。

7-14 简述喷射泵的工作原理。

答：喷射泵的工作原理：利用较高能量的液体，通过喷嘴产生高速度，裹挟周围的流体一起向扩散管运动，使接受室中产生负压，将被输送液体吸入接受室，与高速流体一起在扩散管中升压后向外流出。

7-15 为什么不能用冷油泵打热油？

答：不能用冷油泵打热油的原因如下：

（1）冷油泵的零部件材质多为铸铁，经受不住热油的高温条件。

（2）冷油泵口环间隙小，如打热油易因口环膨胀，泵壳卡住或增加磨损。

（3）热油泵受热后可以上、下、左、右自由膨胀，若用冷油泵打热油会因膨胀不均匀而影响泵和电动机的同轴度，在运行中会造成振动，产生杂音或磨损。

7-16 ZJ 型渣浆泵的特点有哪些？

答：ZJ 型渣浆泵具有结构合理、耐磨性能好、运行可靠、检修方便、效率高等特点。

7-17 螺杆泵可分为哪几种？它们的共同特点是什么？

答：螺杆泵可分为单螺杆泵、双螺杆泵、三螺杆泵。

它们的共同特点是：损失小，经济性能好。压力高而均匀，流量均匀，

转速高，能与原动机直联。

7-18 火力发电厂主要有哪三种水泵？它们的作用是什么？

答：火力发电厂主要有三种水泵：给水泵、循环水泵、凝结水泵。

给水泵的作用是给锅炉提供给水的；循环水泵的作用是给凝汽器提供冷却水的；

凝结水泵是把凝汽器的水输送到除氧器的水泵。

7-19 给水泵压缩给水的过程看成什么热力过程？在该过程中，工质的压力、比容、温度、焓如何变化？

答：给水泵压缩给水的过程看成绝热压缩过程。

在此过程中，工质的压力升高，比容基本不变，温度微升，焓增大。

7-20 离心泵轴封装置的作用是什么？

答：因为在转子和泵壳之间需留有一定的间隙，所以在泵轴伸出泵壳的部位应加以密封。位于水泵吸入端的密封用来防止空气漏入而破坏真空以致影响吸水，出水端的密封则可防止高压水漏出。

7-21 离心泵的平衡盘装置的构造和工作原理如何？

答：离心泵平衡盘的结构由平衡盘、平衡座和调整套（有的平衡盘和调整套为一体）组成。

平衡盘的工作原理：从终级叶轮进去的带有压力的液体，经均衡座与调整套间的径向间隙流入平衡盘与平衡座间的水室中，使水室处于高压状况。平衡盘后有平衡管与泵的入口相连，其压力近似为泵的进口压力。这样在平衡盘两侧压力不相等，就产生了向后的轴向平衡力，轴向平衡力的大小随轴向位移变更、调整平衡盘与平衡座间的轴向空隙（转变平衡盘与平衡座间水室压力）而变化，从而到达平衡的目标。但这种平衡常常是动态平衡。

7-22 什么是泵的特性曲线？

答：泵的基本特性曲线有流量—扬程曲线（Q—H）、流量—功率曲线（Q—N）、流量—效率曲线（Q—η）。

7-23 泵的主要性能参数有哪些？

答：水泵的主要性能参数有：

(1) 扬程。单位质量的液体通过水泵所获得的能量称为扬程。

(2) 流量。单位时间内水泵所输送的液体数量称为水泵的流量。

(3) 转速。泵轴每分钟旋转的圈数称为转速。

（4）轴功率。由原动机传给水泵轴上的功率称为轴功率。

（5）效率。水泵克服各种损失后的有效功率与轴功率比值的百分数称为效率。

7-24 水泵的流量定义是什么？

答：水泵的流量是表示水泵在单位时间内排出液体的数量。流量有体积流量和质量流量两种表式方法。体积流量用 q_V 表示，单位是 m^3/s；质量流量用 q_m 表示，单位是 kg/s。

7-25 水泵的扬程是什么？

答：水泵的扬程是指单位质量的液体通过泵后能量的增加值，也就是泵能把液体提升的高度或增加压力能的多少，通常用符号 H，单位是 m。扬程与水泵叶轮的直径、叶轮的数目和叶轮旋转的快慢有关。

7-26 泵效率的定义是什么？

答：效率是表示水泵性能中对能量有效利用的数据。效率是一项重要的技术经济指标。有效功率与轴功率之比叫做效率，用符号 η 表示。

7-27 什么是水泵的工作点？

答：水泵特性曲线和管路特性曲线的相交点就是水泵的工作点。

7-28 为什么水泵要有密封装置？

答：在泵壳与泵轴之间存在着一定的间隙，为了防止液体通过此间隙流出泵外或空气漏入泵内（入口为真空状态）在泵壳与泵轴之间设有密封装置。

7-29 水泵密封装置一般有哪几种？

答：水泵一般有以下几种密封装置：

（1）填料密封。它是由填料套、水封环、填料及填料压盖、紧固螺栓等组成。它是用压盖使填料和轴（或轴套）之间保持很小间隙达到密封作用的。填料密封的密封效果可用填料压盖进行调整。压盖太松，泄漏量增加，在真空吸入侧端空气容易漏入泵内，破坏正常工作；压盖太紧，泄漏量减少，但摩擦增加，机械功率损耗增大，从而使填料结构发热，严重时会使填料冒烟，甚至烧毁填料或轴套。在常温下工作的离心泵，常用的填料有石墨和黄油浸石棉填料。对温度和压力稍高的泵，可用石墨浸透的石棉填料。输送液体温度高时，可用铝箔包石棉填料、炭素填料等。

（2）机械密封。机械密封是一种不用填料的密封装置。它主要由静环、

动环、动环座、弹簧座、弹簧、密封圈、防转销及固定螺钉组成。这种密封结构依靠工作液体及弹簧的压力作用在动环上，使之与静环互相紧密配合，达到密封的效果。为了保证动静环的正常工作，接触面必须通入冷却液体进行冷却和润滑，在泵运行中不得中断。

(3) 浮动环密封。它是由浮动环、支撑环、支撑弹簧等组成。浮动环的密封作用：以浮动环端面和支撑环端面的接触来实现径向密封；同时又以浮动环的内圆表面与轴套的外圆表面所形成狭窄缝隙的节流作用来达到轴向密封。

7-30 简述填料密封的原理。

答：将填料密封装置安装完毕拧紧填料压盖螺母，则压盖对填料做轴向压缩，由于填料具有塑性，会产生径向力，并与泵轴紧密接触。与此同时，填料环里的润滑剂被挤出，在接触面上形成油膜，以利润滑。由此，良好的密封在于保持良好的润滑和适当的压紧，若润滑不良或压得过紧，都会使油膜中断，造成填料与轴之间干摩擦，最后导致烧坏轴事故。此外，填料筒中水封环的作用是将水泵高压液体均匀地扩散到泵轴与填料的圆周方向，然后一部分沿轴表面（或轴套表面）进入泵体内，另一部分泄到泵体外边，这部分液体起到润滑和冷却双重作用。当泵内压力小于泵外压力时，还起到阻止空气进入泵体内的作用。

7-31 什么是机械密封装置？它的分类有哪些？

答：机械密封是无填料的密封装置，它是靠固定在轴上的动环和固定在泵壳上的静环，以及两个端面的紧密接近（由弹簧力滑推，同时又是缓冲补偿元件）达到密封的。在机械密封装置中，压力轴封水一方面顶住高压泄出水，另一方面窜进动静环之间，维持一层流膜，使动静环端面不接触。由于流动膜很薄，且被高压水作用着，因此泄出水量很少，这种装置只要设计得当，保证轴封水在动、静环端面上形成流动膜，也可满足“干转”下的运转。机械密封的摩擦耗功较少，一般为填料密封摩擦功率的10%～15%，且轴向尺寸不大，造价又低，被认为是一种很有前途的密封装置。

机械密封的分类：

(1) 按弹簧元件旋转或静止可分：旋转式内装内流非平衡型单端面密封，简称旋转式；静止式外装内流平衡型单端面密封，简称静止式。

(2) 按静环位于密封端面内侧或外侧可分为：内装式和外装式。

(3) 按密封介质泄漏方向可分：内流失和外流式。

(4) 按介质在端面引起的卸载情况可分：平衡式和非平衡式。

(5) 按密封端面的对数可分：单端面和双端面。

(6) 按弹簧的个数可分：单弹簧式和多弹簧式。

(7) 按弹性元件分类：弹簧压缩式和波纹管式。

(8) 按非接触式机械密封结构分类：流体静压式、流体动压式、干气密封式。

(9) 按密封腔温度分类：高、中、普、低温密封。

(10) 按密封腔压力分离：超高、高、中、低压机械密封。

7-32　机械密封辅助密封圈的作用是什么?

答：静环密封圈和动环密封圈通常称为辅助密封圈。静环密封圈主要是为阻止静环和密封压盖之间的泄漏；动环密封圈则主要是为了阻止动环和转轴之间径向间隙的泄漏，动环密封圈随转轴一同回转。

7-33　简述液压联轴器的组成和工作原理。

答：液压联轴器主要由泵轮、蜗轮和旋转内套组成。其工作原理是通过注油孔将液压油注入半联轴器的液压油腔中，并达到规定的压力值，液压油腔在油压的作用下膨胀，并使其内壁与半联轴器的轴胀紧，两个半联轴器之间依靠摩擦力传递扭矩。该摩擦力的大小决定了联轴器所能传递的额定扭矩：当实际负荷小于联轴器的额定扭矩时，两个半联轴器之间无相对转动而正常传递扭矩；当实际负荷超出联轴器的额定扭矩时，克服了两个半联轴器之间的摩擦力，两者发生相对运动，半联轴器上的耳板将半联轴器上的剪断管切断，使液压油腔内的高压油瞬间泄出，液压油腔收缩，半联轴器的内壁与半联轴器的轴脱开，两个半联轴器在轴承支撑下空转，从而对设备起到保护作用。

7-34　离心泵的导叶起什么作用?

答：一般在分段式多级泵上均装有导叶。导叶的作用是将叶轮甩出的高速液体汇集起来，均匀地引向下一级叶轮的入口或压出室，并能在导叶中使液体的部分动能转变成压能。

7-35　离心泵有哪些损失?

答：离心泵有以下损失：

(1) 容积损失。包括密封环泄漏损失、平衡机构泄漏损失和级间泄漏损失。

(2) 水力损失。包括冲击损失、漩涡损失、沿程摩擦损失。

(3) 机械损失。包括轴承、轴封摩擦损失，叶轮圆盘摩擦损失。

7-36 离心式水泵为什么不允许倒转？

答：因为离心泵的叶轮是一套装的轴套，上有丝扣拧在轴上，拧的方向与轴转动方向相反，所以泵顺转时，就越拧越紧。如果反转就容易使轴套退出，使叶轮松动产生摩擦。此外，倒转时扬程很低，甚至打不出水。

7-37 水泵在工作时应该检查什么？

答：检查轴承温度和运行是否正常，真空表、压力表、电流表读数是否正常，泵体是否有振动，填料工作是否正常，填料中的水封管供水水质水量是否达到要求，填料的松紧度和温度是否合适，要经常巡视吸水管是否漏气，进料管是否堵塞，要注意检查水仓、水池的水量，泵的上量是否正常，避免抽空和溢流。

7-38 什么是离心泵的并联运行？并联运行有什么特点？

答：两台或两台以上离心泵同时向同一条管道输送液体的运行方式称为并联运行。

并联运行的特点是：每台水泵所产生的扬程相等，总的流量为每台泵流量之和。

并联运行时泵的总性能曲线是每台泵的性能曲线在同一扬程下各流量相加所得的点相连而成的光滑曲线。泵的工作点是泵的总性能曲线与管道特性曲线的交点。

7-39 什么是离心泵的串联运行？串联运行有什么特点？

答：液体依次通过两台以上离心泵向管道输送的运行方式称为串联运行。

串联运行的特点：每台水泵所输送的流量相等，总的扬程为每台水泵扬程之和。串联运行时，泵的总性能曲线是各泵的性能曲线在同一流量下各扬程相加所得点相连组成的光滑曲线，其工作点是泵的总性能曲线与管道特性曲线的交点。

7-40 水泵串联运行的条件是什么？何时需采用水泵串联？

答：水泵串联的条件如下：

（1）两台水泵的设计出水量应该相同，否则容量较小的一台会发生严重的过负荷或限制水泵的出力。

（2）串联在后面的水泵（即出口压力较高的水泵）结构必须坚固，否则会遭到损坏。

在泵装置中，当一台泵的扬程不能满足要求或为了改善泵的汽蚀性能时，可考虑采用泵串联运行方式。

7-41 对离心泵的并联运行有什么要求？特性曲线差别较大的泵并联有什么不好？

答：并联运行的离心泵应具有相似而且稳定的特性曲线，并且在泵的出口阀门关闭的情况下，具有接近的出口压力。

特性曲线差别较大的泵并联，若两台并联泵的关死扬程相同，而特性曲线陡峭程度差别较大时，两台泵的负荷分配差别较大，易使一台泵过负荷。若两台并联泵的特性曲线相似，而关死扬程差别较大，可能出现一台泵带负荷运行，另一台泵空负荷运行，白白消耗电能，并且易使空负荷运行泵汽蚀损坏。

7-42 什么是泵的轴功率、有效功率和泵的效率？

答：原动机传到泵轴上的功率叫轴功率。

泵输送出去的功率，即单位时间内泵输送出去的液体从泵内获得的有效能量为泵的有效功率。

泵的效率是泵的有效功率与轴功率之比的百分数。

7-43 水泵密封环的作用是什么？

答：水泵密封环的作用是防止泵内的高压水倒流回低压侧而使泵内效率降低。

7-44 水在叶轮中是如何运动的？

答：水在叶轮中进行着复合运动。即一方面它要顺着叶片工作面向外流动，另一方面还要跟着叶轮高速旋转。前一个运动称为相对运动，其速度称为相对速度。后一个运动称为圆周运动，其速度称为圆周速度。两种运动的合成即是水在水泵内的绝对运动。

7-45 什么是泵的汽蚀余量？

答：泵的汽蚀余量指泵内开始发生汽蚀时的有效汽蚀余量加上0.3的安全量后得到的数值。若运行中有效汽蚀余量大于等于允许汽蚀余量，则泵内不会发生汽蚀。

7-46 什么是水泵的有效汽蚀余量和必需汽蚀余量？

答：液体由吸入液面流至泵吸入口处，单位质量液体所具有的超过饱和蒸汽压力的富余能量叫有效汽蚀余量。

单位质量液体从泵吸入口流至泵叶轮叶片进口压力最低处的压力降，称

为必需汽蚀余量。

7-47 什么是水泵的允许吸上真空度？为什么要规定这个数值？

答：水泵内的允许吸上真空度是指泵入口处的真空数值。当泵的真空过高时，泵入口处的液体就会汽化产生汽蚀；因汽烛对泵的危害很大，所以应力求避免。

7-48 什么是水泵的车削定律？

答：水泵叶轮外径车削后，其流量、扬程、功率与外径的关系，称为车削定律。

7-49 泵内机械损失由哪两部分组成？其中比重较大的部分又是由什么原因造成的？通常可采取哪些措施降低这部分损失？

答：机械损失中第一部分为轴与轴承和轴与轴封的摩擦损失；第二部分为叶轮圆盘摩擦损失。

其中圆盘摩擦损失在机械损失中占的比重较大，它是由两方面原因造成的。其一是由于叶轮与泵壳之间的泵腔内的流体内摩擦及流体与固体壁的摩擦而消耗的能量；其二是泵腔内的流体由于受惯性离心力在不同半径处的压力差作用所形成的涡流而消耗的能量。

降低圆盘摩擦损失的措施：

（1）提高转速，减小叶轮直径或级数。

（2）降低叶轮与内壳表面的粗糙度。

（3）合理设计泵壳的结构形式等。

7-50 水泵特性试验的方法如何进行？

答：水泵特性试验的方法如下：

（1）当水泵启动后，待转速至额定值，经检查无异常情况后，排除差压计和压力表连接管内的空气，即可以进行试验。

（2）先将水泵进口管道上的阀门全开，利用出口阀门来调节试验负荷。试验从出口阀门关闭状态开始，然后逐次开启出口阀门以逐渐增加流量，为保证试验的准确性，各次试验应稳定 10min，再持续测定 20min。对高压给水泵和轴流式水泵不允许空负荷运行。

（3）进行每一负荷试验时，均应测量流量、扬程、水温、水泵转速、电动机输入功率等。测量中应同时记录登记表读数，每分钟记录一次。

（4）循环水泵的流量是用两根独立的毕托管同时测一动压。测量点位置根据预先做好的标尺确定。

（5）试验次数根据水泵的最大流量均分为 8～12 次为宜。

7-51 什么是水泵的汽蚀现象？发生汽蚀现象有何危害？如何防止汽蚀现象的发生？

答：由于叶轮入口处压力低于工作水温的饱和压力，故引起一部分液体蒸发（即汽化）。汽泡进入压力较高的区域时受压突然凝结，于是四周的液体就向此处补充，造成水力冲击，使附近金属表面局部脱落，这种现象称为汽蚀现象。

汽蚀发生时，大量气泡的产生使液流的过流断面面积减小，流动损失增大，导致泵内流量减小，扬程变小，效率降低，性能恶化；严重时造成液流间断，以及泵的工作中断。另外，气泡反复凝结破裂时产生局部水冲击和化学腐蚀，使叶轮和壳体壁面受到破坏，使泵的使用寿命缩短，同时产生振动和噪声。

为了防止汽蚀，在水泵的机构上采用以下几种措施：

（1）采用双吸叶轮。

（2）增大叶轮入口面积。

（3）增大叶片进口边宽度。

（4）增大叶轮前后盖板转弯处曲率半径。

（5）叶片进口边向吸入侧延伸。

（6）叶轮首级采用抗汽蚀材料。

（7）设前置诱导轮。

7-52 说出几种常见的水泵型号，并说明其各代表哪种类型的泵？

答：常见的水泵型号如下：

（1）1S（B）：单级单吸离心泵。

（2）S（SH）：单级双吸离心泵。

（3）D：分段式多级离心泵。

（4）DS：分段式多级离心泵（首级为双吸）。

（5）DG：分段式多级锅炉给水泵。

（6）DK：中开式多级离心泵。

（7）DQ：多级前置泵（离心泵）。

（8）R：热水循环泵。

（9）NB：卧式凝结水泵。

（10）NL：立式凝结水泵。

（11）IHG：大型立式单级单吸离心水泵。

(12) XS：大型单级双吸中心离心泵。

(13) NW：卧式疏水泵。

(14) Y：单级离心泵。

(15) ZWQ：全调节卧式轴流泵。

(16) ZLQ：全调节立式轴流泵。

7-53　DG46-30×5 型离心泵型号的意义是什么？

答：DG46-30×5 型离心泵型号的意义：卧式、单吸多级分段式锅炉给水泵，设计工作点流量为 46m^3/h，设计工作点单级扬程为 30m，级数为 5。

7-54　水泵吸入室的作用是什么？

答：水泵吸入室的作用是将进水管中的液体以最小的损失均匀地引向叶轮。

7-55　水泵压出室的作用是什么？

答：压出室的作用是以最小的损失将液体正确地导入下一级叶轮或引向出水管，同时将部分动能转化为压力能。

7-56　压力脉动的产生必须具备哪些条件？

答：(1) q_V-H 性能曲线出现驼峰部分，且恰好在泵的运转范围之内。对高压给水泵，则在 q_V-H 曲线的关死点附近易于形成向右上方倾斜的部分。

(2) 泵的压击管路中有积存空气的部位。

(3) 调节阀等节流装置位于上述可积存空气的部位之后。

7-57　防止给水泵发生压力脉动的主要方法有哪些？

答：(1) 改善水泵的设计，如适当地减少叶片出口角，使泵的 q_V-H 曲线成为只向右下倾斜的曲线。

(2) 布置管路时不要有起伏并保持一定的斜度，以免压出管内积存空气。

7-58　润滑剂主要可分为几类？

答：润滑剂主要分类如下：

(1) 根据来源有矿物性润滑剂（如机械油）、植物性润滑剂（如蓖麻油）和动物性润滑剂（如牛脂）。此外，还有合成润滑剂，如硅油、脂肪酸酰胺、油酸、聚酯、合成酯、羧酸等。

(2) 根据性状有油状液体的润滑油、油脂状半固体的润滑脂以及固体润滑剂。

（3）根据用途可分为工业润滑剂（包括润滑油和润滑脂）、人体润滑剂。

7-59　润滑油黏度的定义是什么？

答：黏度是流体的内部阻力，润滑油黏度即通常所说的油的厚薄。黏度大则说明油厚，黏度小则表示油薄。

7-60　联轴器的作用是什么？常见的联轴器有哪几种？

答：联轴器的作用是用来把水泵的轴和原动机轴连接起来一同旋转，将原动机的机械能传递给水泵。

联轴器可分为刚性联轴器，挠性联轴器和安全联轴器。

7-61　水泵用机械密封由哪几部分组成？机械密封的工作原理是什么？

答：主要由静环、动环，弹性元件，传动元件和辅助密封圈组成。

机械密封工作时是靠固定在轴上的动环和固定在泵壳上的静环，并利用弹性元件的弹性力和密封流体的压力，促使动、静环的端面的紧密贴合来实现密封功能的。

7-62　水泵转子由什么组成？其作用是什么？

答：水泵转子包括叶轮、轴、轴套及联轴器等。

转子的作用是把原动机的机械能转变成为流体的动能和压力能。

7-63　泵壳的作用是什么？

答：泵壳的作用一方面是把叶轮给予流体的动能转化为压力能，另一方面是导流。

7-64　叶片式泵 YBE-160/40 型号代表什么？

答：叶片式泵 YBE-160/40 型号代表：

（1）YB：变量叶片泵。

（2）E：改型（看似双联）。

（3）160/40：一般来讲是 160L，40MPa，但如果是双联泵的也可以是大泵 160L，小泵 40L。

7-65　并联工作的泵压力为什么升高？而串联工作的泵流量为什么会增加？

答：水泵并联时，由于总流量增加，则管道阻力增加，这就需要每台泵都提高它的扬程来克服这个新增加的损失压头，故并联运行时，压力较一台运行时高一些；而流量同样由于管道阻力的增加而受制约，所以总是小于各

台水泵单独运行下各输出水量的总和，且随着并联台数的增多，管路特性曲线越陡直以及参与并联的水泵容量越小，输出水量减少得更多。

水泵串联运行时，其扬程成倍增加，但管道的损失并没有成倍的增加，故富余的扬程可使流量有所增加。但产生的总扬程小于它们单独工作时的扬程之和。

7-66 离心真空泵有哪些优、缺点？

答：离心真空泵的优点：耗功低、耗水量少并且噪声也小。

离心真空泵的缺点：过载能力很差，当抽吸空气量太大时，真空泵的工作恶化，真空破坏。这对真空严密性较差的大机组来说是一个威胁。故可考虑采用离心真空泵与射水抽气器共用的办法，当机组启动时用射水抽气器，正常运行时用真空泵来维持凝汽器的真空。

7-67 离心真空泵的结构是怎样的？

答：离心真空泵主要由泵轴、叶轮、叶轮盘、分配器、轴承、支持架、进水壳体、端盖、泵体、泵盖、止回阀、喷嘴、喷射管、扩散管等零部件组成。泵轴是由装在支持架轴承室内的两个球面滚珠轴承支撑，其一端装有叶轮盘，在叶轮盘上固定着叶轮；在叶轮内侧的泵体上装有分配器，改变分配器中心线与叶轮中心线的夹角 α（一般最佳角度为 8°），就能改变工作水离开叶轮时的流动方向，如果把分配器的角度调整到使工作水流沿着混合室轴心线方向流动，这时流动损失最小，而泵的引射蒸汽与空气混合物的能力最高。

7-68 离心真空泵的工作原理是怎样的？

答：当泵轴转动时，工作水下部入口被吸入，并经过分配器从叶轮的流道中喷出，水流以极高速度进入混合室，由于强烈的抽吸作用，在混合室内产生绝对压力为 3.54kPa 的高度真空，这时凝汽器中的汽气混合物，由于压差作用冲开止回阀，被不断地抽到混合室内，并同工作水一道通过喷射管、喷嘴和扩散管被排出。

7-69 往复泵的共同特点是什么？

答：往复泵的共同特点如下：

(1) 适用压力范围广。当排液压力波动时，流量比较稳定，往复泵可以设计成超高压、高压、中压或低压。

(2) 效率高。往复泵压缩液体属于封闭系统，故效率较高。

(3) 适应性较强，排液量范围较较广。可以用以输送黏度很大的液体，但不宜直接输送腐蚀性液体和有固体颗粒的悬浮液。

(4) 易损件较多，维修工作量较大。

(5) 因往复运动受惯性力的限制，转速不能过高，对于流量较大的，外形尺寸及其基础都较大。

(6) 容易污染工艺介质。

7-70　采用平衡盘装置有什么缺点?

答: 平衡盘装置在多级泵上广泛使用，用来平衡轴向推力，但它有三个缺点:

(1) 在启动、停泵或发生汽蚀时，平衡盘不能有效地工作，容易造成平衡盘与平衡座之间的摩擦和磨损。

(2) 由于转轴位移的惯性，易造成平衡力大于或小于轴向力的现象，致使泵轴往返窜动，造成低频窜振。

(3) 高压水往往通过叶轮轴套与转轴之间的间隙窜水反流，干扰了泵内水的流动，又冲刷了部件，从而影响水泵的效率、寿命和可靠性。

7-71　SH型水泵的转子轴向力是如何平衡的?

答: 整个转子的轴向力绝大部分是双吸式叶轮本身来平衡的，其剩余部分的轴向力由自由端的312号轴承承担。

7-72　为什么有些前置泵（如FAIB56型）采用双吸不完全对称叶轮?

答: 采用双吸叶轮是为了减小运行中的轴向推力，但为了使运行更稳定，避免轴的来回窜动，将叶轮出口处前后盖板的周缘加工成锥度，使两边轴向推力稍有差异，推力盘靠紧边推力块运行，轴单向受一定应力。

7-73　给水泵的轴端密封装置有哪些类型?

答: 给水泵的轴封装置主要有填料轴封，浮动环轴封、机械密封、迷宫式轴封，此外还有液体动力型轴封。

填料密封由填料箱、填料、填料环、填料压盖、双头螺栓和螺母等组成。填料轴封就是在填料箱内施加柔软方型填料来实现密封，由于给水泵轴封处压力高，转速快，摩擦产生的热量也大，加之给水温度本来就高，所以对填料必须设冷却装置。这是电厂给水泵使用最多的一种。优点是检修方便、工艺简单、对多级水泵来说密封效果好。

7-74　滑动轴承的基本形式和特点是什么?

答: 滑动轴承就是通常说的平面轴承，其形式简单，接触面积大，如果润滑保持良好，抗磨性能会很好，轴承寿命也会很长。滑动轴承的承载能力

大，回转精度高，润滑膜具有抗冲击作用。因此在工程上获得广泛的应用。但他最大的缺点是无法保持足够的润滑油储备，一旦润滑剂不足，它立刻产生严重磨损并导致失效。

和滚动轴承相比，滑动轴承具有承载力高，抗震性好，工作平稳可靠，噪声小，寿命长等特点。

7-75 滑动轴承的种类有哪些?

答：滑动轴承的种类可分为整体式轴承和对开式轴承。根据润滑方式又可分为自然润滑式和强制润滑式。

7-76 液力耦合器的主要构造是怎样的?

答：液力耦合器主要由泵轮、涡轮和转动外壳（又叫旋转内套）组成。它们形成了两个腔室：在泵轮与涡轮间的腔室（即工作腔）中有工作油所形成的循环流动圆；另有由泵轮和涡轮的径向间隙（也有在涡壳上开几个小孔的）流入涡轮与转动外壳腔室（即副油腔）中的工作油。一般泵轮和涡轮内装有 20～40 片径向辐射形叶片，副油腔壁上亦装有叶片或开有油孔、凹槽。

7-77 液力耦合器中产生轴向推力的原因何在？为什么要设置双向推力轴承?

答：轴向推力产生的原因是：

（1）由于工作轮受力面积不均衡，在此压力作用下必然会引起轴向作用力。

（2）液体在工作腔中流动时，要产生动压力，动压力的大小与旋转速度有关。

（3）由于泵轮和涡轮间存在滑差，因此在循环圆和转动外壳的腔内液体动力值是有差异的，也会引起轴向作用力。

（4）工作腔内充液量的改变，也会引起推力的变化。而耦合器在额定工作下工作时轴向力很小。

在耦合器稳定运行时，两个工作轮承受的推力大小相等、方向相反。工作过程中随负荷的变化，推力的大小和方向都可能发生变化，因此要设置双向推力轴承。

7-78 液力耦合器的泵轮和涡轮的作用是什么?

答：耦合器泵轮是和电动机轴连接的主动轴上的工作轮，其功用是将输入的机械功转换为工作液体的动能，即相当于离心泵叶轮，故称为泵轮。

涡轮的作用相当于水轮机的工作轮，它将工作液体的动能还原为机械功，并通过被动轴驱动负载。

泵轮和涡轮具有相同的形状、相同的有效直径（循环圆的最大直径），只是轮内径向辐射形叶片数不能相同，一般泵轮与涡轮的径向叶片数差1～4片，以避免引起共振。

7-79　在液力耦合器中工作油是如何传递动力的？

答：在泵轮与涡轮间的腔室中充有工作油，形成一个循环流道，在泵轮带动的转动外壳与涡轮间又形成一个油室。若主轴以一定转速旋转，循环圆（泵轮与涡轮在轴面上构成的两个碗状结构组成的腔室）中的工作液体由于泵轮叶片在旋转离心力的作用下，将工作油从靠近轴心处沿着径向流道向泵轮外周处外甩升压，在出口处以径向相对速度与泵轮出口圆周速度组成合速，冲入涡轮外圆处的进口径向流道，并沿着涡轮径向叶片组成的径向流道流向涡轮，靠近从动轴心处，由于工作油动量力距的改变去推动涡轮旋转。在涡轮出口处又以径向相对速度与涡轮出口圆周速度组成合速，冲入泵轮的进口径向流道，重新在泵轮中获取能量，泵轮转向与涡轮相同，如此周而复始，构成了工作油在泵轮和涡轮二者间的自然环流，从而传递了动力。

7-80　简述液力耦合器的系统情况。

答：在典型液力耦合器中，工作油泵和润滑油泵同轴而装，它们由原动机轴驱动伞形齿轮而拖动。工作油泵为离心式，供油经过控制阀后进入泵轮。耦合器循环圆内的工作油，由勺管排出进入工作油冷油器。冷油器出口的油分两路流动，一路直接回油箱，另一路经过控制阀再回到泵轮，因为勺管内的油流有较高的压力，使它通过冷油器后再回到泵轮，可以减少工作油泵的供油量，节约油泵的能耗。

润滑油泵与辅助油泵为齿轮式。润滑油泵的供油经过润滑油冷油器、双向可逆过滤器，然后分别送往各轴承和齿轮处进行润滑，润滑油的另外一路油经过控制油滤网，进入勺管控制滑阀和勺管的液压缸。

辅助油泵在耦合器启动前工作，进行轴承的润滑，待各轴承得到充分润滑后，才能启动耦合器。

7-81　试述液力耦合器的调速原理。调速的基本方法有哪几种？

答：在泵轮转速固定的情况下，工作油量越多，传递的动转距也越大。反过来说，如果动转距不变，那么工作油量越多，涡轮的转速也越大（因泵轮的转速是固定的），从而可以通过改变工作油油量的多少来调节涡轮的转速适应泵的转速、流量、扬程及功率。通过充油量的调节，液力耦合器调速范围可达0.2～0.975。

在液力耦合器中，改变循环圆内充油量的方法基本上有：

（1）调节循环圆的进油量。

（2）调节循环圆的出油量。

（3）调节循环圆的进出油量。

调节工作油的进油量是通过工作油泵和调节阀来进行的。调节工作油的出油量是通过旋转外壳里的勺管位移来实现的。但是采用前二种调节方法，在发电机组要求迅速增加负荷或迅速减负荷时，均不能满足要求。只有采用第三种方法，在改变工作油进油量的同时，移动勺管位置，调节工作油的出油量，才能使涡轮的转速迅速变化。

7-82 勺管是如何调节涡轮转速的？

答：勺管用改变工作腔内充液量的方法来改变耦合器特性，获得不同的涡轮转速，调节工作机械的转速，常用的方法是在转动外壳与泵轮间的副油腔中，安置一个导流管，即勺管。勺管的管口迎着工作液的旋转方向。勺管由操纵机构控制，在副油腔中作径向移动。当勺管移到最大半径位置时，将不断地把工作腔中供入的油全部排出，耦合器处于脱离状态。

当勺管处在最小半径位置时，耦合器处于全充油工作状态。这样当勺管径向移动每一个位置，即可得到一个相应的不同充液度，从而达到调节负荷的目的。

7-83 液力耦合器的涡轮转速为什么一定低于泵轮转速？

答：若涡轮的转速等于泵轮的转速，则泵轮出口处的工作油的压力与涡轮进口处的油压相等，且它们的压力方向相反，相互顶住，工作油在循环圆内将不产生流动。涡轮就得不到力距，当然就转不起来，因此涡轮的转速永远只能低于泵轮的转速。而只有当泵轮转速大于涡轮转速时，泵轮出口处的油压才大于涡轮进口处的油压，工作油在压力差作用下产生循环运动，于是涡轮被冲动旋转起来，就像交流异步电动机转子的转速永远低于定子旋转磁场旋转速度。

7-84 耦合器装设易熔塞的作用是什么？

答：易熔塞是耦合器的一种保护装置。正常情况下，汽轮机油的工作温度不允许超过 100℃，油温过高极易引起油质恶化。同时油温过高，耦合器工作条件恶化，联轴器工作极不稳定，从而造成耦合器损坏及轴承损坏事故。为防止工作油温过高而发生事故，在耦合器转动外壳上装有四只易熔塞，内装低熔点金属。当耦合器工作腔内油温升至一定温度时，易熔塞金属被软化后吹损，工作油从四只孔中排出，工作油泵输出的油通过控制阀进入工作腔，不断带走热量，使耦合器中油温不再继续上升，起到了保护作用。

7-85 液力耦合器的特点是什么?

答：液力耦合器的工作特点主要有以下几点：

（1）可实现无级变速。通过改变勺管位置来改变涡轮的转速，使泵的流量、扬程都得到改变，并使泵组在较高效率下运行。

（2）可满足锅炉点火工况要求。锅炉点火时要求给水流量很小，定速泵用节流降压来满足，调节阀前、后压差可达12MPa以上。利用液力耦合器，只需降低输出转速即可满足要求，既经济又安全。

（3）可空载启动且离合方便。使电动机不需要有较大的富余量，也使厂用母线减少启动时的受冲击时间。

（4）隔离振动。耦合器泵轮与涡轮间扭矩是通过液体传递的，是柔性连接。所以主动轴与从动轴产生的振动不可能相互传递。

（5）过载保护。由于耦合器是柔性传动，工作时有滑差，当从动轴上的阻力扭矩突然增加时，滑差增大，甚至制动，但此时原动机仍继续运转而不致受损。因此，液力耦合器可保护系统免受动力过载的冲击。

（6）无磨损，坚固耐用，安全可靠，寿命长。

液力耦合器的缺点：液力耦合器运转时有一定的功率损失，除本体外，还增加一套辅助设备，价格较贵。

7-86 凝结水泵有什么特点?

答：凝结水泵所输送的是相应于凝汽器压力下的饱和水，所以在凝结水泵入口易发生汽化，故水泵性能中规定了进口侧的灌注高度，借助水柱产生的压力，使凝结水离开饱和状态，避免汽化。因而凝结水泵安装在热水井最低水位以下，使水泵入口与最低水位维持0.9～2.2m的高度差。

由于凝结水泵进口是处在高度真空状态下，容易从不严密的地方漏入空气积聚在叶轮进口，使凝结水泵打不出水。所以一方面要求进口处严密不漏气，另一方面在泵入口处接一抽空气管道至凝汽器汽侧（亦称平衡管），以保证凝结水泵的正常运行。

7-87 凝结水泵的作用是什么?

答：凝结水泵的作用是使凝结水升压，经低压加热器送往除氧器。

7-88 凝结水泵盘根为什么要用凝结水密封?

答：凝结水泵在备用时处在高度真空下，因此，凝结水泵必须有可靠的密封。凝结水泵除本身有密封填料外，还必须使用凝结水作为密封冷却水。

若凝结水泵盘根漏气，则将影响运行泵的正常工作和凝结水溶氧量的增加。

凝结水泵盘根使用其他水源来冷却密封，会使凝结水污染，所以必须使用凝结水来冷却密封盘根。

7-89 凝结水泵为什么要装空气管？

答：因为凝结水在真空情况下运转，把水从凝汽器中抽出，凝结水泵很容易漏入空气，凝结水泵内有少量的空气，可通过空气管排入凝汽器，不使空气聚集在凝结水泵内部而影响凝结水泵打水。

7-90 凝结水泵为什么要装再循环管？

答：凝结水泵接再循环管主要也是为了解决水泵汽蚀的问题。

为了避免凝结水泵发生汽蚀，必须保持一定的出水量。当空负荷和低负荷时凝结水量少，凝结水泵采用低水位运行，汽蚀现象逐渐严重，凝结水泵工作极不稳定，这时通过再循环管，凝结水泵的一部分出水流回凝汽器，能保证凝结水泵的正常工作。

此外，轴封冷却器、射汽抽气器的冷却器在空负荷和低负荷时必须流过足够的凝结水，所以一般凝结水再循环管都从它们的后面接出。

7-91 什么叫凝结水泵的低水位运行？有什么优、缺点？

答：利用凝结水泵的汽蚀特性自动调节凝汽器水位的运行方式，称为低水位运行。

优点：不设水位自动调节装置，系统简化，投资减小，减少值班人员的操作，并且提高了运行的可靠性，还可节省电力。

缺点：凝结水泵经常在汽蚀条件下工作，对水泵叶轮要求较高，且噪声大，振动大，影响水泵寿命，特别在低负荷时汽蚀时间长，所以汽轮机低负荷时不宜低水位运行。

7-92 滚动轴承主要由哪些部件组成？

答：滚动轴承主要由内圈、外圈、保持架、滚动体组成。

7-93 滚动轴承的基本结构和优点是什么？

答：滚动轴承由外圈、内圈、滚动体和保持架组成。

滚动轴承的优点：轴承间隙小，能保证轴的对中性，维修方便，磨损小，尺寸小。

7-94 滚动轴承组合的轴向固定结构形式有哪几种？

答：滚动轴承组合的轴向固定结构形式有如下三种：

1. 两端固定

工作温度变化不大和支撑跨距较小（$L<100$mm）的短轴，宜采用两端都单向固定的形式，如图 7-1 所示，利用轴上两端轴承各限制一个方向的轴向移动，合在一起就可以限制轴的双向移动，轴的热伸长量可由轴承自身的游隙进行补偿，或用调整垫片调节。

2. 一端固定，一端游动

当轴较长或工作温度较高时，轴的热膨胀收缩量较大，宜采用一端双向固定，一端游动的结构，如图 7-2 所示，固定端由单个轴承或轴承组承受双向轴向力，而游动端则保证轴伸缩时能自由游动。

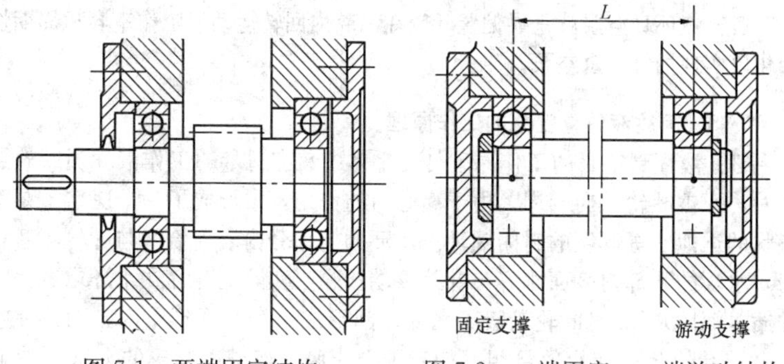

图 7-1　两端固定结构　　图 7-2　一端固定，一端游动结构

3. 两端游动

要求能左右双向能游动的轴，可采用两端游动的轴系结构，如图 7-3 所示，为人字齿轮传动的高速主动轴，为了自动补偿齿轮两侧螺旋角的误差，使齿轮受力均匀，采用允许轴系左右少量轴向游动的结构，因两端选用圆柱滚子轴承，与其啮合的低速齿轮轴系则必须两端固定，以便两轴都得到轴向定位。

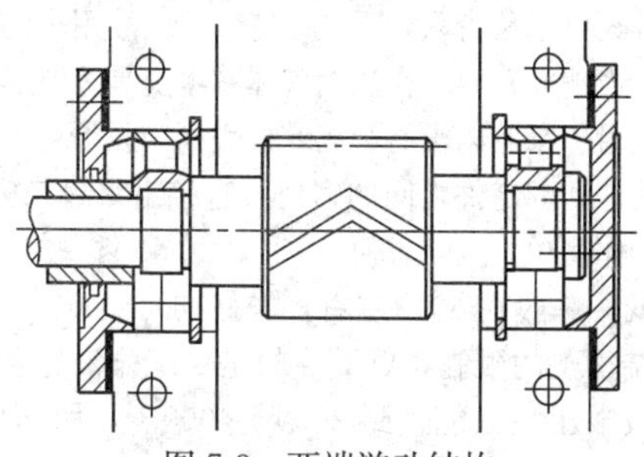

图 7-3　两端游动结构

7-95 什么叫滚动轴承的寿命?

答: 滚动轴承的寿命是指滚动轴承在实际的服务条件下（包括工作条件、环境条件和维护和保养条件等）能持续保持满足主动要求的工作性能和工作精度的特长服务期限。

7-96 循环水泵的作用是什么?

答: 循环水泵的作用是将大量的冷却水输送到凝汽器中去，冷却汽轮机的乏汽，使之凝结成水，并保持凝汽器高度的真空。

7-97 什么是液环真空泵?

答: 液环真空泵就是靠偏置叶轮在泵腔内回转运动使工作室容积周期性变化以实现抽气的真空泵。

7-98 简述液环真空泵的工作原理。

答: 液环真空泵的工作原理是在泵体中装有适量的工作液。当叶轮旋转时，水被叶轮抛向四周，由于离心力的作用，水形成了一个决定于泵腔形状的近似于等厚度的封闭圆环。水环的上部分内表面恰好与叶轮轮毂相切，水环的下部内表面刚好与叶片顶端接触（实际上叶片在水环内有一定的插入深度）。此时叶轮轮毂与水环之间形成一个月牙形空间，而这一空间又被叶轮分成叶片数目相等的若干个小腔。如果以叶轮的上部0°为起点，那么叶轮在旋转前180°时小腔的容积由小变大，且与端面上的吸气口相通，此时气体被吸入，当吸气终了时，小腔则与吸气口隔绝；当叶轮继续旋转时，小腔由大变小，使气体被压缩；当小腔与排气口相通时，气体便被排出泵外。

7-99 液环真空泵的主要优、缺点有哪些?

答: 优点：结构简单，制造精度要求不高，容易加工。结构紧凑，泵的转数较高，一般可与电动机直联，无须减速装置。故用小的结构尺寸，可以获得大的排气量，占地面积也小。压缩气体基本上是等温的，即压缩气体过程温度变化很小。由于泵腔内没有金属摩擦表面，无须对泵内进行润滑，而且磨损很小。转动件和固定件之间的密封可直接由水封来完成。吸气均匀，工作平稳可靠，操作简单，维修方便。

缺点：效率低，一般在30%左右，较好的可达50%。真空度低，这不仅是因为受到结构上的限制，更重要的是受工作液饱和蒸气压的限制。用水作工作液，极限压强只能达到2000～4000Pa，用油作工作液，可达130Pa。

7-100 给水泵的作用是什么？它有什么工作特点？

答： 供给锅炉用水的泵叫给水泵。其作用是连续不断地可靠地向锅炉供水。

由于给水温度高（为除氧器压力对应的饱和温度），在给水泵进口处水容易发生汽化，会形成汽蚀而引起出水中断。因此一般都把给水泵布置在除氧器水箱以下，以增加给水泵进口的静压力，避免汽化现象的发生，保证水泵的正常工作。

7-101 给水泵中间抽头的作用是什么？

答： 现代大功率机组，为了提高经济效益，减少辅助水泵，往往从给水泵的中间级抽取一部分水量作为锅炉的减温水（主要是再热器的减温水），这就是给水泵中间抽头的作用。

7-102 给水泵的出口压力是如何确定的？

答： 给水泵的出口压力主要决定于锅炉汽包的工作压力，此外给水泵的出水还必须克服以下阻力：给水调整门的阻力、省煤器的阻力、锅炉进水口和给水泵出水口间的静给水高度差产生的阻力。

根据经验估算，给水泵出口压力最小为锅炉最高压力的 1.25 倍。

7-103 给水泵在备用及启动前为什么要暖泵？

答： 启动前暖泵的目的就是使泵体上、下温差减小，避免泵体及轴发生弯曲，否则启动后产生动静摩擦使设备损坏，同时由于泵体膨胀不均，启动后会产生振动，因此启动前一定要进行暖泵，而备用泵随时都有可能启动，所以也必须保持暖泵状态。

7-104 为什么给水泵要设滑销系统？由哪些滑销组成？

答： 因为给水泵输送的给水温度较高，所以给水泵也存在热胀冷缩的问题。为了保证给水泵的膨胀收缩不受阻，保持给水泵中心线不变，所以设滑销系统。给水泵的滑销由两个纵销和两个横销组成，两个纵销布置在进水段和出水段的下方。两个横销布置在进水段支撑爪下面，两个横销与放在进水段下方的纵销形成给水泵的死点，所以给水泵受热膨胀时是向出口侧的。

7-105 给水泵的拖动方式有哪几种？

答： 常见的有电动机拖动和专用给水泵汽轮机拖动。此外还有燃气轮机拖动及汽轮机主轴直接拖动等。

7-106　给水泵为什么要装再循环管？

答：给水泵在启动后，出水阀还未开启时或外界负荷大幅度减少时（机组低负荷运行），给水流量很小或为零，这时泵内只有少量或根本无水通过，叶轮产生的摩擦热不能被给水带走，使泵内温度升高，当泵内温度超过泵所处压力下的饱和温度时，给水就会发生汽化，形成汽蚀。为了防止这种现象的发生，就必须使给水泵在给水流量减小到一定程度时，打开再循环管，使一部分给水流量返回到除氧器，这样泵内就有足够的水通过，把泵内摩擦产生的热量带走。使温度不致升高而使给水产生汽化。总的一名话，装再循环管可以在锅炉低负荷或事故状态下，防止给水在泵内产生汽化，甚至造成水泵振动和断水事故。

7-107　给水泵出口止回阀的作用是什么？

答：给水泵出口止回阀的作用是当给水泵停止运行时，防止压力水倒流，引起给水泵倒转。高压给水倒流会冲击低压给水管道及除氧器给水箱；还会因给水母管压力下降，影响锅炉进水；如给水泵在倒转时再次启动，启动力矩增大，容易烧毁电动机或损坏泵轴。

7-108　给水泵的润滑油系统主要由什么组成？

答：给水泵的润滑油系统主要由主油泵、辅助油泵、油箱、冷油器、油滤网、调压阀、油管道等部件组成。

7-109　与大机组配套的给水泵，轴承润滑供油设备有哪些组成部分？

答：与大机组配套的给水泵一般都有独立的强迫供油系统，主要由主油泵、辅助油泵、滤网、冷油器、油箱及其管道、阀门组成。正常运行时由主油泵供油，启动和停泵时由辅助油泵供油。

油流回路：油箱→主油泵（辅助油泵）→过滤器→冷油器→压力油管→各轴承→回油管→油箱。

主油泵一般由泵轴带动，辅助油泵由电动机带动。

7-110　锅炉给水泵的允许最小流量一般是多少？为什么？

答：制造厂对给水泵运行一般都规定了一个允许的最小流量值，一般为额定流量的25%～30%。规定允许最小流量的目的是防止因出水量太少使给水发生汽化。

现代高速给水泵普遍采用变速调节，其小流量时为低转速，而低转速时不容易发生汽蚀现象，所以允许的最小流量要比定速给水泵小得多。

第八章 汽轮机其他辅助设备

8-1 汽轮机的辅助设备主要有哪些?

答: 汽轮机设备除了本体、保护调节及供油设备外，还有许多重要的辅助设备。主要有凝汽器、回热加热设备、除氧器等。

8-2 凝汽器由哪些设备组成?

答: 汽轮机凝汽设备主要由凝汽器、循环水泵、抽气器、凝结水泵等组成。

8-3 凝汽设备的作用是什么?

答: 凝汽设备的作用:

(1) 凝汽器用来冷却汽轮机排汽，使之凝结为水，再由凝结水泵送到除氧器，经给水泵送到锅炉。凝结水在发电厂是非常珍贵的，尤其对高温、高压设备，因此在汽轮机运行中，监视和保证凝结水的品质是非常重要的。

(2) 在汽轮机排汽口造成高度真空，使蒸汽中所含的热量尽可能被用来发电，因此，凝汽器工作的好坏，对发电厂经济性影响极大。

(3) 在正常运行中凝汽器有除气作用，能除去凝结水中的氧气，从而提高给水质量，防止设备腐蚀。

8-4 凝汽器的工作原理是怎样的?

答: 凝汽器中真空的形成主要原因是由于汽轮机的排汽被冷却成凝结水，其比容急剧缩小。如蒸汽在绝对压力为4kPa时，蒸汽的体积比水的体积大3万多倍。当排汽凝结成水后，体积就大为缩小，使凝汽器内形成高度真空。

凝汽器的真空形成和维持必须具备三个条件:

(1) 凝汽器铜管必须通过一定的冷却水。

(2) 凝结水泵必须不断地把凝结水抽走，避免水位升高，影响蒸汽的凝结。

（3）抽气器必须把漏入的空气和排汽不凝结的气体抽走。

8-5 对凝汽器的要求是什么？

答：对凝汽器的要求：

（1）有较高的传热系数和合理的管束布置。

（2）凝汽器本体及真空管系统要有高度的严密性。

（3）汽阻及凝结水过冷度要小。

（4）水阻要小。

（5）凝结水的含氧量要小。

（6）便于清洗冷却水管。

（7）便于运输和安装。

8-6 凝汽器有哪些分类方式？

答：按换热的方式，凝汽器可分为混合式和表面式两大类。

（1）表面式凝汽器又可分：按冷却水的流程分为单道制、双道制、三道制；按水侧有无垂直隔板，分为单一制和对分制。

（2）按进入凝汽器的汽流方向，分为汽流向下式、汽流向上式、汽流向心式、汽流向侧式。

8-7 什么是混合式凝汽器？什么是表面式凝汽器？

答：汽轮机的排汽与冷却水直接混合换热的叫混合式凝汽器。这种凝汽器的缺点是凝结水不能回收，一般应用于地热电站。

汽轮机排汽与冷却水通过铜管表面进行间接换热的凝汽器叫做表面式凝汽器。现在一般电厂都用表面式凝汽器。

8-8 通常表面式凝汽器的构造由哪些部件组成？

答：凝汽器主要由外壳、水室、管板、铜管、与汽轮机连接处的补偿装置和支架等部件组成。凝汽器有一个圆形（或方形）的外壳，两端为冷却水水室，冷却水管固定在管板上，冷却水从进口流入凝汽器，流经管束后，从出水口流出。汽轮机的排汽从进汽口进入凝汽器与温度较低的冷却水管外壁接触而放热凝结。排汽所凝结的水最后聚集在热水井中，由凝结水泵抽出。不凝结的气体流经空气冷却区后，从空气抽出口抽出。以上就是凝汽器的工作过程。

8-9 大机组的凝汽器外壳由圆形改为方形有什么优、缺点？

答：凝汽器外壳由圆形改为方形（矩形），使制造工艺简化，并能充分利用汽轮机下部空间。在同样的冷却面积下，凝汽器的高度可降低，宽度可缩小，安装也比较方便。但方形外壳受压性能差，需用较多的槽钢和撑杆进行加固。

8-10　汽流向侧式凝汽器有什么特点?

答: 汽轮机的排汽进入凝汽器后，因抽气口处压力最低，所以汽流向抽气口处流动。汽流向侧式凝汽器有上下直通的蒸汽通道，保证了凝结水与蒸汽的直接接触。一部分蒸汽由此通道进入下部，其余部分从上面进入管束的两半，空气从两侧抽出。在这类凝汽器中，当通道面积足够大时，凝结水过冷度很小，汽阻也不大。国产机组多数采用这种形式。

8-11　汽流向心式凝汽器有什么特点?

答: 在汽流向心式凝汽器中，蒸汽被引向管束的全部外表面，并沿半径方向流向中心的抽气口。在管束的下部有足够的蒸汽通道，使向下流动的凝结水及热水井中的凝结水与蒸汽相接触，从而凝结水得到很好的回热。这种凝汽器还由于管束在蒸汽进口侧具有较大的通道，同时蒸汽在管束中的行程较短，所以汽阻比较小。此外，由于凝结水与被抽出的蒸汽空气混合物不接触，保证了凝结水的良好除氧作用。

其缺点是体积较大。国产 200MW 机组就采用这种凝汽器。

8-12　凝汽器钢管在管板上是如何固定的?

答: 凝汽器铜管在管板上的固定方法主要有垫装法、胀管法、焊接法（钛管）。

垫装法是将管子两端置于管板上，再用填料加以密封。优点是当温度变化时，铜管能自由胀缩，但运行时间长了，填料会腐烂而造成漏水。

胀管法是将铜管置于管板上后，用专用的胀管器将铜管扩胀，扩管后的铜管管端外径比原来大 1～1.5mm，与管板间保持严密接触，不易漏水。这种方法工艺简单、严密性好，现在在凝汽器上广泛采用此方法。

8-13　凝汽器与汽轮机排汽口是怎样连接的? 排汽缸受热膨胀时如何补偿?

答: 凝汽器与排汽口的连接方式有焊接、法兰连接、伸缩节连接三种。

大机组为保证连接处的严密性，一般用焊接连接。当用焊接方法或法兰盘连接时，凝汽器下部用弹簧支撑。排汽缸受热膨胀时，靠支撑弹簧的压缩变形来补偿。

小机组用伸缩节连接时，凝汽器放置在固定基础上，排汽缸的温度变化

时，膨胀靠伸缩节补偿。

也有的凝汽器上部用波形伸缩节与排汽缸连接，下部仍用弹簧支撑。

8-14 什么是凝汽器的热力特性曲线？

答：凝汽器内压力的高低是受许多因素影响的，其中主要因素是汽轮机排入凝汽器的蒸汽量、冷却水的进口温度、冷却水量。这些因素在运行中都会发生很大的变化。

凝汽器的压力与凝汽量、冷却水进口温度、冷却水量之间的变化关系称为凝汽器的热力特性。

在冷却面积一定，冷却水量也一定时，对应于每一个冷却水进水温度，可求出凝汽器压力与凝汽量之间的关系，将此关系绘成曲线，即为凝汽器的热力特性曲线。

8-15 凝汽器热交换平衡方程式如何表示？

答：凝汽器热交换平衡方程式的物理意义：排汽凝结时放出的热量等于冷却水带走的热量。方程式为

$$D_c(h_c - h_c/) = D_w(t_2 - t_1)c_w$$

式中 D_c——进入凝汽器的蒸汽量，kg/h；

h_c——汽轮机排汽的焓值，kJ/kg；

$h_c/$——凝结水的焓值，kJ/kg；

t_1、t_2——冷却水的进、出水温度，℃；

c_w——冷却水的比热容，kJ/(kg·℃)；

D_w——进入凝汽器的冷却水量，kg/h。

式中，$(h_c - h_c/)$的数值在(510～520)×4.186kJ/kg 之间，近似取 520×4.186kJ/kg。

8-16 什么叫凝汽器的冷却倍率？

答：凝结 1kg 排汽所需要的冷却水量，称为冷却倍率。其数值为进入凝汽器的冷却水量与进入凝汽器的汽轮机排汽量之比。一般取 50～80。

8-17 什么是凝汽器的极限真空？

答：凝汽设备在运行中应该从各方面采取措施以获得良好真空，但真空的提高也不是越高越好，而有一个极限。这个真空的极限由汽轮机最后一级叶片出口截面的膨胀极限所决定。当通过最后一级叶片的蒸汽已达到膨胀极限时，如果继续提高真空，不可能得到经济上的效益，反而会降低经济效益。简单地说，当蒸汽在末级叶片中的膨胀达到极限时，所对应的真空称为

极限真空，也有的称之为临界真空。

8-18　什么是凝汽器的最有利真空？

答： 对于结构已确定的凝汽器，在极限真空内，当蒸汽参数和流量不变时，提高真空使蒸汽在汽轮机中的可用焓降增大，就会相应增加发电机的输出功率。但是在提高真空的同时，需要向凝汽器多供冷却水，从而增加循环水泵的耗功。由于凝汽器真空提高，汽轮机功率增加与循环水泵多耗功率的差数最大时的真空值称为凝汽器的最有利真空（即最经济真空）。

影响凝汽器最有利真空的主要因素：进入凝汽器的蒸汽流量、汽轮机排汽压力、冷却水的进口温度、循环水量（或是循环水泵的运行台数）、汽轮机的出力变化及循环水泵的耗电量变化等。实际运行中则是根据凝汽量及冷却水进口温度来选用最有利真空下的冷却水量，也即是合理调度、使用循环水泵的容量和台数。

8-19　什么是凝汽器的额定真空？

答： 一般汽轮机铭牌排汽绝对压力对应的真空是凝汽器的额定真空。这是指机组在设计工况、额定功率、设计冷却水量时的真空。这个数值并不是机组的极限真空值。

8-20　凝汽器进口二次滤网的作用是什么？二次滤网有哪两种形式？

答： 虽然在循环水泵进口装设有拦污栅、回转式滤网等设备，但仍有许多杂物进入凝汽器，这些杂物容易堵塞管板、铜管，也会堵塞收球网。这样不仅降低了凝汽器的传热效果，而且有可能会使胶球清洗装置不能正常工作。为了使进入凝汽器的冷却水进一步得到过滤，在凝汽器循环水进口管上装设二次滤网。对二次滤网的要求是既要过滤效果好，又要水流的阻力损失小。

二次滤网分内旋式和外旋式滤网两种。

外旋式滤网带蝶阀的旋涡式，改变水流方向产生扰动，使杂物随水排出。

内旋式滤网的网芯由液压设备转动，上面的杂物被固定安置的刮板刮下，并随水流排入凝汽器循环水出水管。

两种形式比较，内旋式二次滤网清洗排污效果好。

8-21　什么是阴极保护？它的原理是什么？

答： 阴极保护是防止铜管电腐蚀的一种方法，常用外部电源法和牺牲阳极法两种。

阴极保护的原理：不同的金属在溶液中具有不同的电位，同一种金属在溶液中，由于表面材质的不均匀性，表面的各部位的电位也不同。所以不同的金属（较靠近的）或同一种金属浸泡在溶液中，便会在金属之间（或各部位之间）产生电位差，这种电位差就是产生电化学腐蚀的动力。腐蚀发生时只有金属的阳极遭受腐蚀，而阴极不受腐蚀，要防止这种腐蚀的产生，就得消除它们的电位差。

8-22 什么是牺牲阳极法？

答： 牺牲阳极法就是在凝汽器水室内安装一块金属作为阳极，它的电位低于被保护物（管板、管端、水室），而使整个水室、管板和管端成为阴极。在溶液（冷却水）的浸泡下，电化学腐蚀就只腐蚀装上的金属板，就是牺牲阳极保护了管板等金属免受腐蚀。受腐蚀的金属板阳极可以定期更换，材料为高纯度锌板、锌合金或纯铁。

8-23 什么是外部电源法？

答： 外部电源法是在水室内装上外加电极接直流电源。水室接电源的负极做阴极，外加电极电源的正极作为阳极。当电源接入，通以电流时，水室、管板、管端各部分成为阴极免受腐蚀，从而得到保护。

阳极材料一般选择磁性氧化铁及铝合金。

8-24 改变凝汽器冷却水量的方法有哪几种？

答： 改变冷却水量的方法：

（1）采用母管制供水的机组，根据负荷增减循环水泵运行的台数或根据水泵容量大小进行切换使用。

（2）对于可调叶片的循环水泵，调整叶片角度。

（3）调节凝汽器循环水进水门，改变循环水量。

8-25 凝汽器为什么要有热水井？

答： 热水井的作用是集聚凝结水，有利于凝结水泵的正常运行。

热水井储存一定数量的水，保证甩负荷时不使凝结水泵马上断水。热水井的容积一般要求相当于满负荷时约 0.5～10min 内所聚集的凝结水流量。

8-26 凝汽器汽侧中间隔板起什么作用？

答： 为了减少铜管的弯曲和防止铜管在运行过程中振动，在凝汽器壳体中设有若干块中间隔板。中间隔板中心一般比管板中心高 2～5mm，大型机组隔板中心抬高 5～10mm。管子中心抬高后，能确保管子与隔板紧密接触，改善管子的振动特性；管子的预先弯曲能减少其热应力；还能使凝结水沿弯曲的管子中央向两端流下，减少下一排管子上积聚的水膜，提高传热效果，放水时便于把水放净。

8-27　抽气器的作用是什么？

答：抽气器的作用是不断地将凝汽器内的空气及其他不凝结的气体抽走，以维持凝汽器的真空。

8-28　抽气器有哪些种类和形式？

答：电站用的抽气器大体可分为两大类：

（1）容积式真空泵。主要有滑阀式真空泵、机械增压泵和液环泵等。因价格高、维护工作量大，国产机组很少采用。

（2）射流式真空泵。主要是射汽抽气器和射水抽气器等，射汽抽气器按其用途又分为主抽气器和辅助抽气器。国产中、小型机组用射汽抽气较多，大型机组一般采用射水抽气器。

8-29　射水式抽气器的工作原理是怎样的？

答：从射水泵来的具有一定压力的工作水经水室进入喷嘴，喷嘴将压力水的压力能转变为速度能，水流高速从喷嘴射出，使空气吸入室内产生高度真空，抽出凝汽器内的汽、气混合物，一起进入扩散管，水流速度减慢，压力逐渐升高，最后以略高于大气压力排出扩散管。在空气吸入室进口装有止回门，可防止抽气器发生故障时，工作水被吸入凝汽器中。

8-30　射水式抽气器主要有哪些优、缺点？

答：射水式抽气器具有结构紧凑、工作可靠、制造成本低等优点，因而广泛用于汽轮机凝汽设备中。缺点是要消耗一部分电能和水，占地面积大。

8-31　射汽式抽气器的工作原理是怎样的？

答：射汽式抽气器由工作喷嘴、混合室和扩压管三部分组成。工作蒸汽经过喷嘴时热降很大，流速增高，喷嘴出口的高速蒸汽流，使混合室的压力低于凝汽器的压力，因此凝汽器里的空气就被吸进混合室里。吸入的空气和蒸汽混合在一起进入扩压管，在扩压管中流速逐渐降低，而压力逐渐升高。对于一个二级的主抽气器，蒸汽经过一级冷却室冷凝成水，空气再由第二级射汽抽气器抽出。其工作过程与第一级完全一样，只是在第二级射汽抽气器的扩压管里，蒸汽和空气的混合气体压力升高到比大气压力略高一点，经过冷却器把蒸汽凝结成水，空气排到大气里。

8-32 射汽式抽气器主要有什么优、缺点？

答：射汽式抽气器的优点是效率比较高，可以回收蒸汽的热量。缺点是制造较复杂、造价大，喷嘴容易堵塞。抽气器用的蒸汽，使用主蒸汽节流减压时损失比较大。

随着汽轮机蒸汽参数的提高，使得依靠新蒸汽节流来获得汽源的射汽式抽气器的系统显得复杂且不合理；大功率单元机组多采用滑参数启动，在机组启动之前亦不可能有足够汽源供给射汽式抽气器，所以射汽式抽气器现在在大机组上应用较少。

8-33 射水抽气器除了抽凝汽器空气外还有什么作用？

答：由于水流在抽气器中部扩压管处也具有抽吸功能，但抽吸真空低，可用管子连接到凝汽器水室或循环水泵外壳，启动时在此两处建立虹吸，另外还可接到轴封加热器，代替轴封抽气器。

8-34 射水抽气器的工作供水有哪两种方式？

答：射水抽气器的工作供水有如下两种方式：

（1）开式供水方式。工作水是用专用的射水泵从凝汽器循环水入口管引出，经抽气器后排出的气、水混合物引至凝汽器循环水出口管中。

（2）闭式循环供水方式。设有专门的工作水箱（射水箱），射水泵从进水箱吸入工作水，至抽气器工作后排到回水箱，回水箱与进水箱有连通管连接，因而水又回到进水箱。为防止水温升高过多，运行中连续加入冷水，并通过溢水口，排掉一部分温度升高的水。

8-35 什么是给水的回热加热？

答：发电厂锅炉给水的回热加热是指从汽轮机某中间级抽出一部分蒸汽，送到给水加热器中对锅炉给水进行加热，与之相应的热力循环和热力系统称为回热循环和回热系统。加热器是回热循环过程中加热锅炉给水的设备。

8-36 为什么采用回热加热器后，汽轮机的总汽耗增大了，而热耗率和煤耗率却是下降的？

答：汽耗增大是因为进入汽轮机的1kg蒸汽所做的功减少了，而热耗率和煤耗率的下降是由于冷源损失减少，给水温度提高使给水在锅炉的吸热量减少。

8-37 加热器有哪些种类？

答：加热器分类如下：

(1) 按换热方式不同，分表面式加热器与混合式加热器两种形式。

(2) 按装置方式分立式和卧式两种。

(3) 按水压分低压加热器和高压加热器。一般管束内通凝结水的称为低压加热器，加热给水泵出口后给水的称高压加热器。

8-38 什么是表面式加热器？表面式加热器主要有什么优、缺点？

答： 加热蒸汽和被加热的给水不直接接触，其换热通过金属壁面进行的加热器叫表面式加热器。在这种加热器中，由于金属的传热阻力，被加热的给水不可能达到蒸汽压力下的饱和温度，使其热经济性比混合式加热器低。优点是它组成的回热系统简单，运行方便，监视工作量小，因而被电厂普遍采用。

8-39 什么是混合式加热器？混合式加热器的主要优、缺点是什么？

答： 加热蒸汽和被加热的水直接混合的加热器称混合式加热器。其优点是传热效果好，水的温度可达到加热蒸汽压力下的饱和温度（即端差为零），且结构简单、造价低廉。

缺点是每台加热器后均需设置给水泵，使厂用电消耗大，系统复杂。故混合式加热器主要做除氧器使用。

8-40 加热器管子的破裂是由哪些原因引起的？

答： 加热顺管子的破裂是由下列原因引起的：

(1) 管子振动。当管子隔板安装不正确以及管子与管子隔板之间有较大间隙时，在运行中会发生振动。

(2) 管子锈蚀。给水的除氧不足、蒸汽空间的空气排除不良等原因引起。

(3) 水冲击损坏。在给水管道和加热器投用时，切换过快会使系统中部件受热不均而发生冲击，给水管道与加热器内有空气阻塞时，也能发生水冲击。

(4) 管子质量不好。管子热处理不正确造成管子质量不好。管子上的伤痕、沟槽是质量不良的标志，使用时应进行严格选择。

8-41 高压加热器长期不能投入运行，对机组运行有什么影响？

答： 采用汽轮机的抽汽来加热凝结水和给水后，这部分蒸汽不再排入凝汽器中，因而减少了在凝汽器中的冷源损失，提高了给水温度，单位蒸汽在锅炉中的吸热量降低了，提高了电厂的热经济性。虽然有些机组制造厂家规定在加热器不投入运行的情况下可长期运行，但这样一来不光会降低机组运

行的经济性，甚至还会影响机组的正常出力，无形中增加了凝汽器的排汽量，并且还会使推力瓦温度升高，通流部分产生不必要的过负荷，对于机组本身安全不利。因此，加热器的投入率也是衡量机组设备健康完好的重要指标。

8-42 空气漏入对凝汽器工作有什么影响?

答：空气漏入对凝汽器工作的影响：

(1) 空气漏入凝汽器后，使凝汽器压力升高，引起汽轮机排汽压力和排汽温度升高，从而降低了汽轮机设备运行的经济性，并威胁汽轮机及凝汽器的安全。

(2) 空气是热的不良导体，凝汽器内漏入空气后，将使蒸汽与冷却水的传热系数降低，导致排汽与冷却水出口温差增大，使凝汽器真空下降。

(3) 空气漏入凝汽器后，凝汽器内空气的分压力增大，带来两方面的影响：一方面因为液体中溶解的气体与液面上该气体分压力成正比，造成凝结水的含氧量增加，不利于设备的安全运行；另一方面蒸汽是在蒸汽分压力下凝结的，空气分压力增大必然使蒸汽的分压力相对降低，导致凝结水的过冷度加大。

8-43 什么是除氧器的滑压运行？其优点是什么？会带来什么问题？

答：除氧器的滑压运行是指除氧器的压力不是恒定的，而是随着机组负荷与抽气压力而改变的。采用滑压运行，对提高热力系统的经济性，降低热耗、简化系统、节省投资等方面都具有一定的好处。因此，中间再热机组除氧器已广泛采用了滑压运行。

8-44 为什么凝汽器底部使用弹簧支撑?

答：凝汽器底部支撑弹簧除了承受凝汽器质量以外，还需要随排汽缸和凝汽器受热膨胀时被压缩来补偿其位移量，否则排汽缸受热膨胀时只能向上移动，使低压缸的中心被破坏，造成机组径向间隙变化而产生振动。

8-45 高压加热器抽芯膨胀堵漏新工艺的优点是什么?

答：目前，在电厂检修中，通过采用美国赛博有限公司的高压加热器堵漏专用工具，改进高压加热器堵漏工艺，利用抽芯膨胀原理，保证堵漏质量，提高成功率，减小劳动强度。同传统的焊接堵头堵漏工艺相比，避免了由于焊接式堵头应力集中、管子材料与堵头膨胀不一致而导致焊口重复发生泄漏的现象，也可省去在狭小隔板上开槽的工作量。

8-46　加热器疏水装置的作用是什么?

答: 加热器疏水装置的作用是可靠的将加热器内的疏水排出，同时防止蒸汽随之漏出。

8-47　除氧器的作用是什么?

答: 给水中含有气体，特别是氧气，不仅影响热交换的传热效果，而且将对热力设备起腐蚀作用，降低了热力设备的可靠性及使用寿命，因此，必须把给水中含气量控制在允许的数值范围内。除氧器的作用是除去锅炉给水中的氧气及其他气体，同时也起着给水回热系统中混合加热，提高给水温度的作用。

8-48　除氧器的工作原理是什么?

答: 水中溶解气体量的多少与气体的种类、水的温度及各种气体在水面上的分压力有关。除氧器的工作原理：把压力稳定的蒸汽通入除氧器加热给水，在加热过程中，水面上水蒸气的分压力逐渐增加，而其他气体的分压力逐渐降低，水中的气体就不断地分离析出，当水被加热到除氧器压力下的饱和温度时，水面上的空间全部被水蒸气充满，各种气体的分压力趋于零，此时水中的氧气及其他气体即被除去。

8-49　轴封加热器的作用是什么?

答: 轴封加热器的作用：回收轴封漏汽，用以加热凝结水从而减少轴封漏汽及热量损失并改善车间的环境条件。

8-50　高压加热器一般有哪些保护装置?

答: 高压加热器的保护装置一般有如下几个：水位高报警信号，危急疏水门，给水自动旁路，进汽门、抽汽止回门联动关闭，汽侧安全门等。

8-51　除氧器能够除氧的基本条件是什么?

答: 给水在除氧器中由蒸汽加热到除氧器压力下的饱和温度，在加热过程中被除氧的水必须保证加热蒸汽有足够的接触面积，并将从水中分离逸出的氧及游离气体及时排走。

8-52　高压加热器为什么要加装保护装置?

答: 在高压加热器发生故障时，为了不中断锅炉给水供应而设置自动旁路保护装置。

8-53　喷雾填料式除氧器有什么优点?

答: 喷雾填料式除氧器优点：

(1) 加强了传热效果。

(2) 能够深度除氧，除氧后水的含氧量可小于7μg/L。

(3) 在低负荷或低压加热器停用时，除氧效果无明显变化。

8-54 表面式加热器的疏水装置有什么作用?

答: 疏水装置的作用是可靠地将加热器中的疏水及时排出，同时又不让蒸汽同疏水一起流出，以维持加热器汽侧压力和凝结水水位。

8-55 在什么情况下采用疏水冷却器?

答: 在加热器疏水温度较高时，不宜采用疏水泵，为了减少疏水来自流入相邻的较低压加热器而产生排挤蒸汽现象，常采用疏水冷却器，使疏水温度降低。一般在排挤蒸汽最严重的地方要采用疏水冷却器。

8-56 凝结水水质不合格会带来什么问题?

答: 凝结水经回热加热器后进入锅炉，若水质不合格将使锅炉受热面结垢，传热恶化，不但影响经济性，还可能引发事故；凝结水水质不合格，还会使蒸汽夹带盐分，使汽轮机叶片结盐垢，影响汽轮机运行的经济性及安全性；凝结水水质不合格蒸汽携带的盐分还会积聚在阀门阀瓣和阀杆上，使阀门卡涩。

8-57 高、低压加热器在运行中为什么要保持一定的水位?

答: 水位太高，就会淹没部分管束，减少蒸汽与管束的接触面，影响传热效果，严重时可能造成汽轮机进水；水太低，则有部分蒸汽不凝结，流入下一级加热器，降低了加热器的效率。因此，在运行中必须对加热器水位严格监视。

8-58 表面式加热器的疏水方式有哪几种? 发电厂中通常是如何选择的?

答: 表面式加热器的疏水方式有疏水逐级自流和疏水泵两种方式。实际应用的往往是两种方式的综合，即高压加热器的疏水采用逐级自流方式，最后流入除氧器；低压加热器的疏水一般也逐级自流，但有时也将1号或2号低压加热器的疏水用疏水泵打入该级加热器出口的主凝结水管中，避免疏水流入凝汽器中。

8-59 为什么大型机组的回热加热系统中要装置蒸汽冷却器?

答: 由于采用了表面式加热器，金属有热阻存在，给水不可能加热到蒸汽压力对应的饱和温度，不可避免地存在端差。对于高参数、大容量再热机组的高压加热器和部分低压加热器，都配置蒸汽冷却器，利用蒸汽的过热度，将其端差减少至零或负值，从而提高热经济性。

8-60 热膨胀补偿器安装时为什么要对管道进行冷态拉伸?

答: 为了减少膨胀补偿器工作时产生过大的应力，在安装时根据设计提供的数据对管道进行冷态拉伸，使管道在冷态下有一定的拉伸应力，减少管道热态应力。冷态拉伸随介质温度不同而不同，当介质温度为250℃时，冷态拉伸为热伸长量的50%；250～400℃时冷态拉伸值为热伸长量的70%；400℃以上时为热伸长量的100%。

8-61 引起射汽式抽气器工作不正常的原因有哪些?

答: 引射汽抽气器工作不正常的原因：

(1) 蒸汽喷嘴堵塞。由于抽气器喷嘴孔很小，一般在抽气器前装有滤网。

(2) 冷却水量不足。这主要是在启动过程中再循环门开度过小引起的。

(3) 疏水器失灵或铜管满水，使冷却器满水影响蒸汽凝结。

(4) 汽压调整不当。

(5) 喷嘴式扩压管长期吹损。

(6) 汽轮机真空严密性差，漏汽量大。

(7) 冷却器受热面脏污。

(8) 疏水U形管泄漏或堵塞。

(9) 喷嘴位置调整不当。

8-62 对高压加热器水位保护装置有什么要求?

答: 高压加热器应设有高水位保护装置。没有高水位保护或保护不正常时，禁止投入高压加热器。对于大旁路的高压加热器组，当其中一台高压加热器水位保护失灵时，应将全部高压加热器停用。

8-63 对给水箱的有效容量有什么要求?

答: 给水箱的有效容量应按下列要求确定：200MW及以下的机组为10～15min的锅炉最大连续蒸发量时的给水消耗量；200MW以上机组为5～10min的锅炉最大连续蒸发量时给水消耗量。

8-64 汽轮机非调整抽气管的抽气止回阀有什么作用?

答: 汽轮机非调整抽气管的止回阀的作用：

(1) 当汽轮机甩负荷时，防止加热器的蒸汽经抽气管倒流入汽轮机内而

引起超速。

(2) 当加热器铜(钢)管破裂时，止回阀在保护动作下关闭，防止汽轮机进水。

8-65 对自密封式高压加热器应进行哪些检查?

答: 对于自密封式高压加热器应进行如下检查:

(1) 自压密封座压垫片的平面应光洁、无毛刺。

(2) 钢制密封环应光亮、无毛刺。

(3) 压垫片的垫圈要求厚度均匀，几何尺寸符合要求，软质非金属垫片应质地均匀，材质和尺寸应符合要求。

(4) 对支撑压力的均压四合圈，外观检查应无缺陷，且拼接密合，进行光谱检验，其材质符合要求。

(5) 止脱箍应安装正确，与四合圈吻合。

8-66 高压加热器在进行堵管工艺操作时应遵循哪些原则?

答: 高压加热器在进行堵管工艺操作时应遵循的原则:

(1) 应根据高压加热器的结构、材料、管子管板连接工艺特点等，提供完整的堵管方法和工艺要求。

(2) 被堵管的端头部位一定要经过良好处理，使管板孔圆整、清洁与堵头有良好的接触面。

(3) 在管子与管板连接处有裂纹或冲蚀的情况下，一定要去除端部原管子材料及焊缝金属，使堵头与管板紧密接触。

8-67 试述凝汽器的作用。对凝汽器的要求有哪些?

答: 凝汽器在火力发电厂可起到以下3个作用:

(1) 在汽轮机末级排汽口造成真空，使蒸汽在汽轮机中膨胀到尽可能低的压力，增大蒸汽的热能转变为机械能的能力，提高循环热效率。

(2) 将乏汽凝结为水供给锅炉，回收高品质的水。

(3) 正常运行中，还可起到一级真空除氧的作用，提高水的品质，防止设备腐蚀。

对凝汽器有如下要求:

(1) 有较高的传热系统和合理的管束布置。

(2) 凝汽器本体及真空系统要有高度的严密性。

(3) 汽阻及凝结水过冷度要小。

(4) 水阻要小。

（5）凝结水的含氧量要小。

（6）便于清洗冷却水管。

（7）便于安装和运输。

8-68　主抽气器采用多级的原因是什么？

答： 主抽气器采用多级的原因如下：

（1）将抽出的气、汽混合物从凝汽器压力压缩到高于大气压的排出压力分为多次，使每次的压缩量减小，可以提高扩压管的效率。

（2）在两级抽气器之间设置冷却器，使汽、气混合物的温度降低，其中大部分的蒸汽可以凝结，因此能减少下一级抽气器的负担。

（3）减少最后随空气带走的蒸汽量，使蒸汽损失减少，同时减少对汽轮机生产场所的污染。

8-69　为什么要安装排污扩容器？

答： 排污扩容器有定期排污扩容器和连续排污扩容器。连续排污扩容器是利用锅炉连续排污水排至扩容器（分为Ⅰ、Ⅱ级扩容器），排污水进入扩容器后降低压力、容积扩大而汽化，将汽化的蒸汽分离回收，在Ⅰ级扩容器中留下的排污水再流入下级扩容器中进一步降低压力、扩容后再收回一部分蒸汽，余下的压力较低的排污水再进入排污冷却器用以加热化学补水，最后将已浓缩、水质差的部分排入地沟不再利用。一般如果Ⅰ级排污由压力为9.8MPa扩容至0.5MPa，可回收的蒸汽量约占排污水量的35.07%，为了能回收蒸汽和热量，扩容器应保持有一定水位条件下运行。

8-70　高压和低压加热器为什么要装空气管？

答： 因为高低压加热器蒸汽侧聚集着空气并在管束表面形成空气膜，严重地阻碍了传热效果，从而降低了热经济性，因此必须安装空气管路以抽走这部分空气。高压加热器空气管道接到低压加热器上以回收部分热量。低压加热器空气管通往凝汽器，利用凝汽器的真空，将低压加热器内积存的空气吸入凝汽器，最后经抽气器抽出。

8-71　回热加热器的级数与机组经济性有什么关系？

答： 虽然采用回热加热运行方式，对提高汽轮机和电厂经济有相当的作用，但并不是回热加热的级数越多，经济性越高，而是回热级数越多，经济性提高的幅度越小。相反，采用了与机组功率、效率不匹配的加热器级数，不仅要增加不必要的设备费投入，而且使热力系统过于复杂，因此在选择回热加热器级数时，应考虑每增加一个加热器就要增加一些设备费用，所增加

费用应当从节约燃料的收益中得到补偿。同时还要避免发电厂的热力系统过于复杂，以保证运行的可靠性。

8-72 为什么高温、高压紧固件安装不当或工艺方法不对，容易造成螺栓断裂？

答： 紧固螺栓时采用过大的初紧力、热紧时加热方式不当、拆装螺栓时用大锤锤击、螺栓安装偏斜等，都容易发生螺栓断裂。

电厂在实际安装时为保证密封，往往给予过高的扭紧力，这样对紧固件钢的屈服极限要求提高，同时容易使紧固件用钢产生蠕变脆性。加热不当，如用火焰加热，容易造成过热；加热过快或不均匀，会增大热应力。C_rM_0V 钢在 150～390℃时冲击韧性值最高，因此紧固件装拆时加，热到该温度较为有利。装拆螺栓时，用大锤锤击容易使螺栓的某些部位造成损坏和过大的应力集中而产生裂纹。螺栓安装偏斜会使螺栓承受不均匀的附加轴向力，从而促使螺栓过早断裂。

8-73 用超声波探伤检查焊缝的质量有什么特点？

答： 超声波探伤的优点是对焊缝敏感、效率高、不损伤人身健康，与 X 射线配合使用能正确地发现缺陷位置、尺寸及性质。超声波探伤是利用高频声波可穿透金属的原理进行的，根据波遇到焊接缺陷反射的波束在超声波仪的荧光屏上显示的脉冲波形来判断缺陷的位置、尺寸和性质。

8-74 空气漏入对凝汽器工作有什么影响？

答： 空气漏入对凝汽器工作的影响：

(1) 空气漏入凝汽器后，使凝汽器压力升高，引起汽轮机排汽压力和排汽温度升高，从而降低了汽轮机设备运行的经济性并威胁汽轮机及凝汽器的安全。

(2) 空气是热的不良导体，凝汽器内漏入空气后，将使蒸汽与冷却水的传热系数降低，导致排汽与冷却水出口温度差增大，使凝汽器真空下降。

(3) 空气漏入凝汽器后，凝汽器内空气的分压力增大，带来两方面的影响：一方面因为液体中溶解气体与液面上该气体分压力成正比，造成凝结水的含氧量增加，不利于设备的安全运行；另一方面蒸汽是在蒸汽分压力下凝结的，空气分压力增大必然使蒸汽的分压力相对降低，导致凝结水的过冷度加大。

8-75 疏水调节阀为什么应尽量安装在靠近接近接收疏水的容器处？

答： 疏水调节阀应尽量靠近接收疏水的容器处的原因：

疏水在流经疏水调节阀时有较大压降，容易在阀后出现“闪蒸”而形成汽水两相流动，为了减轻疏水管道的侵蚀和振动，疏水调节阀应安装在靠近接收疏水的容器处。尤其像从高压加热器通向除氧器的疏水管道，由于管道长，垂直距离大，如调节阀安装在高压加热器一侧，阀门后的整个管道很快就会被侵蚀损坏，有时还会出现振动，所以将调节阀移到除氧器附近，阀门前的管道应尽量平直，减小弯头，管内流速不能太高，因为调节阀前的闪蒸会使调节阀丧失正常调节性能，引起水位波动，使水位控制系统工作不稳定。

8-76　检修中提高300MW机组凝汽器的真空主要有哪些措施？

答：影响凝汽器真空的因素主要有：传热情况差、真空系统中有空气漏入及抽气器工作失常，因此在检修中提高300MW机组凝汽器真空的主要措施是：

（1）通过冲刷和高压冲洗凝汽器铜管，清除凝汽器冷却管束表面的污垢，改善传热情况。

（2）消除阀门内漏，防止水倒流回凝汽器内而使凝汽器水位升高。

（3）调整汽轮机低压端轴封间隙，改善汽轮机低压端轴封供汽，如低压缸上轴封增加一路进汽管等减小空气漏入。

（4）结合凝汽器铜管查漏，对真空系统高位（一般11m）灌水查漏，消除负压系统的设备管路及其附件泄漏点。对于低压缸进汽管及轴封回汽管等无法用压水方法检查的部分，可利用检修机会进行灌水检查或在运行中用氦质谱仪等设备进行在线找漏，待机组停运后，彻底处理查找出的漏点，提高机组的真空严密性。

（5）检查射水抽气器的喷嘴冲刷情况，并测量喷嘴口径，对于超标的给予更换，确保抽气器工作正常。

8-77　试述高压加热器的三个传热段的结构及工作过程。

答：高压加热器的三个传热段的结构及工作过程如下：

（1）过热蒸汽冷却段。过热蒸汽冷却段设在高压加热器给水的出口部位。给水在此阶段被具有较高的过热度的抽汽加热，其出口温度可达到高于或等于蒸汽的饱和温度，这样就改进了传热效果。过热蒸汽冷却段用包壳板、套管和遮热板将该管子封闭，内设的隔板使蒸汽以一定的流速和方向流经传热面，使其达到良好传热效果，又避免过热蒸汽与管板、壳体等直接接触，降低热应力，同时还可使蒸汽保留足够的过热度，保证蒸汽离开该段时呈干燥状态，防止湿蒸汽冲蚀管子。

（2）凝结段。该传热段的换热面积最大，蒸汽在凝结段通过凝结时放出的汽化潜热加热给水。加热蒸汽在过热蒸汽冷却段放热后在进入凝结段时仍然带一定的过热度，蒸汽从两侧沿整个管系向心流动时，整个凝结段管束中不凝结气体由管束中心部位的排气管排出，排气管是沿整个凝结段设置，确保不凝结气体及时有效地排出高压加热器，以防止降低传热效果。

（3）疏水冷却段。蒸汽在凝结段放热凝结成饱和水后进入疏水冷却段，凝结水在这一冷却段继续冷却，放出热量来加热给水，其温度降至饱和温度以下。疏水冷却段是用包壳板、挡板和隔板等将该段的加热管束全部密封起来。带疏水冷却段的加热器，必须保持一个规定的液位，避免蒸汽漏到疏水冷却段中，使疏水中夹杂高压蒸汽，冲蚀管路，造成疏水管抖动，疏水管使用寿命降低等异常情况的发生，并保证疏水端差满足设计要求。

8-78　试述双背压凝汽器的工作特点。

答：双背压凝汽器的工作原理是冷却水依次流过冷却面积基本相等的独立的两个壳体的凝结器（或将单壳凝汽器的汽侧分隔成两个相同的独立的汽室），使各壳体（或汽室）在不同压力下运行。在一定条件下，用双背压凝汽器的经济性会优于采用单背压凝汽器，特别是对大容量机组，其经济性将更为明显。

在双背压凝汽器中由于不但沿冷凝管长度方向放热量和单位冷却表面的热负荷更加趋于均匀，使换热面能充分地被利用；而且由于单背压运行时冷却水温升曲线呈抛物线形状，而当分隔成两个腔室时，冷却水的温升曲线就接近成直线（当腔室要成无穷多时，冷却水的温升曲线就成为直线），使得各个压力区的冷却水都在较小的温差下进行换热，因此做功能力损失减小，当换热量一定时，双背压凝汽器内蒸汽平均温度将小于单背压凝汽器蒸汽温度，即蒸汽在双背压凝汽器内凝结平均压力比在单背压凝汽器内的凝结压力低。这一结论也可以从凝汽器的传热方程式中得到理论上的证明，这正是双背压凝汽器主要的优越性所在。

8-79　试述单体式除氧器的工作过程。

答：来自低压加热器的主凝结水（含补充水）经进水调节阀后进入除氧器，经喷嘴喷出，形成伞形水膜并与由上而下的加热蒸汽等进行混合式传热和传质，给水迅速达到工作压力下的饱和温度。此时，水中的大部分溶氧及其他气体在喷雾区内基本上被析出，达到初步除氧的目的。然后，给水经淋水盘均布后进入第一层水槽盘，再逐层经过交错进行深度除氧。从水中析出的溶氧及其他气体则不断地从除氧器顶部的排汽管随余汽排出除氧器外。进入除氧器的高压加热器疏水也将有一部分水汽化作为加热汽源，所有的加热器蒸汽在放出热量后被凝结成水，与除氧水混合后一起向下经导水管流入水箱内。为了使水箱内的水温保持在工作压力下的饱和温度，可通过再沸腾管引入加热蒸汽至水箱内。除氧水经由出水管进入给水泵的前置泵。

8-80 300MW 以上机组高压加热器的结构主要有哪些?

答: 300MW 以上机组的高压加热器大多采用管板、U 形管全焊接结构，内部设有过热蒸汽冷却段、蒸汽凝结段和疏水冷却段。主要由壳体、水室、管板、换热管、支撑板、防冲板、包壳板等组成。

(1) 壳体。壳体为全焊接结构，按照技术条件，壳体进行焊接后热处理和无损检验，除安全阀接管外，高压加热器的所有部件均为全焊接的非法兰结构。当高压加热器需拆除壳体时，可沿装配图上标注的切割线进行切割。

(2) 水室。高压加热器的水室由锻件与厚板焊接而成，封头为耐高压的半球形结构。水室上设椭圆形人孔以便于进行检修，人孔为自密封结构，采用带加强环的不锈钢石墨缠绕垫。水室内设有将球体分开的密闭式分程隔板，防止加热器水室内的给水短路，在给水出口侧设有膨胀装置，以补偿因温差引起的变形以及瞬间水压突变引起的变形和相应的热应力，给水进水侧还设置有防冲蚀装置。

(3) 管板。采用与水室相连的锻件作为管板。

(4) 换热管。高压加热器使用 U 形管作为换热管，3 个高压加热器的 U 形管材料均为 SA-556G_rC2，管子与管板采用焊接加胀接结构。

(5) 管子支撑板。在换热管的全长上布置有一定数量的支撑板，使蒸汽流能垂直冲刷管子以改进传热效果，并增加管束的整体刚性，防止振动，同时保证管子受热能自由膨胀。支撑板用拉杆和定位管固定在规定的位置。

(6) 防冲板。为防止由蒸汽和上级疏水的冲击引起换热管的损坏，在蒸汽和上级疏水入口处均设有不锈钢防冲板。

(7) 包壳板。为了把过热段、疏水段与凝结段隔离开，设置有包壳板，以确保过热段、疏水段密封性和独立性。

8-81 300MW 以上机组低压加热器设计的要求及结构特点有哪些?

答: 低压加热器以汽轮机 VWO（最大工况）作为设计保证工况，并备有 5%的堵管裕量，水侧的通流能力满足 110%VWO 的流量，壳侧设计压力为 VWO 热平衡工况下的抽汽压力加上 15%裕量。壳侧设计压力也要包括全真空压力。

壳侧设计温度为 VWO 热平衡工况下抽汽参数，等熵求取相应抽汽管道

设计压力下的相应温度。该加热器为卧式全焊接型，能承受真空抽汽压力以及所连接管道的反作用和热应力的变化。加热器各自设置足够的放气和内部挡板，以使在加热器启动和连续运行期间排出不凝结气体。当加热器启动和连续运行时，排气接口单独设置，放气能力按进入加热器蒸汽量的0.5%考虑。

低压加热器主要部件包括加热器壳体、换热管、活动及固定支座、管板及支撑板（包括支座地脚螺栓）、检修用人孔、固定保温层用的钩钉、各系统中的接口管座、放水放气阀门、安全门、仪表配件等。

8-82 空气冷却的定义是什么？

答：在空气冷却过程中，空气与水（或排汽）的热交换，是通过由金属管组成的散热器表面的传热，将管内的水（或排汽）的热量传输给散热器外活动的空气。

8-83 空气冷却系统的种类及工作过程各是什么？

答：用于发电厂的空气冷却系统主要有三种，即直接空气冷却系统、带表面式凝汽器的间接空气冷却系统（哈蒙式空气冷却系统）和带喷射式（混淆式）凝汽器的间接空气冷却系统（海勒式空气冷却系统）。

空气冷却系统的工作过程如下：

（1）直接空气冷却指汽轮机的排汽直接用空气来冷凝，空气与蒸汽通过散热器间接进行热交换，所需的冷却空气通常由机械通风的方式供应。

（2）海勒式间接空气冷却系统主要由喷射式凝汽器和装有福哥型散热器的空气冷却塔形成，系统中的高纯度中性水进入凝汽器后直接与凝汽器排汽混合并将加热后的冷凝水绝大部门送至空气冷却散热器。

（3）哈蒙式空气冷却系统由表面式凝汽器与空冷塔构成，凝汽器中的水采用除盐水，通过空冷岛散热器进行闭式循环，由自然风进行冷却。

8-84 直接空气冷却系统的工作原理是什么？

答：低压缸排汽向下流入排汽装置，排汽装置内布置的防冲板既可以引导蒸汽转向水平，又可分离排汽中的水滴。蒸汽进入水平布置的主排汽管道向北流动至汽轮机毗屋北墙外，然后向上输送到空气冷却凝汽器顶端的3根蒸汽分配管，蒸汽携带的热能被流经空气冷却凝汽器翅片管表面的空气冷却空气带走，冷却凝结形成的水汇入6根管束下联箱（又称蒸汽/凝结水联箱），流入下方的凝结水管，在自身重力的作用下沿3根凝结水管流回凝结水箱，少量未被凝结的蒸汽和空气的混合物经抽真空管道抽至真空泵。

每列换热单元由 8 对逆流换热管束和 42 对顺流换热管束组成。在顺流换热管束的散热管内蒸汽与凝结水都是向下流动，称顺流换热；而在逆流换热管束内蒸汽向上流动，凝结水向下流动，两者方向相反，称逆流换热。蒸汽分配管内的蒸汽直接流入顺流换热管束，70%～80%的蒸汽被凝结后流入管束下联箱；未凝结蒸汽则从下联箱引入逆流换热管束后进一步凝结，凝结水自冷凝的位置向下汇集到管束下联箱，逆流管束上端未凝结的蒸汽和空气的混合物经抽真空管道抽至真空泵。

70%～80%的蒸汽在通过顺流换热单元凝结成水，其余的蒸汽在逆流换热单元被冷凝，这种布置方式确保了在任何区域内蒸汽都与凝结水有直接的接触，因此将保持凝结水的水温与蒸汽温度相同，从而避免了凝结水的过冷、溶氧和冻害。因凝结水管是倾斜布置的（坡度为 5‰），所以凝结水可以在自身重力的作用下沿管道流回室内的凝结水箱。

根据环境温度不同，在凝汽器顶端的配汽管道上的蒸汽隔离阀处于开启或关闭的状态；所有的风机控制都可以被置于自动控制方式，也可以被置于远方手动控制方式。

8-85 间接空气冷却系统的工作原理是什么？

答：在凝汽器内受热的循环冷却水经循环泵升压，送入空气冷却塔内散热器，由空气进行冷却，冷却后的循环水由管道进入凝汽器冷却汽轮机排汽，如此循环构成密闭系统。

在空气冷却塔内，冷却三角分内外两个环形，并以 12°倾角呈圆锥形设置，每个管束由 175 根椭圆翅片管组成，呈两排错列布置，每两个管束组成一个冷却三角。在塔内共采用 126 个冷却三角，这些冷却三角又分为 6 个冷却段（内圈 3 段、4 段，各有 22 个冷却三角；外圈 2 段有 22 个冷却三角；外圈 1 段、5 段、6 段各有 20 个冷却三角）。每个冷却段进行出水管道与主管道连接，排水管道与储水箱连接，因此可以独立进行充水和排水，当循环水温低于零上 10℃时，冷却段方可自动安全排水，以防发生冰冻危险。

为了在冷却三角顶保持一定压力，设置由膨胀水箱、补水泵等组成的稳压系统。

夏季为了提高散热段冷却效果，在内圈 3 段、4 段散热器内增加喷淋装置。

冷却段排水后，为防止散热器内部腐蚀，系统设充氮系统。

8-86 板式换热器的结构及工作原理是什么？

答：板式换热器由换热片、密封垫片、框架和夹紧螺栓等组成。密封垫片采用粘接、点粘或挂接的方式固定于板片上，通过夹紧螺栓，将安装在固定压紧板和活动压紧板中间的若干张板片和密封垫片夹紧，相邻板片间就形成了流体通道，两种冷热不同的流体分别在同一板片两侧的通道中流过，高温流体通过板片将热量传递给低温流体，从面实现了换热的目的。

8-87 汽轮机旁路系统的功能有哪些?

答: 汽轮机旁路系统的功能主要有:

(1) 改善机组冷态、温态、热态启动工况，缩短机组启动时间，使机组提前带负荷运行。

(2) 满足停机不停炉工况，在汽轮机发生故障，机组解列时，使锅炉与汽轮机脱钩单独运行，直到汽轮机故障消除，恢复到满负荷运行。

(3) 满足汽轮机甩负荷工况，若与适当的执行器配合，旁路阀门可快速开启，防止锅炉压力过高造成汽轮机超速。

(4) 若与适当执行器配合，旁路可具有快、慢两种速度。

(5) 在机组启停时，保护再热器免受过热损坏。

(6) 为某些辅机的试投提供方便。

(7) 回收宝贵的工质等。

8-88 高压加热器隔离系统三通阀的工作（控制）原理是什么?

答: 高压加热器隔离系统三通阀控制原理: 高压加热器在正常投运时，三通阀入口的阀芯为上位，主路开放，旁路关闭，给水从主路进入高压加热器，三通阀出口阀芯为在上位，给水通过三通阀出口至锅炉。当高压加热器出现故障时，液位控制装置检测液位过高，输出信号至控制室，同时控制系统中电磁阀通电，将三通阀进、出口的执行机构液压缸上腔充液加压，同时液压缸下腔压力泄放，阀瓣在上、下压差的推动下向下运行，关闭主回路，同时打开旁路，直至进口、出口阀完全关闭，给水旁路进入锅炉，完成高压加器解列；当进口、出口旁路阀关到位后，液压缸上腔继续保持压力，以确保旁路阀动作安全可靠。

第三部分

检修岗位技能知识

第九章　汽轮机本体检修岗位技能知识

9-1　法兰与螺栓温差何时最大？

答：机组冷态启动时汽缸法兰与螺栓温差最大。

9-2　在拆卸时，对汽缸的M52以上的螺栓有什么要求？

答：对于汽缸M52以上的大螺栓，螺母及特殊厚度的垫圈应按号配合。在拆卸前应做好清晰的编号，回装时对号入座，可防止丝扣卡涩、咬扣及罩形螺母内孔顶部与螺栓相顶等故障。

9-3　螺栓锈死在汽缸法兰内无法卸出时，如何处理？

答：用割把在离法兰约100mm的部位割断螺栓杆，在任一直径线上钻两透孔，孔分别靠近螺杆螺纹的根部，再用割把通过两孔，将螺杆割为两半，然后用手锤和扁铲，将两部分向中间敲打，使螺纹脱开便可分别取出。

9-4　高温、高压汽轮机为什么要设汽缸、法兰螺栓加热装置？

答：机组冷态启动时汽缸内壁温度升高较快，与汽缸法兰及汽缸螺栓存在较大温差，容易引起汽缸法兰变形或螺栓损伤等问题，为保证机组安全，在汽缸上设置法兰加热装置，汽缸内壁温度升高的同时，对汽缸法兰及螺栓同时加热，降低三者的温差。

9-5　汽轮机运行时，汽缸承受的负荷主要有哪些？

答：汽轮机运行时，汽缸承受的负荷主要有：

（1）高压缸承受的蒸汽压力和低压缸因处于不同的真空状态而承受的大气压力。

（2）汽缸、转子、隔板及隔板套等部件质量引起的静载荷。

（3）由于转子振动引起的交叉动载荷。

（4）蒸汽流动产生的轴向推力和反推力。

（5）汽缸、法兰、螺栓等部件因温差而引起的热应力。

（6）主蒸汽、抽汽管道对汽缸产生的作用力。

9-6 在什么情况下才具备揭汽缸大盖的条件？

答：当汽缸冷却到规定温度以下，拆除保温，然后将汽缸结合面、导汽管、前后轴封管、法兰加热供汽管等各部位的法兰连接螺栓及定位销子全部拆除，并拆除热工测量元件，确信大盖与下汽缸及其他管线无任何连接时，才允许起吊汽缸大盖。对于具有内、外缸的机组，内缸应无任何连接。

9-7 为什么必须等缸温降至规定温度才可以拆保温？

答：因为过早拆除保温，容易使仍处于较高温度的汽缸部件因急剧冷却收缩而产生变形，造成汽缸结合面泄漏、螺栓损伤、隔板变形卡涩等重大缺陷，影响机组的安全运行。

9-8 热松汽缸结合面螺栓时，应先从哪部分开始？

答：应当先从下汽缸自重垂弧间隙最大的汽缸中部结合面处开始，逐渐地对称向前后进行热松，以便逐渐消除汽缸变形对螺栓的作用力。

9-9 简述揭汽缸大盖的过程和注意事项。

答：确信大盖与下汽缸及其他导管无任何连接。在汽缸四角装好导杆，涂上汽轮机油。拧入大盖四角顶丝（现在部分机组不设顶丝，只在四角设置顶缸专用平台，用千斤顶缸），将大盖均匀地顶起100mm左右。再指挥吊车将大盖吊起少许，进行找正及找平工作。当大盖四角升起高度均匀，导杆不蹩劲，螺栓与螺孔无接触现象时，就可以缓缓的一下一下地起吊大盖。吊起100～150mm时，应再次全面检查，特别注意汽缸内部，严防汽缸内部连接部件，如隔板等脱落下来，确认无误后，才可继续缓慢起吊，在整个起吊过程中，应注意汽缸内部有无摩擦声，螺栓与螺孔有无碰擦，导杆是否蹩劲，大盖四角起升是否均匀。发现大盖任一部位没有跟随吊车大钩上升或其他不正常情况，应及时停止起吊，重新进行调整找正，不可强行起吊。大盖吊离导杆时，四角应有人扶稳。大盖吊出后．应放在专用支架上，法兰下部垫枕木，并退回顶丝，同时应将下缸上的抽汽孔、疏水孔、导汽管堵好，排汽室则盖上专用盖板。

在起吊大盖的过程中，还应用千分表监视转子是否有上抬现象。

9-10 起吊汽缸大盖时，是什么原因造成转子上抬的？

答：起吊汽缸大盖，有转子上抬现象，说明大盖内部某些轴封套或隔板的外缘凸肩与上汽缸对应的凹槽严重卡死，在大盖起吊时，将轴封套或隔板

套带起，转子随之被带起。这时应停止起吊工作，设法进行处理。

9-11 揭缸过程中如果有转子上抬现象如何处理？

答：在轴颈上装上千分表，稍微吊起大盖。监视转子被带起的高度不要大于0.5mm，然后用大锤垫铜棒敲振大盖高温区域，借敲振使转子与汽封套、隔板套的卡涩逐渐脱开。当卡涩处逐渐脱开时，可从千分表上观察，依次再微吊大盖并加以敲振，直至卡涩完全脱开。注意微吊大盖量，一定要控制转子不宜抬得过高，防止转子在敲振中突然下落砸坏轴瓦。

如果此方法无效果或转子下降不明显，还可以用下述方法处理，首先揭开上瓦，用工字钢架于下缸两侧猫爪上，工字钢下部与轴颈间在转子前后装上百分表监视转子。

9-12 解体时，汽缸大盖吊开放好后，应立即连续完成哪些工作？

答：汽缸大盖吊开后，为防止拆吊隔板套、轴封套时，将工具、螺母及其他异物掉进抽汽口、疏水孔等孔洞中，必须首先用石棉布等堵好缸内孔洞，然后再继续将全部隔板套、轴封套及转子吊出，并用胶布将喷嘴组封好。若在一个班内实在完不成这些工作时，应当用苫布将汽缸全部盖好，并派专人看守。

9-13 汽缸清缸后，怎样对汽缸进行检查？

答：汽缸清缸后，应对汽缸进行如下检查：

(1) 宏观检查汽缸是否有冲刷、损坏，特别是汽缸结合面。

(2) 仔细检查汽缸是否有裂纹，发现裂纹后应边清除边进行认真观察，直到将裂纹清除干净不留残余，然后再做必要的处理。

9-14 大修中汽缸部分有哪些检修工作？

答：大修中汽缸部分的检修工作主要有：

(1) 检查汽缸结合面的冲刷情况，并记录受冲刷部位及面积。

(2) 清理汽缸结合面。

(3) 清理汽缸内部各止口，用手提砂轮机将其表面氧化皮全部清理干净，注意用力要均匀，并注意出汽侧止口表面只需用砂布打磨干净即可。

(4) 金相检查汽缸内外壁、抽汽孔、疏水孔有无裂纹，对于深度小于汽缸壁厚的1/3、长度小于300mm的裂纹，可使用磨头将裂纹打磨干净，并使打磨形成的凹槽曲面过渡圆滑。

(5) 空缸扣大盖，冷紧半数螺栓，检查汽缸严密性。

(6) 空缸状态下，测量汽缸横向水平及纵向水平，测量应找到汽缸结合

面上的相应标志，以保证每次测量的位置相同，便于比较。测量时应将合像水平仪在0°和180°的相对方向各测量一次，取其两值的代数平均值，并与历次检修记录相比较，以判断汽缸负荷分配是否发生变化及基础是否发生下沉。

9-15 大修中如何检查汽缸结合面的严密性？

答：大修中，检查汽缸结合面严密性的方法如下：

（1）揭开汽缸大盖后立刻检查汽缸结合涂料冲刷情况，并记录。

（2）空缸扣大盖，不紧螺栓，用塞尺检查结合面间隙，并记录。

（3）空缸扣大盖，以隔一条紧一条的方式，冷紧1/2汽缸螺栓，用塞尺分别从汽缸内外两侧检查结合面间隙，并作好记录。一般结合面间隙以0.05mm塞尺塞不进或塞入深度不超过密封面宽度的1/3即认为合格。

9-16 在什么情况下应采用刮研法消除汽缸结合面间隙？

答：刮研法消除汽缸结合面间隙优点是彻底，缺点是工作量大，且多次研刮会使汽缸内孔变成椭圆，甚至偏斜。因此只是在机组投产最初几年，汽缸制造残留内应力使法兰发生较大变形，因而结合面出现大面积间隙时才采用研刮结合面法。

9-17 采用刮研法处理汽缸结合面间隙，有哪两种方法？

答：通常先将汽缸大盖（即上汽缸）结合面研刮找平，然后对于下汽缸研刮则根据汽缸特点不同，采用以下两种方法进行研刮和测量：

（1）在不拧紧汽缸螺栓的情况下，以大盖为基准，稍微推动大盖前后移动，根据着色来修刮下缸结合面。此方法适用于尺寸较小，刚度较好，即垂弧小的汽缸。

（2）对尺寸较大，刚性较小的汽缸，必须均匀地拧紧汽缸结合面螺栓（冷紧力度不必过大），在消除垂弧引起间隙的情况下，用塞尺实测现有间隙，根据间隙进行逐步研刮。

9-18 简述刮研汽缸结合面的过程。

答：在清扫干净的汽缸结合面上，涂上一层红丹粉，空缸扣大盖，并将法兰螺栓隔一个紧一个，用塞尺测量结合面间隙，将间隙值记在汽缸外壁和专用记录纸上。根据测量的结果和红丹粉的痕迹，决定下缸结合面应刮磨的地方及应刮去金属层厚度，并用刮刀修出深度标点。用平尺刮刀研刮至标点底部接触红丹粉为止。再空缸扣大盖检查结合面间隙，等间隙不大于0.10mm可按下缸结合面上红丹粉的印痕进行精刮，直到符合质量标准后，再用油石将结合面磨光。现在，还采用涂镀焊补等办法. 以减少汽缸修刮量。

9-19　对待喷涂的汽缸结合面或工件表面，应如何处理？需满足什么要求？

答：因喷涂水法原理是借高速高温气流将金属或非金属熔解并雾化成微粒喷涂在工件表面上，因此对工件表面必须进行处理，清除油脂和氧化物，并进行电火花拉毛，必须使表面具有一定的毛糙程度，才能保证喷涂质量。然后将表面碳黑刷净，方可进行喷涂作业。

9-20　在什么情况下，可以采用加大汽缸结合面螺栓热紧弧长的方法处理汽缸结合面间隙？

答：应首先检查汽缸组装无问题，螺栓紧力有富裕（和许用应力相比）且汽缸没有变形时，可以用此方法。

9-21　如何用补焊的方法处理汽缸结合面局部间隙？

答：使用电焊在汽缸下法兰需要修补的区域，垂直于漏汽的方向堆焊上一或两条8～10mm宽的密封带。用直尺、锉刀或刮刀测量和研刮密封带各处，使高度等于空缸扣大盖紧半数汽缸螺栓检查严密性时测得的间隙值，并且使整个密封带圆滑过渡，再进行空缸扣大盖紧半数螺栓，用塞尺复查，间隙小于0.05mm为合格。

9-22　用补焊的方法处理汽缸裂纹时，必须先将裂纹铲除干净，为什么？

答：汽缸裂纹补焊前，必须将裂纹铲除干净，并用酸浸法检查，确认无残余裂纹后才进行补焊，因为一旦存留有裂纹，即使是微细的残余裂纹，也会产生应力集中，以至在补焊过程中或补焊后，会因焊接应力使裂纹再度扩展。

9-23　汽缸产生变形和裂纹的原因有哪些？

答：汽缸截面厚度变化大，进汽端形状复杂，特别是法兰处厚度非常大，因此在运行过程中汽缸内外壁、法兰内外壁温差悬殊，生成的热应力就非常大，加之温度变化时又受到热交变应力作用，同时，汽缸内还承受蒸汽压力、静止部分的重力作用，工作条件十分恶劣，并且，由于形状复杂、厚薄相差悬殊、尺寸大等原因，不可避免存在铸造缺陷，所以，汽缸容易发生变形和开裂的金属事故。

造成汽缸变形的主要原因如下：

(1) 运行中汽缸壁内外、法兰内外温差较大，造成法兰结合面漏气；汽缸上、下温差过大导致动静部分相摩擦或振动。

(2) 汽缸去应力退火不当或运行中满水、水击等，都会引起变形。

(3) 汽缸在高温下工作，各部分温度不同，蠕变速度不一，从而引起变形。

造成汽缸开裂的主要原因如下：

(1) 汽缸长期在高温下运行，出现蠕变，脆性增加。

(2) 冶金过程中铸件内部出现裂纹、白点、夹渣等，是造成蠕变裂纹和热疲劳裂纹的根源。

(3) 热处理不当导致材料组织不均匀，而使持久强度和持久塑性下降。

(4) 长期高温运行使汽缸材料组织发生变化，运行中的低频热应力和蠕变的联合作用更易出现裂纹。

9-24 在什么情况下汽缸裂纹只需进行铲除处理？

答： 当汽缸裂纹深度小于缸壁厚度的 1/3 且经过校核，若汽缸强度允许，在将裂纹铲除干净后，将铲除的缺口磨成圆滑过渡面即可，不必再做其他处理工作。

9-25 采用喷涂法处理汽缸结合面间隙，常用的喷涂法有哪两种？

答： 采用喷涂法处理汽缸结合面间隙，常用的两种喷涂法如下：

(1) 氧—乙炔火焰喷涂。氧—乙炔火焰熔化钢丝，用压缩空气将熔化的负丝雾化喷涂到经过毛糙处理的工件表面上。

(2) 等离子喷涂。用等离子喷枪将工作气体电离成为等离子体，而粉末状的喷涂材料被等离子体熔化而喷涂到工件表面上。

9-26 消除汽缸法兰结合面泄漏，采用等离子喷涂工艺有什么优点和特点？

答： 喷涂材料在等离子体的保护下，在高温高速条件下，喷涂到工件表面上，可防止发生氧化和其他化学变化，而且喷涂层的强度和结合力比氧—乙炔喷涂工艺好得多。

9-27 刮研汽缸结合面时，如何使用平面研磨机？

答： 在下汽缸结合面上应在刮磨区域先用刮刀刮出深度标点，对于刮磨厚度在 0.2mm 以上的部位，可以使用平面研磨机初步打磨，打磨时应从刮去量最大的地方开始，逐渐向四周扩大。每次的磨削量尽量小，防止出现凹坑，每磨一次应用 300～400mm 长平尺检查一下，防止磨偏。按深度标点，剩 0.05～0.1mm 刮去量时，改用刮刀、平尺刮研。

9-28　汽缸哪些部位容易产生热疲劳裂纹？

答：工作温度高，温度变化激烈和汽缸壁截面变化大的部位，例如，下汽缸疏水孔周围、调速级汽室以用汽缸法兰根部等部位。

9-29　汽缸裂纹的深度一般如何检查和测定？

答：一般采用钻孔法。这种方法简单易行。对于具有典型性的或较严重的裂纹，有时也采用 γ 射线或超声波检查。

9-30　为什么对汽缸裂纹必须全部铲除？

答：汽缸裂纹两端产生很大的应力集中，从而使裂纹继续扩展，若采取在裂纹两端打止裂孔方法，不仅减少应力集中的作用有限，而且不能限制裂纹向深度发展，所以汽缸裂纹必须全部铲除。

9-31　开槽补焊汽缸裂纹有什么要求？

答：裂纹深度超过汽缸壁厚 1/3 时，应对汽缸作强度校核计算，强度不足时应开槽补焊。

9-32　用打磨的方法处理汽缸裂纹时，应注意什么？

答：当汽缸裂纹深度小于汽缸壁厚的三分之一时，可以在打磨掉裂纹后不进行补焊而继续使用，但裂纹必须打磨干净，并要使打磨形成的凹槽曲面过渡圆滑，以减少应力集中，避免产生新的裂纹。

9-33　汽缸裂纹补焊前，对裂纹周围表面怎样检查？

答：在裂纹周围 100mm 范围内打磨光滑，然后用 20%～30%的硝酸酒精溶液进行浸酸检查，并用超声探伤仪检查有无隐形缺陷，检测表面硬度等。

9-34　对汽缸进行热补焊工艺，在跟踪回火时，母材表面温度应控制在什么范围内？

答：为防止汽缸材质铬钼钒钢发生金属组织变化，母材表面温度不允许超过 770℃，一般应控制在 700℃左右。

9-35　采用冷焊工艺对汽缸进行补焊有什么优点？

答：冷焊是采用奥氏体钢焊条对 ZG20CrM$_0$V 及 15CrM$_0$1V 钢汽缸进行的补焊工艺，属于异种钢焊接。首先，是在补焊区预热 150～200℃进行厚

度为4～6mm的敷焊层焊接，之后各焊接均只需在室温条件下施焊，补焊区基本温度不得高于70℃。冷焊工艺较热焊简单，施焊工作条件较好。

9-36 怎样测量汽缸水平？

答：汽缸水平测量工作应在空缸状态下进行。首先，将测量部位的缸面清理干净，然后按照安装时的测量位置，将水平仪直接放在水平结合面上进行测量，如果测量汽缸横向水平，用长平尺架在两侧水平结合面上，再将水平仪放在平尺上进行测量，测量时应将合像水平仪在0°和180°的相对方向各测量一次，取其两值的代数平均值，并与历次检修记录相比较，以判断汽缸负荷分配是否发生变化及基础是否发生下沉。

9-37 汽缸及轴承座水平发生变化时，应如何处理？

答：当汽缸及轴承座水平值与安装记录有较大差别时，应考虑汽缸与轴承座是否因基础不均匀下沉而引起位置变化，要认真查明水平变化原因，检查立销是否有活动，定位销是否有变形切断等。若滑销系统完好，则应检查台板是否有松动、位移等，运行中发现汽缸及轴承座水平有变化，而又对安全没有威胁时，可作监督运行处理，作监视性测量而不进行调整。

9-38 怎样拆装高压进汽管活塞环？

答：使用专用的卡子进行拆装。使用时将卡子顶部卡槽卡在活塞环开口处，收回卡子扳把，使活塞环开口张大，直径超过活塞环槽，取下活塞环。安装时采用同样的方法将活塞环放入活塞环槽。

9-39 如何检验高压进汽管活塞环质量？

答：先检查活塞环表面有无划痕、毛刺、缺口等缺陷，光洁度是否符合要求，外形尺寸是否合格，然后将活塞环放在平板上检查平行度是否合格，如发现有以上问题禁止使用。

9-40 如何检验高压进汽法兰齿形密封垫的质量？

答：先检查齿形垫表面有无贯通划痕、毛刺、缺口等缺陷，光洁度是否符合要求，外形尺寸是否合格，尤其是检查齿形垫齿尖有无倒伏、碰伤及齿尖宽度是否符合要求，有缺陷禁止使用，然后检查齿形垫平行度是否符合要求，发现变形较大的禁止使用。

9-41 怎样清理汽缸结合面？

答：先用刮刀沿汽缸密封面周边清除汽缸表面上的涂料、杂质，切记不可用刮刀对着汽缸内侧，来回在汽缸表面刮除，更不允许刮削起结合面的金属或刮出纹路，以免在缸面上留下横向刀纹，影响汽缸密封效果；然后用砂布打磨汽缸面，清除残余的涂料、杂质；再用表面平整的油石蘸汽轮机油均匀打磨结合面，打磨后的结合面应光滑，无任何高点；最后用白布擦抹干净汽缸结合面，适当进行遮盖。

9-42 简述翻汽缸大盖的过程及注意事项。

答：翻缸前，应清理现场的障碍物，保证翻缸场所有足够的面积，并准备好垫汽缸用的枕木及木板。

翻缸有双钩和单钩两种方法，大型机组应优先采用双钩翻缸，使用大钩吊高压侧，小钩吊低压侧，钢丝绳最好使用专用卡环卡在大盖前后法兰的螺孔上。在翻转过程中，钢丝绳与汽缸棱角接触处，都应垫上木板。吊车找正后，大钩先起吊约100mm，再起吊小钩。使汽缸离开支架少许后，应全面检查所有吊具，确信已无问题才可继续起吊。吊起高度以保证当小钩松开后汽缸不碰地即可。逐渐将汽缸的全部重量由大钩承担，缓慢全松小钩，取下小钩的钢丝绳，将汽缸旋转180°，再将钢丝绳绕过尾部挂在小钩上。使小钩拉紧钢丝绳，把汽缸低压侧稍微抬头，大钩才可慢慢松下，直到汽缸结合面成水平后，将汽缸平稳地放置在枕木架上。直到汽缸结合面保持水平，安放牢固，才可将两吊钩松去。

9-43 在大修中如何进行下汽缸解体及就位工作？

答：首先在清缸后，测量并记录下列数据：汽缸水平、轴承箱水平、滑销系统间隙、轴承箱标高及轴承箱轴向位置；其次拆除下汽缸连接的法兰、管道及热工测点等连接件；在汽缸前后各放置一根钢梁，用穿孔螺栓将钢梁固定在汽缸上；然后松开猫爪螺栓，在钢梁下支千斤顶，顶起汽缸，取出猫爪压块，继续顶起汽缸至适当高度，用行车吊起汽缸放置于指定位置。回装时，先用行车吊起下汽缸，找好水平放置于猫爪压块上；测量汽缸水平、轴承箱水平、滑销系统间隙、轴承箱标高，检查轴承箱轴向位置；紧固各连接件，连接管道、法兰。

9-44 汽轮机检修后，汽缸回装工作开始前对缸内应做哪些准备工作？

答：应将下汽缸及轴承座内的部件全部吊出，彻底清扫，将抽汽孔、疏水孔等处临时封堵取出，喷嘴的封条撕下。认真检查清扫汽缸凝汽器及轴承内部。用压缩空气检查各压力表孔是否畅通。

9-45 在汽缸内各部件组装过程中，应做什么检查工作？

答：汽缸内各部件组装过程中，应做的检查工作如下：

(1) 检查各级隔板、隔板套、汽封套及轴瓦是否安装到位，隔板中分面有无间隙。

(2) 检查隔板、汽封套结合面螺栓是否紧固到位。

(3) 吊车盘动转子，用听针监听各轴封套、隔板套内有无摩擦的声音。

9-46 大修中汽缸内部各部件组装结束后，应做好哪些检查才可以正式扣大盖?

答：检查确认缸内部件组装正确无误，轴封套、隔板套法兰结合面螺栓紧固完毕，再用吊车缓慢盘动转子，用听音棒仔细听各隔板套、轴封套内有无摩擦声音，确信无摩擦方可正式扣大盖。

9-47 汽缸扣盖过程中，从大盖起吊至落靠到下汽缸，冷紧汽缸结合面螺栓止，主要有哪些工序和应当注意的事项?

答：汽缸大盖从支架上吊起后，应调整好大盖的水平，将结合面清理干净，大盖四角的顶丝应退到结合面以内。大盖在下落过程中，应注意大盖水平及四角扶稳、位置对正，以防止内部碰撞和摩擦，若有卡涩应查明原因，不允许强行落下。在大盖距下汽缸结合面200～300mm时，将下汽缸结合面上均匀涂好密封涂料，在大盖距下汽缸结合面还有10～20mm时，打入汽缸结合面定位销钉，使上、下汽缸位置对准，之后将大盖完全落靠到下汽缸上，并应连续进行汽缸结合面螺栓冷紧工作，防止涂料干燥变硬。

9-48 汽缸螺栓的冷紧工作，至少要依次重复拧一遍，才能使各螺栓紧力均匀，为什么?

答：一般汽缸螺栓的冷紧顺序是从汽缸进汽中心线向汽缸前后两侧进行，所以汽缸中部的螺栓先进行冷紧工作，而中部螺栓的紧力往往因相邻螺栓在紧时分担了消除法兰间隙的力量，从而使中部螺栓的紧力减少，为保证各螺栓的紧力一致，因此需要对螺栓进行复紧。

9-49 什么原因会使汽缸结合面发生泄漏?

答：造成汽缸结合面发生泄漏主要有以下原因：

(1) 涂料不好，内有坚硬颗粒。

(2) 汽缸螺栓紧力不足或坚固顺序不合理，使汽缸自重垂弧造成的间隙不能消除。

(3) 多种原因造成的汽缸法兰变形。

9-50　造成汽缸螺纹咬死的原因有哪几方面？

答：螺栓在高温下长期工作，表面产生高温氧化膜，紧或松螺帽时，因工艺不当，将氧化膜拉破，使螺纹表面产生毛刺；螺纹加工质量不好，粗糙度大，有伤痕，间隙不符合标准以及材料不均匀等，均易造成螺纹咬死现象。

9-51　用大锤锤击冷紧汽缸结合面大螺栓有什么不良后果？

答：人工冷紧大螺栓，应采用加长套管扳动扳手来紧，若用大锤锤击扳手，冲击力大小难于掌握，使螺栓的冷紧值难于控制，而且螺纹承受很大的冲击载荷，容易发生裂纹，造成事故。

9-52　同时热紧几条汽缸结合面螺栓时，应注意什么？

答：热紧汽缸法兰螺栓，也应按冷紧的顺序进行。若同时加热多条螺栓，则被加热的螺栓的冷紧应力也将同时消失，使汽缸法兰结合面原有间隙重又出现，这样会使法兰间隙大的部位那些螺栓所需加热伸长量加大，加热时间加长，因此使法兰和螺栓受力状况复杂，容易造成法兰结合面泄漏。

9-53　汽轮机转子叶轮常见的缺陷有哪些？

答：键槽和轮缘产生裂纹以及叶轮变形。在叶轮键槽根部过渡圆弧靠近槽底部位，因应力集中严重，常发生应力腐蚀裂纹。轮缘裂纹，一般发生在叶根槽处，沿圆周方向应力集中区域和在振动时受交变应力较大的轮缘部位，叶轮变形一般产生于动静相磨造成温度过热的部位。

9-54　运行中的叶轮受到哪些作用力？

答：叶轮工作时受力情况很复杂，除叶轮自身、叶片零件质量引起的巨大的离心力外，还有温差引起的热应力、动叶引起的切向力和轴向力，叶轮两边的蒸汽压差和叶片、叶轮振动时的交变应力。

9-55　套装叶轮的固定方法有哪几种？

答：套装叶轮的固定方法有以下4种：

（1）热套加键法。

（2）热套加端面键法。

（3）销钉轴套法。

（4）叶轮轴向定位采用轴向定位环。

9-56　在大修时，应重点检查哪些级的动叶片？

答：在大修时，应重点检查：

(1) 同型机组或同型叶片已经出现过缺陷的级的动叶片。

(2) 本机组已发生过断裂叶片的级。

(3) 调带级和末几级叶片以及湿蒸汽区工作叶片的水蚀部位。

9-57 发现动叶片有裂纹后应怎么办?

答: 发现动叶片有裂纹后应做的检查如下:

(1) 要保存叶片断口，作原状摄影和记录。

(2) 根据断口情况分析判断叶片断裂原因。

(3) 全面检查叶片振动特性。

(4) 检查叶片材质化学成分、金相组织、物理性能。

(5) 检查叶片表面有无机械操作、腐蚀、冲蚀或加工不良所造成的应力集中。

(6) 处理断叶片时，原则上是不拆除全级叶片，只作保证安全运行一个大修周期的处理。

(7) 若需全级拆除而又不能当即更换全级叶片时，则必须装假叶根以保护叶根槽。

(8) 处理断叶片时注意转子的平衡问题。

9-58 汽轮机动叶片因振动造成疲劳断裂后，怎样判断振动方向?

答: 叶片因共振疲劳而产生疲劳裂纹，一般地说，裂纹分布方向与叶片振动方向垂直。叶片若因切向振动发生断裂，则疲劳裂纹为轴向分布。若轴向振动发生断裂，则疲劳裂纹为切向分布。

9-59 防止叶片振动断裂的措施主要有哪几点?

答: 防止叶片振动断裂的措施有:

(1) 提高叶片、围带、拉筋的材料、加工与装配质量。

(2) 采取叶片调频措施，避开危险共振范围。

(3) 避免长期低频率运行。

9-60 在检修工作中，哪些问题会造成叶片损坏?

答: 动静间隙不合格，喷嘴隔板安装不当，起吊、搬运工作中将叶片碰伤，汽缸内或蒸汽管中留有杂物。另外，调速和保安系统检修质量不合格，可能使机组超速造成叶片损坏。

9-61 简述转子联轴器的分解步骤。

答: 转子分解按以下步骤进行:

（1）在联轴器及对轮螺栓相应位置上做好编号，以便回装时按号装入。

（2）在两联轴器上做好“0”位标记。

（3）用专用扳手松螺栓，取下螺母及垫圈，用铜棒向一侧轻轻敲击，取出螺栓。

（4）必要时按要求对称安装工艺螺栓。

9-62　简述转子间联轴器的回装步骤。

答：转子间联轴器的回装步骤：

（1）联轴器找正工作已结束。

（2）清理联轴器端面、螺栓孔及螺栓，用锉刀修整去除毛刺、高点。

（3）按“0”位标记使两联轴器对正。

（4）在联轴器螺栓上浇少许汽轮机油，均匀涂抹在螺栓上，按编号装入螺栓孔。

（5）用专用扳手对称紧螺栓。

（6）用百分表检查联轴器晃动度不大于0.02mm，必要时调整。

（7）用塞尺检查联轴器中分面无间隙。

9-63　在工作转速以内，为什么轴系会有几个临界转速？

答：在整个轴系中，组成轴系的各个转子的尺寸和质量分布不同，因而其一阶临界转速各不相同，设计时都要经过严格的计算，各个转子的临界转速（包括发电机转子的一阶和二阶临界转速）都将在整个轴系的转速变化中表现出来，因此，轴系会表现出几个临界转速。

9-64　汽轮机转子在正常运行时，都受哪些作用力？

答：汽轮机转子在正常运行时，受如下作用力：

（1）高速旋转引起的离心力。

（2）传递力矩时作用在轴上的扭应力。

（3）转子本身质量产生的交变弯曲应力。

（4）转子旋转时振动产生交变应力。

9-65　主轴因局部摩擦过热而发生弯曲时，轴会向哪个方向弯曲？原因是什么？

答：摩擦处将位于轴的凹面侧。因为发生单侧摩擦时，过热部分膨胀产生的压力一旦超过该温度下的屈服极限时，则产生永久变形。冷却后，受压应力部分材料将缩短，故成为弯曲的凹面。

9-66 简述内应力松弛直轴法。

答：所谓内应力松弛直轴法就是利用金属在高温下的松弛特性，即在一定的应变下作用于零件的应力会逐渐降低的现象，在应力降低的同时，零件弹性变形的一部分会转变为永久变形，即塑性变形。根据这个原理，把已有弯曲的轴的最大弯曲部分的整个圆周加热到低于回火温度 30～50℃，接着向轴弯曲凸起部分施加压力，使其产生一定的弹性变形，在高温下作用于大轴的应力逐渐降低，同时弹性变形逐渐转变为塑性变形，从面使轴校直过来，这样校直后的轴具有稳定性。

9-67 采用内应力松弛法直轴前，为什么要进行直轴前、后的回火处理？

答：直轴前的回火处理，是为消除大轴弯曲引起的内应力和摩擦过热造成的表面硬化现象。直轴后的稳定回火处理，是为消除直轴加压过程中产生的内应力，防止使用中再变形。

9-68 采用内应力松弛法直轴时，若弯曲点距离轴颈较近，怎样保护轴颈？

答：为防止轴颈因温度过高而发生表面氧化，应对轴颈加以保温隔热，先在轴颈表面涂一层高温黄油，外包一层油纸，在其外面再包 20mm 厚的石棉泥（拌以 5%水玻璃），最后用石棉布包好。

9-69 应力松弛法直轴是利用金属材料的何种特性？

答：应力松弛法直轴是利用金属材料在高温下会发生应力松弛的特性。应力松弛法直轴，在轴的弯曲部分圆周加热到低于回火温度 30～50℃，之后向凸面加压，使轴产生弹性变形，在高温下作用在轴上的应力逐渐降低，弹性变形转变为塑性变形，使轴直过来。

9-70 局部加热法直轴的原理是什么？

答：在轴的凸面局部急剧加热，使金属受压缩到超过屈服点，冷却后这个区域就产生拉伸应力而使凸面消失。如果加热区和加热温度不适当，就不能达到直轴目的，反而产生轴的旁弯或金属组织变化。

9-71 采用局部加热直轴法时，同一加热区允许加热几次？

答：同一加热区允许加热两次，但第二次加热效果较差，有时还会出现相反的后果。

9-72 捻打法直轴的主要优、缺点是什么？

答：捻打法的原理是在轴的弯曲凹面捻打，捻打深度不大并对轴表面有伤痕，只适用于慢弯和装配要求不高的地方。但其优点是可以用于加热困难或不能加热的轴的局部或整体部位。例如，发电机转子或整锻式汽轮机转子的叶轮之间。

9-73 应力松弛法直轴同其他直轴法比有什么优点？各种直轴法分别适用于什么轴？

答： 捻打法和机械加压法只适用于直径不大、弯曲较小的轴。局部加热法和局部加热加压法直轴，均会产生残余应力，容易引起裂纹。只有应力松弛法直轴，工作安全可靠，对轴的寿命影响小，无残存应力，稳定性好，特别适用于合金钢制造的高压整锻转子大轴。

9-74 直轴后应对转子做哪些检验？

答： 直轴后对转子做如下检验：转子的晃动、飘偏，直轴部位的金相检查。

9-75 汽轮机转子发生断裂的原因有哪些？

答： 损坏机理主要是低周疲劳和高温蠕变损伤；运行问题主要是超速和发生油膜振荡；材料和加工问题主要是存在残余应力、白点、偏析和夹杂物、气孔等，材质不均匀性和脆性，加工和装配质量差。

9-76 推力盘、叶轮及联轴器的端面与转子轴线的垂直度偏差太大时会产生哪些后果？

答： 推力盘与轴线不垂直时，将会使转子引起负荷过大的推力瓦块磨损；叶轮端面与轴线不垂直时，将使汽轮机动、静部分可能发生摩擦及叶轮中心不正；联轴器端面不垂直，可使轴承负荷转移，使轴承负荷分配不合理。

9-77 如何检查推力盘的不平度？

答： 将平尺靠在推力盘的端面上，用塞尺检查平尺与盘面间的间隙，0.02mm塞尺塞不进即为合格。

9-78 推力盘损坏的原因有哪些？

答： 因水冲击、叶片严重结垢、隔板汽封间隙过大等原因造成轴向推力过大，使推力瓦块乌金烧损并损伤推力盘。因润滑油不清洁、断油、机组振动等造成烧推力瓦而损伤推力盘。

9-79 对叶片检查应包括哪些项目？

答：（1）检查铆钉头根部、拉筋孔周围、叶片工作部分向根部过渡处、

叶片进出汽口边缘、表面硬化区、焊有硬质合金片的对缝处、叶根的断面过渡处及铆钉孔处有无裂纹。

（2）检查复环铆钉孔处有无裂纹、铆的严密程度、复环是否松动、铆头有无剥落、有无加工硬化后的裂纹。

（3）检查拉筋有无脱焊、断开、冲蚀及腐蚀，叶片表面受到冲蚀、腐蚀或损伤的情况。

9-80 组装叉形叶片时，若需研合叶根和叶根侧面，应注意哪些事项？

答：研合叶根侧面时，不能研合加工叶根的基准面。进行叶根之间的研合时，应刮研背弧侧叶根，并应保持叶根锥度不变。

9-81 简述拆叉形根叶片的方法（拆整级）。

答：一般是设法先拆下一个叶片。拆法是铲掉铆钉头，用小于铆钉直径的钻头在铆钉中心钻一未透深孔，再用小千斤将铆钉顶出，之后切断拉筋，在该叶片上焊吊环，将相邻叶片出汽边下端妨碍叶片拔出的部分铲除，用行车挂倒链将叶片拔出，其余叶片再拔也就容易了。也可以将叶轮拆下来，再用摇臂钻床将叶根铆钉钻一个未透孔，用冲子冲出或用千斤顶出铆钉，待铆钉拆出后（留 5 片不拆，作定位用），把拉筋切断，在叶片上焊上吊环，并将相邻叶片出汽边下端铲掉一部分，以不影响叶片拔出，先拔出一片后，其余叶片即易拔出。

9-82 更换叶片时，对新叶片要做哪些检查？

答：检查叶片结构尺寸公差量是否符合图纸要求，检查型线，包括工作部分和叶根是否正确，并对每只叶片均应作单片测频，检查抛光质量，表面应无碰伤、划痕、锈蚀、裂纹等缺陷。

9-83 拆卸转子叶轮前，应进行哪些测量工作？

答：拆卸叶轮前应作好以下测量工作：

（1）在轴承内测量联轴器的瓢偏度、晃度和叶轮的瓢偏度。

（2）若需拆卸危急保安器小轴时，需测小轴的晃度。

（3）测量联轴器端面与轴端、叶轮轮毂端面与相邻轴肩之间的距离，测量轴封套之间及相邻叶轮之间对称的四点处间隙。

9-84 怎样捻铆叶片铆头？

答：如果叶片穿有拉筋，则应先将拉筋焊完，才可进行捻铆叶片铆头工作，以防叶片先捻铆后焊接因受热而产生弯曲。捻铆工作，一般采用二磅手锤垫打，一磅手锤进行捻铆，或用 1～1.5 磅手锤，通过专用的捻铆冲子进行捻铆。为防止铆头产生冷作硬化裂纹，捻铆时对每个铆头锤击次数不要过多。对一组叶片由中间向两端捻铆，保证复环能自由延伸，对每个铆头，先铆轴向两面，后铆切向两面。捻铆完工之后，要检查铆头有无裂纹。

9-85　捻铆叶片铆头时，为什么锤击次数不宜过多？

答：捻铆会使铆头材料的刚性和脆性增加，捻铆时锤击次数过多时，会造成冷作硬化，并引起裂纹。

9-86　复环断裂时，可如何处理？

答：可开出 V 形坡口，用直径 2mm 的奥 502 或铬 207 电焊条进行补焊接。补焊或焊接均应按焊接工艺要求，进行热处理和锤击处理，并检查焊缝硬度。

9-87　复环损伤严重，更换同样厚度的复环时，应对叶片做什么处理？

答：将叶肩修低 1mm，并将上面的坡口开深一点。如有可能对铆头作回火处理，使铆头高出复环 2.5mm 再重新捻铆，但需注意转子可能产生的质量平衡问题。

9-88　汽轮机大修时，对拉筋应重点检查什么部位？应注意哪些缺陷？

答：应仔细检查拉筋与叶片的焊接处、拉筋与拉筋连接处的开焊，叶片孔处拉筋裂纹等。

应注意拉筋错用材质而产生的腐蚀。

9-89　拉筋与叶片的银焊缝开焊后，应如何处理？

答：因拉筋与叶片上的拉筋孔之间焊缝开焊后，焊缝处不好清理，不能保证焊接质量，必须拆下这小段拉筋，将叶片拉筋孔清理干净。所以应从叶片两侧，在两叶片中间，将这小段拉筋锯断，抽出，彻底清扫拉筋及叶片拉筋孔，直至露出全部金属光泽，然后装复原位。先把拉筋焊接起来，再进行拉筋与叶片的银焊。

9-90　叶片拉筋焊接后，怎样检查焊接质量？

答：将焊接处清理干净后，可先检查焊接处外观。再用小铜锤逐个地敲击叶片，根据拉筋的颤动和声音来做检查判断。

9-91　穿拉筋的方法有哪两种？

答：穿拉筋的两种方法如下：

（1）在安装叶片的同时，分组穿入拉筋，此方法适用于刚性较大的叶片和柔性较小的拉筋。

（2）全部叶片装好后再将拉筋穿入，此法只适用于柔性大的细拉筋。

9-92 焊接拉筋时，应按什么顺序进行焊接？

答：若一级上有几排拉筋，则先从内圈焊起，先焊各组的第一个叶片，再焊各组的第二个叶片，依次到各组的最后一个叶片，不允许在一组内连续焊，防止拉筋膨胀，冷却后产生热应力把叶片拉弯以及造成银焊脱落、拉筋断裂。

9-93 为什么动叶片进汽侧叶顶部位水蚀严重？

答：在汽轮机的末几级中，蒸汽温度逐渐加大，水分在隔板静叶出汽边处形成水滴，水滴运动速度低于蒸汽速度，因此，进入动叶时发生与动叶背弧面的撞击，对动叶背弧面形成水蚀。叶片越长，叶顶圆周速度越大，水滴撞击动叶背弧的速度也越高。由于离心力作用，水滴向叶顶集中，故叶顶并且弧处水蚀严重。

9-94 在起吊转子的过程中应注意哪些问题？

答：起吊汽轮机转子过程中应注意以下问题：

（1）先进行微吊，检查转子水平并进行适当调整。

（2）如果转子在汽缸内，应检查转子前后距离，防止距离过小，使转子与隔板发生勾挂，影响起吊安全。

（3）转子在缸内起吊过程中，行车应缓慢点动起吊，不允许连续起升。

（4）进出汽缸过程中，转子周围要有专人进行监护，防止转子前后或叶轮与周围出现碰撞现象。

9-95 汽轮机大修，解体时怎样起吊转子？

答：汽轮机大修解体时应按如下方法起吊转子：

（1）起吊转子前应测量检查各轴瓦桥规值、轴瓦间隙、轴颈扬度、推力间隙以及通流间隙，并作好记录。

（2）取出工作推力瓦块。

（3）挂专用吊具，派人监视转子，防止动静部分卡涩或碰，待转子微吊起后，测量并调整转子水平，其水平偏差不得大于0.1mm/m。全面检查吊具安全可靠后，才允许继续缓慢点动起吊，转子吊离汽缸后，方可连续提升或移动。

（4）转子应放置在专用支架上，支架上用以支撑轴颈的铜滚子，应擦拭干净，浇些汽轮机油，转子就位后需用白布包好轴颈。

9-96　运行中使汽轮机中心发生偏移的因素有哪些？

答：（1）轴承油膜。

（2）各部件热膨胀的影响。

（3）低压缸因受真空或凝汽器内循环水及凝结水质量的作用产生弹性变形。

（4）发电机氢压影响。

9-97　为什么要使汽轮机转子连接成为一根连续（无折点）的轴？

答：转子因自重均产生自然静弯曲。即转于在轴瓦上就位后出现扬度。如果两个转子均水平就位，则静弯曲将在对轮处出现上张口，两个转子轴线在对轮处出现折点。这样运行转子及轴承就产生交变作用力，因此引起振动。所以必须通过调整轴瓦高度，即改变两转子轴颈扬度相互关系，使整个转子轴线成一条连续曲线，以防转子对轴承产生交变作用力，避免发生轴振。

9-98　汽轮机组轴系中心不正有什么危害？

答：造成轴承负荷分配变化并可能引起机组异常振动，从而还会引起转子轴向推力增大。轴系中心不正是机组激振的原因之一，机组产生振动必然危及运行安全。

9-99　如何进行转子晃动度的测量？

答：应将汽轮机转子放置在汽轮机轴承上，首先将测量部位打磨光滑，一般将测量部位定在转子中部，将千分表架固定在汽缸水平结合面上，表的测量杆支撑到被测表面上并与被测面垂直，将转子被测圆周分成 8 等份，逆旋转方向编号，顺时针盘动转子从编号 1 开始测量，依次记录各点测值，最后回到位置 1 的测数必须与起始时的测数相符，所测出的数值、方向应有规律，否则应查明原因，并重新测量，每个直径两端所测的数值之差叫这个直径上的晃度，所测各个晃度值中最大值为转子的晃动度，不仅要掌握晃动度的大小，还应指明最大晃度的方位。

9-100　如何进行转子飘偏度的测量？

答：将被测部件平面分为 8 等分，分别作出记号，在直径相对 180°方向上固定两只百分表，盘动转子一周，记录各点在经过百分表处时的数据，求出各点在同一直径上读数之差。计算方法：差数中最大值与最小值绝对值和

的一半即为飘偏值。

9-101 测量转子的飘偏度及晃动度时，如何保证测量真实、准确？

答：为保证转子的飘偏及晃动测量真实、准确，应多测量几次，将测量结果进行对比，如有较大出入时，应重新进行测量。

9-102 怎样测量轴颈扬度？

答：可将水平仪直接放在轴颈上测量，测量一次后将水平仪调转180°再测一次，取两次测量结果的代数平均值。测量时转子应到规定位置，并注意使水平仪在横向保持水平。

9-103 汽轮机大修时，应从哪些方面对转子进行检查？

答：汽轮机大修时，应从以下方面进行检查：

(1) 转子的晃动度、飘偏度。

(2) 轴颈扬度、椭圆度、圆锥度。

(3) 转子动叶结垢情况及宏观检查。

(4) 转子叶片频率检测（有中心孔的转子同时进行中心孔探伤）。

9-104 拆装叶轮时，转子放置的方式有哪三种？哪种方法较好？

答：拆装叶轮时，转子放置方式有转子竖立放置、转子竖立吊着和转子横放三种方式。

转子竖立放置拆装叶轮的方法较好。

9-105 简述套装式转子联轴器拆卸方法。拆卸套装式转子联轴器时若第一次未拆下而大轴已被加热，怎么办？

答：拆前应测量联轴器晃动度、飘偏度以及轴向位置，再将键拔出，装设就位专用工具拉马，迅速而均匀加热联轴器表面，包括端面和圆柱面，联轴器的套装紧力经热膨胀而消失后，用拉马将联轴器拉下。

若第一次加热后联轴器未拉下，因大轴已被加热，则不允许带紧力强行往下拉，待联轴器与轴全部冷却后再重新快速加热拆下。

9-106 叶轮键槽产生裂纹的原因有哪些？

答：叶轮键槽产生裂纹的原因有以下几点：

(1) 键槽根部结构设计不合理，造成应力集中。

(2) 键槽加工装配质量差，圆角不足或有加工刀痕。

(3) 蒸汽品质不良，造成应力腐蚀。

(4) 材料质量差，性能指标低。

(5) 运行工况变化大，温差应力大。

9-107　加衬套处理叶轮键槽裂纹时，按什么顺序组装?

答: 先测量轴与套的过盈，然后套装衬套，待衬套冷却后再测量套与叶轮的过盈，然后套装叶轮。待叶轮冷却后，检查叶轮的瓢偏度。之后装径向键，套装相邻级叶轮。

9-108　处理叶轮键槽裂纹，采用挖修叶轮键槽法时，对键槽挖修处有什么要求? 表面粗糙度应达到多少?

答: 为了提高键槽强度，减少应力集中影响，应尽量加大过渡圆角半径，并使表面粗糙度达到3.2以上。一般，因挖修法应力集中严重，应谨慎使用。

9-109　汽轮机叶片上的锈垢可以用哪些方法处理?

答: (1) 人工使用刮刀、砂布、钢丝刷等工具清扫。

(2) 喷砂清扫，清扫时应注意不要使砂粒过大，压力不可过高，喷枪枪口与叶片之间的距离不要太近，以免把叶片表面打出麻坑等伤痕。

(3) 用苛性钠溶液加热清洗，使用苛性钠溶液加热清洗后，必须洗净残留苛性钠，防止钢材发生苛性脆化现象。总之，无论采取何种清理方法，均不得使叶片或叶轮受到损伤。

9-110　用喷砂法清理转子叶片时，应注意哪些事项?

答: 砂粒必须经过筛选，一般用80目的砂粒。将水压控制在10～12MPa之间，喷砂时注意人身安全，喷枪的喷嘴不可冲着旁边的人。注意喷枪与叶片保持一定的距离，以防把叶片打出麻坑。此外，还必须用胶布把套装叶片以及轴封套之间的缝隙包好。用塑料布把轴颈、推力盘和危急保安器等轴头部件包好，防止砂粒卡入缝隙造成转子质量不平衡和其他问题。

9-111　叶片铆头严重磨损后，有哪两种处理方法?

答: (1) 将叶片肩部适当地铣去2mm左右或更换薄一点的复环，使叶片铆头能高出复环2.5mm，以便于重新捻铆。

(2) 用电焊堆铆头。

9-112　多缸汽轮机大修时为什么要进行预找中心工作?

答: 因为经过一个大修周期的运行，设备（尤其是新机组）基础发生沉降、管道系统对汽轮机本体的拉力、轴瓦磨损，会导致轴瓦的标高发生变化，对整个轴系的中心必然产生影响，破坏原有的轴系平衡，必须对轴系重新进行中心找正。同时多缸汽轮机轴系较长，有多个轴瓦及联轴器，从汽轮

机标高原点进行中心找正工作，轴瓦有可能出现较大调整量，如果全部回装完毕后进行中心调整，会对已调整好的汽封间隙有较大的影响，可能出现动静碰磨或漏汽现象，所以要进行预找中心工作。

9-113 多缸汽轮机在大修中找中心工作的主要内容有哪些？

答：多缸汽轮机在大修中找中心工作的主要内容有以下几点：

(1) 测量汽缸、轴承座水平，即用水平仪检查汽缸、轴承座位置是否发生偏斜；测量轴颈扬度，进行预找中心工作。

(2) 将转子对汽缸前后轴封套洼窝和对油档找中心，对轴封套、隔板按转子找中心，调整汽封间隙。

(3) 汽轮机全部组合后，进行汽轮机各转子按联轴器找中心，汽轮机转子与发电机转子、发电机转子与励磁机转子按联轴器找中心。

9-114 当汽轮机各转子轴颈扬度测量完成后，如何从各转子中心线连线的变化来分析判断转子位置的变化？

答：首先应注意各转子中心线连接成的连续曲线的水平点（扬度为零）是否符合制造厂的要求。若扬度为零点的位置偏移过大，则说明各转子位置变化较大。

9-115 由于汽轮机基础下沉，使汽轮机动静部分中心关系在垂直方向发生变化，一般怎样处理？

答：应采取土建方面的措施，防止基础继续下沉。若能用调整轴封套、隔板的方法恢复动静部分中心关系，并符合安全运行要求时，一般可以对轴承座及汽缸的位置不做调整。

9-116 检修转子联轴器，在拆卸分解过程中，螺栓与孔拉起毛刺时怎么办？

答：为保证转子中心稳定和组装正确，联轴器螺栓需经铰孔和配制螺栓。为保证转子质量平衡不被破坏，螺栓也应固定编号位置。因为螺栓常有拉出毛刺、卡涩现象，当有毛刺时，应使用油石磨掉毛刺，保持光洁。若损伤严重，应扩孔配制新螺栓。

9-117 更换或回装锥形套装联轴器时，套装表面应如何处理？锥面接触应达到多少？

答：首先将套装表面打磨光洁无毛刺，再将联轴器套装表面涂红丹粉。按圆周所作的相对位置记号，进行研合修刮。接触面应达到80%，同时，与联轴器键槽研合键的斜面，配合达到要求。

9-118　按联轴器找中心时，应注意哪些要点？

答：(1) 检查各轴瓦的安装位置是否正确，轴颈在轴瓦内和轴瓦在洼窝内的接触是否良好。

(2) 盘动转子，检查有无动静相磨的声音，应确信转子未压在油挡和汽封齿上。

(3) 对于带软轴的联轴器，应当用专用卡子将联轴器与轴临时固定，使联轴器外圆周的晃度小于0.03mm。

(4) 在测量时，两半联轴器不能有任何刚性连接。需将两半联轴器之间的临时销子松动，并将盘转子的钢丝绳稍稍松开（或检修盘车逆向微动一下）之后才可记录测数。

9-119　怎样用塞尺测量联轴器的圆周值？

答：借助固定在一侧联轴器上的专用卡子，用塞尺测量另一侧联轴器圆周与卡子之间间隙值，即为联轴器圆同值。盘动转子，每转90°角，测记一个数据，盘动转子一周，即可对圆周情况作出判断。在测量时应注意：塞入间隙的塞尺不应超过4片，间隙太大时，应配合使用经过精加工的块规，测量时塞尺插入的深度、方向、位置以及使用的力量都力求相同。

9-120　简述汽轮机转子中心找正的步骤。

答：汽轮机转子中心找正一般按以下步聚进行：

(1) 确定整个轴系找正的基点（既以哪个转子、哪个瓦为基准）进行整个轴系的找正工作。

(2) 将需要找正的联轴器按记号对正，在对轮螺栓孔中穿入专用销子，将两联轴器连接起来，用检修盘车或行车盘动转子，开始测量。

(3) 用专用工具及百分表、塞尺、量块等测量工具，测量联轴器中心偏差，并记录。每转动90°测量、记录一次。

(4) 根据测量结果分别计算各测量点的平均值，以及相对两点的差值。根据差值及计算公式确定调整量。

(5) 按照调整量进行调整，并检查轴瓦是否接触良好。

(6) 按前述(2)～(5)步聚再次测量调整，直至联轴器中心符合要求。

9-121　用加、减垫铁（垫片）的方法调整轴瓦垂直位置时，两侧垫铁（垫片）的加、减厚度 $\boldsymbol{\delta}$ 与垂直位移量 $\boldsymbol{\delta_0}$ 有什么关系？

答：底部垫铁增减 δ_0 时，两侧垫铁应增减 $\delta_0\cos\alpha$，即

$$\delta=\delta_0\cos\alpha$$

式中 α——两侧垫铁中心线与垂线之间的夹角。

9-122 用加、减垫铁（垫片）的方法将轴瓦水平位置移动 δ_a，各垫铁（垫片）的加、减厚度为多少？

答：下部垫铁不动，两侧垫铁一侧加，另一侧减 δ，则

$$\delta=\delta_a\sin\alpha$$

9-123 按联轴器进行找中心工作所产生误差的原因有哪些？

答：按联轴器找中心工作所产生误差的原因有：

(1) 轴瓦转子安装质量。

(2) 测量结果的准确度。

(3) 垫片调整工作方面。

(4) 轴瓦垂直方向移动量过大引起的误差。

9-124 为什么铸造隔板结合面要作成斜形和半斜形？

答：为保持铸造隔板在结合面处的喷嘴静叶汽道完整、光滑，故把隔板结合面作成斜形或半斜形，使静叶不在结合面处被截断。这样运行经济性好，流阻小又不泄漏。

9-125 汽轮机隔板发生变形的原因有哪些？

答：汽轮机隔板发生变形的原因有：

(1) 隔板刚度不足。主要是因为隔板结构设计不合理，材质不对或是制造工艺不良。

(2) 隔板局部过热产生变形。主要是因为动静间隙过小，运行操作不当，造成隔板与转子发生严重摩擦。

9-126 隔板和隔板套在拆装时，常发生哪些问题？

答：隔板和隔板套在拆装时，常发生以下问题：

(1) 起吊上汽缸或上隔板套时，隔板脱落。

(2) 隔板套凸缘与上汽缸相应凹槽卡住，起吊上汽缸时随上汽缸起升。

(3) 隔板凸缘与隔板套相应凹槽卡住。

(4) 销饼固定螺钉咬住不易松出。

(5) 销饼和挂耳高出水平结合面。

9-127 为什么铸铁隔板外缘（凸缘）会发生与隔板套或汽缸相配合的凹槽咬死现象？

答： 铸铁在高温特别是交变高温下长期工作会发生蠕胀，其中碳化铁发生分解使体积增大，故外缘与凹槽卡涩或咬死。

9-128 隔板卡死在隔板套内时，应如何处理？

答： 用吊车吊住隔板，并将隔板套带起少许，然后在隔板套左右两侧的水平结合面上垫上铜棒，用大锤同时向下敲打；也可以沿轴向用铜棒敲振隔板，将氧化膜振破，逐渐取出隔板。若上述方法难以取出，在隔板套对应位置上钻孔，攻螺纹，用螺丝来顶的办法将隔板取出。

9-129 隔板外观检查有哪些方面？

答： 隔板外观检查包括以下 4 个方面。

（1）进、出汽侧有无与叶轮摩擦的痕迹。

（2）铸铁隔板导叶铸入处有无裂纹和脱落现象，导叶有无伤痕、卷边、松动、裂纹等。

（3）隔板腐蚀及蒸汽通道结垢情况。

（4）挂耳及上下定位销有无损伤及松动，挂耳螺钉有无断裂现象。

9-130 怎样清理隔板？

答： 如果隔板结垢不多，且垢的质地较软，可以用砂布和刮刀将锈垢清理干净，露出金属光泽即可。

如果结垢较多且垢的质地较硬，可以采用喷砂法进行清理。为保护环境，减少污染，现在多采用高压水加干砂清除隔板或转子的垢。喷砂前注意筛选砂粒，不得过大（通常选用 80 目左右的石英砂）。水压控制在 10～12MPa，工作时注意喷枪与被清工件距离适度，防止将叶片打出麻坑，损伤叶片。喷砂工作人员应戴防护眼镜，穿防护服，以保证人身安全。

9-131 为什么在检修中要检查隔板及隔板套水平结合面的间隙？如何检查？有什么标准？

答： 隔板或隔板套水平结合面如果有间隙，在运行中就不能形成密闭的空间，有一部分蒸汽流失，造成泄压，蒸汽不能完全做功，影响机组效率。

隔板组装入隔板套之后，将上隔板套扣到下隔板套上，用塞尺先进行隔板套结合面严密性检查，确认合格，再对各级隔板结合面里的严密性进行检查。

严密性要求标准，一般以 0.10mm 塞尺塞不进为合格。

9-132 怎样检查隔板销饼是否高于隔板水平结合面？高于水平结合面有什么后果？

答：将直尺尺面立着，长度方向平放于隔板销饼及隔板水平结合面上，若销饼高于结合面则直尺与结合面间必有间隙。

销饼高出水平结合面，顶住隔板或隔板套，造成隔板套或汽缸结合面出现间隙。

9-133 隔板套法兰结合面间隙大的原因有哪些？

答：隔板套法兰结合而间隙大的原因有：

（1）销饼或挂耳凸出结合面。

（2）上隔板挂耳上部无间隙或上隔板套上部销孔堵塞杂物。

（3）上隔板销钉被顶住，使上隔板套不能落靠。

（4）结合面上有毛刺、伤痕或法兰发生变形。

9-134 造成隔板结合面严密性不好的原因有哪些？

答：造成隔板结合面严密性不好的原因有：

（1）隔板加工质量不合格。

（2）隔板运行中出现变形。

（3）隔板检修时未清理结合面，有杂质，产生缝隙。

（4）下隔板挂耳过高，将上隔板顶起，产生缝隙。

（5）隔板卡涩，未安装到位，测量时产生误差。

9-135 常见隔板静叶损伤现象有哪些？应如何处理？

答：有表面出现凹坑鼓包、出汽边卷曲、缺口、裂纹等，原因多为异物击伤所致。铸铁隔板静叶片浇铸处，常因浇铸工艺不好或运动中动静相磨而出现裂纹。

对于凹坑鼓包、出汽边卷曲，应按静叶形状制作样板，均匀加热出现凹坑鼓包、出汽边卷曲的地方，下方衬样板，用手锤敲打至恢复原状，完毕后覆盖保温冷却。

对于缺口、裂纹首先要探伤，确定无延伸裂纹，缺口处打磨成圆弧过渡，裂纹处要完全挖除；有延伸裂纹要在裂纹末端打一止裂孔。

9-136 简述拆调速级喷嘴组的方法和步骤。

答：需先将喷嘴组与汽室之间的固定圆销取出，再用大锤将一块楔铁打入两喷嘴组之间预留的膨胀间隙中，使喷嘴组移动20～30mm，阻力就大为减少，再在喷嘴组内端上垫铜棒用大锤打，便可将旧喷嘴组取出。

9-137　更换调速级喷嘴时，对新喷嘴组应做哪些核查工作？

答： 应核查结构尺寸，与拆下的旧喷嘴组进行比较，特别要注意核对影响通流部分间隙的尺寸和喷嘴组的喷嘴数目。

9-138　起吊上隔板套时应注意哪些事项？

答： 上隔板压板螺栓在运行中，受蒸汽流对隔板的反作用力，可能发生断裂，因此在起吊上隔板套时，要特别注意，在起吊 50～60mm 后，要从结合面处检查隔板是否有的已脱落，如有脱落，必须采取措施，把隔板固定在隔板套上再起吊。

9-139　何种情况下需对上隔板挂耳间隙进行测量和调整？

答： 有以下情况，应对上隔板挂耳间隙进行测量和调整：

(1) 当隔板中心位置经过调整及挂耳松动重新固定之后。

(2) 发现压板螺钉在运行中断裂时。

(3) 怀疑挂耳间隙不正确，引起隔板或隔板套结合不严时。

9-140　如何检查隔板挂耳或隔板套挂耳与汽缸之间的膨胀间隙？

答： 可以采用以下两种方法进行检查：

(1) 用深度尺分别测量挂耳高度及隔板套或汽缸相应位置的深度，计算差值，符合要求即为合格，否则应进行调整。

(2) 在挂耳上平面放置一段铅丝（或肥皂），扣上隔板套或汽缸，用压铅丝方法检查，测量铅丝厚度与标准进行对比。

9-141　为什么必须保证隔板与隔板套之间及隔板套与汽缸之间的膨胀间隙？

答： 如果隔板与隔板套之间及隔板套与汽缸之间的膨胀间隙小，容易顶住隔板套或汽缸，造成隔板套或汽缸结合面出现间隙面发生漏汽。

9-142　为什么要测量隔板弯曲？怎样进行？

答： 因隔板在运行中，在其前后压差作用下，隔板向出汽侧产生挠曲变形（碟形）。若挠曲变形成为塑性变形时，说明隔板刚度不足。检修中测量隔板弯曲值，即测量隔板的塑性挠曲变形值。测量方法，通常是将专用长平尺，放在隔板进汽侧，靠近上下隔板间结合面的固定位置，用精度为 0.02mm 以上的游标卡尺或塞尺，测量长平尺与隔板板面之间的距离。

9-143　发生隔板或隔板套顶部幅向间隙不足的原因有哪些？如何处理？

答： 因隔板套或汽缸中心水平结合面刮研量较大或隔板套中心作较大调

整时，可能造成顶部辐向间隙不足。处理方法通常可将隔板、隔板套、轮缘顶部的外圆适当打磨，调整量较大时可用车床车削。

9-144 隔板导叶表面出现凹坑、凸包及出汽边弯曲时怎样处理？

答：可仿照汽道断面形状制作垫块，塞入汽道内垫铜棒或直接用手锤敲打修整平直，亦可用烤把适当加热汽道，再进行修整，但不得超过700℃。注意加热后要包保温，缓慢降温，避免因快速冷却出现损伤。

9-145 如何处理铸铁隔板静叶片浇铸边界处出现的裂纹缺陷？

答：可以在裂纹端部钻孔攻螺纹拧入沉头螺钉固定静叶片，也可以将裂纹磨掉用纯镍铸铁焊条焊补。

9-146 大修中如何检查旋转隔板？

答：应将旋转隔板分解，清扫锈垢并检查各部件是否有损伤。回转轮与隔板及半环形护板之间的滑动面、隔板与半环形护板之间结合面均应抹红丹粉来检查接触情况，如接触不良时，应进行研刮处理，用塞尺检查测量各部件的配合间隙，应符合规定。

9-147 供热机组调节抽汽旋转隔板发生卡涩时，隔板本身可能有什么问题？

答：隔板本身可能有以下问题：

（1）蒸汽夹带杂物，卡在动静部分间的缝隙中。

（2）对减压式旋转隔板、减压室与喷嘴之间的压差较大，使回转轮上所受的轴向推力过大，发生卡涩，甚至拉起毛刺，从而造成回转轮在各个位置都可能出现卡涩。

9-148 怎样有效防止轴封套、隔板与隔板套卡死？

答：（1）因为过早拆除汽缸保温会使汽缸冷却过快而变形造成卡涩，所以一定要在汽缸调节级金属温度降到一定程度（一般为100℃）时，才允许拆除汽缸保温层。

（2）每次大修时，应注意检查高温部分隔板套及轴封套止口的配合尺寸，有无因氧化皮过厚而造成的卡涩现象，有卡涩的要按规定进行清理氧化皮和修锉毛刺的工作，恢复应有的配合间隙，并在回装时擦二硫化钼粉。

9-149 为什么在机组解体前后均要进行通流间隙测量工作？如何进行？

答：修前测量通流间隙是为了掌握在经过一个大修周期运行后，机组各部件轴向相对位置各间隔值的变化，以便及时发现和消除缺陷。修后测量通流间隙是为了检查核对检修质量，并作为最后记录存档。

通流间隙分为径向间隙和轴向间隙。测量轴向间隙时，先按机组安装要求将转子定位在定位尺寸位置上，用专用楔形塞尺，按机组安装要求，测量各级动叶与隔板的轴向间隙，并作好记录。

测量径向间隙，首先需要测量隔板及轴封套与转子的同轴度，在同轴度满足要求后再测量隔板汽封及轴封与转子的径向间隙。同轴度的测量可以用拉钢丝、假轴、压肥皂块或铅块的方法。隔板汽封、轴封与转子的径向间隙测量可用压铅丝、滚胶布、拉钢丝、假轴的方法测量。

9-150　对于两个以上转子共用一个推力轴承的多缸汽轮机，测量通流间隙时，各转子应处于什么位置？

答：在推力轴承组合的状态下，先将有推力轴承的转子推向工作位置，使推力盘靠紧推力瓦工作瓦块，然后将其他转子推向该转子，使联轴器结合面间隙小于 0.03mm。

也可以根据安装记录对转子通流定位值 K 的要求，将各转子推到定位值再测量通流间隙。

9-151　如果隔板通流间隙不符合要求，应怎样进行调整？

答：可采用移动隔板套或隔板的方法，将隔板套或隔板轮缘的前后端面一侧车去，另一侧加销钉、垫环或电焊堆焊。但出汽侧端面是密封面，不可采用加销钉或局部堆焊的办法，而必须加垫环或全部补焊，保持端面密封效能。同时，应将隔板套或隔板的上、下定位销作相应的移动处理。

如果有较多隔板或隔板套通流间隙不符合要求，且调整方向相同，调整量大体一致，在保证其他隔板或隔板套通流间隙在合格范围内的前提下，可通过移动转子的轴向位置来调整通流间隙。

9-152　为什么要在转子相差 90°角的两个位置测量通流间隙？

答：通流间隙的测量，一般是使转子在相差 90°角的两个位置进行。第一个位置测量后，转过 90°角作第二个位置测量。第二次测量的目的首先是校验第一次测量的准确性，其次是检查叶轮是否发生了变形和瓢偏。

9-153　为什么要在机组大修中进行隔板及汽封套洼窝中心找正工作？

答：经过运行的汽缸，特别是长期在高温下工作的高、中压汽缸，汽缸（包括隔板及汽封套）洼窝中心均会出现偏差；同时两缸以上汽轮机检修，在联轴器预找中心后，轴瓦位置发生变化，相对于汽缸（隔板及汽封套）洼窝中心出现偏差，因此要进行隔板及汽封套洼窝中心找正工作，修正通流间

隙以及减少汽封的调整量。其是一项比较重要的工作程序。

9-154 常用的检查隔板及汽封套与转子同心情况的方法有哪几种？

答：（1）压肥皂块法和假轴法。压肥皂块法是用肥皂块测出隔板及汽封套下部汽封洼窝与转子之间的间隙。

（2）假轴法是制造一根与转子静挠度相近的假轴代替转子。在假轴上装好测量工具，盘动假轴直接测出中心相对位置。

（3）现在检修中还常用压铅块法。具体方法：用一专用模具，将铅块溶化成三棱柱型。将三棱柱一角修尖，横放在下隔板或汽封套测量点上，吊入转子就位，压住铅块；用测量工具测量转子两侧与隔板或汽封套间隙；再吊起转子，测量铅块被压厚度，即为转子与隔板或汽封套底部间隙。

9-155 怎样调整隔板及隔板套的幅向位置？

答：隔板水平位置的调整方法：若隔板上下采用圆销定位时，可将销子换成上下偏心的圆柱形销子；若是采用方形销，一般是将销槽（或销子）一面补焊，另一面修锉，并相应修锉端部，保证间隙合格。少量调整，也可将挂耳一侧加垫，另一侧减垫。

隔板上下位置的调整方法：在两侧挂耳调整垫处，根据测量结果增加或减少垫片。

9-156 如何用假轴进行隔板洼窝找正工作？

答：按照汽轮机转子中心找正后重新测得的径向定位尺寸，调整好假轴的中心，假轴中心与转子中心的偏差一般不大于0.03mm，假轴处自身圆周的晃度应小于0.03mm。若偏差较大，则必须在假轴上确定测量基点，盘动假轴，从测量基点测量洼窝尺寸。

将百分表座装在假轴上，百分表指针指向水平位置，记录此时数据，转动90°、180°，分别测量记录一次数据，再按上述方法测量一次，消除测量误差。利用公式记算上下及左右差值，按标准进行调整。

9-157 汽轮机动静发生碰磨的原因有哪些？

答：汽轮机动静发生碰磨的原因有：

（1）转轴振动过大，造成振动过大可能是质量不平衡、转子永久弯曲、轴系失稳等，不论何种起因，转轴振幅一旦增大到动静间隙值，都将与静止部件发生碰磨。

（2）轴系对中不好，可使轴颈处于极端位置，使得整个转子偏斜导致碰磨发生。

(3) 动静间隙不足，可能是设计的间隙定得过小或是安装、检修时动静间隙调整不符合规定所致。

(4) 缸体跑偏、弯曲或变形，大机组高压转子前汽封长，冷态启动汽轮机缸体膨胀，上下温差等参数掌握不当容易造成碰磨，严重时可导致大轴塑性弯曲。

9-158　如何拆装汽封？应注意哪些问题？

答：拆卸汽封前检查汽封有无编号，无编号应按隔板及汽封套名称进行编号；拆卸时按道分别捆好，作好标记；拆卸时用手向外侧压下汽封，并推出汽封；如汽封较紧，可在汽封侧面垫铜棒或铝板，用手锤敲击、振打，使汽封松动，取出汽封。注意不能直接用手锤或大锤直接敲击汽封，以免损伤汽封。

组装汽封要对号组装，分清汽封进汽侧与出汽侧，正确装入汽封；对于不是对称的高低齿汽封，应注意汽封齿与转子上凸台凹槽对应关系，注意不要装反；检查汽封的轴向间隙是否符合要求，防止运行中轴向发生碰磨。

9-159　拆汽封块时，若汽封块锈死较严重，汽封块压下就不能弹起来，怎样处理？

答：一般先用铁柄起子插在汽封齿之间，用手锤垂直敲打起子柄，振松汽封块，若汽封块锈死较严重，则可用起子插入T形槽内将它撬起，再打下，来回活动，直至汽封块能自动弹起后再拆。用起子振松汽封块后，再倾斜着敲打起子柄，使汽封块端面接缝打开之后，用手锤垫弯成弧形的细铜棒敲打汽封块端面。不能用扁铲或起子打入汽封块接缝中去撑开汽封块。

9-160　汽封卡死在槽道内如何处理？

答：汽封卡死在槽道内，可先将起子插入汽封齿之间，用手锤振捣，直到汽封块松动，取出汽封块。若振捣后，汽封块无松动现象，可采用以下方法：

用气割沿卡死汽封中部，切割汽封块，气割过程中用手锤从两侧向汽封中部敲击汽封，使汽封向中部收缩，增大与汽封槽道的间隙，使汽封松动，从而取出。在使用气割过程中，注意不要损伤汽封槽道。

用镗床或铣刀从汽封中部将汽封剖成两半，从而取出汽封。

9-161　大修中怎样检修汽封？

答：应全部拆卸编号，拆时用手锤垫铜棒敲打，防止把端面敲打变形。

用砂布、小砂轮片、钢丝刷和锉刀等工具，清扫汽封块、T形槽及弹簧片上的锈垢、盐垢及毛刺，将汽封齿刮尖。用台钳夹汽封块时，需垫铜皮或石棉纸垫，防止夹坏。

9-162　如何判断汽封弹簧片的弹性？

答：一般手能将汽封块压入，松手后又能很快自动恢复原位的为好。弹簧片过硬不能保证汽封块退让顺畅，过软则不能保证汽封块组装位置，造成漏汽。

9-163　更换汽封应做哪些准备工作？

答：更换汽封准备工作：

（1）解体后检查汽封损坏情况，确定需要更换汽封数量。

（2）新汽封外形尺寸与现场实际进行校核。

（3）新汽封表面油污清理。

（4）新汽封试装，检查各部间隙是否符合要求。

9-164　常用测量汽封间隙的方法有哪些？

答：常用汽封间隙的测量方法有压铅丝法和压胶布法。

9-165　测量汽封间隙前怎样备木楔子？

答：测量汽封间隙前应将汽封按工作状态固定在汽封体上，一般采用衬木楔子的方法将汽封固定。具体方法是：准备较硬的木板，劈成大约1cm宽的楔形木块，将汽封按编号装入汽封套，把木楔子衬入汽封背部，使汽封向汽封体中心弹起，至最高位置，这时用手按压汽封应不动，每道汽封衬木楔子完毕，检查各汽封块之间有无错口，并调整平齐。

9-166　采用压胶布方法测量汽封间隙应怎样进行？

答：将所有汽封块组装好，并用木楔子顶住汽封块。在每道汽封的两端及底部各贴两道医用白胶布，厚度分别按规定取最大间隙值和最小间隙值，注意胶布不要贴在汽封块接缝处。在与汽封块相对应的转子凸槽内涂上一层薄红丹油，然后将转子吊入汽缸内，装好防轴窜的限制板，盘动转子1/8圈后吊出，检查胶布上的压痕。一般来说，当三层胶布未接触上时，表明汽封径向间隙大于0.75mm；刚见红色痕迹为0.75mm；深红色痕迹为0.65～0.70mm；紫色痕迹为0.55～0.60mm；如果第三层磨光呈黑色或已磨透，第二层胶布刚见红时汽封径向间隙为0.45～0.50mm。依次类推来检查第二层胶布，判断间隙。用同样的方法在上半轴封和隔板汽封上贴上胶布，把转子吊入汽缸，然后将上半轴封套和下半轴封套紧固，把上隔板吊装在相应位置（为确保上半汽封不被下半汽封顶起，最好把下半汽封块取出），盘动转子，检查间隙。为了测量简便，下半汽封左右两侧间隙可用长塞尺测量：当汽封全部装入后，吊入转子，用长塞尺在转子左右两侧，按逐个汽封片进行测量。测量时塞尺塞入 20～30mm 即可，用力均匀一致，不得用力过大，以免汽封变形。

9-167　采用压铅丝方法测量汽封间隙应怎样进行？

答：在转子未放入前，将下轴封及隔板汽封顶部放上一跟铅丝，转子放入后在转子轴顶部正中沿轴向放一跟铅丝，然后装上汽封套与上隔板，紧固结合面螺栓后松开吊出，测量铅丝尖口压入后的剩余厚度，即为汽封顶部与底部的径向间隙。左右两侧径向间隙可用塞尺测量。

9-168　怎样调整汽封径向间隙？

答：如果汽封径向间隙过大，可在车床上车削汽封块两侧凸肩，车削量应等于间隙所需的缩小值，但凸肩厚度不得小于 1.5mm，否则应更换汽封块；如果汽封间隙过小，可用齐头扁铲在汽封两侧凸肩上捻铆，捻铆量应等于间隙所需的扩大值，但注意最后所剩余的汽封退让间隙不得小于 2.5mm。

如果是可调整式汽封，可直接调整汽封块背后的调整块厚度，来调整汽封间隙。

9-169　怎样测量汽封轴向间隙？

答：隔板汽封轴向间隙不合格时，一般不允许使用，更不允许用改变隔板轴向位置的方法来调整，以免影响隔板与叶轮的轴向相对位置。如有特殊情况，为调整汽封轴向间隙可将汽封块的一侧车去需要的移动量，另一侧焊上三点并车平。这是临时措施，应在下次大修时进行更换。

9-170　大修中如发现汽封轴向位置出现较大偏差应如何处理？

答：大修中如发现汽封轴向位置出现较大偏差，可以采用以下方法处理：

如果是个别汽封环出现轴向位置偏差或汽封出现偏差的量及方向不一致，应更换汽封，保证汽封轴向间隙。

如果是汽封整体性出现偏差，计算偏差量，移动汽封套；如果隔板上汽封出现轴向偏差，在保证通流间隙的前提下，可以适当移动转子的轴向位置。

9-171 汽封间隙过大对汽轮机组运行有何影响？汽封径向间隙为什么不能调得太小？

答：汽封径向间隙大时，不仅使漏汽损失加大，级效率下降，而且隔板汽封漏汽加大时，使叶轮前后压差增大，因而使转子所受轴向推力加大，影响机组安全。相反，若汽封径向间隙太小，则有可能使汽封齿与大轴发生摩擦，引起大轴局部过热而发生弯曲，这是因为机组在启动和运行过程中，汽缸及转子不可避免会有温差变形，汽缸与转子之间的相对位置（中心）也不可能和检修时完全一致。

9-172 怎样用塞尺检查汽封径向间隙？

答：为了测量简便，下半汽封左右两侧间隙可用长塞尺测量：当汽封全部装入后，吊入转子，用长塞尺在转子左右两侧，按逐个汽封片进行测量。测量时塞尺塞入20～30mm即可，用力均匀一致，不得用力过大，以免汽封向后退让，影响测量的准确性。可以用改锥或其他工具，从汽封背部插入，顶住汽封进行测量。

9-173 怎样测量及调整汽封径向膨胀间隙？

答：汽封径向膨胀间隙测量和调整应在汽封径向间隙调整完毕后进行。测量汽封径向膨胀间隙时先将汽封一侧与汽封体结合面取平，用深度尺从另一侧测量汽封与汽封体的高差，按图纸要求，采用车削或手工方法调整至标准值。

9-174 如何测量及调整推力间隙？

答：测量及调整推力间隙的方法如下：

（1）测量前，先对推力轴承、外壳、球面瓦枕、调整垫片、工作瓦片、非工作瓦片、固定垫圈、支持销钉、转子推力盘等部件进行详细检查，瓦片装上后应能自由活动，各部件的接触面应无毛刺、飞边及其他杂物。

（2）测量时停止在汽缸及转子上进行的其他工作，并向轴颈及推力盘上浇汽轮机油。

（3）装好两块千分表，一块装在转子的台肩或推力盘上测量转子的总串动量，另一块装在推力瓦外壳上，作监视推力瓦外壳前后窜动用；表杆要和转子轴线平行，否则测量会有误差。

（4）拴好钢丝绳，进行盘车，同时用橇杠或专用工具将转子分别尽量地推向工作瓦片侧及非工作瓦片侧，并记录表的两次读数，则两次读数的差值即为推力间隙。

（5）推力间隙与动静部分的间隙是相互关联的，推力轴承是用来保持转子与汽缸轴向相对位置的，所以在测量及调整推力间隙时，应考虑到当转子推向工作瓦片侧时，动静间隙（叶轮与前方隔板的间隙）的最小值，应大于推力间隙。

（6）调整推力间隙可以调整推力轴承上调整环的厚度，以达到要求。

（7）测量推力间隙应考虑到主轴承轴线与推力平面的不垂直度，可能影响推力间隙沿圆周不一致，导致瓦块负荷分配不均匀，引起运行中推力瓦片的温度不一致，有时甚至相差甚大。如出现这一情况，检修中必须细致检查综合瓦的垂直度，并适当微调整上下左右瓦块厚度间隙，重新进行负荷分配。

9-175 对于综合式推力轴承，测量推力间隙，应注意什么影响因素？

答：应考虑轴承外壳移动的影响。为此，需装设一只千分表测量瓦壳的轴向移动量，所测的转子移动量减去瓦壳的移动，即为转子的轴向推力间隙，但瓦壳移动量不能太大，否则应查明原因，进行处理。

9-176 轴瓦内楔形油膜的产生与什么因素有关？

答：要产生楔形油膜，必须使轴颈与轴瓦之间形成可变的楔形间隙，并送入一定压力的润滑油。轴颈旋转时，使轴颈曳动润滑油，从楔形间隙的大口侧进入，小口侧流出。楔形油膜的厚度与轴颈表面的运动速度、润滑油的运动黏度、轴颈与轴瓦的楔形间隙、尺寸以及轴瓦比压、轴承负荷等有关。而润滑油黏度与油温有关，油温升高黏度下降，油膜厚度减薄。

9-177 推力轴承通常有哪几种结构形式？

答：（1）装有活动瓦块的密切尔式。密切尔式又分为单独推力瓦和推力与承力一体的综合式推力瓦两种。大型机组均采用综合式推力瓦。

（2）无活动瓦块的固定式。励机组的主油泵推力瓦采用固定式推力瓦。

9-178 机组大修中对轴瓦有什么检查工作？

答：检组大修中对轴瓦的检查工作如下：

（1）轴承合金表面上的工作痕迹面所占的弧角是否符合要求，研刮花纹是否被磨亮。

（2）轴承合金表面有无划损、腐蚀现象。

（3）轴承合金有无裂纹、脱胎及局部脱落现象。

（4）垫铁承力面或球形面上有无磨损和腐蚀的痕迹，固定垫铁的沉头螺钉是否松动，内部垫片是否有损坏现象。

9-179 推力瓦块检修时应检查哪些内容?

答：推力瓦的检修内容如下：

(1) 各瓦块上的工作痕迹大小是否大致相等。

(2) 轴承合金表面有无磨损及电腐蚀痕迹。

(3) 轴瓦合金有无夹渣、气孔、裂纹、剥落及脱胎现象。

(4) 瓦胎内外弧及销钉有无磨亮的痕迹。

(5) 用外径千分尺检查各瓦块的厚度并作记录。

9-180 推力轴承外壳的检查有哪些内容?

答：推力轴承外壳的检查有以下内容：

(1) 瓦壳结合面定位销是否松动。

(2) 瓦壳前后定位垫环松紧度。

(3) 油挡间隙。

(4) 检查瓦在外壳中的轴向串动量。

9-181 怎样测量汽轮机转子的推力间隙?

答：将千分表固定在汽缸上，使测量杆支撑在转子的某一个光滑平面上与轴平行，并且还要在汽缸上装一个千分表监视推力轴承座，盘动转子，同时用足够力量的专用工具将转子分别依次推向前后极限位置，当监视轴承座的千分表开始有指示时，才能证明推到极限位置，在推向两极限位置过程中，所得千分表的最大与最小指示值之差，便是转子推力间隙。对于某些轴承刚度较小的机组，还应装设轴承座与汽缸间相对位移的测点，以便扣除轴承座变形值，即扣除轴承座的移动值。

9-182 在汽轮机检修中常见支持轴承缺陷有哪些?

答：在轴瓦内部表现为有轴承合金面磨损、产生裂纹、局部脱落、脱胎及电腐蚀等。

9-183 汽轮机支承轴瓦发生缺陷的原因有哪几个方面?

答：汽轮机支承轴瓦发生缺陷的原因如下：

(1) 润滑油油质不良（含水、有杂质颗粒等）。

(2) 由于检修、安装不合格，使轴瓦间隙、紧力不合适，造成轴承润滑不良。

(3) 轴瓦合金质量差或浇铸质量差。

(4) 机组振动大。

(5) 轴电流腐蚀。

（6）轴瓦负荷分配不均匀。

（7）结构设计不合理。

（8）轴瓦形式不合适。

9-184　简述用压铅丝法测圆筒形和椭圆形轴瓦顶部间隙的方法。间隙不合格时如何调整？

答：用直径1.5mm的铅丝（10A的保险丝），截成两根50～80mm长的小截，横放在轴颈上方的前后部位，注意避开上轴瓦中间油槽；在下瓦两侧沿轴瓦放置两根铅丝，长度不大于轴瓦宽度，放置时要靠近轴瓦结合面螺栓，避开轴瓦进油口。然后组合上轴瓦，在轴瓦中分面四角各放置一片0.5mm厚的钢片，均匀紧固结合面螺栓，直至四片钢片均不活动，分解轴瓦，取出铅丝，用千分尺测出铅丝厚度，分别计算顶部铅丝与水平面铅丝厚度的平均值，取两者的厚度差即为轴瓦顶部间隙值。

如果轴瓦顶部间隙不合格，间隙小于标准值时可修刮上轴瓦顶部乌金，调整至标准；间隙大于标准值应重新对轴瓦进行浇铸，按图纸加工后进行精确调整。

9-185　怎样测量及调整可倾瓦顶部间隙？

答：测量原理：将深度千分尺的测量杆伸入背部孔就可测量瓦块与瓦体之间的距离，利用瓦块背部的固定螺栓可以改变瓦块的位置。

测量方法：将上瓦装好，把瓦块顶到与转子贴紧位置，测量瓦块与瓦体距离d_1，拉起瓦块至瓦块后的垫块贴紧（拉不动为止），测量瓦块与瓦体距离d_2，最后d_1-d_2得出间隙值。

调整：间隙不合适就调整垫块的厚度来满足要求，间隙小就加工薄一点，间隙大就换个厚度适中的瓦块。

9-186　怎样用塞尺测量支持轴瓦两侧间隙？

答：在室温状态下，用塞尺在轴瓦水平结合面的四个角上测量，塞尺插入的深度约为轴颈直径的1/12～1/10，此时塞尺厚度，即为轴瓦的两侧间隙。

9-187　汽轮机轴瓦两侧及前后间隙不一致时，应首先查清哪些原因？

答：这往往是轴瓦安装位置不正确所致，应首先对安装情况进行检查，例如垫铁是否接触不良，销饼是否憋劲，球面瓦和轴颈扬度是否一致等，不要盲目修刮轴瓦乌金。

9-188 怎样测量推力瓦块磨损量？

答：将瓦块乌金面朝上平放在平板上，使瓦块背部支撑面紧密贴合平板；再将千分表磁座固定在平板上，表杆对准瓦块乌金面。缓慢移动瓦块，记录千分表读数和对应的推力瓦乌金面测点位置。读数最大值与最小值之差即为瓦块最大厚度，即最大磨损量。

9-189 拆装轴承工作必须遵守哪些安全注意事项？

答：拆装轴承工作必须遵守下列安全注意事项：

(1) 揭开和盖上轴承盖应使用吊环螺栓，将丝扣牢固地全面旋进轴瓦盖的丝孔内，以便安全的起吊。

(2) 为了校正转子中心而须转动轴瓦或加装垫片时，须把所转动的轴瓦固定后再进行工作，以防手被打伤。

(3) 在轴瓦就位时不准用手拿轴瓦的边缘，以免在轴瓦下滑时使手受伤。

(4) 用吊车直接对装在汽缸盖内的转子进行微吊工作，须检查吊车的制动装置，应该制动可靠。微吊时钢丝绳要垂直，操作要缓慢，装千分表监视并派有经验的人员进行指挥和操作。

9-190 用压铅丝的方法测量紧力间隙时应如何选用铅丝？

答：用压铅丝的方法测量间隙时，铅丝粗细要适当。铅丝直径一般以1.5mm为宜，既10A的保险丝，铅丝太细会因为轴瓦间隙大面无法测到数值，铅丝太粗会在紧轴瓦结合面螺栓时比较费力，且容易损伤轴瓦乌金面。

9-191 用压铅丝法测量轴瓦紧力，组装轴瓦时，应注意什么事项？

答：轴瓦位置要放好在工作位置，定位销饼不憋劲；轴瓦盖结合面、垫铁及洼窝清扫干净无毛刺。在轴承盖结合面上，最好放置几块适当厚度的铜垫片，限制铅丝的压缩量，防止压偏。在紧轴承盖结合面螺栓时，注意要均匀地对称紧固。

9-192 用压铅丝的方法测量紧力间隙，发现铅丝厚薄不均，应如何处理？

答：若只有个别点厚度值明显地是由于结合面不平，与其他点差值较大，可以不要这一个别点的值，取其他点的平均值；若发现测量点厚度值整体偏斜，应查明原因，并再次测量，比较两次数值是否一致。

9-193　在测量轴瓦紧力和间隙过程中应注意哪些事项？

答：在测量轴瓦紧力和间隙过程中应注意的事项如下：

（1）将需要测量的轴瓦及轴颈表面清理干净，无高点、毛刺等影响测量准确度的现象。

（2）检查轴瓦是否有偏斜，必要进行调整，务必要保持水平。

（3）铅丝放置在轴瓦与轴的接触位置，不可放置在油槽处，以免出现压空现象。

（4）起吊或放轴瓦时要注意不要偏斜，出现误差。

（5）紧轴瓦结合面螺栓时要交替拧紧，保证紧力均匀。

（6）测量时多取几点，计算平均值，减小误差。

9-194　汽轮机轴瓦紧力有什么作用？

答：机组运行时，轴承外壳温度常较轴瓦温度高，需在冷态下使瓦盖对轴瓦预加一定的紧力，以便保证在运行时瓦盖仍能压紧轴瓦，减小轴瓦的振动。

9-195　推力瓦块为什么要编号？组装时有什么要求？

答：为消除因推力盘微小不平而引起的瓦块与推力盘接触不良现象，经常需进行瓦块在组合状态下的研刮，对瓦块编号，可防止瓦块安装位置发生错乱，并便于监视运行时各瓦块的温度。

组装推力瓦时，先用白布将瓦块及固定环擦拭干净，再用和好的白面粘干净瓦块、固定环及推力轴承内部，然后按编号将对应瓦块装于固定环上，装好温度测点，将瓦块与固定环一起装入推力轴承。

9-196　在没有明确规定时，椭圆瓦顶部和两侧间隙可取多少？

答：椭圆瓦上部及下部均形成油楔，使轴瓦抗振性能较圆筒形瓦增强，为形成双油楔，一般取顶部间隙为轴颈直径的千分之一，两侧间隙为轴颈直径的千分之二。

9-197　在没有明确规定时，圆筒瓦顶部和两侧间隙可取多少？

答：圆筒形瓦为单油楔轴瓦，只在轴瓦下部形成油楔，故顶部间隙较大，两侧间隙较小，一般取顶部间隙为轴颈的千分之二，两侧间隙为轴颈直径的千分之一。

9-198　如何判断轴承合金有无脱胎？

答：以手用力冲击式按压轴承合金面的边缘时，若轴瓦有脱胎现象，则

会在轴承合金脱胎外冒出油和气泡，一般多发生在轴承结合面的四角。

9-199 怎样用桥规测量轴颈下沉？

答：桥规两脚应按轴瓦水平结合面上原定的标记位置放置平稳、密合，并应注意桥规的前后方向不得放反。使用塞尺不超过三片，且各片厚度不要相差悬殊，将塞尺紧压在轴颈上，轻轻向间隙中移动，调整塞尺的厚度，直至使塞尺正好轻轻碰上桥规凸缘而又能通过间隙时为好。塞尺的总厚度即为桥规测值，将此桥规值与以往大修测值进行比较，若桥规值增大了，则说明轴瓦磨损使轴颈下沉或轴瓦垫铁垫片有过调整减薄。

9-200 在什么情况下需对汽轮机球面瓦的球面进行刮研？

答：更换轴瓦或球面接触不良，不符合检修质量标准时，应对球面进行刮研。要使球面接触面积不小于60%，且接触点均匀分布。否则，轴承抗振性能不能满足要求。

9-201 如何判断轴瓦垫铁接触是否良好？

答：轴瓦在不承受转子质量的状态下，用塞尺检查轴瓦下部三块垫铁与洼窝的接触，两侧垫铁处用0.03mm塞尺应塞不进，而下部垫铁处应有0.05～0.07mm的间隙，当转子落下后，下部三块垫铁处均应用0.03mm塞尺塞不进，用红丹粉检查每块垫铁的接触痕迹，应占总面积的70%以上，并且分布均匀。

9-202 轴瓦垫铁检修时，应检查什么内容？

答：垫铁承力面或球形面上有无磨损、腐蚀和毛刺，固定垫铁的沉头螺钉是否松动，内部垫片是否有损坏，垫铁有无刮偏或位置装错现象，并予以查清处理。

9-203 轴瓦在不承受转子质量时，两侧及底部垫铁间隙应各为多少？

答：用塞尺检查轴瓦下部三块垫铁与洼窝的接触，在轴瓦未承受转子质量的条件下，两侧垫铁处用0.03mm塞尺应塞不进，即不应有间隙，下部垫铁处应有0.05～0.07mm的间隙。

9-204 简述轴瓦垫铁研刮过程。

答：在轴承箱内，轴瓦洼窝内表面涂上一层薄薄的红丹油，下轴瓦的三块垫铁在其上面研磨着色，根据着色痕迹用细锉刀或刮刀进行修刮，三块垫铁同时合格后，再将下部垫铁的垫片厚度减薄0.05～0.07mm，便可达到研刮要求。注意辨认着色的印痕，如果涂抹红丹油太多则容易造成假象。

9-205　修刮轴瓦垫铁时，怎样用转子压着轴瓦着色?

答： 为了防止轴瓦垫铁刮偏造成轴瓦歪斜，必须正确地进行垫铁研磨着色，轴瓦研磨着色时，要使轴瓦位于安装位置上，用拉马稍微抬起转子轴头，但仍使转子一部分质量压在轴瓦上，用两根撬棍插入轴瓦两侧吊环内来回活动轴瓦着色，轴瓦洼窝所涂红丹粉不要太多，活动要平稳，幅度不要过大，然后将轴头稍微上抬，再用吊车翻出轴瓦来修刮。

9-206　刮研轴瓦垫铁的最后阶段，下轴瓦的三块垫铁需要同时刮研，此时各垫铁修刮量之间有什么关系?

答： 根据两侧垫铁中心线与垂线交角 α 的大小不同，下部垫铁每次修刮量是两侧垫铁修刮量的 3 倍左右，其具体数量关系为：两侧垫铁修刮量等于底部垫修研量乘以 $\cos\alpha$。

9-207　简述研刮球面瓦球面的过程。

答：（1）按轴瓦的内径和长度制作一根木质假轴颈，在木轴颈中心，穿着一根钢管作为摇动轴瓦的手柄。

（2）将球面紧力按质量标准调整好。

（3）在轴瓦球面上涂一层薄红丹粉，将轴承组合。

（4）摇动手柄使轴瓦上下左右摆动 2～3mm。

（5）拆开轴瓦按印痕轻刮球面，不允许同时修刮洼窝球面。

重复以上修刮步骤，使球面接触面积达到 60%以上，至均匀为止。注意是按洼窝用红丹粉检查并修刮球面，洼窝应符合要求。进油口附近修刮后，接触应达到良好，防止漏油。球面两侧的一定长度内，允许有 0.05mm 间隙。

9-208　轴瓦轴承合金有气孔或夹渣时怎样处理?

答： 采取剔除气孔或夹渣后进行局部堆焊办法处理。其步骤是应先将气孔和夹渣等杂物用尖铲剔除干净，并将准备堆焊的表面清洗干净，再采用局部堆焊处理，施焊过程中要采取措施，既保证堆焊区新旧合金熔合，又要保证非堆焊区温度不超过 100℃，防止发生脱胎或其他问题。

9-209　推力瓦块乌金表面的局部缺陷如何处理?

答： 对于推力瓦块乌金表面的夹渣、气孔、磨损和碎裂等局部性缺陷，可先剔除缺陷并将预计补焊的部位刮出新茬，再作局部补焊处理，补焊时要使补焊区新旧合金熔合，并采取措施，保证非补焊区温度不超过 100℃，然后在平板上按完好的部分刮平。

9-210 推力瓦块产生缺陷和损坏常有哪些原因?

答: 产生这些缺陷的主要原因是:

(1) 由于运行检修各方面原因使转子轴向推力过大,油膜被挤压的太薄,在瓦块出油侧出现半干摩擦现象,使轴承合金磨损,温度升高,严重者可导致轴承合金熔化。

(2) 由于油系统的缺陷引起缺油、断油或油质不良。

(3) 推力瓦检修质量不佳,如推力瓦块的轴承合金浇铸质量不好,瓦块与推力盘研合不好,以及轴瓦挡油环间隙过大等,造成漏油过多,使轴瓦缺油等。

(4) 轴电流引起电腐蚀。

(5) 汽轮机振动、推力盘松弛或瓢偏,使瓦块长期承受冲击性载荷,轴承合金脆化发生裂纹以致脱落等。

9-211 推力瓦块长期承受冲击性负荷会产生怎样的后果?

答: 因轴承乌金抗疲劳性能差,疲劳强度低,推力瓦块乌金面厚度较薄(一般为1.3mm),在机组发生振动或推力盘瓢偏严重时,使推力瓦块受到冲击负荷,其结果会使推力瓦块乌金脆化,发生裂纹甚至剥落。

9-212 更换新的支持轴承,需校合哪些数据?

答: 更换新的支持轴承,需校合的数据有轴承内外径、轴承宽度、油槽的宽度、顶轴油池的长宽及深度、中分面的间隙、轴承顶部油间隙及球面紧力等。

9-213 简述更换新的支持轴承的步骤。

答: 更换新的支持轴承步骤如下:

(1) 测量新支持轴承的各部尺寸,与旧支持轴承对比,无较大差距。

(2) 研刮轴承球面,接触达70%左右。

(3) 下轴承乌金面涂红丹粉,研刮乌金面,当乌金面底部45°范围内接触面积达到70%即为合格。

(4) 测量新支持轴承的紧力间隙并进行调整。

9-214 推力瓦块更换后,新瓦块的最后研刮为什么必须在组合状态下进行?

答: 以消除由于推力盘微小不平而引起瓦块与推力盘接触不良的现象。

9-215　如果要重新浇铸支持轴承，应如何进行？

答：应先加热瓦胎，熔化原有乌金，全部清理干净，然后在瓦胎表面挂一层锡，一定要均匀，不可太厚。将瓦胎放置在模具内，控制瓦胎的温度，将熔化的轴承合金浇入模具内，待冷却后即可完成。

9-216　轴瓦乌金需要重新浇铸时，应如何清理瓦胎？

答：轴瓦乌金需要重新浇铸时，清理瓦胎的方法如下：

（1）将轴瓦沿轴向立放平衡，用煤气火嘴或火焊把均匀加热轴瓦外侧，使乌金熔化脱落。

（2）用钢丝刷清理瓦胎挂乌金处，使表面露出金属光泽。

（3）将轴瓦用10%苛性钠溶液煮15～20min，液温为80～90℃，然后用同样温度凝结水煮洗，除去残碱，取出擦干。

9-217　重新浇铸轴承时，为什么瓦胎必须先挂锡？

答：因为轴承合金与瓦胎的黏合性较差，轴瓦重新浇铸时挂锡的目的主要是增加轴承合金对瓦胎的附着力，使其紧密地结合在一起。

9-218　重新浇铸轴瓦乌金时，瓦胎预热温度如何掌握？太低或太高有什么后果？

答：轴瓦的浇铸质量，在很大程度上取决于浇铸时乌金的温度。浇铸时，应选择高于乌金液相点临界温度30～50℃作为浇铸温度。过热会增加氧化作用，晶粒粗大，组织不均匀，温度过低又会影响乌金流动性。对于ChSnSb11-6轴承合金浇铸温度应为390～400℃。

9-219　重新浇铸轴瓦合金时，如何熔化乌金？

答：将轴承合金先打成碎块放入锅内加热，熔化后向乌金面上撒20～30mm厚的一层粗木炭粒，使乌金与空气隔绝，以免氧化。乌金加热温度必须严格掌握，因轴瓦浇铸质量与浇铸时的乌金温度关系很大。温度过高，乌金中不同密度的金属会产生分层，造成组织不均匀，且易产生氧化作用，晶粒粗大；温度过低，则影响流动性。通常选用高于开始凝固温度30～50℃。

9-220　重新浇铸轴瓦乌金，怎样使铸体自下而上地逐渐冷却下来？为什么要用这样的冷却方式？

答：轴承合金加热到浇铸温度后，用木棒搅匀，拨开浮在表面上的木炭再进行浇铸，浇铸时应连续浇完不得间歇。浇铸完毕之后，要立即在铸模上部堆一些热木炭或用气焊嘴加热，使整个铸体自下而上冷却，这样可使杂质

和气体聚于最后硬化的浇口部位内，凝固后还应静置8h，再进行下道工序。

9-221 如何辨别轴瓦重新浇铸的乌金质量？

答：首先可以用肉眼看，新浇铸的乌金经过加工后表面应呈现银白色，光滑，无气孔、凹坑、夹渣等缺陷，与瓦胎结合部分紧密，无脱开现象；用超声波检查，无脱胎现象，乌金硬度在合格范围内。

9-222 重新浇铸完汽轮机圆筒形支承轴瓦乌金，常常根据轴颈的直径来车旋轴瓦的轴承乌金面，上、下轴瓦是否都应有刮研余量？

答：如果在轴瓦结合面加一片厚度为1/2顶部间隙的垫片，并在车床上，按上半瓦的结合面为中分面进行找正，就可使研刮余量全部在下瓦上，使上半瓦基本上不需研刮。

9-223 汽轮机主轴瓦在哪些情况下应当进行更换？

答：汽轮机主轴瓦，在下列情况下应进行更换。

（1）轴瓦间隙过大，超过质量标准又无妥善处理办法时，应换新瓦。

（2）轴瓦乌金脱胎严重、熔化或裂纹、碎裂等，无法采取补焊修复时，应换新瓦。

（3）轴瓦瓦胎损坏、裂纹、变形等，不能继续使用时，应换新瓦。

（4）发现轴瓦乌金材质不合格时，应换新瓦。

9-224 密封瓦轴向、径向间隙过大或过小会造成什么后果？

答：密封瓦轴向、径向间隙过大可能使空侧或氢侧密封油压力及氢气压力不容易平衡，起不到密封效果；轴向间隙过小，密封瓦可能会卡涩，出现磨损，造成泄漏。

9-225 为什么密封瓦组装后要检查灵活性？

答：因为密封瓦组装后，密封瓦可能偏斜，不在自由状态，运行中与大轴发生摩擦，造成损坏，所以在组装后要检查密封瓦是否灵活。

9-226 怎样检查密封瓦轴向及径向间隙？

答：检查密封瓦轴向间隙时将密封瓦组合在密封瓦座内，用塞尺测量密封瓦与瓦座之间的间隙即为密封瓦轴向间隙。

检查密封瓦径向间隙时将密封瓦组合在发电机轴上，用塞尺测量密封瓦下部与轴之间的间隙即为密封瓦径向间隙。也可将密封瓦就地组合，分几点用内径千分尺测量密封瓦内径，记录测量结果，再用外径千分尺测量发电机轴径，两者的差值就是密封瓦的径向间隙。

9-227　滑销系统卡涩会造成什么后果?

答: 滑销系统卡涩，汽缸膨胀受阻，影响通流间隙，严重的动静可能发生碰磨，机组出现振动，进一步发展可能使大轴弯曲或零部件脱落。

9-228　简述角销的检修工艺。

答:（1）松开角销螺栓，取下角销，作好记号。

（2）清理角销、螺栓及台板上的污垢，用压缩空气吹净。

（3）检查角销及台板角销位置是否有毛刺、磨损。

（4）擦二硫化钼粉，将角销装回，拧紧螺栓，测量接触面间隙，如间隙超标，则进行相应的调整。

9-229　刮研后的滑销应达到什么要求?

答: 刮研后的滑销应使全长的间隙均匀，并符合标准。滑动面粗糙度不低于 $Ra12.5$，接触面积在80%以上。

9-230　简述低压缸台板联系螺栓检修工艺。

答: 首先将低压缸台板联系螺栓周围清理干净，用塞尺检查螺栓与台板间隙，记录原始值。用扳手松开螺栓，取出螺栓和调整垫，清理干净，检查无毛刺，擦铅粉或二硫化钼粉，回装。紧固螺栓后，用塞尺检查螺栓与台板间隙，并调整至标准值。

9-231　怎样检查轴承箱与汽缸之间的立销?

答: 大修时，空缸状态下，轴承箱与汽缸之间立销露出，可以进行检查。检查时清理干净立销周围，用压缩空气吹净，取出立销，检查立销有无毛刺和剪切痕迹，清理干净立销及立销孔，立销擦二硫化钼粉，回装，测量立销间隙在0.06～0.08mm范围内。

9-232　检查合格的滑销如何回装?

答: 要清扫干净，涂上干黑铅粉或二硫化钼粉，再按记号装回原处。要注意切不可倒装或翻了面。

9-233　刮研轴承箱与台板的接触面间隙时，应达到什么要求?

答: 刮研轴承箱与台板的接触面间隙应达到每平方厘米范围内有3～4点接触点，全表面有70%以上接触。用塞尺测量，0.05mm塞尺不入。

9-234　滑销间隙超标时如何处理?

答: 滑销间隙超标分两种情况，一种是间隙大于标准，可在滑销背面

（非滑动面）加垫调整，减小间隙；另一种是间隙小于标准，可采用去除材料的方法，适当减薄滑销厚度，加大间隙。

9-235 汽轮机滑销系统的滑销损坏原因有哪些?

答：汽轮机滑销系统的滑销损坏原因如下：

（1）机组频繁启停或大幅度升降负荷，使汽缸膨胀收缩变化大，滑销与销槽接触面产生毛刺或磨损。

（2）汽缸各处膨胀不均衡，有些滑销卡涩时，可使另一些滑销受挤压而损伤。

（3）杂物落入滑销间隙或滑销间隙过小，造成滑销卡涩。

（4）滑销材质不良，表面硬度低，滑动时易产生毛刺和磨损。

9-236 怎样测量盘车齿轮啮合间隙?

答：选适当直径的保险丝用润滑脂粘在盘车齿轮的齿上，然后转动盘车。取下保险丝，用千分尺测量保险丝厚度，保险丝最薄处间隙相加为啮合间隙，也就是齿侧间隙，最厚处为齿顶间隙。

9-237 盘车装置易损零件有哪些?

答：盘车装置易损零件有摆线齿轮、电动机齿轮、摆线齿轮轴及铜套。

9-238 盘车装置缺油会造成什么后果?

答：盘车装置缺油可以使机械部分在工作时，由于没有润滑油进行润滑，机械部分干磨，出现磨损，长期在这种状况下运行会使零部件损坏，致使盘车不能正常工作。

9-239 螺栓咬死如何处理?

答：螺母与螺栓咬扣时，切忌用过大力矩硬扳。若温度较高，应等螺栓降至室温，向螺纹内浇入少许润滑油，用适当的力矩来回活动螺母，并同时用大锤敲振。也可适当地加热螺母，逐渐使螺纹内的毛刺圆滑后将螺母卸下。当无法卸下螺母时，可请熟练的气焊工用割炬割下螺母，保护螺杆。

9-240 正式组装汽缸螺栓时，应如何处理丝扣?

答：若在螺栓丝扣上涂黄油时，应将黄油洗净、擦干，再用黑铅粉或二硫化钼擦亮，并防止黑铅粉或二硫化钼堆积在丝扣之中造成卡涩。

9-241 如何进行汽缸螺栓底扣和螺栓的检查清扫工作?

答：先用钢丝刷和煤油清洗螺栓上的锈垢，再用细锉刀及有刀刃的片状油石修理螺纹、垫圈及螺母底平面的碰伤及毛刺。修理好的螺栓必须戴螺帽检查，应能用手轻快地拧到底，若遇到卡涩现象，必须退出查找原因，不得用手锤敲振或强行拧进。当螺母扣或汽缸螺栓底扣有损伤时，应采用丝锥过扣修理。

9-242　热紧螺栓旋转螺母时应注意什么？

答：不允许使用过大的力矩硬扳，更不能用大锤敲击的方法强行硬拧。否则丝扣在高温下产生塑性变形或拉出毛刺造成咬扣和损坏。

9-243　松紧汽缸结合面螺栓时，应遵循什么原则？

答：汽缸法兰结合面间隙主要是由于下汽缸自重产生垂弧而造成的，松紧汽缸螺栓，都应当从汽缸中部垂弧值最大，即间隙最大处开始，两侧对称地向前后顺序松或紧螺栓。用这样顺序紧螺栓，可将垂弧间隙赶向两端而消除，用这样顺序松螺栓，不至于造成垂弧间隙最大处的螺栓难以拆卸甚至损坏。

9-244　为什么不允许用大锤锤击的方法冷紧汽缸结合面螺栓？

答：因为用锤击的方法冷紧汽缸结合面螺栓，对螺栓有冲击力，容易使螺栓受损产生裂纹，同时用锤击的方法不能掌握螺栓紧力的大小，容易因螺栓紧力不够造成汽缸泄漏，因此不允许用大锤锤击的方法冷紧汽缸螺栓。

9-245　高压合金钢螺栓在进行金相检验时应做哪些工作？

答：高压合金钢螺栓进行金相检验时应做以下工作：螺栓材质检验（即光谱分析）、螺栓硬度检验、螺栓探伤检查。

第十章　汽轮机调速检修岗位技能知识

10-1　汽轮机油应具备哪些特征？

答：汽轮机油应具备的特征有：

(1) 高度的抗乳化能力，易与水份分离，以保持正常的润滑、冷却作用。

(2) 较好的安全性，在使用中，氧化沉淀物少，酸值不应显著增长。

(3) 高温时有高度抗氧化能力。

(4) 最初的酸度及灰分较低，并且没有机械杂质。

(5) 较好的防锈性，对机件能起到良好的防锈作用。

(6) 抗泡沫性好，在运行中产生泡沫少，以利于正常循环。

10-2　同步器的作用是什么？

答：同步器的作用有3个：

(1) 对孤立运行的机组调整转速以保证电能质量。

(2) 对并列运行的机组调整负荷以满足外界用户负荷变化的要求。

(3) 在开机时使机组转速与电网同步，并入电网。

10-3　试述离心飞锤式危急遮断器的拆装步骤。

答：离心飞锤式危急遮断器的拆装步骤如下：

(1) 解体前测量危急遮断器短轴两端处的晃度。

(2) 测量解体前搭扣间隙并记录。

(3) 拆闷头上的紧定螺钉，用专用扳手旋出闷头，测量修前飞锤行程并记录。

(4) 取出飞锤、限位套、弹簧及导向衬套，注意两个危急遮断器的零件不要搞乱。

(5) 清洗零件上的油垢，消除毛刺，检查弹簧有无裂纹、变形，端面是否平整。

(6) 清理腔室和各部件，表面抹上清洁的汽轮机油，按解体步骤逆顺序组装，组装时复测飞锤行程。在未装入弹簧前先试装飞锤，检查是否活动自如，组装后复测搭扣间隙。

10-4　甩负荷试验的目的是什么？

答：甩负荷试验的目的有两个：一是通过试验求得转速的变化过程，以评价机组调速系统的调节品质及动态特性的好坏；二是对一些动态性能不良的机组，通过试验测取转速变化及调速系统主要部件相互间的动态关系曲线，分析缺陷原因，作为改进依据。

10-5　在轴承的进油口前，为什么要装节流孔板？

答：装设节流孔板的目的是使流经各轴承的油量与各轴承由于摩擦所产生的热量成正比，合理地分配油量，以保持各轴承润滑油的温升一样。

10-6　离心式危急遮断器超速试验不动作或动作转速高低不稳是什么原因？

答：离心式危急遮断器超速试验不动作或动作转速高低不稳的原因有：

(1) 弹簧预紧力太大。

(2) 危急遮断器锈蚀、卡涩。

(3) 撞击子（或导向杆）间隙太大，撞击子（或导向杆）偏斜。

(4) 脱扣间隙过大。

(5) 弹簧受力后产生径向变形，以致和孔壁产生摩擦，就相当于增加了弹簧的刚度。

(6) 弹簧性能不良。

10-7　调速系统为什么要设超速保护装置？

答：汽轮机高速转动的设备，转动部件的离心力与转速的平方成正比，当汽轮机转速超过额定转速的20%时，离心力应接近额定转速下应力的1.5倍，此时转动部件将发生松动，同时离心力将超过材料所允许的强度极限使部件损坏。为此，汽轮机均设置超速保护装置，它能在汽轮机转速超过额定转速的10%～12%时动作，迅速切断汽源，停机。

10-8　为什么不允许将油系统中的阀门门杆垂直安装？

答：油系统担任向调速系统和润滑油系统供油的任务，而供油1s也不能中断，否则会造成损坏设备的严重事故。阀门经常操作，可能会发生掉门芯的事故。如果运行中阀门掉门芯，而阀门又是垂直安装，可能造成油系统断油、轴瓦烧毁、汽轮机损坏的严重事故。所以油系统中的阀门一般都水平

安装或倒置。

10-9 调速汽门门杆断裂的原因是什么?

答: 在汽轮机运行中，曾多次发生过调速汽门门杆断裂事故，其原因除门杆本身在设计、材质、加工和热处理等方面存在缺陷外，主要是由于调速汽门工作不稳定造成的。

在运行中，当调速汽门处在某一开度时，会产生汽流的脉冲，脉冲频率由几赫兹到几十赫兹，这将使作用在门杆上的力发生交变，门杆经常在交变应力作用下产生疲劳而断裂。

10-10 调速汽门重叠度太小对调速系统有什么影响?

答: 调速汽门重叠度的大小直接影响着配汽机构的静态特性，调速汽门重叠度选择不当，将会造成静态特性曲线局部不合理。如重叠度太小，使配汽机构特性曲线过于曲折而不是光滑和连续的，造成调速系统调整负荷时，负荷变化不均匀，使油动机升程变大，调速系统速度变动率增加，它将引起过分的动态超速。

10-11 如何提高冷油器的换热效率?

答: 提高换热效率的办法很多，但对已投入运行的冷油器很多因素已经固定，不能再变，如冷却水管的材质、铜管的排列方式以及冷油器的结构都已经确定，不太容易改变。在这种情况下要想提高冷油器的换热效率，只有做好以下工作：

(1) 经常保持冷却水管清洁、无垢、不堵，这就要对铜管进行清扫。

(2) 保证检修质量，尽量缩小隔板外壳的间隙，减少油的短路，保持油侧清洁、无油垢。

(3) 在可能的情况下，尽量提高油的流速。

(4) 尽量排净水侧的空气。

10-12 调速系统速度迟缓率的定义是什么? 是如何产生的?

答: 由于调速系统各运行元件之间存在的摩擦力、铰链中间隙和滑阀的重叠度等因素，使调速系统的动作出现迟缓，即各机构升程和回程的静态曲线都不是一条，而是近似平行的两条曲线，这样，由它们所组成的调速系统的静态特性曲线也是近似平行的两条曲线。因此，使机组负荷与转速不再是一一对应的单值关系，在同一功率下，转速的上升过程的静态特性曲线和下降过程的静态特性曲线之间的转速差 Δn 与额定转速 n_0 比值的百分数，称为调速系统的迟缓率。用符号 ε 表示为

$$\varepsilon=\Delta n/n_0\times100\%$$

10-13 汽轮机的调节方式有几种？各有什么优、缺点？

答：汽轮机的调节方式一般有节流调节、喷嘴调节和旁通调节等几种形式。节流调节结构简单，其缺点是节流损失大，从而降低了热效率。喷嘴调节的节流损失小，效率高，其缺点是使机组的高压部分在变工况时温度变化很大，从而引起较大的热应力。旁通调节是上述调节方法的一种辅助调节方法，为了增加出力，超出额定负荷运行，将新蒸汽绕过汽轮机前几级旁通到中间级去做功。旁通又分为内旁通和外旁通。

10-14 冷油器并联和串联运行有什么优、缺点？

答：每台汽轮机一般设有二台或多台冷油器。所谓串联是全部汽轮机油依次流过各冷油器。冷油器串联运行冷却效率高，油的温降大，但油的流动阻力大，压力损失大，流量也小些。

所谓并联就是被冷却的油分为多路，同时进入各台冷油器，出来后再合在一起供给轴瓦润滑和冷却作用。冷油器并联运行油的流动阻力小，压力损失较小，流量也大此，但冷却效果较串联差。

10-15 机组低负荷时摆动大是什么原因？

答：引起低负荷时负荷摆动的原因，可能是静态特性不良，曲线形状不合理，在低负荷区速度变动率太小，曲线过于平坦。使曲线平坦的原因有：调速汽门凸轮型线不合理，错油门窗口尺寸不合理等。另外，迟缓率太大，调速系统部件卡涩等也是造成调速系统摆动的原因。

10-16 径向钻孔泵为什么能作为转速的敏感元件？

答：径向钻孔泵的工作原理和性能与离心泵相同，即泵的出口油压与转速的平方成正比，同时径向钻孔泵离心泵有一个很大的优点，就是它的出口油压仅与转速有关，而与流量几乎无关，其特性曲线在工作流量范围内比较平坦，近似一根直线，所以它可以作为转速的敏感元件。

10-17 什么是调速汽门的重叠度？

答：对于喷嘴调节的机组多采用几个调速汽门依次开启控制蒸汽流量，为了得到较好的流量特性，在安排各调速汽门开启的先后关系时，在前一个汽门尚未全开，后一个汽门便提前开启，这一提前开启量，称为调速汽门的重叠度，一般重叠度约为10%左右，即当前一个阀门前后压力比 $p_1/p_2=0.85\sim0.90$ 时，下一个阀门开始开启。

10-18 试述离心飞锤式危急遮断器的构造和工作原理。

答： 离心飞锤式危急遮断器安装在与汽轮机主轴连在一起的小轴上。它由撞击子、撞击子外壳、弹簧、调整螺母等组成。撞击子的重心与旋转轴的中心偏离一定距离，所以又叫偏心飞锤。偏心飞锤被弹簧压在端盖一端，在转速低于飞出转速时，弹簧力大于离心力，飞锤不动，当转速等于或高于飞出转速时，飞锤的离心力增加到超过弹簧力，于是撞击子动作，向外飞出，撞击脱扣杠杆，使危急遮断油门动作，关闭自动主汽门和调速汽门。

10-19 再热机组的调速系统有哪些特点？

答： 再热式机组的调速系统有以下特点：

(1) 为了解决中间再热式汽轮机在启动和低负荷时机、炉流量不匹配的问题，再热式机组除高压调速汽门外，中压部分也装有中压调速汽门，用于与汽轮机旁路系统配合。

(2) 为了解决中间再热式汽轮机在变负荷时中压缸功率滞延，提高机组负荷的适应能力，调速系统中装设了动态校正器。

(3) 为了解决中间再热式汽轮机因中间容积问题而导致机组甩负荷时容易超速的问题，再热式机组除高压自动主汽门外，中压部分也装有中压自动主汽门；调速系统中均采用微分器。

(4) 再热式机组多采用功率——频率电液调节系统。

10-20 在再热式机组的调速系统中，校正器的作用是什么？

答： 为了提高机组的负荷适应能力，调速系统中装设了动太校正器，校正器能给出调节超前信号，使高压缸调速汽门过调。由于过调，高压缸在过调过程中的功率改变远比静态分配值大，以补偿中、低压缸由于中间容积所引起的功率滞后。

10-21 怎样改变 DEH 系统的一次调频能力和进行二次调频？

答： 改变 DEH 系统的静态特性曲线的斜率，即频率单元的系数 K（速度变动率）值即可改变 DEH 系统的一次调频能力。只要改变负荷设定值即可平移 DEH 系统的静态特性曲线，就进行二次调频。

10-22 双侧进油油动机有什么优、缺点？

答： 双侧进油式油动机提升力较大，工作稳定，基本上不受外界作用力的影响，动作迅速，应用很广。其缺点是供油动机用油的油管破裂时，油动机就不起作用。另外，为了使油动机获得较大的速度，就要在很短的时间内补充大量的油，因此主油泵的容量就要很大，但在正常工作时，油动机并不需要这样大的流量，很多经过溢油阀回到油箱里去了，造成功率的浪费。为了克服此缺点，将油动机的排油接入主油泵入口油管路中。

10-23 油管法兰和其他容易漏油的连接件在哪些情况下应装设防爆油箱、防爆罩等隔离装置?

答：油管法兰和其他容易漏油的连接件上方的油管密集处应设防爆油箱、防爆罩等隔离装置，靠近高温管道或处于高温管道上方的油管密集处应设防爆油箱。

漏油后油也有可能喷溅到高温管道和设备上，没有封闭设施的发电机引出线上的油管法兰或接头处应设上下对分的法兰置，罩壳最低点应装设疏油管，引至集油处。

10-24 迟缓率对汽轮机运行有何影响?

答：迟缓率的存在，延长了自外界负荷变化到汽轮机调速汽门开始动作的时间间隔，即造成了调节的滞延。迟缓率过大的机组，机组单独运行时，转速会自发变化造成转速摆动；并列运行时，机组负荷将自发变化，造成负荷摆动；在机组甩负荷时，转速将激增，产生超速，对运行非常不利，所以，迟缓率是越小越好。迟缓率增加到一定程度，调速系统将发生周期性摆动，甚至扩大到机组无法运行。

10-25 简述油循环的方法及油循环中应注意什么。

答：油循环的方法是在冷油器出口的油管道上加装临时滤网，开启润滑油泵，进行油循环冲洗。

在油循环过程中应注意临时滤网前后压差和油箱网前、网后的油位差，如果滤网前后压差太大就要停止油循环，清理滤网，以防压差过大将铜丝网顶破，铜丝进入轴瓦中。如果拆下滤网发现铜丝网已被顶破，同时残缺不全，必须揭瓦检查、清理。如发现油箱滤网前后油差太大，必须清理滤网，同时进行滤油，至油质合格。

10-26 调速系统动态特性试验时应注意哪些事项?

答：在甩负荷时，如转速升高到危急遮断器动作转速或有较大的波动而长时间不稳定，应停止试验，待缺陷消除后再进行试验。必须在低一级甩负荷成功后，才能进行高一级的试验，甩负荷时应注意下列事项：

(1) 要求频率接近额定值，避免偏高。

(2) 机组应处于正常负荷稳定运行状态，蒸汽参数与额定值的偏差应小于5%。

(3) 应有专人监视转速，当转速达到动作值记号而危急遮断器拒动时，应打闸停机。

(4) 试验前后应全面精确地记录运行数据。

10-27 当主油泵转子与汽轮机转子为直接刚性连接时，主油泵有关间隙调整有哪些注意点和要求?

答: 当主油泵转子与汽轮机转子为直接刚性连接时，应检查主油泵进油侧油封处的轴端径向晃度一般不应大于0.05mm，当调整汽轮机转子汽封洼窝中心时，也应同时检查主油泵转子在泵壳内的中心，使密封环的间隙符合要求。

10-28 DEH系统中OPC的主要功能有哪些?

答: (1) 中压调速汽门快关功能。在部分甩负荷时，汽轮机功率超过发电机功率的某一预定值而可能引起超速时，迅速关闭中压调速汽门，0.3～1s后再开启，这样可在部分甩负荷的瞬间保护电力系统的稳定。

(2) 机组甩负荷预测功能。在发电机主油开关跳闸而汽轮机仍带30%以上的负荷时及时关闭高、中压调速汽门以防止汽轮机超速。

(3) 超速控制功能。当机组在非OPC测试情况下出现转速高于103%额定转速时，将高、中压调速汽门关闭，并将负荷控制改变为转速控制。

10-29 手动危急遮断器的用途是什么?

答: 手动危急遮断器的用途有:

(1) 在开机前试验自动主汽门和调速汽门，危急遮断油门动作是否灵活、迅速。在开机到3000r/min时，做超速试验前必须先做手动危急遮断器试验，合格后方能进行超速试验。

(2) 在运行中某项参数或监视指标超过规程规定的数值而必须紧急停机时，可手动危急遮断器。

(3) 在机组发生故障危及设备和人身安全时，可手动危急遮断器紧急停机。

(4) 正常停机时，当负荷减到零、发电机与电网解列后，手动危急遮断器停机。

10-30 汽轮机油酸价高，油中进水对机组运行有什么影响?

答: 汽轮机油如呈酸性，则对设备产生腐蚀作用。油的酸价高，表明油被氧化程度严重，腐蚀性较强，如油中水分过高，就会导致油系统和调速系统部件腐蚀，并将产生铁锈和杂质，还会产生不溶于水的油渣，使轴承润滑条件恶化，冷油器传热效率降低，油温升高；调速系统动作不灵、卡涩、产生摆动等不良后果。

10-31　主油箱的构造和工作原理是怎样的？

答：为了分离油中的空气、水分和杂物，必须使主油箱的油流速度尽量缓慢而且均匀，因此主油箱内部分成几个小室，并装有两道滤网，将油过滤。

主油箱分为净段和污段。轴承、溢油阀和调速系统的回油都进入污段，而各油泵及注油器的入口则接往净段，污、净两段的滤网隔开。主油箱内装有油位计，并有最高、最低油位标志和音响、灯光信号。油箱上部装有排烟机、随时排出油烟。主油箱底部做成斜坡形并在最底部装有泄油管，以便排出水和沉淀物。

10-32　汽轮机甩负荷试验前应具备哪些条件？

答：汽轮机甩负荷试验前应具备下列条件：

（1）静态特性合乎要求。

（2）主汽门严密性试验合格。

（3）调速汽门严密性试验合格，当自动主汽门全开时，调速系统能维持空负荷运行。

（4）危急遮断器当场试验合格，手动试验良好；超速试验动作转速符合规定。

（5）抽汽止回门动作正确，关闭严密。

（6）电气、锅炉、汽轮机分场均应作出相应的安全措施。

10-33　促使油质劣化的原因通常有哪些？

答：促使油质劣化的原因通常有：

（1）油中进入水分。

（2）油中混入空气。

（3）油温过高或局部过低。

（4）油中混入灰尘、砂粒、金属碎屑等杂质。

（5）金属元件的电腐蚀和轴电流的存在。

（6）油系统循环倍率过高或总油量太少。

（7）不同油质的互相混合。

10-34　油管道如何清理？

答：油管的清洗应用较高汽温汽压的蒸汽冲洗。方法是：在适当的地方

将吹管引出室外，在管口处做好固定被吹油管的卡子。把被吹油管卡好后再打开阀门吹2～3min，然后再把被吹的油管倒过来卡好后再吹另一端，一般管子经过这样两端吹洗后基本上就干净了，对粗管子亦可用布团反复拉，直到用白布拉后无锈垢颜色为止。已经吹好的油管两端必须先垫上一层纸板，再用塑料布包扎加封，组装时启封。

10-35 如何做自动主汽门活动性试验？

答：在机组正常运行时，应检查自动主汽门门杆动作情况，防止卡涩、失灵，故高、中压主汽门均装有活动性试验油门。对中压调速汽门，在机组负荷大于30%额定负荷时，中压调速汽门处于全开状态，所在中压调速汽门油动机的二次油路上装有活动试验针形阀。

活动性试验要求不影响负荷，一般活动范围在5～10mm之间。自动主汽门活动性试验要求自动主汽门处在全开位置，然后开启活动试验油门，并记录自动主汽门活动行程范围。

10-36 超速保安装置常见的缺陷有哪些？

答：超速保安装置常见的缺陷主要有：

(1) 危急遮断器不动作。

(2) 危急遮断器动作转速不符合要求。

(3) 危急遮断器动作后传动装置及危急遮断油门不动作。

(4) 危急遮断器误动作。

(5) 危急遮断器充油试验不动作。

(6) 危急遮断器动作不复位或保护装置挂不上闸等。

10-37 主汽门阀杆卡涩关不到零，主要有哪些原因？如何处理？

答：主汽门阀杆卡涩关不到零，主要原因和处理方法如下：

(1) 阀杆弯曲。应取出阀杆校直或更换备品。

(2) 氧化严重，使间隙缩小。应取出阀杆清理氧化皮并检查处理汽门套筒内孔的氧化层，使间隙符合标准。

(3) 氧化层剥落引起卡涩。解体后用压缩空气吹扫干净。

10-38 主油泵轴向窜动过大应如何处理？

答：主油泵轴向窜动过大，则说明主油泵推力轴承的工作面或非工作面磨损较大，应取出推力轴承，用酒精或丙酮将磨损面清洗干净，补焊巴氏合金，为防止周围温度过高，可将部件部分浸入水中，露出补焊部分进行堆焊，焊后按实际尺寸在车床上进行加工，并留有0.05mm左右的研刮裕量，进行修刮，并修刮出油楔，涂红丹粉研磨检查直至合格为止。

10-39 如何研磨调节阀？

答：阀碟接触面不好时按阀座型线制作样板，然后按样板车旋门芯。当阀座接触面不好时应按阀座型线制作研磨胎具进行研磨，根据接触面的磨损情况选用粗、细不同的研磨剂，最后可不加研磨剂而加机械油研磨。当研磨量大时应用样板检查研磨胎具的型线，不符合时应及时修理。阀碟与阀座分别研好后，用红丹粉检查接触情况，要求圆周均匀、连续接触、无断点。

10-40 抗燃油基本特性有哪些？

答：抗燃油基本特性：三芳基磷酸脂（常用的）有毒、腐蚀性强，因此不可吸入并尽可能避免接触皮肤，现场漏油应立即擦去，并禁止在其周围进食与吸烟，其正常工作温度为20～60℃，最低闪点为235℃左右，燃点为352℃左右，自燃点为594℃左右。

10-41 射油器的作用是什么？

答：射油器是汽轮发电机组润滑油系统中重要的设备之一，在汽轮发电机组润滑油系统中，射油器按其工作用途可分为供油射油器、供润滑油射油器。其工作介质为L-TSA32汽轮机油，工作油温为45～65℃，当机组达到或接近额定转速时投入工作。

供油射油器：在机组正常运行时，为主油泵提供充足的油源，以主油泵出口的一部分压力油作为其动力油，压力为1.442～1.75MPa（表压）。

供润滑油射油器：在机组正常运行时，为汽轮发电机组各轴承提供润滑油，它的动力油仍为主油泵出口的一部分，其压力为1.442～1.75MPa（表压），喷嘴流量为1970L/min。射油器的出口油压为0.31MPa（表压）。

10-42 冷油器的结构及工作原理有哪些？

答：冷油器结构主要由壳体、散热管、水室、挡板、温度计、花板、密封垫等部件组成。

正常运行中用以冷却汽轮机油系统的循环油，冷油器散热管中通过冷却水，管壁外侧及挡板处通循环油，系统压力油与冷却水分别以相反方向通过冷油器，分别起到密闭运行、降低油温的作用。

10-43 试述危急遮断器超速试验的要求与调整方法。

答：超速试验时如转速已到达危急遮断器的动作转速而不动作，则应手动打闸停机，绝不可再提升转速试验。一般危急遮断器的动作转速为额定转

速的110%～112%。

危急遮断器的动作转速不合格时，可调整飞锤或飞环的调整螺钉来改变弹簧的紧力，以达到改变动作转速的目的。为了降低动作转速可将弹簧松弛，反之需将弹簧拧紧。调整弹簧的方法根据其结构不同而异。弹簧紧力大小与转速变化的关系，制造厂提供的资料中均有规定。调整合格后，最终还需进行超速试验动作两次，并且两次动作转速之差不应超过0.6%，运行中可用充油试验装置做定期活动危急遮断器的试验。

10-44 试述自动主汽门的检修工艺。

答：自动主汽门的检修工艺如下：

(1) 解体前先测量阀碟全行程，并作好记录

(2) 打开阀壳盖，吊出门芯及滤网，使阀壳盖底部密封面朝上，以准备研磨，主汽门阀壳加盖封堵。

(3) 清理打磨主汽门门杆及大盖密封面，必要时研磨密封面。

(4) 测量门杆与套间隙，测量预启阀行程。

(5) 测量门杆弯曲度，最大不超过0.06mm。

(6) 检查滤网是否完好，有无变形，防转键是否良好。

(7) 检查门座是否松动，如松动时可用专用工具取出处理。

(8) 检查汽室壳体有无裂纹、砂眼，如有则需补焊，打磨处理。

(9) 组装时有关部位用二硫化钼涂擦，阀壳盖、螺栓热紧时应符合热紧螺栓的弧度，紧好后，门杆上、下应活动自如，并复核阀碟全行程。

10-45 危急遮断油门检修工艺如何?

答：危急遮断油门主要检修工艺如下：

(1) 测量脱扣间隙，如不符合要求，检修时可移动底座的固定位置来加以调整。

(2) 扳动承击板使拉钩脱钩活塞上弹，测量活塞上弹的行程应符合规程要求，然后揭开上盖，取出活塞和弹簧。

(3) 测量活塞与壳径的间隙应为0.05～0.10mm，测量弹簧的自由长度，并作好记录，检查弹簧应无严重变形、裂纹等缺陷，测量活塞在工作位置时的油门与回油口的安全油过封度为2～3mm，检查活塞应光洁、无腐蚀。

(4) 检查拉钩的承载面上应无裂纹、深坑等缺陷。检查拉钩的弹簧应无严重变形、裂纹等缺陷，拉力足够。

(5) 清理活塞、壳体腔室等部件，并浇淋清洁的汽轮机油后组装，紧好上盖后，下扳活塞拉钩应能自动切入止口，再扳脱拉钩时，活塞应能立即

上弹。

(6) 复测脱扣间隙应为 0.8～1.2mm。

10-46 如何做调速汽门和自动主汽门的严密性试验?

答: 严密性试验是指对调速汽门和自动主汽门关闭严密程度进行检查测试所做的试验。

自动主汽门严密试验：试验在额定参数、真空度和额定转速下进行。在调速汽门开启的情况下关闭自动主汽门，记录稳定转速和时间，一般要求在15min之内，转速下降至1000r/min以下。

调速汽门严密性试验：在额定参数、真空度和额定转速下，自动主汽门开启，操作关闭调速汽门，记录稳定转速和时间、调速汽门关闭以后汽轮机的转速下降速度，一般要求应跟相同参数和真空度下打闸后汽轮机的惰走曲线基本一致。

10-47 300MW 机组高压主汽门的作用及检修工艺是什么?

答: 300MW 机组高压主汽门的作用：控制汽轮机高压缸进汽的保护装置。

高压主汽门及自动关闭器如图 10-1 所示。

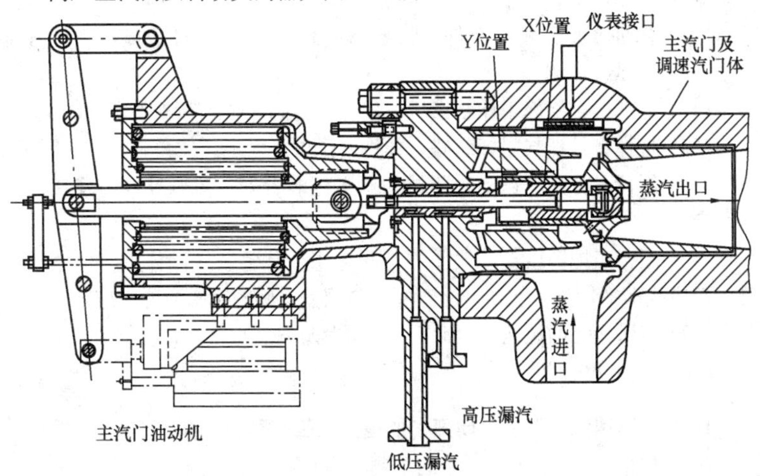

图 10-1 高压主汽门及自动关闭器

300MW 机组高压主汽门的检修工艺如下：

(1) 拆高、低压门杆漏气管法兰。

（2）拆卸油动机进、回油及安全油接头、连杆销子和固定螺栓，并将油动机组件吊至指定地点。

（3）阀盖与阀体在法兰接合面处对应打上字头，用加热工具按规定进行热拆阀盖螺栓，螺栓送金相检查。

（4）将门盖上装入专用吊环，用行车吊住阀盖，并用倒链调至水平位置，阀盖不得偏斜，以防别劲，在专人的指挥下缓慢吊出，放到指定地点。并将阀盖与操纵座支撑稳固。

（5）将进汽口堵住，以防掉入东西。

（6）把阀座口用堵板堵住，并贴上封条。

（7）拆卸弹簧导杆与连接的销子。

（8）拆卸与高压自动关闭器连接螺栓。

（9）用行车将高压自动关闭器吊离阀盖，并竖立安放在指定检修地点，以备拆装检修。

（10）从下部将阀碟推向阀盖侧，使弹簧导杆与门杆的制动销子露出并拆除。旋下弹簧导杆。

（11）用行车将主汽门碟缓慢从阀盖中抽出放在指定地方，包好阀碟并固定好，以免碰伤。

（12）全面检查清理各部件。将各密封面的氧化皮打磨掉，测量各部间隙。

（13）清理检查检修工作结束后，用行车将阀碟装入阀盖内。

（14）将弹簧导杆与门杆装好，并将销子可靠固定。

（15）用行车将高压自动关闭器与阀盖组装合套，弹簧导杆与连接的销子固定。

（16）用行车把高压自动关闭器与阀盖组合体整装入阀体上，注意回装时行车应找水平，防止别劲。注意阀体与阀盖之间的字头应能对应上。

（17）将送检完的螺栓冷紧后再加热紧固。

（18）将油动机回装。

10-48 调速汽门不能关闭严密的主要原因有哪些？

答：调速汽门不能关闭严密的主要原因有：

（1）冷态时凸轮间隙调整不当，热态时间隙消失或凸轮角安装不对，使调速汽门在油动机处于全关位置时，调速汽门不能关闭。

（2）油动机在关闭调速汽门侧富裕行程不够。

（3）调速器滑环富裕行程不够，当滑环到上限时，调速汽门仍不能落到门座上。

（4）调速汽门上部弹簧力不够，特别是单侧进油式油动机的双座门。

（5）调速汽门或传动装置发生卡涩。

（6）调速汽门和门座磨损或腐蚀产生间隙，汽门座和外壳配合不严密，如有松动和砂眼等，这样蒸汽就会绕过阀碟漏入汽轮机内。

10-49　300MW 机组高压自动关闭器的作用及检修工艺是什么？

答：300MW 机组高压自动关闭器的作用：高压自动关闭器是用来自动关闭高压主汽门的，进而切断汽轮机的进汽。

300MW 机组高压自动关闭器的检修工艺如下：

（1）通知热工人员拆线。

（2）测量开关盒连杆，差动变送器连杆的长度，作好记录。

（3）测量油动机活塞杆外露尺寸，并作好记录。

（4）测量碟形定位器处的支板下面到杠杆中间销子的中心距离为（117±3.2）mm。

（5）将开关盒、位移发送器的连杆与杠杆拆开。

（6）拆碟形垫片定位器处的长螺杆、支板、定位器，并将定位器保管好，以防丢失。

（7）将杠杆上的三个圆柱销对应打上字头，拆开口销，把住杠杆后用紫铜棒打下三个圆柱销，把杠杆放到指定地点。

（8）用专用长螺栓，对角缓慢拆下弹簧盖，以防伤人。

（9）取下弹簧，放至检修场地。

（10）测量弹簧座下部与外壳的距离为 3.2～16mm。

（11）取下弹簧座，并拆下壳体，并对应打上字头，以防装错位。

（12）把住中间连杆，用铜棒打下轴销下球座。

（13）将门杆连接件与门杆连接的销子打下，取下连接套。

（14）将合金螺栓送金相检查。

（15）清理检查并测量各部件。

10-50　300MW 机组高压调速汽门的检修工艺是什么？

答：300MW 机组高压调速汽门的检修工艺如下：

（1）通知有关人员拆高压调速汽门油动机的接线。

（2）拆除油动机连接油管接头、油动机活塞杆与连杆的销子和油动机及支架固定螺栓，将油动机及支架吊至指定地点。

（3）拆高、低压门杆漏汽管法兰，并将法兰口封堵。

(4) 拆除阀盖套筒上部与操纵座的连接螺栓，吊起操纵座至指定地点。

(5) 测量限位杆原始高度，拆除限位杆。

(6) 拆导向套筒中间的 ϕ13mm 的立销。

(7) 用吊车将杠杆吊住，把三个支点的销子打出，将杠杆吊至指定地点。

(8) 提起阀杆，测量预启阀及主阀行程：预启阀＝（5±0.25）mm；主阀＝（46±1）mm。

拆阀盖连接螺栓，打上字头，将阀盖连同阀芯阀杆吊出放至指定地点，并包好阀芯，以免碰伤配合面。

(9) 将阀口堵住，以防掉入东西，用专用盖板盖住汽室，贴上封条。

(10) 将阀盖内的十字头与阀杆之间连接的 ϕ12mm 的圆柱销打出，旋下十字头，抽出阀芯阀杆。

(11) 把合金螺栓送金相检查。

(12) 全面清理、检查、修理并测量各部件。

(13) 回装时将阀芯与阀盖装好，同时装好十字头，将横销装上，两侧捻死。

(14) 用吊车将阀芯及阀盖回装，并将阀盖螺栓紧好。

(15) 其他连接部件按拆卸时的逆程序回装。

10-51 上海汽轮机厂 300MW 机组再热主汽门的结构特点有哪些？

答：结构特点：再热主汽门与再热调速汽门装于再热器到汽轮机再热缸间的管道中。两组阀门各装于 3 只恒力弹簧支架上，这些支架用螺栓连接在基础上，且布置在机组头部、前轴承座的两侧。再热主汽门为卧式布置，再热调速汽门为立式布置，两阀阀壳焊为一体，布置如图 10-2 所示。

该阀的阀瓣及摇臂悬挂于轴上，轴经连杆与活塞杆相连接，连杆设计成当油动机活塞向上移动时，能将阀打开到全开位置，活塞向下时到关闭位置。任何时候，压缩弹簧都对阀门提供一个关闭力。切面“$Y-Y$”表示该阀处于关闭位置。该阀的摇臂与阀瓣、螺母之间的接触面均为球面，且留有间隙，允许转动。阀瓣密封面为球面，阀座为圆环面，当阀瓣关闭，与阀座相接触时，阀瓣与摇臂之间的活动连接使阀瓣能正确就位，以保证密封面的完全吻合。全开时，阀瓣中心杆与阀盖挡块相接触，以防止阀瓣在汽流下的抖动。如图 10-3 所示。

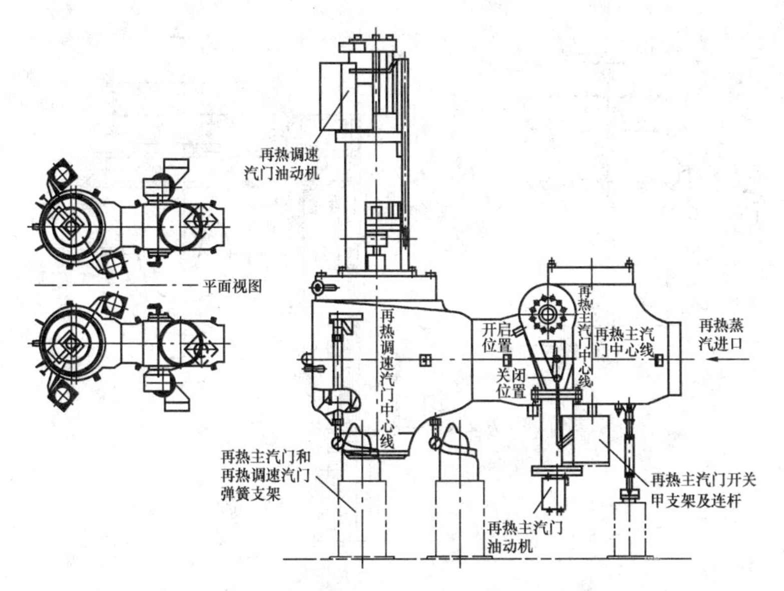

图 10-2 再热主汽门和再热调速汽门布置图

10-52 300MW 机组再热调速汽门的作用及检修工艺有哪些?

答: 300MW 机组再热调速汽门的作用：再热调速汽门的功能是通过控制蒸汽流量的方法精确地调节汽轮机的转速和负荷。

300MW 机组再热调速汽门的检修工艺如下：

(1) 再热调速汽门与操纵座的分解拆卸。

(2) 通知热工拆除热工接线和反馈装置。

(3) 将各主要连接部件对应打上字头作为拆装时的记号，以免装错。

(4) 拆卸油动机进、回油及安全油接头。

(5) 拆除低压漏汽管法兰，并将法兰口进行封堵。

(6) 在专用螺孔内加装弹簧拆装专用加长螺栓并旋紧螺帽至弹簧压缩至门杆连接器露出上、下销子为止。

(7) 取出门杆连接器下部销子。

(8) 拆卸弹簧室与再热调节气门盖。

(9) 用行车把连油动机的弹簧室整体吊至指定检修地点，起吊要注意找平找正，防止把门杆憋弯。

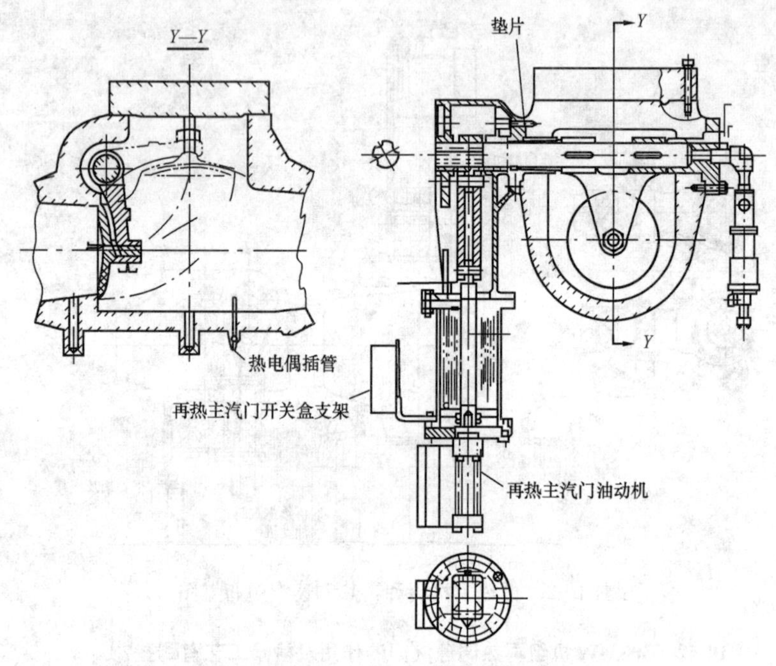

图 10-3 再热主汽门结构图

10-53 对 EH 油系统检查有哪些要求?

答: 对 EH 油系统检查的要求如下:

(1) 确认油箱油位为 440～550mm，油箱油位不得太高，否则遮断时溢流。

(2) 油温为 30～54℃。

(3) 供油压力为 13.5～14.5MPa。

(4) 所有泵出口滤油器压差小于 0.5MPa。

(5) 空气滤清器是否触发。

(6) 检查泄漏、噪声、振动。

(7) 再生装置每个过滤器压差小于 0.138MPa。

(8) 每周将备用泵切换一次。

(9) 每月对抗燃油采样检验一次。

(10) 每六个月检查一次蓄能器充氮压力。

10-54　EH油箱的检修方法及注意事项有哪些?

答: EH油箱在正常的大小修中不需要放油清洗，如有缺陷必须打开EH油箱顶盖检修时，必须按下列规定进行:

(1) 把油箱内的抗燃油放进清洁合格的专用油桶内。

(2) 制作密封罩将整个EH油箱密封好或将小房内清理干净至无灰尘等。

(3) 把油箱上盖清理干净，达到油箱内不会进入灰尘及杂物。

(4) 检修所用工具必须保持干净。

(5) A、B油泵入口管与油箱解列，并封好管口。

(6) 用合格的乙醇或丙酮进行清洗。宏观检查无杂质后，化验人员配合进行取样检查(清洗过的清液)，100μm以上的杂质不能大于5个，否则不合格。

(7) 油箱经检验合格后方能封闭。

EH油箱的检修注意事项:

(1) 油桶内的抗燃油必须化验合格后方可打入油箱。

(2) 禁止用汽油或煤油清洗EH油箱。

(3) 禁止用无滤油器的加油泵向油箱内加油。

(4) 向油箱内加油前，应检查确认无误后方可加油。

10-55　卸荷阀的作用及维护要求有哪些?

答: 卸荷阀的作用是交替地使油泵在全压下向系统及蓄能器内充油，减轻油泵的负载，延长油泵的使用寿命。卸荷阀示意图见图10-4。

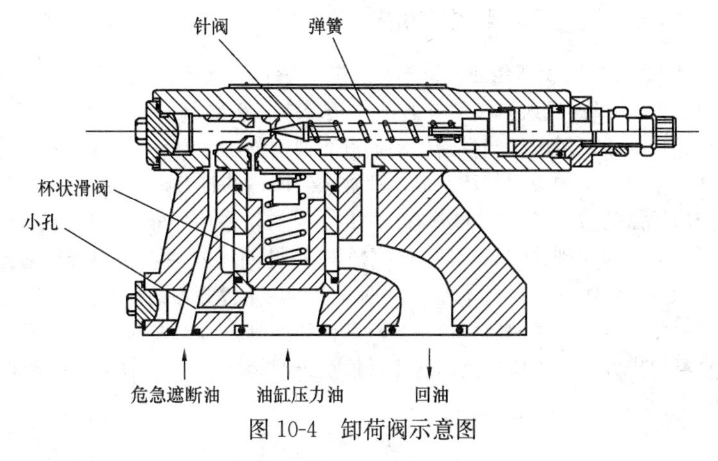

图10-4　卸荷阀示意图

卸荷阀的维护要求如下：

(1) 将与要更换的卸荷阀相连的油泵停止运行，另一台油泵投入运行并能正常维持油压。关闭该控制油路出口的截止阀，拆下卸荷阀。

(2) 更换上合格的卸荷阀。

(3) 安装完毕后将卸荷阀手轮调整到压力最小的位置，打开截止门启动该泵，将压力调整到合格范围内，即 12.4～14.8MPa，然后将手轮锁住。

(4) 将拆下的卸荷阀的先导阀与下体结合面螺栓松开。

(5) 拆下先导阀，取出弹簧和杯状阀。

(6) 拧下先导阀的调整螺塞与背部的丝堵，取出小活塞、弹簧锥及 O 形胶圈。

(7) 将拆下的零部件用医用酒精、绸布等进行清扫检查。

(8) 清扫检查结束后将弹簧锥、小活塞等回装，将先导阀的调整螺塞和背部的丝堵紧好。

装上杯形阀和弹簧，将先导阀与下体结合面螺栓紧好。

10-56 EH 危急遮断系统作用及组成是什么？

答：EH 危急遮断系统作用：为了防止汽轮机在运行中因部分设备工作失常可能导致的汽轮机发生重大损伤事故，在机组上装有 EH 危急遮断系统。EH 危急遮断系统监视汽轮机的某些运行参数，当这些参数超过其运行限制值时，该系统就送出遮断信号，关闭全部汽轮机蒸汽进汽阀门。

EH 危急遮断系统的主要设备有：四只 AST 电磁阀、两只 OPC 电磁阀、两只单向阀、隔膜阀和空气引导阀等。

10-57 300MW 机组空气引导阀的作用是什么？

答：300MW 机组空气引导阀的作用：空气引导阀安装在汽轮机前轴承箱旁边，该阀用于控制供给气动抽汽止回阀的压缩空气。该阀由一个油缸和一个带弹簧的青铜阀体组成，油缸控制阀门的打开，而弹簧提供了关闭阀门所需的力，当 OPC 母管有压力时，油缸活塞往外伸出，空气引导阀的提升头便封住排大气孔，使压缩空气通过此阀进入抽汽止回阀的通道，打开抽汽止回阀，当 OPC 母管失压时，该阀由于弹簧力的作用而关闭，提升头封住了压缩空气的出口通路，截留在到抽汽止回阀去的管道中的压缩空气经“排大气”阀口排放，这使得抽汽止回阀快速关闭。空气引导阀结构见图 10-5。

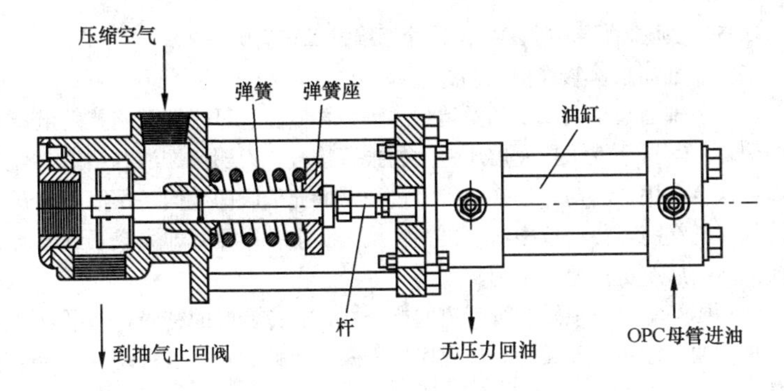

图 10-5 空气引导阀结构图

10-58 试述溢流阀的工作原理。

答：溢油阀安装在冷油器出口后的润滑油母管上，溢油阀的开度大小取决于润滑油母管上的压力与弹簧反力、滑阀重力等各作用力的平衡位置，当润滑油母管上的压力小于或等于 0.176MPa 时，弹簧反力大于滑阀开启力，滑阀处于下部位置，溢油口被滑阀完全挡住，不溢油，当母管压力为 0.196MPa 时，滑阀向上运动，部分溢油口露出，油从溢油口溢出，经溢油阀下部流回油箱，从而达到泄油和稳定母管压力的作用。

溢油阀结构见图 10-6。

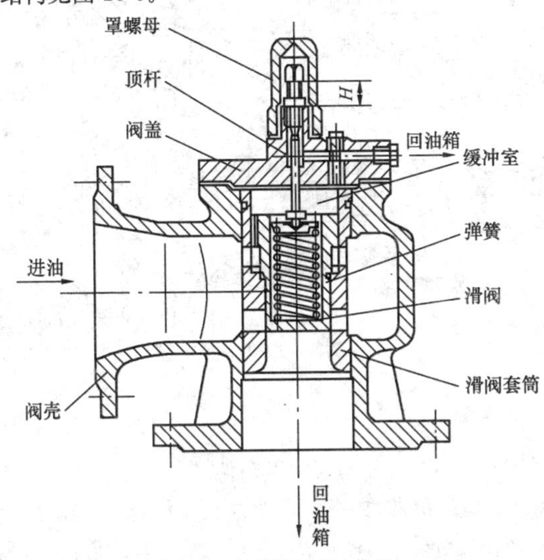

图 10-6 溢油阀结构图

10-59 顶轴油泵（柱塞泵）的检修维护工艺有哪些？

答：顶轴油泵检修维护工艺如下：

（1）顶轴油泵在调试期间及运行过程中，应注意过滤器的压差发讯器发出的信号，若压差发讯器发出压差大的报警信号，说明滤网滤芯堵塞，必须立即切换至备用侧滤筒，切换时先将过滤器的充油阀门旋向备用筒，打开备用筒的放气阀门，待气放净后，再将切换阀旋至备用侧，即完成了过滤器的切换。切换后应更换滤芯备用。

（2）要经常检查顶轴装置管道的严密性，保持良好的密封，油泵及滤油器经常充油，按钮、开关等元件应保持干燥，接触良好，以保证可以随时迅速投入工作。

（3）工作油清洁度应满足机组运行要求 NAS7 级精度以上。

（4）定期检查、校正压力表、压力开关。定期检查各部分密封件性能是否良好，发现问题及时排除。

柱塞泵的结构见图 10-7。

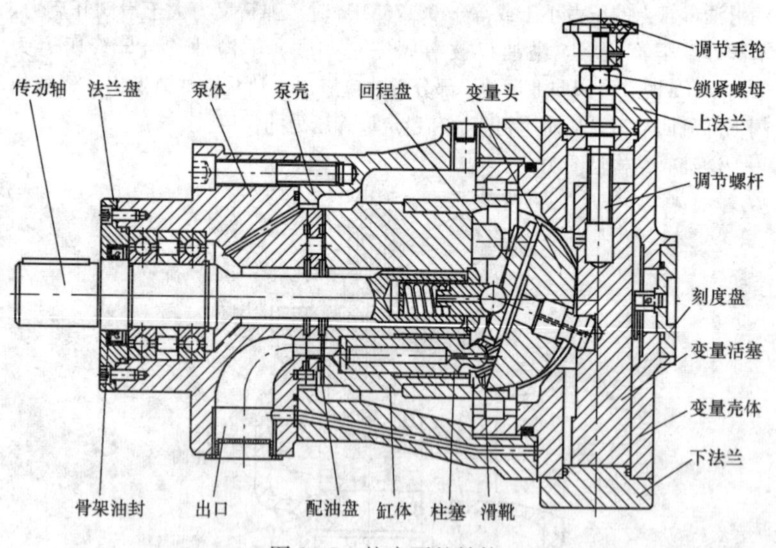

图 10-7 柱塞泵的结构

10-60 试述螺杆泵工作原理及主要部件。

答：三螺杆泵是容积泵的一种，泵的主要零件为三根相互啮合的螺杆与泵套组成了若干个彼此隔离的密封腔，使吸入腔与排出腔隔开，当电动机带动主动螺杆旋转时，各密封腔便带着输送介质轴向移动，由吸入口排至排出口。见图 10-8。

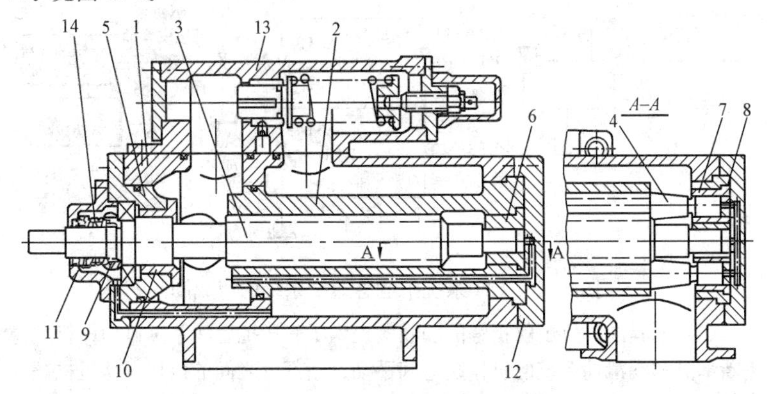

图 10-8　螺杆泵结构图

1—泵体；2—泵套；3—主动螺杆；4—从动螺杆；5—轴承体；6—主杆衬套；7—从杆衬套；8—止推垫；9—圆螺母；10—卸压套；11—密封压盖；12—后盖；13—安全阀组；14—机械密封

由于被输送介质在泵内无搅拌地作连续的匀速直线运动，因此泵的流量稳定，无压力脉动。由于主动螺杆不向从动螺杆传动扭矩，在相互啮合中保持液膜，所以泵在运动中振动小、无噪声。

由于啮合的三根螺杆与泵套所具有的密封性，所以只需在泵腔内存有液体时，泵即可由吸入口向排出口排汽而形成良好的自吸能力，因此螺杆泵无需装置底阀或抽真空的附属设备。

此泵为单吸泵结构，主杆轴向力靠滚动轴承承受，从杆轴向力靠高压油平衡后油回低压腔。

各密封部位采用耐油石棉板。

泵轴封采用机械密封并使高压油经过机械密封腔回到低压腔形成回流，以保持机械密封腔内一定压力并带走机械密封动环与静环的摩擦热量。

泵上带有安全阀，当压出管路压力超过泵规定工作压力时，安全阀即自动开启使压出口与吸入口相通形成全回流以消除事故，保证泵和电动机的正常工作。安全阀的全回流压力可调整调节杆改变弹簧压缩量进行控制。

10-61　EH 系统中危急遮断系统的组成及作用有哪些？

答：EH 系统中危急遮断系统的组成如图 10-9 所示。

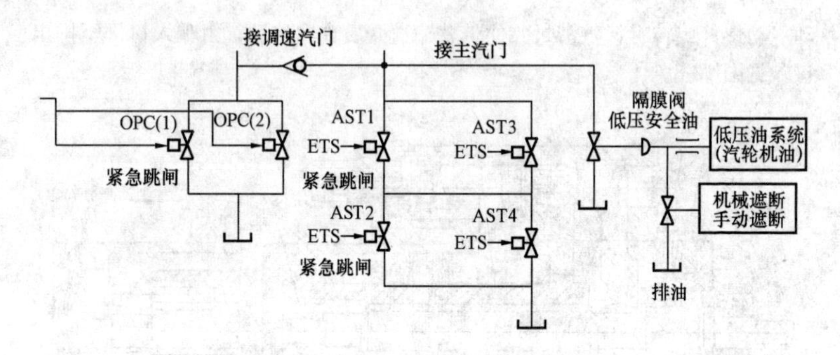

图 10-9 EH 系统中危急遮断系统的组成图

(1) 隔膜阀。位于前箱旁的隔膜阀提供了高压抗燃油系统自动停机危急遮断部分和润滑油系统的机械超速和手动遮断部分之间的接口。从机械超速和手动遮断总管来的润滑油供到隔膜阀的上部，使其克服弹簧力将阀关闭，这样就闭锁了自动停机危急遮断总管中的高压抗燃油，只要机械超速和手动遮断总管中的油压有任何消失，隔膜阀就开启，泄去高压抗燃油而停机。

(2) 危急遮断控制组件。危急遮断控制组件中有 6 个电磁阀，其中 4 个电磁阀是自动停机遮断电磁阀（AST）和 2 个超速保护控制电磁阀（OPC）。正常运行时，自动停机遮断电磁阀处于关闭状态。当机组出现异常时，电磁阀开启，泄掉主汽门油动机下部油压，使油动机关闭，实现停机。超速保护控制电磁阀由超速保护控制器控制。正常运行时，电磁阀处于关闭状态。当超速保护控制器动作时，超速保护控制电磁阀（OPC）开启，使高、中压调速汽门关闭。当转速降到额定转速时，电磁阀关闭，高、中压调速汽门重新打开。

10-62 试详细叙述 EH 油系统大修方案。

答：汽轮机 EH 液压控制系统大修方案如下：

1. 供油系统

(1) EH 主油泵检修检测 2 台（输出流量、压力、内泄、外泄检测，前三项任一项不合格，检修油泵或更换。末项不合格更换轴封或更换泵）。

(2) EH 主油泵电动机检测 2 台（功率、转速、绝缘、轴承、发热，前三项任一项不合格，检修电动机或更换。后二项任一项不合格，更换润滑脂或更换轴承）。

(3) 冷却器检修检测 2 台（冷却效率、内泄漏、外泄漏，前项不合格情况清洗冷却器或更换。后二项不合格更换密封圈或更换冷却器）。

(4) 蓄能器检测（压力、泄漏，若有不合格，更换密封圈或皮囊）。

(5) 所有压力表、压力开关、压差发讯器等仪表整定检测或更换。

(6) 所有密封圈、滤芯更换。

(7) 所有电器元件检测或更换。

(8) 油箱清洗。

(9) EH 油理化性能全面分析。主要包括油颗粒度、酸值、水份、氯离子含量、电阻率、泡沫特性等。

(10) 截止阀、止回阀、溢流安全阀、卸荷阀、电磁阀等液压元件动作性能及泄漏性能检测。

(11) 执行机构（油动机）

2. 油动机检修

(1) 油缸解体、清洗、修磨、镀涂，更换密封圈、活塞环。

(2) 活塞杆、油缸筒表面检测，若有损伤、拉毛或变形应更换。

(3) 集成块清洗，更换所有密封圈，更换高压滤芯。

(4) 截止阀、止回阀、快速卸荷阀清洗，检测内泄、外泄，更换密封圈。

(5) 伺服阀检测流量、压力特性、内泄、零偏等。有任一项不合格则检修更换。

(6) 电磁阀换向阀检测，迟滞（响应）内泄、外泄检查，更换密封圈。

(7) 按原工艺要求装配。

3. 调试项目及要求

(1) 磨合试验：油缸满行程磨合 100 次，活塞杆上允许有油膜，但不能成滴。

(2) 行程测量：按总图要求。

(3) 耐压试验：压力为 20MPa，3min，不得有外泄漏和零件破坏。

内泄试验：在压力为 14.5MPa、油温 30℃以上条件下，内部泄漏不超过 400mL/min（油缸直径 $\phi<125$）、500mL/min（$125\leqslant$油缸直径 $\phi<200$）。

(4) 启动压力 PA 测定：启动压力 PA≤1%供油压力 PX。

(5) 正常试验条件。

(6) 介质：磷酸酯抗燃油。

(7) 额定工作压力：(14.5±0.5) MPa。

(8) 油温：30～50℃。

(9) 环境温度：10～40℃。

(10) 试验油清洁度要求：NAS 6 级。

以上试验按油动机调试规程进行调试。

4. 危急遮断系统

(1) AST、OPC二级阀清洗，更换密封圈。

(2) AST、OPC一级电磁阀检测，内泄、协作响应、发热。

(3) 止回阀清洗检测内泄，更换密封圈。

(4) 集成块清洗，更换所有密封圈。

(5) 隔膜阀模片更换及动作压力整定。

(6) 空气引导阀检测，更换密封圈。

(7) 油控排气阀检测，更换密封圈。

(8) 所有压力开关，整定值测试，不合格者更换。

(9) EH油压力试验块检测，更换密封圈。

5. 管路系统

(1) 高、低压蓄能器检测（压力、泄漏，若有不合格，更换密封圈或皮囊）。

(2) 管路系统探伤检测，若有不合格则补焊或更换。

(3) 再生装置检测、清洗，更换密封圈和滤芯。

(4) 管路系统耐压检测。

(5) 系统恢复。

(6) 系统静态调试。

(7) DEH联调。

10-63 超速保护装置常见的缺陷有哪些？

答：超速保安装置常见的缺陷主要有：

(1) 危急遮断器不动作。

(2) 危急遮断器动作转速不符合要求。

(3) 危急遮断器动作后传动装置及危急遮断油门不动作。

(4) 危急遮断器误动作。

(5) 危急遮断器充油试验不动作。

(6) 危急遮断器动作后不复位或保护装置挂不上闸等。

10-64 如何拆装调速部套中具有初压缩弹簧的部件？

答：拆装具有初压缩弹簧的部件，如主汽门、调速汽门等，均应对称地先装上两只长杆螺栓，待旋紧长杆螺栓后方可松开弹簧压盖上的其他螺栓，然后对称地松开长杆螺栓的螺母，使弹簧的初紧力消失，以防发生人身事故。

10-65　大修后冷油器如何查漏?

答: 大修后冷油器组装好后用清洁的凝结水进行油侧打水压试验进行查漏。具体方法是：在油管进、出口加上堵板，然后接上试压泵打水压。要求打压到工作压力的1.25倍，保持5min，检查铜管本身、胀口及结合面有无泄漏。胀口渗漏时可进行补胀，当胀口胀不住时，则可将铜管剔出打上铜闷头。如有个别铜管泄漏时，可采取两头加堵铜闷头的办法堵漏。

此外，对于立式冷油器还可用压缩空气查漏，具体方法和步骤是：

在未盖水室前，关出口水门，水侧灌水到铜管口上约5～10mm处关进水门。

关进出油门，冷油器油侧接上压力表并通入压缩空气至0.2MPa，保持5min，检查铜管、胀口、结合面等是否泄漏。

若个别铜管泄漏，则做记号，放水后两头用铜闷头堵好。

10-66　试编制更换调速汽门扩散器的安全、技术措施。

答: 大修中发现调速汽门扩散器损坏时应予以更换。为了保证操作的安全、可靠，更换的具体步骤和要求如下：

(1) 准备好拆卸工具：拉板、拉杆组合件。

(2) 用角向磨光机磨去点焊保险，装好拉板、拉杆专用工具。

(3) 用足够数量的烤把加热阀壳（扩散器处），待加热至一定程度后，一边用大锤敲击振动，一边紧螺帽，将拉杆拉紧。

(4) 拉动后停止加热，迅速将扩散器拉出。

(5) 待扩散器冷却后，测量其配合尺寸，按紧力要求加工好新的扩散器。

(6) 清理干净阀壳的配合面，并用盖板加封。

(7) 待扩散管加工好后，做好阀壳加热后孔径测量样棒，样棒应比扩散器尺寸长0.15～0.20mm。

(8) 均匀加热阀壳，待尺寸达到要求后（应在几个方向测量），将扩散器放入，并稍微转动一下，使它能自由落下，确定到位。

(9) 停止加热，用盖板加封，待冷却后，做翻边、点焊等保险工作。

10-67　冷油器更换铜管的技术措施有哪些?

答: (1) 冷油器被闷堵铜管的根数占总管数的10%以上时，应考虑更换冷油器铜管，以确保冷油器的冷却效果。

(2) 根据所更换铜管的规格、数量编制检修计划、进货。

(3) 对采购来的铜管进行检查：

1) 检查制造厂出厂合格证。

2) 外观检查。每根铜管表面应无裂纹、砂眼、腐蚀、凹陷和毛刺等缺陷，管内无杂物和堵塞现象，管子不直应校直。

3) 进行力学性能测试。

4) 内伤检查。利用涡流探伤和氨熏检查，合格后方可使用。

(4) 将检查合格后的铜管，按冷油器的尺寸下料，铜管要比管板长出4～5mm，铜管两端除去毛刺，将胀管部位打磨光滑，在两端约50mm处进行回火处理。

(5) 剔除旧铜管。选用专用半圆软钢三角錾子剔除，剔除时注意不要损伤管板，先用錾子把铜管剔成梅花三角形，再用铜棒从一端向另一端冲出。

(6) 旧铜管抽出后，将管板管孔清理干净，用细砂布打磨光洁，管板胀口处如有毛刺，应用铰刀铰光滑。

(7) 穿新管、胀口。穿铜管时不宜用力过猛、蹩劲，对准各自的孔位装入，新管外露部分应相等。铜管穿好后可用胀管器胀口，胀管时力不宜过大或过小，胀管长度应为管板厚度的2/3，不可大于管板厚度。

(8) 换铜管时，要一半一半地更换，拆一半换好后再拆另一半，保持上下管板平行，不可歪斜。

10-68 调整抽汽式汽轮机的调速系统有何特点？

答： 调整抽汽式汽轮机有两种：一种是一次调整抽汽式，另一种是两次调整抽汽式。它们与普通调速系统相比，主要的特点在四方面：

(1) 抽汽供热机组调速系统目标有两个：电负荷和热负荷。调整抽汽式汽轮机的调速系统能使所控制的汽轮机同时满足热、电两种负荷的需要。

(2) 抽汽供热机组调速系统的感应机构与普通汽轮机不同，其输入信号有两个或三个。抽汽供汽轮机组的调速系统接受汽轮机转速、一段调整抽汽压力、二段调整抽汽压力（二段调整抽汽式汽轮机有两个压力脉冲）。

(3) 抽汽供热机组的调速系统的传动放大机构与普通汽轮机不同。它要对两个或三个输入信号进行综合，产生控制输出。

(4) 抽汽供热机组调速系统的执行机构与普通汽轮机不同。它除控制调速汽门外，还控制回转隔板。调速器为转速的敏感元件，接受转速变化信号而起作用，调压器为压力敏感元件，接受压力变化信号而起作用，通过油动机控制高、中、低压调速汽门或回转隔板，使转速和压力维持在所需要的范围之内。

10-69　怎样测量错油门的过封度？

答：测量错油门过封度的方法如下：

可用测量法测量断流式错油门的过封度：方法是用外径千分尺或游标卡尺测量门芯凸缘的各个数值，利用L形专用工具的测杆放在定位套筒内，并保持0.03～0.05mm的间隙，要求定位套筒有一定的长度，孔与底平面要求垂直、平整。测量杆与套筒不应斜歪，上、下移动测杆，使千分表的读数变化，记下变化值，则油口宽度为千分表变化数值加上L形专用工具测头的高度值，对应的门芯凸缘尺寸与对应油口高度尺寸之差即为错油门过封度。使用测量方法时也可以用带钩的深度游标尺测量，方法与用L形专用工具测量类似。

也可采用透光测量错油门过封度：其方法是将错油门门芯放入套筒内测量，在其端部放置一个千分表，移动错油门直到油口中能透过光亮为止，记下千分表读数，反向移动错油门芯，直到油口另一侧能透过光亮，记下千分表读数，两次测量读数之差即为过封度。

10-70　试述主油泵推力瓦的补焊方法。

答：当主油泵推力瓦表面有明显的凹陷等缺陷时，要对推力瓦表面进行补焊处理。补焊的方法和要求如下：

焊前将大块的轴承合金化成大约宽6～8mm，厚度3～6mm的条状，根据推力盘工作面与非工作面之间的距离，确定补焊的厚度。补焊前用丙酮或酒精清除轴承合金上的油垢及脏物并用刮刀清理表面，使其呈现金属光泽。在堆焊时，为了不使整个瓦体过热，造成轴承合金脱落，将推力瓦放在水盆中，使瓦面露出水面5～7mm，要求堆焊面均匀，无气孔，棱角盈满。两端面距离比测量距离长2～3mm，作为加工量，焊完后在车床上车平，留有0.1mm的研刮余量，然后进行研刮，直到接触良好，间隙合适为止。

10-71　对密封油泵的回油管铺设和安装有什么特殊要求？

答：密封油是用来密封发电机的氢气的，所以在回油中常会有一定数量的氢气。这些氢气要在回油管中进行初步的分离，然后顺着回油管回到发电机，所以密封油管回油还起着分离和输送氢气的作用，因此，它除有和油系统一样的共性要求外，还有下列特殊要求：

（1）回油管道的安装，要有一定的坡度，发电机侧稍高，不许有降低后又升高的现象，以防止整个油管被封死，阻碍氢气的返回。

（2）回油管的直径要大些，使油管的上部有一定的空间，以使氢气能充分分离，返回发电机。

(3) 油管和密封瓦连接处设两道绝缘垫，以防发电机接地。

10-72 组装油管时的工艺要求和注意事项是什么?

答: 组装油管时的工艺要求和注意事项如下：

(1) 法兰内外焊口应无裂纹，法兰无变形，结合面应平整、光洁、无径向伤痕，接触面均匀、如新，安装的法兰应对其结合面进行研磨，达到接触面积在75%以上。

(2) 两个连接法兰间应平行并保留一定间隙，外圆对正。

(3) 油管法兰的止封垫料，多采用隔电纸或耐油石棉纸，禁止使用塑料或橡胶。使用隔电纸时应加涂料。一般采用609密封胶，高压管道的垫片不宜过厚，一般不大于2mm，如法兰盘接触良好，选用耐油石棉纸时可不加涂料，垫片尺寸要合适。

(4) 连接法兰的螺栓材料应用优质结构钢，丝扣完好，长短适宜。

(5) 油管连接时不要强力对口，如法兰对口蹩劲，要采取对口断管重焊的方法消除。法兰上螺栓时，要对称拧紧。

(6) 剪法兰垫时，要求垫的内径大于油管内径约2～3mm，以防垫的位置不对中心时遮住油管内径。

10-73 油箱检修工艺要求是什么?

答: (1) 在检修和清理油箱之前，先将油全部放至临时油箱内，并将油箱顶部清理干净，以防止杂物落入油箱，然后再进行内部的检修和清理工作。

(2) 打开油箱上盖取出油滤网，并用塑料布包好。

(3) 工作人员穿上专用工作服，进入油箱内部，用平铲将油箱底部油泥和沉淀物清理到油箱底部的沟槽内，打开放油门排出，也可用100℃的水将沉积物冲走。

(4) 用泡沫和白布清理油箱四壁，用白布擦净后再用面团粘净。

(5) 油箱内防腐漆应完好，如脱落时，可重新涂刷。

(6) 油位计浮子进行浸油试验，如发现漏油时，进行补焊处理，组装后检查应灵活、不卡涩。

(7) 油滤网有较大破损的应予更换，用煤油清洗后用压缩空气吹扫干净，用塑料布包好。

(8) 检修完毕，验收合格后，将滤网对准滑道、放到油箱底，恢复油箱盖并紧固。

(9) 应注意恢复油箱盖前清点带入油箱内的工器具，不可遗留在油箱内。

第十一章　汽轮机管道与阀门检修岗位技能知识

11-1　阀门的解体顺序如何?

答: 阀门解体时应按下列顺序进行:

(1) 用刷子和棉纱将阀门内外污垢清理干净。

(2) 在阀体及阀盖上打上记号，然后将阀门开启。

(3) 拆下传动装置或拆下手轮螺母，取下手轮。

(4) 卸下填料压盖螺母，退出填料压盖，清除填料盒中的旧盘根。

(5) 卸下阀盖螺母，取下阀盖，铲除填料。

(6) 旋出阀杆，取下阀瓣。

(7) 卸下螺纹套筒和平面轴承等零件，用煤油洗净，用棉纱擦干。

11-2　阀门的检修工艺如何?

答: 阀体与阀盖的检修工艺如下:

(1) 在阀体与阀盖上发现裂纹或砂眼时，要加工好坡口进行补焊。对合金钢制成的阀体与阀盖，补焊前要进行250～300℃的预热，焊后放到石棉灰内使其慢慢冷却，焊接时选用与母材相同的焊条。补焊碳素钢小型阀门，可以不进行预热。对进行补焊好的阀体应作1.25倍的工作压力的水压试验。

(2) 阀体上的双头螺栓如有损坏或折断，可用煤油润透后选出或用火焊加热阀体至200～300℃，再用管钳子搬出。如果阀体上的螺纹损坏不能上螺栓时，可攻出比原来大一挡尺寸的螺纹，换上适当的新的螺栓。

(3) 如法兰经过补焊后焊缝高出平面，必须车削平焊缝，以保证凹面口的配合平整和受热后不发生变形。

阀瓣或座密封面上出现麻点，刻痕深度超过0.03mm时，应进行研磨处理，研磨通常分粗研、中研和细研三步进行。

对于阀瓣可先在车床上车光后用抛光砂布磨光。研磨大中型闸板阀，采用专用的电动研磨工具进行。

对于大型阀门，只能用刮刀进行修刮。用着色法先修刮好阀瓣，再将阀

瓣放到阀门上进行对研，直至接触点合格为止。

11-3 阀门的组装方法和顺序如何？

答：组装阀门的顺序和方法如下：

（1）把平面轴承涂上黄干油，连同螺纹套筒一起装入阀盖支架上的轴承座内。

（2）把阀瓣装在阀杆上，使其能自由转动，但锁紧螺母不可松动。

（3）将阀杆穿入填料盒，再套上填料压盖，旋入螺纹套筒中，至开足位置。

（4）将阀体吹扫干净，阀瓣和阀座擦拭干净。

（5）将涂有涂料的垫片装入阀体与阀盖的法兰之间，将阀盖正确地扣在阀体上（对准拆卸时的记号），对称旋紧连接螺栓，并使法兰四周间隙一致。

（6）加盘根前应使阀门处于关闭位置，盘根规格尺寸应合适，不得用太大和过小的盘根代替。盘根接口处应切成45°斜角，相邻两圈盘根的接口要错开90°～180°。向填料盒内装盘根时，应每装1～2圈用压盖紧压一次，不要一次装满后再压紧。填料盒不要装满，要留有3～5mm的距离，并留有热紧的余地。旋转阀杆开启阀门，根据用力的大小来调整填料压盖螺栓的松紧程度。

11-4 管道安装时应符合哪些要求？

答：管道安装时应符合下列要求：

（1）管道的垂直度可用吊线法或水平尺检查。

（2）管道应有一定的坡度，汽水管道的坡度为2/1000；油管道的坡度为3/1000，可用水平仪或U形水平仪测量。

（3）焊接或法兰连接时的对口均不得强制连接，管道最后一处的连接法兰应最后焊上。

（4）汽管道最低点应装有疏水阀，水道管的最高处应装有放空气阀。

（5）管道密集处的地方应留有一定的间隙，以便保温和留有膨胀的余地。油管道和蒸汽管到的敷设应按有关规定进行，不可任意交叉或接触，以防止发生漏油着火事故。

（6）蒸汽温度高于300℃，管径大于200mm的管道应安装膨胀指示器。

（7）管道安装完毕后应进行水压试验，一般取工作压力的1.25倍为试验压力。

（8）高温管道及运行介质温度高于50℃的管道应进行保温。当环境温度低于5℃时应有防冻措施，管道在投运前应进行冲洗。

11-5　怎样对阀门进行研磨？

答：阀门的研磨方法可分为用研磨砂或研磨膏研磨及用砂布研磨两种。

用研磨砂或研磨膏研磨时，可分以下三步进行：

（1）粗磨：利用研磨头和研磨座，用粗研磨砂先将麻点或小坑磨去。

（2）中磨：用较细的研磨砂进行手工或机械化研磨，但应另换一个研磨头和研磨座。

（3）细磨：用研磨膏将阀门的阀瓣对着阀座进行研磨，直至达到标准。

用砂布研磨时，对于有严重缺陷阀座的研磨可分为以下三步进行：

（1）用 2 号砂布把麻坑磨掉。

（2）用 1 号或 0 号砂布把用粗砂布磨出的纹路磨去。

（3）用抛光砂布磨一遍即可。

如有一般缺陷，可先用 1 号砂布研磨，再用 0 号砂布或抛光砂布磨一遍即可。可用阀瓣，若缺陷较大时，可以用车床车光，不用研磨即可组装，也可用抛光砂布放到磨床上研磨即可。

11-6　如何对阀门密封面进行补焊修复？

答：密封面的冲蚀、气孔、夹渣等较大缺陷，采用补焊修复方法，铲除缺陷，制成坡口，使密封面露出金属光泽，采用相应的补焊焊接规范。一般采取焊前预热，焊后缓冷等措施。使用的焊条应与密封面材料相同或相近。补焊后的密封面，通常在车床上加工形成，然后研磨。

11-7　如何进行阀杆螺母的修理？

答：阀杆螺母的修理方法如下：

（1）梯形内螺纹的修整。

1）当梯形内螺纹混入磨粒或润滑不良时，可以拆下阀杆螺母，用煤油、铜丝将磨粒和脏物刷洗干净，对拉毛部位用细砂布打磨光滑。若不易打磨时，可加研磨膏与阀杆梯形螺纹互研，以消除拉毛缺陷。

2）梯形内螺纹并圈或螺口乱扣，主要是由于阀杆开启过头引起的。该缺陷可用小錾子将并圈或乱扣螺纹錾除，用小锉刀修整成形，也可上车床修螺纹。

3）梯形内螺纹与阀杆配合过紧。如果是因为装配不当，应进行调整；如因制造间隙过小，可用研磨或车修方法处理。

阀杆螺母严重损坏，无修复价值时，应予更换。一般用途的阀杆螺母的磨损，以不超过梯形螺纹厚度的 1/3 为准，超过者应予更换。

（2）键槽的修复有粘接、焊接、扩宽等方法。

粘接是将槽内涂上一层胶黏剂，然后把键嵌入槽中，待固化后即可。

扩宽键槽的修复方法是把损坏的键槽扩到一定宽度，消除损坏部分，然后做一个特制的下宽上窄的凸形键，键的下部与新槽相配合，上部与原键尺寸一样。

键槽损坏严重时，可在调换90°角度位置上重新铣制新槽，并将原键槽锉削光滑。

(3) 滑动面的修理。

转动的阀杆螺母的外圆柱在与台肩端面和支架滑动滑合时，实际上起着滑动轴承的作用。当这些滑动面损坏时，可视不同情况采用不同的修复工艺：轻微的磨损，用砂布、油石打磨一下即可；磨损较大时，可先锉掉毛刺和划痕，然后用油石打磨；阀杆螺母台肩磨损严重，可用相同材料制一个垫圈，套在台肩端面上，用点焊或粘接法固定。固定后的垫圈表面应平整且与轴线垂直，表面粗糙度 Ra 应低于 1.25μm。

(4) 爪齿的修理。

电动阀门的阀杆螺母，普遍采用离合爪齿结构。爪齿是受力件，容易损坏。

爪齿的轻微磨损，可用油石和细锉修整；磨损严重时，采用堆焊修复，焊后按原设计尺寸加工成形；爪齿损坏严重的可用粘接加螺钉连接的方法修复爪齿。

11-8 如何进行键槽的修理？

答：键槽的修理见11-7题中（2）。

11-9 如何进行自密封阀门的拆卸？

答：在将阀门手轮、门架等部分拆下后，即可进行自密封部位的拆卸。拆下预紧螺母、阀盖螺母及压兰螺母，小心将阀盖卸下。然后用旋棒取出压环，再将阀帽往下打，或用千斤顶往下压，使阀帽与分裂环脱开，以便顺利取出分裂环。拆卸分裂环时，可用合适的棒插入孔内，将分裂环逐一敲出。重新装上阀盖，并装上预紧螺母，不断地旋转，将阀帽连同自密封垫、自密封压环一同取出，然后将自密封压环及自密封垫从阀帽上取下。再拆卸阀杆、阀瓣等其他组件。

11-10 如何进行活塞环的拆卸与安装？

答：由于活塞环很脆，应先用锯条片从环的接口处插入，再沿圆周方向移动，移动90°后再从环的接口处插入第二个锯条片。用同样方法依次从环的另一端插入另两个锯条片。这样四根锯条片即可将活塞环从活塞环槽中撬出来，此时，即可将其顺轴向拉出来。装活塞环则与拆卸相反，先将锯条贴在活塞上，把活塞环套上，再逐根沿一个方向将锯条片抽出，活塞环即可进入活塞环槽中，装好后应使活塞环口互相错开。所使用的锯条片应将锯齿磨去，其端部和四边亦应磨成圆弧状，以免划伤活塞环。活塞室内壁若有沟槽或麻坑时，应用零号砂布沿圆周方向研磨，研磨好后抹上黑铅粉。

11-11　扑板式抽汽止回阀的阀瓣与阀座密封面出现掉上或掉下现象时应如何处理？

答：调整前，应修理和更换止回机构中的磨损阀件，经过修理和更换后仍有上述现象时，可进行调整。具体方法是：将拉杆拆下，平放在铁板上，用手锤敲击图示箭头位置，使拉杆产生微量变形，使密封面吻合。另一种方法是用磨光机对拉杆和蝶阀的结合面处进行打磨，如有掉上现象，则打磨下部结合面；反之，则打磨上部结合面，使其活动余量增大，也可消除掉上或掉下现象，使密封面吻合。

11-12　简述高压排汽止回阀的检修要点。

答：高压排汽止回阀的检修要点如下：

（1）解体之前，首先进行通气试验，以检查操纵装置动作是否灵活，行程是否正确，阀瓣的开关有无卡涩现象，开度是否符合要求，关闭时是否能关严（可打开阀盖进行）。

（2）在操纵装置解体之前，应测量记录弹簧的长度、弹簧调整螺母的位置。解体时要测量活塞环与活塞室间隙，如间隙过大，则应更换活塞环。

（3）检查阀体、阀座有无裂纹、砂眼等缺陷，若有，应予以补焊处理。

（4）测量各部尺寸、间隙及轴的弯曲度，检查轴及轴套有无锈垢、磨损、卡涩等缺陷。

（5）阀体和阀盖结合面应平整光滑、无麻点和机械伤痕。阀盖无变形拱起而致使结合面接触不良，若有，应进行修复和研磨。

（6）检查阀瓣与阀座密封面接触情况是否良好，否则应视不同情况进行处理。

11-13　阀门的盘根如何进行配制和施放？

答：先把盘根紧紧裹在直径等于阀杆直径的金属上，用锋利的刀子沿着

45°的角切开，把做好的盘根一圈一圈的放入填料盒中，各层盘根环的接口要错开90°～120°，每放入两圈要用填料压盖紧一次，在高压阀门中，如使用石墨盘根作填料，应在最上或最下面各使用几圈石棉盘根，阀门换好盘根后，填料压盖与填料盒的上、下间隙应在15mm以上，以便锅炉点火后盘根泄漏再紧一次。

11-14 简述阀门填盘根的方法。

答： 更换阀门盘根时，应将盘根分层压入，并应在每层中间加少许石墨粉，各层盘根接头应错开90°～120°，在压紧压盖时不应偏斜，并应留有供继续压紧盘根的间隙，其预留间隙为20～40mm（DN100以下阀门为20mm，DN100以上为30～40mm）。压紧填料时，应同时转动阀杆，以便检查填料紧固阀杆的程度，压盖压入盘根室的深度不能小于盘根室的10%，也不能大于20%。

11-15 阀门如何解体？

答： 阀门解体时必须确认该阀门所连接的管道已从系统中断开，管内无压力，其步骤是：

（1）用刷子和棉纱将阀门内外污垢清理干净。

（2）阀体和阀盖上打上记号。

（3）拆下传动装置或手轮。

（4）卸下填料压盖，清除旧盘根。

（5）卸下门盖，铲除填料和密封垫片。

（6）旋出阀杆，取下阀瓣。

（7）卸下螺纹套管和平面轴承。

11-16 阀门如何组装？

答： 阀门的组装方法如下？

（1）把平面轴承涂上黄油，连同螺纹套管一起装入轴承室内。

（2）把阀瓣装在阀杆上，使其能自由活动，但锁紧螺母不可松动。

（3）将阀杆穿入填料盒中，再套上填料压盖，旋入螺纹套管内，至开足位置。

（4）将阀体吹扫干净。

（5）将密封垫片装入阀体与阀座的法兰之间，将阀盖正确的扣在阀体上，对称旋转螺栓，并使法兰四周间隙一致。

（6）添加盘根（在添加盘根前，应使阀门处于关闭状态）。

11-17 检修阀门的注意事项有哪些?

答: 检修阀门的注意事项如下:

(1) 所检修阀门当天不能完成时,应采取安全措施,防止掉入异物。

(2) 更换阀门时,在焊接新阀前,要把这个新阀门开 2~3 圈,以防阀头温度升高胀死、卡住或把阀杆顶坏。

(3) 阀门在研磨过程中要勤检查,以便随时纠正磨偏的问题。

(4) 用专用的卡子做水压试验时,有关人员应远离卡子,以免卡子脱落时伤人。

(5) 使用风动工具检修阀门时,胶皮管接头一定要绑牢固,最好用铁卡子卡紧,以免胶管脱落时伤人。

(6) 对每一条合金螺栓都应经过光谱和硬度检查。

(7) 更换新的合金钢阀门时,对新阀门的各部件均应打光谱、鉴定,防止发生以低代高的差错。

11-18 阀门检修后进行水压试验时,对于有法兰的阀门和无法兰的阀门应各用什么垫片?

答: 水压试验时,对于有法兰的阀门应用石棉橡胶垫片,对于无法兰的阀门则用退过火的软钢垫片。

11-19 阀门垫片起什么作用?垫片材料如何选择?

答: 垫片的使用是保证阀瓣、阀体与阀盖相接触处的严密性,防止介质泄漏。垫片材料的选择根据压力、温度和流通介质性质而定,选用橡胶垫、橡胶石棉垫、紫铜垫、软钢垫、不锈钢垫等。汽水管道都采用金属垫。

11-20 如何使拆下来的旧紫铜垫重新使用?

答: 首先检查拆下来的旧紫铜垫表面应无沟槽及其他缺陷,然后将紫铜垫加热至橙红色,放到冷水中急速冷却,再用细砂布擦亮即可使用。一个紫铜垫可重复使用多次。

11-21 阀门解体检查有哪些项目?要求如何?

答: 阀门解体检查的项目和要求如下:

(1) 阀体与阀盖表面有无裂纹和砂眼等缺陷,阀体与阀盖结合面应平整,凹凸面无损伤,其径向间隙是否符合要求,一般为 0.12~ 0.50mm。

(2) 阀瓣与阀座的密封面应无裂纹、锈蚀和刻痕等缺陷。

(3) 阀杆弯曲度一般不超过 0.10~0.20mm,椭圆度一般不超过 0.20~0.50,表面锈蚀和磨损深度不超过 0.10~0.20mm,阀杆螺纹完好,与螺纹

套管配合灵活，不符合要求时应更换。

(4) 填料压盖、填料盒与阀杆间隙要适当，一般为0.10～0.20mm。

(5) 各螺栓、螺母的螺纹应完好，配合适当。

(6) 平面轴承的滚珠、滚道应无麻点、腐蚀、剥皮等缺陷。

(7) 传动装置动作要灵活，各配件间隙要正确。

(8) 手轮等要完好、无损坏。

11-22 为什么要对主蒸汽管进行蠕胀测量?

答: 由于长期在高温高压的条件下运行，主蒸汽管道金属的弹性变形会逐渐地转变为塑形变形，即使回到常温常压的状态下这个变形也不会消失，此即管壁金属的蠕胀现象。对于这种变形，规定在运行10万h之后也不得超过管道原来直径的1%。如果主蒸汽管道的蠕胀超出了这个数值，则说明管道已经胀粗，继续使用就会带来不安全的因素。因此，我们必须定期对主蒸汽管道进行蠕胀检查，及时掌握管道的健康状况。

11-23 支吊架安装有哪些要求?

答: 支吊架安装的要求如下:

(1) 固定支架能承受管道及保温的质量，并能承受管道温度变化产生的推力和拉力，把管子卡紧做为死点。

(2) 滑动支架，应保证管子的轴向自由膨胀，留出热位移量，装偏值为位移量的1/2。

(3) 吊架的吊杆，需留出预倾斜量，预倾斜面应为热位移ΔL的1/2。

(4) 不得在没有补偿器的管段上同时装两个或两个以上的固定支架。

(5) 活动支架的活动部分必须裸露，不得被水泥或保温覆盖。

(6) 安装弹簧支吊架时，根据弹簧的压缩量，预先把弹簧压缩固定，待安装完毕后松开。

11-24 如何计算管道的伸长量?

答: 管道的伸长量由下式计算，即

$$\Delta L = aL\Delta t$$

式中 ΔL——管道热膨胀量，mm；

a——管材线膨胀系数；

L——计算管道长度，mm；

Δt——计算温差，℃。

11-25 管道的推力如何计算?

答: 管道的推力计算公式如下，即

$$F = S\delta = \frac{\pi}{4}E\delta t(D_w^2 - D_n^2)\Delta t$$

式中 F——推力，MPa;

S——受力面积，mm^2;

δ——管道受热时产生的热应力 MPa;

E——管材的弹性模数;

D_w——管道外径，mm;

D_n——管道内径，mm。

11-26 对管道的严密性试验有什么要求?

答: 管道的严密性试验要求是:

(1) 管道系统应通过水压试验进行严密性试验。试验时将空气排净，一般试验压力为工作压力的 1.25 倍，但不得小于 0.196MPa。

(2) 试验时间为 5min，无渗漏现象。

(3) 试验压力超过 0.49MPa 时，禁止再拧紧各接口连接螺栓，发现泄漏时，应在降压后，再进行试验。

11-27 对管道严密性试验有什么质量要求?

答: (1) 管道系统应通过水压试验进行严密试验，试验时，将空气排净，一般用工作压力的 1.25 倍，但不得小于 2MPa，对埋入地下的压力管不得小于 4MPa。

(2) 试验时间为 5min，无渗漏现象。

(3) 试验压力超过 5MPa 时，禁止再拧紧各连接螺栓，发现泄漏时，应降压消除缺陷后再进行试验。

11-28 常用的弯管方法有几种? 各有什么不同?

答: 分为热弯和冷弯两种。

热弯管子就是选用干净、干燥和具有一定粒度的砂石充满将被弯的管道内并通过振打使砂子填实，然后加热管子，采用人工方法把直管弯曲成为所需弧度的弯管的过程。

冷弯管子就是按照待弯管子的直径和弯曲半径选择好胎具，在弯管机上将管子弯成所需要角度弯管的过程。对于大直径、管壁厚的管子，则是采用局部加热后在弯管机上进行弯制的方法来实现弯管过程的。

冷弯管子通常采用弯管机来弯制，弯管机有手动、手动液压和电动三种方式。手动弯管机一般固定在工作台上，弯管时需将管子卡在夹具中，用手的力量扳动把手使滚轮围绕工作轮转动，即可把管子弯曲成所需要的角度；电动弯管机则是通过一套减速机构使工作轮转动，工作轮带动管子移动并被弯曲成所需的形状。

11-29 如何进行管子的人工热弯？

答：热弯管子就是选用干净、干燥和具有一定粒度的砂石充满将被弯的管道内并通过振打使砂子填实，然后加热管子，采用人工方法把直管弯曲成为所需弧度的弯管的过程。

11-30 如何进行管子的冷弯？

答：冷弯管子就是按照待弯管子的直径和弯曲半径选择好胎具，在弯管机上将管子弯成所需要角度弯管的过程。对于大直径、管壁厚的管子，则是采用局部加热后在弯管机上进行弯制的方法来实现弯管过程的。

冷弯管子通常采用弯管机来弯制，弯管机有手动、手动液压和电动三种方式。手动弯管机一般固定在工作台上，弯管时需将管子卡在夹具中，用手的力量扳动把手使滚轮围绕工作轮转动，即可把管子弯曲成所需要的角度；电动弯管机则是通过一套减速机构使工作轮转动，工作轮带动管子移动并被弯曲成所需的形状。

11-31 管子使用前应作哪些检查？

答：管子使用前的检查项目如下：

(1) 用肉眼检查管子表面是否有裂纹、皱皮、凹陷或磨损等缺陷。

(2) 用卡尺或千分尺检查管径与管壁厚度，确认其尺寸偏差符合标准规定的要求。

(3) 用千分尺和自制样板，从管子全长选取3、4个位置来测量管子的椭圆度，通常要求被测截面的最大、最小直径差值与管道公称直径之比不超过0.05。

(4) 对有焊缝的管子应进行通球试验，选取检测球的直径应为管子公称直径的80％～85％。

(5) 在使用前，应按照设计要求核对管子的规格、钢号，并根据管子的出厂证明检查其化学成分、力学性能等指标；对合金钢管子，必须抽样进行光谱分析，检验其化学成分是否与钢号吻合；对于高温高压等要求严格的情况，还应对管子进行压扁试验、水压试验。

11-32　高温、高压管道检修的标准项目是什么？

答：在正常情况下，高温、高压管道的检修工作量不大。一般在机组大修时要进行以下项目的工作：检查高温、高压管道有无裂纹、泄漏、冲蚀等缺陷；进行主蒸汽管道的蠕胀测量，对焊口进行检查鉴定和探伤；对主蒸汽管道进行金相检查；进行管道支吊架的检查；检查、更换主蒸汽、给水管道上的弯头、三通和管段等；对管道流量孔板等其他附件进行检查修理。

11-33　对高温、高压管道检修的工艺质量有哪些要求？

答：对高温、高压管道检修的工艺质量要求有：

(1) 管道蠕胀测量。

(2) 主蒸汽管道的金相检查。

(3) 管道支吊架等的检查。

(4) 管道腐蚀和磨损情况的检查。

(5) 高压管道及附件的更换。

(6) 对焊缝的检查。

11-34　对高压管道的焊接坡口有什么要求？

答：高压管道的焊接坡口，应采用机械方法加工，当管壁厚小于16mm时，采用V形坡口，管壁厚度为17～34mm时，可采用双V形或U形坡口。

11-35　管道支吊架的检查内容有哪些？

答：管道支吊架的检查内容如下：

(1) 支吊架和弹簧架杆有无松动和裂纹及其他不良现象。

(2) 固定支吊架的焊口和卡子底座有无裂纹和移位现象。

(3) 滑动支架和膨胀间隙应无杂物影响管道自由膨胀。

(4) 检查管道膨胀指示器，看其是否回到原来的位置上，如果没有应找出原因并采取措施处理。

(5) 对有缺陷的支吊架应修理，修理前应把弹簧位置、支吊架长度等作好记录，修完后使其恢复原状，拆开支吊架前应用手拉倒链或其他方法把管子固定好，以防下沉或移动，在更换支吊架零件时应使用原材料，以免错用钢材造成不良后果。

11-36　对管道腐蚀和耐磨情况的检查要求是什么？

答：当管道的承压部件，如法兰、阀门、流量孔板拆开或焊口割开后，应对其内壁进行检查，管道内壁应干净，光滑，没有锈污、层皮、夹渣、气孔、砂眼、麻点和腐蚀、凹坑等不良现象，用测厚仪测量管壁壁厚，以检查管壁是否磨损，管道的磨损不允许大于壁厚的 1/10，如果磨损过大时，应对管道进行更换。

11-37　如何进行高温、高压管道的水压试验？

答：在水压试验前，应将高压管道与低压系统及不宜连接试压的设备隔开。加设盲板的部位应有标记，并作好记录。系统内的阀门应预开启。

当管道的工作温度小于或等于 200℃时，系统水压试验以工作压力的 1.5 倍进行。当温度高于 200℃时，试验压力按下式换算，即

$$p_1 = 1.5p\frac{[\sigma]_1}{[\sigma]_2}$$

式中　p_1 ——常温时的试验压力，MPa；

p ——工作压力，MPa；

$[\sigma]_1$ ——常温时材料的许用应力，MPa；

$[\sigma]_2$ ——工作温度下材料的作用应力，MPa。

在实验压力下保持 10min，然后降至工作压力，检查全系统，没有泄漏或“出汗“现象。

11-38　如何进行高温、高压管道的吹扫？

答：系统水压试验后，应对管道进行吹扫。电厂的高温、高压管道一般用蒸汽进行吹扫：

(1) 蒸汽吹扫前，应缓慢升温暖管，且恒温 1h 后进行吹扫，然后自然降温至环境温度，再升温、暖管、恒温进行第二次吹扫。如此反复进行，一般不少于三次。

(2) 蒸汽吹扫的排气管应引至室外，并加以明显标志。管口应朝上倾斜，保证安全排放。排气管应具有牢固的支架，以承受其排空的反作用力。排气管直径不宜小于被吹扫管的管径，长度应尽量短。

(3) 绝热管道的蒸汽吹扫工作，一般宜在绝热施工前进行，必要时可采取局部的人体防烫措施。

(4) 蒸汽吹扫的的检查方法及合格标准如下：

1) 中、高压蒸汽管道、汽轮机进汽入口管道的吹扫效果，应以检查装于排气管的铝靶板为准。铝靶板表面光洁，宽度为排气管内径的 5%～8%，长度等于管子内径。连续两次更换铝靶板检查，铝靶板上肉眼可见的冲击斑

痕不多于10点，每点不大于1mm，即认为合格。

2）一般蒸汽或其他管道，可用抛光木板置于排气口处检查，板上应无铁锈、脏物。

11-39　简述阀门的阀瓣和阀座产生裂纹的原因和消除方法。

答：对由于合金钢密封面堆焊时即产生裂纹或阀门两端温度太大所造成的阀瓣与阀座上有裂纹的缺陷，必须对有裂纹的部位进行剖挖焊补，再根据密封面合金的性质按照工艺要求进行热处理，最后用车床车修并研磨至合格。

11-40　如何选用阀门密封面的材料？

答：由于阀门密封面的材质是保证其密封性能的最关键的因素之一，因而对其基本要求是在流通介质的一定的压力、温度作用下，应具有一定的强度、耐介质腐蚀和良好的工艺性能。

对于密封面有相对运动的阀门，还应要求其密封面材质耐擦伤性能好、摩擦系数小；对于受高速介质冲刷的阀门，还应要求其密封面材质抗冲蚀能力强；对于通过特殊的高温或低温介质的阀门，还应要求其密封面材质具有良好的热稳定性以及与密封面基体母材相近。

11-41　电动阀门对驱动装置有什么要求？

答：电动阀门对驱动装置的要求如下：

（1）应具有阀门开、关所需的足够转矩，电动装置的最大输出转矩应与配用阀门所需的最大操作转矩相匹配。

（2）应保证具有开、关阀门的不同的操作转矩，以满足阀门关严后再次开启时所需的比关严阀门时所需更大的操作转矩。

（3）能满足关阀时所需的密封紧力，以保证强制密封的阀门在关闭状态、阀芯与阀座接触后，须继续向阀座施加的、确保阀门密封面可靠密封的一个附加力。

（4）能够保证阀门操作时要求的行程、总转圈数。

（5）具有满足要求的操作速度。

（6）电动驱动部分可以独立于阀门进行安装，不能影响阀门的解体，且具有配套的手动操作机构。

（7）应具有力矩保护和行程限位等安全装置。

11-42　安全阀的解体检查项目有哪些？

答：安全阀的解体检查项目如下：

（1）检查安全阀弹簧，应无裂纹、变形等缺陷。

（2）检查活塞环有无缺陷，并测量涨圈接口的间隙。在活塞内，其间隙为0.20～0.30mm，在活塞外，自由状态其间隙应为1mm，检查活塞应无裂纹、沟槽和麻坑等缺陷。

（3）检查安全阀阀瓣与阀座密封面有无沟槽和麻坑等缺陷。

（4）检查弹簧安全阀的阀杆有无弯曲。每500mm长度允许的阀杆弯曲不超过0.05mm。

（5）检查重锤式安全阀的杠杆支点“刀口”有无磨毛、弯曲、变钝等缺陷。

（6）检查安全阀法兰连接螺栓有无裂纹、拉长、丝扣损坏等缺陷，并由金相检验人员做金相检查。

11-43　自制热煨弯头的质量标准是什么？

答：自制热煨弯头的质量标准为：

（1）外观检查。弯曲管壁的表面不得有金属分层、裂纹、皱折和灼烧过度等缺陷。

（2）管子椭圆度检查。在工作压力大于9.8MPa时，弯头部位的椭圆度不得超过6%；在工作压力小于9.8MPa时，弯头部位的椭圆度不得超过7%。

（3）弯头部分的管壁厚度检查。检测壁厚的最小值不得小于设计计算的壁厚。

（4）通球检查。用不小于管子内径80%的球检测，须通过整根管子。

（5）检测管子弯曲半径的偏差不超过±10mm。

（6）检查管子内侧不得有波浪皱折。

11-44　选择法兰时的基本注意事项有哪些？

答：选择法兰的基本注意事项如下：

（1）当配置与设备或阀件相连接的法兰时，应按照设备或阀件的公称压力等级来进行选择，否则就会造成所选择的法兰与设备或阀件上的法兰尺寸不能配套的情况。当选用凹凸面法兰连接时，一般无特殊规定的情况下，应将设备或阀件上的法兰制作成凹面或槽面，而配置的法兰则加工成凸面。

（2）对于气体介质管道上的法兰，若其公称压力不超过0.25MPa时，一般也应按照0.25MPa的等级来选配。

（3）对于液体介质管道上的法兰，若其公称压力不超过0.60MPa时，一般也应按照 0.60MPa 的等级来选配。

(4) 对于真空管道上的法兰，一般应按照不低于 1.0MPa 的等级来选配凹凸面形式的法兰。

(5) 对于输送易燃、易爆、有毒性或刺激性介质的管道上的法兰，无论其工作压力为多少，至少应选配 1.0MPa 等级以上的。

11-45　选配法兰紧固件的基本原则有哪些?

答： 法兰用的紧固件是指法兰的螺栓、螺母和垫圈，其材质和类型的选择主要取决于法兰的公称压力和工作温度。

法兰螺栓的加工精度需要参照其工作条件确定，当配用法兰的公称压力 PN≤2.5MPa、工作温度 t≤350℃时，可选用半精制的六角螺栓和 A 型半精制六角螺母；当配用法兰的公称压力 4.0MPa≤PN≤20MPa 或工作温度 t>350℃时，则应当选用精制的等长螺纹双头螺栓和 A 型精制六角螺母。

法兰螺栓的数目和尺寸主要取决于法兰的直径和公称压力，可参照相应的法兰技术标准选配。通常法兰螺栓的数目均为 4 的倍数，以便于采用"十字法"对称地进行紧固。

在选择螺栓长度时，应保证法兰拉紧后保持螺栓突出螺母外部尺寸为 5mm 左右，且不应少于 2 个螺纹丝扣的高度。

在选择螺栓和螺母的材料时，应注意选配螺母材料的硬度不得高于螺栓的硬度，以保护螺栓不至于受到螺母的损伤，避免螺母破坏螺栓上的螺纹。

通常，无特殊要求的情况下，在螺母下面不设垫片。若螺杆上加工的螺纹长度稍短、无法保证拧紧螺栓时，可加装一个钢制平垫；但不得采用叠加垫片的方法来补偿螺纹的长度，确实不合适时应重新选择螺纹加工长度适当的新螺栓。

11-46　管道法兰冷紧或热紧的原则是什么?

答： 对于工作温度高于 200℃或在 0℃以下的管道，除了连接管道过程中对螺栓的紧固之外，在管道投运初期，还应立即进行管道的热紧和冷紧。

在管道的热紧过程中，紧固螺栓时管道内存留的压力应符合以下的规定：当管道设计压力小于 6MPa 时，允许热紧管道内存压不超过 0.3MPa；当管道设计压力大于 6MPa，允许热紧管道内存压不超过 0.5MPa。

在对低温管道进行冷紧时，一般应先将管道泄压之后完成。

在对管道螺栓进行热紧、冷紧时紧固的力度要适当，且应有一定的技术措施和安全保障措施，必须保证操作人员的安全。

11-47 阀杆螺纹损伤或弯曲、折断等故障应如何处理?

答: 对于阀杆加工过程中的工艺问题，造成阀杆螺纹过松或过紧，则应退出阀杆进行修整直至更换，同时制作备件时要注意加工时的公差要求和阀杆材料的选择。

对于因阀杆与阀套螺母咬扣或咬死的现象，若只是锈蚀抱死，可采取喷洒少许煤油或松动剂浸泡一定时间，然后再开关数次的方法，直至阀杆能够转动自如；若是阀套螺母咬扣，则需修复阀杆与阀套螺母的螺纹部分，对损坏严重无法修复的情况，则应更换新阀杆或新的阀套螺母。

对于因介质腐蚀、操作次数太多或使用年限太久而造成的阀杆螺纹损伤，则应进行更换，同时必须检查对应的传动铜套螺纹是否满足要求，最好是能一同更新，以免由于新阀杆与旧传动铜套的公差不一致而出现新的配合问题。

11-48 阀瓣腐蚀损坏的故障应如何处理?

答: 当阀瓣出现腐蚀损坏时，一般都是由于阀瓣的材质选择不当所致，应按照介质特性和温度重新选择合适的阀瓣材料或更换新的、满足介质要求的阀门，同时注意新阀安装时的介质流向与原来一致。

11-49 填料函泄漏缺陷应如何处理?

答: 填料函泄漏缺陷的处理方法如下：

(1) 对由于填料的材质选择不当所造成的填料烧损、磨损过快而导致的填料函泄漏，应根据机械的转速、介质的特性来重新选择合乎要求的填料。

(2) 若是由于填料压盖未压紧或紧偏所造成的填料函泄漏，应检查并重新调整填料压盖，确保压盖螺栓紧固到位且压盖各处均匀受力、间隙一致。

(3) 对由于加装填料的方法不当所造成的填料函泄漏，应重新按照规定的方法加装填料，注意切口剪成45°斜口，相邻两圈的接口要错开90°～120°。

(4) 对由于阀杆表面粗糙度大或磨成椭圆形、填料挤压受损而造成的填料函泄漏，应对阀杆进行修整或更换。

(5) 对由于填料使用过久而磨损、弹性消失、松弛失效等造成填料函泄漏的情况，应立即更换新的填料。

(6) 对由于填料压盖变形所造成的填料不能均匀、密实地被压紧而产生的填料函泄漏现象，需更换新的填料压盖。

11-50　对阀门研磨工具的基本要求有哪些？

答：研磨杆与研磨头通常用固定螺栓连接，且应装配的很直，不得偏斜或有晃动。使用过程中，最好是固定地沿着某一个方向转动，以免出现由于研磨杆连接螺栓松动而影响研磨质量的现象。

研磨杆的尺寸应根据实际情况的需求来确定，一般较小的阀门所配用的研磨杆长度为150mm、直径为20mm左右；通径为40～50mm的阀门选用的研磨杆长度为200mm、直径为25mm。为了便于操作，我们通常把研磨杆顶端加工成活动的，以便于按照所需的长度进行连接。

11-51　简述磨砂研磨的基本方法。

答：首先，需要加好粗研磨砂，粗磨后利用研磨工具把密封面上的麻点、划痕等磨去，在研磨工具上使用的压力为0.15MPa，这个过程称为粗磨。

若检查密封面的缺陷较轻时可不用粗磨而直接采用细磨，即用较细的研磨砂进行手工或机械研磨的过程，此时在研磨工具上使用的压力为0.10MPa。在细磨时，因为粗磨用过的研磨头和研磨座已有槽文损伤而不再适于细磨了，故需更换新的研磨头或研磨座。细磨后阀瓣或阀座的密封面应基本达到光亮，可用铅笔在密封面上划几条线，将阀瓣与阀座对正轻转一圈，此时铅笔线的痕迹应基本被磨去。

精磨是阀门研磨的最后一道工序，应使用手工研磨的方法，使用压力不超过0.05MPa且时间不宜过长。精磨时不用研磨头和研磨座，而是采用氧化铬等极细的抛光剂涂在毛毡或丝绒上进行抛光；或者是把W_5或更细的微粉用机油、煤油稀释后，直接将阀门上的阀瓣对着阀座进行互研。研磨时阀瓣和研磨杆应装正，磨料用研磨膏稍加一点机油稀释。研磨应先顺时针旋转60°～100°，再反向旋转40°～90°，不断地轻轻来回研磨，研磨一会检查一次，直至磨的发亮、粗糙度达到0.32，并可在阀瓣和阀座的环形密封面上见到一圈颜色黑亮的闭合带环且最窄处宽度不应小于密封面宽带的三分之一。最后，需再用机油轻轻研磨几次，使用干净的棉布清洁、擦干密封面，留待回装。

11-52　简述使用砂布研磨的基本方法。

答：使用砂布研磨的优点是研磨速度快、质量好，故采用的比较广泛。在使用砂布研磨时，也应根据阀瓣和阀座的尺寸、角度来配制研磨头和研磨座。

使用砂布研磨阀座时也分为三步，首先用2号粗砂布把麻点、划痕等磨

平，再用 1 号或 0 号砂布将用 2 号粗砂布研磨时造成的纹痕磨去，最后再用抛光砂布研磨一次即可。若阀座密封面的缺陷较轻，可采用分两步研磨的方法，先用 1 号砂布把缺陷磨掉，再用 0 号或抛光砂布细磨一遍即可。若阀座密封面的缺陷很轻微，则可以直接用 0 号或抛光砂布进行研磨。

使用砂布研磨阀座时，可以一直按照某一个方向研磨，不必向后倒转。而且应经常检查阀座密封面，只要把缺陷磨掉就应更换较细的砂布继续进行研磨。

使用砂布研磨阀座时，工具和阀门的间隙要小，一般每边间隙为 0.2mm 左右，过大时则易于产生磨偏现象，因而在制作研磨工具时应注意此点。此外，若使用机械化工具研磨时，应用力轻而均匀，避免砂布出现重叠、起皱而磨坏阀座。

至于阀瓣有缺陷时，可以先用车床车削加工，去除全部的缺陷，然后再用抛光砂布均匀地磨至光亮，或者将抛光砂布放到研磨座上进行研磨也可。

11-53 加装阀门填料时的注意事项有哪些？

答：阀门填料应按照填料函的形式和介质的工作压力、温度、特性等条件来选用，其形式、尺寸、材质和性能应满足阀门的工作要求。此外，填装过程中还应注意以下几点。

（1）对柔性石墨的成型填料，应注意检查其表面平整，不得出现毛边、松弛、折裂和较深的划痕等缺陷。

（2）按照填料之前，应检查填料函、压盖、紧固螺栓等均已经过清洗和修整，各部件表面清洁、无缺陷；检查阀杆、压盖与填料函直接的配合间隙在标准的范围之内（一般为 0.15～0.30mm）。

（3）装入填料前，对无石棉的石棉填料应涂抹一层片状的石墨粉。

（4）对于能够在阀杆上端直接套入的成型填料，都应创造条件尽量采取此方法；在阀门检修结束回装时，也应尽量采用直接套入成型填料的方法。

（5）若填料无法直接套入填料函中，可采用切口搭接的方法进行。对于非成型的方形、圆形等盘状填料，可以阀杆周长等长、沿着 45°角的方向切口，成型填料则直接沿 45°角的方向切口，注意检查每圈填料填入时不能发生搭接接口有短缺或多余、重叠的现象。

（6）填料装入过程中，注意摆放各层填料之间的切口搭接位置应相互错开 90°～120°。

（7）将填料装入填料函中时，应一圈一圈地装入并装好一圈后就使用填料压盖压紧一次，不得采取多圈填料同时装入再挤压到位的方法，以免发生内部的填料错位、接口搭接不好或不均匀等缺陷。

（8）在填料安装过程中，装好1～2圈填料之后就应选择一下阀杆，以免填料压的过紧，阀杆与填料咬死，影响阀门的正常开关。

（9）选用填料时严禁以小代大，若确实没有尺寸合适的填料时，可以采取使用比填料函槽宽大1～2mm的填料，并需使用平板或碾具均匀地压扁，不得采取用榔头等用力砸扁的方法。

（10）紧固填料压盖时用力应保持均匀，随时检查两边的压兰螺栓被对称地拧紧，防止出现压盖紧偏的现象。此外，在填料紧固的松紧程度适当后，还应检查填料压盖压入填料函的深度为压盖高度的1/4～1/3，不得过浅或过深。

11-54　简述机械密封的密封端面发生不正常磨损的可能原因及相应的处理方法。

答：机械密封的密封端面发生不正常磨损的可能原因有以下几种情况：

（1）端面发生干摩擦。处理方法为：加强润滑，改善端面润滑状况。

（2）端面发生腐蚀。处理方法为：更换端面材料。

（3）端面嵌入固体杂质。处理方法为：加强过滤并清理密封水管路。

（4）安装不当。处理方法为：重新研磨端面或更换新件回装。

当机械密封端面在使用后出现了密封端面有内外缘相通的划痕或沟槽、密封端面有热应力裂纹或腐蚀斑痕等情况时，则不再对其进行修复。

11-55　如何对阀门密封面进行研磨？

答：阀门密封面的研磨就是使磨粒承受研具一定的压力，对密封面进行微量磨削，使阀门密封面得到准确的几何形状、较高的硬度和较低的表面粗糙度的工艺加工过程。

阀门密封面的研磨过程包括准备、清洗和检查、研磨及检验过程。

（1）准备过程：准备过程包括备好研磨用的物料，选好研磨用具，调试研磨机和备好研磨密封面用的检验工具等。

研磨的物料有砂纸、研磨剂、稀释液以及检验的红丹粉、铅笔等。研磨用具有研具导向器、万向节和手柄。需要用研磨机研磨的，应事先检查、加油和调试。检验密封面用的工具主要是标准平板，有的用水平仪，有条件的可使用平尺、表面粗糙度样板等工具，研具在使用前应进行检验。

（2）清洗和检查过程：清洗密封面应在油盘内进行，清洗剂一般用汽油或煤油，边洗边检查密封面损坏情况。

在清洗中，用肉眼难以确定的微细裂纹，可用着色探伤法进行检查。

经过清洗后，应检查阀瓣或闸板与阀座密封面密合情况。检查一般用红丹粉和铅笔。用红丹粉试红，检查密封面印影，确定密封面密合情况。如果密封面密合不好，可用标准平板分别检验阀瓣和阀座密封面，确定研磨部位。

(3) 研磨过程：研磨过程分为粗研、精研和抛光等过程。粗研是为了消除密封面上的擦伤、压痕、蚀点等缺陷，使密封面得到较高平整度和一定的表面粗糙度，为密封面精研打下基础。粗研采用粗粒砂布（纸）或粗粒研磨剂，其粒度为 80 号～280 号，粒度粗，切削量大，效率高，但切削纹路较深，密封面表面较为粗糙，需要精研。

精研是为了消除密封面上的粗纹路，进一步提高密封面的平整度和降低表面粗糙度。采用细粒砂布（纸）或细粒研磨剂，其粒度为 280 号～1200 号，粒度细，切削量小，有利于降低表面粗糙度。精研时应更换比粗研时更平整和光洁的研具，研具应清洗干净。对一般阀门而言，精研能满足最终的技术要求，但对表面粗糙度要求很低的阀门，需要进行抛光。

抛光的目的，主要是降低密封面的表面粗糙度。一般用于表面粗糙度 $Ra<0.08\mu m$ 的密封面，用氧化铬等极细的抛光剂涂在毛毡或金丝绒上进行抛光，也可用 1200 号或更细的微粉与机油、煤油等稀释后，密封副中的两密封面互研，更有利于密封面间的密合。但这种方法不适宜过长的时间，一般靠研具自重力，研合一下就可以了。

手工研磨不管粗研还是精研，始终贯穿提起、放下、旋转、往复、轻敲、换向等操作相结合的研磨过程。其目的是为了避免磨粒重复，使研具和密封面得到均匀的磨削，提高密封面的平整度和降低密封面的表面粗糙度。

(4) 检验过程：在研磨过程中贯穿着检验过程，其目的是为了随时掌握研磨情况，做到心中有数，使研磨质量达到技术要求。

11-56　如何对阀杆和轴进行校直？

答：阀杆和轴的弯曲变形通常用校直方法来修理。其方法有静压校直、冷作校直、火焰校直三种。

(1) 静压校直法。静压校直阀杆和轴，通常在校直台上进行。校直台由平板、V 形块、压力螺杆、压头、手轮、千分表和表座等组成。校直方法如下：

首先用千分表逐一测量出阀杆或轴各部位的弯曲值，并作好标记和记录，分析阀杆或轴的弯曲状态，并确定弯曲的最高点和最低点。然后调整 V 形块的位置，把阀杆或轴的最大弯曲点放在两只 V 形铁中间，并使最大弯曲点朝上，操作手轮使压力螺杆压住最大弯曲点，慢慢地使最大弯曲点向相反方向压弯。要消除阀杆或轴的弯曲变形，压弯量应比原弯曲量大得多。该压弯量应视阀杆或轴的刚度而定，一般为 8～15 倍。为了不使阀杆或轴恢复到原状，必须保持一定的施压时间。压弯校直的稳定性，随着压弯量的增加而提高，随着施压时间延长而提高。在相同情况下，一般压弯量大时，施压时间可短些；压弯量小时，施压时间可长些。压弯时间少则几分钟，多则一天。

(2) 冷作校直法。冷作校直法的着眼点正好与静压校直法相反，它是用圆锤、尖锤或用圆弧工具敲击阀杆和轴弯曲的凹侧表面，使其产生塑性变形，受压的金属层挤压伸展，对相邻金属产生推力作用，弯曲的阀杆或轴在变形层挤压伸展，对相邻金属产生推力作用，弯曲的阀杆或轴在变形层的应力作用下得到校直。

冷作校直具有不降低零件的疲劳强度、校直精度容易控制、稳定性好等优点。但弯曲量不大，一般不超过 0.5mm。弯曲量过大时，应先经过静压校直后，再用冷作校直。

阀杆与填料接触的圆柱面，一般不采用冷作校直法，应采用静压校直法。

校直完毕后，被锤击的部位应用细砂纸或抛光膏打磨抛光。

(3) 火焰校直法。火焰校直法与静压校直法一样，在阀杆或轴弯曲部分的最高点，用气焊的中性焰快速加热到 450℃以上，然后迅速冷却，使棒弯曲轴线恢复到原有的直线形状。

火焰校直，随着温度的升高而增加，一般校直温度在 200～600℃。直径小、弯曲量小的，校直温度可低一些；反之则应高些。

阀杆和轴的加热带尺寸对校直量有一定影响，一般加热带宽度接近阀杆或轴的直径，长度为直径的 2～205 倍。

阀杆的加热深度对校直量有直接影响，加热深度超过其直径的 1/3 时，加热深度增加，校直量减少；全部热透时，则起不到校直作用。可在加热部位底部用湿布垫着来防止热透，能收到较好的校直效果。

11-57　脉冲安全阀解体后，应对哪些部件进行检查？如何检查？

答： 脉冲安全阀解体后，应检查的部件和方法如下：

(1) 检查弹簧。宏观检查有无裂纹、折叠等缺陷。

(2) 测量弹簧自由高度。检查活塞环（胀圈套）有无缺陷，并测量其接口间隙；活塞环放入活塞室内不准漏光，活塞内间隙为 0.20～0.30mm，活

塞外自由状态时间隙为1mm。并检查活塞和活塞室有无裂纹、沟槽和麻坑。

(3) 检查阀头和阀座的密封面有无沟槽和麻坑等缺陷。

(4) 检查主阀的阀杆有无弯曲，可将阀杆夹在车床上用千分表检查其弯曲度。

(5) 检查副阀的杠杆支点，“刀口”有无磨损、磨钝等缺陷。

(6) 检查法兰螺栓有无裂纹、拉长、丝扣损坏等缺陷，并由金相检验人员做进一步检查。

11-58 什么叫冷裂缝？产生的原因及防止措施有哪些？

答：焊缝在较低的温度下（低于200～300℃）产生的穿晶开裂叫冷裂缝，冷裂缝有可能延迟几小时、几周，甚至更长的时间发生，又称延迟裂缝。

产生冷裂缝的原因有3个：

(1) 焊缝及热影响区收缩产生大的应力。

(2) 由于淬变应力而产生的显微组织。

(3) 焊缝中有相当高的氢浓度。

防止措施有8点：

(1) 选用能降低焊缝金属扩散氢的低氢焊条。

(2) 焊条严格按要求烘干。

(3) 适当预热。

(4) 增大焊接热量输入。

(5) 使用碳含量低的钢材。

(6) 焊后立即进行热处理。

(7) 减少焊缝拘束度。

(8) 使坡口清洁。

11-59 简述阀体泄漏的原因和消除方法。

答：阀体泄漏的原因：制造时铸造质量不合格，有裂纹或砂眼；或者是阀体在补焊中产生应力裂纹。

消除方法：对漏点处用4%硝酸溶液浸蚀，便可显示出全部裂纹；然后用砂轮磨光或铲去有裂纹和砂眼的金属层，进行补焊。

11-60 大修后的阀门仍不严密，是什么原因造成的？

答：研磨后阀门仍不严密是因为研磨过程中有磨偏现象，手拿研磨磨杆不垂直，东歪西扭所造成的。或者在制作研磨头或研磨室时，尺寸、角度和阀门的阀座、阀头不一致。

11-61　试述阀门阀杆开关不灵的原因。

答：阀门阀杆开关不灵的原因如下：

（1）操作过猛使螺纹损伤。

（2）缺乏润滑油或润滑剂失效。

（3）阀杆弯曲。

（4）表面粗糙度大。

（5）配合公差不准，咬得过紧。

（6）阀杆螺母倾斜。

（7）材料选择不当。

（8）螺纹或阀杆被介质腐蚀。

（9）露天阀门缺乏保养，阀杆螺纹沾满尘砂或者被雨露霜雪锈蚀等。

11-62　高压阀门如何检查修理？

答：高压阀门的检查修理方法如下：

（1）核对阀门的材质，不得错用，阀门更换零件材质应做金相光谱试验，阀门材质应由金相检验人员同意，并作好记录。

（2）清扫检查阀体是否有砂眼、裂纹和腐蚀，若有缺陷，可采用挖补焊接方法处理。

（3）阀门密封面要用红丹粉进行接触试验，接触点要达到80%，若小于80%时，需要研磨，对于结合面上的凹面和深沟要采用堆焊方法。

（4）门杆弯曲度、椭圆度应符合要求，门杆丝扣和丝母配合要符合要求。无松动、过紧和卡涩现象。

（5）检查门柄上下夹板有无裂纹、开焊、冲刷变形和损坏严重，调节是否灵活，锁紧螺母丝扣是否配合良好，如有缺陷应更换处理。

（6）用煤油清洗检查轴承，轴承无裂纹，滚珠灵活完好，转动无卡涩，蝶形衬垫无裂纹或变形。

（7）清扫门体、门盖、填料室、瓦块、压环、固定圈、填料压盖、螺栓及各部件，达到干净，见金属光泽。

（8）测量各部间隙。

11-63　简述阀瓣和阀杆脱离造成开关不灵的原因和排除方法。

答：阀瓣和阀杆脱离造成开关不灵的原因和排除方法如下：

（1）修复不当或未加螺栓止动垫圈，运行中由于汽水流动，使螺栓松

动，阀瓣脱落。

(2) 运行时间过长，使销子磨损或疲劳损坏。

消除方法：提高检修质量，阀瓣与阀杆的销子要合乎规格，材料质量要合乎要求。

11-64 如何进行阀门水压试验？

答：水压试验充水时，应将阀门中的空气全部放出，进水应当缓慢，不可发生压力突增或过度水冲击现象。试验压力为实际工作压力的1.5倍。在试验压力下保持5 min，再把压力降到实际工作压力进行检查，若发现不严密处，应进行再次检修，然后再重新做水压试验。水压试验后，应将阀门中的水全部放掉，并且擦干净。

11-65 安全阀为什么要进行冷态校验？

答：安全阀冷态校验可保证热态校验一次成功，缩短校验时间，并且减少了由于校验安全阀时锅炉超过额定压力运行的时间。

11-66 管道系统金属监督的范围是什么？

答：管道系统金属监督的范围是：工作温度大于和等于450℃的高温承压金属部件（含主蒸汽管道、高温再热蒸汽管道，过热器管、再热器管、联箱、阀壳、三通和异型管件），与主蒸汽管道相连接的小管道，以及与上述承压部件相连的附属设备；工作压力大于或等于6MPa的承压管道和部件，如给水管道，100MW以上机组低温再热蒸汽管道。

11-67 为什么调节阀允许有一定的漏流量？检修时应特别注意什么问题？

答：调节阀一般都有一定的漏流量（指调节阀全关时的流量），这是由于阀芯和阀座间有一定间隙。如果间隙过小，容易卡涩，使运行操作困难，甚至损坏阀门。当然阀门全关时的漏流量应当很小；如果间隙过大，漏流量很大，在紧急事故情况下，如汽包水位偏高，需要停止上水时，就会因漏流量而造成锅炉的满水事故。所以阀芯和阀座的间隙应力求得当，使之既不妨碍使用，又能将漏流量控制在较小的范围之内。

11-68 为什么要考虑汽水管道的热膨胀和补偿？

答：锅炉的汽水管道在工作和不工作时，温度变化很大。停运时，它们的温度均为室温，约为20～30℃；而投入运行时，主蒸汽温度可达450～580℃，温差达400～500℃。这些管道在投运和停运过程中，即受热和冷却过程中，都要产生热胀冷缩，引起管道伸长或缩短。当管道能自由伸缩时，受热过程是不会受到很大约束及作用力的，但是管道都是有约束的，所以在受热膨胀时会受到阻碍，因而会产生很大的应力。如果管道布置和支架选择配置不当，会影响管道及其相连热力管道及设备的安全运行，必须考虑汽水管道的热膨胀及补偿问题。

11-69　就地水位计指示不准确有哪些原因？

答：就地水位计指示不准确的原因如下：

(1) 水位计的汽水连通管堵塞，会引起水位计水位上升，如汽连通管堵塞，水位计上升较快；水连通管堵塞，水位逐渐上升。

(2) 水位计的放水门泄漏，就会引起水位计内水位降低。

(3) 水位计有不严密处，使水位指示偏低；汽管漏时，水位指示偏高。

(4) 水位计受到冷风侵袭时，也能使水位低一些。

(5) 水位计安装不正确。

11-70　发电厂中选取汽水管道介质流速时，应考虑哪些因素？

答：应考虑的因素：

(1) 压力损失应在允许的范围内。

(2) 尽量选用较小的管径，以便节约钢材及投资。

11-71　工作压力大于或等于 10MPa 的主给水管道投产运行 5 万 h，应做哪些检查？

答：工作压力大于或等于 10MPa 的主给水管道投产运行 5 万 h，应做的检查有：

(1) 对三通、阀门进行宏观检查。

(2) 对焊缝和应力集中部位进行宏观和无损探伤检查。

(3) 对阀门厚管段进行壁厚测量。

11-72　对高温螺栓材料有哪些要求？

答：对高温螺栓材料有如下要求：

(1) 抗松弛性好，屈服强度高。

(2) 缺口敏感性低。

(3) 具有一定的抗腐蚀能力。

(4) 热脆性倾向小。

(5) 螺栓与螺母不应有“咬死”现象，螺母材料硬度比螺栓材料低。

(6) 紧固件与被紧固件材料的导热系数、线膨胀系数接近。

11-73 阀门密封面对焊时，为减少变形，应采用什么措施?

答：为减少变形，应尽可能减少施焊过程中的热影响区，采用对称焊法及跳焊法，确定合理的焊接顺序，采用较小电流，较细的焊条，层间冷却办法；也可采用必要的夹具和支撑，增大刚度。

11-74 试述蒸汽管路在运行中产生水冲击的特征。

答：蒸汽管路在运行中产生水冲击的特征如下：

(1) 蒸汽温度急剧下降。

(2) 各种阀门的门杆处冒出白汽或水点。

(3) 蒸汽管路产生冲击声或产生振动。

(4) 汽动推力轴承回油温度及推力瓦温度急剧上升，轴向位移增加。

(5) 机组负荷下降，声音变沉，振动增大或伴随金属摩擦声。

11-75 简述在什么情况下可采用虾米腰弯头。

答：在下列情况下可采用虾米腰弯头：

(1) 管子直径太大。

(2) 管子壁厚太薄。

(3) 由于位置紧凑要求弯曲半径很小。

(4) 允许弯管有焊缝的、不重要的管道。

11-76 已知一条蒸汽管道的长是30m，工作时温度升高400℃，求这条蒸汽管道膨胀时伸长量是多少？如果两端固定，中间安装一个Ⅱ型膨胀节，问安装这条蒸汽管时冷拉值是多少？[$\alpha=12\times6^{-6}$m/(m·℃)]

解：

$$\Delta L=\alpha L\Delta t\times1000$$
$$=12\times6^{-6}\times30\times400\times1000$$
$$=144\text{mm}$$
$$S=\frac{\Delta L}{2}=\frac{144}{2}=72\text{mm}$$

答：管道热膨胀伸长量是144mm，冷拉值是72mm。

11-77 有一个脉冲安全阀，其脉冲阀为重锤杠杆式，阀芯直径为20mm，重锤重力为245N，杠杆尺寸如图11-1所示，重锤位置从500mm移动109.7mm。试求安全门开启压力。(忽略摩擦及其他因素)

解：阀芯所受的蒸汽作用力为$\frac{\pi D^2 p}{4}$，$D=20$mm

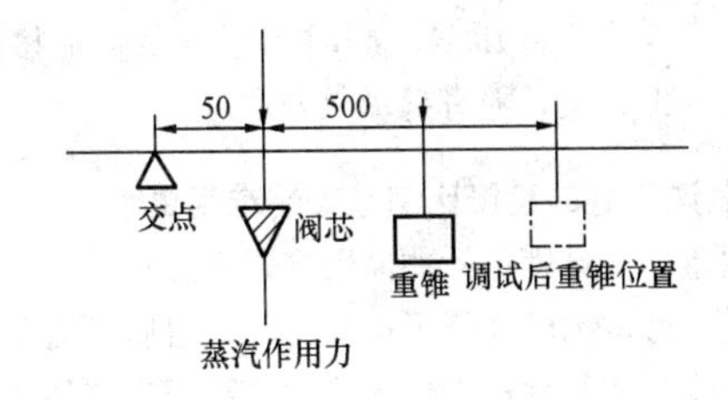

图 11-1　杠杆尺寸图

根据力矩的平衡关系式，则

$$p=\frac{245\times(0.05+0.5+0.1097)}{\frac{0.05\pi D^2}{4}}$$

得 $p=10.29\text{MPa}$

答：安全门开启压力为 10.29MPa。

11-78　举例说明管道及附件的连接方式有哪几种。

答：管道及附件的连接方式有三种：

(1) 焊接连接。如焊接阀门的装设。

(2) 法兰连接。如低压阀门和扩容器的法兰连接等。

(3) 螺纹连接。如暖汽管道和低压供水管道的螺纹接头等。

11-79　弯管时，对管子的弯曲半径有什么规定？为什么不能太小？

答：通常规定热弯管的弯曲半径不小于管子公称外径的 3.5 倍，冷弯管的弯曲半径不小于管子公称外径的 4 倍。若弯曲半径太小，则会使管子出现裂纹，严重地影响管子使用寿命，故通常要规定最小弯曲半径。

11-80　阀门检修前，要做哪些准备工作？

答：阀门检修前，要做的准备工作如下：

(1) 准备阀门。锅炉所用的各种阀门都要准备一部分，即可购置一些新阀门并经重新拆装，也可以利用经修复的旧阀门。

(2) 准备工具。包括各种扳手、手锤、錾子、锉刀、撬棍、24～36V 行灯，各种研磨工具、螺丝刀、套管、大锤、工具袋、换盘根工具等。

(3) 准备材料。包括研磨料、砂布、盘根、螺栓、各种垫子、机油、煤油及其他消耗材料。

(4) 准备现场。有些大阀门和大流量法兰检修很不方便，可以在检修时搭好架子，使检修工作顺利进行。为了便于拆卸，检修前先对阀门螺栓加上一些煤油。

（5）准备检修工具盒，高压锅炉阀门大部分是就地检修，将所用的工具、材料、零件装入工具盒，随身携带很方便。

11-81 为什么说管道的检修比制造安装难度更大？

答：检修比制造加工难度更大的原因有以下几点：

（1）一般来说，管材都已运行了很长时间，材质可能已发生变化。

（2）检查裂纹或蠕变等材料损伤的范围，利用现有的无损探伤方法，并不完全可靠。

（3）在已安装好的条件下要进行检验、检修及热处理，往往受到空间、温度及灰尘等环境条件的限制。

（4）在检修工作中工期往往比较紧，使检修时间受到限制。

由于上述原因，使得检修工作通常有更大的难度和风险。

11-82 如何对阀门关闭件和其他零部件进行修理？

答：阀门的关闭件是指阀瓣、闸板、柱塞、球体等，在它们上面有密封面，并与阀杆相连接。关闭件除承受阀杆传递给它的关闭力外，还与介质直接接触，容易出现故障，这些故障可用各种机械的处理方法进行修复。

11-83 阀门轴承如何修理？

答：轴承是支撑阀杆和轴运动的重要零件，它承受阀杆和轴径向和轴向的磨损，属于易损件。滚动轴承损坏后，一般应更换。在无备件的情况下，可根据现有条件，采用选配、更换滚动体、配换新圈、研磨、镀铬和修整保持架等方法进行修理。

滚动轴承通常采用轴套或本体直接加工而成，它磨损后可采取用砂布打磨、刮研、镶套等方法修复。

11-84 阀门齿轮传动装置的形式有哪些？

答：齿轮传动的形式有正齿轮传动、伞齿轮传动和涡轮蜗杆传动三种。

11-85 阀门齿轮传动装置的调整换位修理过程是怎样的？

答：（1）翻面修理。齿轮传动在长期运转中，往往会产生齿面单边磨损现象。如果结构对称、条件允许的话，可把正齿轮、涡轮翻个面，蜗杆调头，把未磨损面作为主工作面。如果轮毂两边端面高低不一致、不对称的话，可根据具体结构采取适当的措施，如锉低端面和用垫片来调整高低。

（2）换位修理。在涡轮蜗杆传动中，涡轮齿往往有1/4～1/2部位磨损大一些。在修理中碰到这种情况，可把涡轮位置换一个角度，让未磨损的涡

轮齿与蜗杆吻合。

蜗杆较长，如果部分齿面磨损，在允许的条件下，将蜗杆沿轴适当移几个齿距，避开磨损面与涡轮吻合。

11-86　阀门齿轮传动装置个别齿轮损坏的修复过程是怎样的?

答: 齿轮个别齿损坏的修复方法有以下几种：

(1) 镶齿粘接法。把坏齿除掉，加工成燕尾槽，用相同的材料加工新齿块，成燕尾式，与齿轮上的燕尾槽相配，保持 0.1～0.2mm 间隙，并使新加工齿留有一定的精加工余量。新齿与槽按规定粘接牢固后，用铅块在完好齿牙间压成样板，用那个样板着色检查新齿，按印影精加工新齿，直至样板与齿接触均匀为止。此法适用于焊接性能差的齿轮。

(2) 镶齿焊接法。此法适用于焊接性能好的齿轮，其工艺与镶齿粘接法相同。

(3) 栽桩堆焊法。在断齿上钻孔攻丝，埋上一排螺钉桩，用堆焊法在断齿处堆焊出新齿。最后，加工成与齿一样的齿形。

11-87　阀门齿轮传动装置齿轮和蜗轮断裂的修复过程是怎样的?

答: 在阀门传动装置中，断裂的齿轮涡轮应更换。先将断口加工成坡口，再将断节嵌入齿轮上复原，并点焊固定。然后在齿轮缘两端面上车制加强板夹持槽，槽的外径应比齿根圆直径小 5mm，内经比轮缘内径稍小，槽深视齿轮厚度而定，一般为 2～5mm，再以该夹持槽为准，车制两个加强圈，最后将这两个加强圈采用铆接等方法夹持固定在两端面夹持槽中。

11-88　阀门齿轮传动装置齿轮和蜗轮齿的更换过程是怎样的?

答: 齿轮和涡轮磨损严重或齿牙断裂严重，可采用更换整个牙齿的方法。

(1) 直齿轮整个齿牙的更换。把齿轮上所以的齿车除，并车至齿根下 5mm 左右处，应留有一定厚度的轮缘。车制一个新轮缘圈与旧齿轮粘接或焊接在一起，车制好两端面和顶圆，其尺寸与原齿轮一样，再铣制新齿。

(2) 涡轮整个牙齿的更换。把涡轮缘车除，并用相同材料车制一个新轮缘，嵌在旧涡轮上，然后在连接处对称点焊，再车制顶圆和两个端面，最好铣出轮齿。

11-89　阀门气动和液动传动装置的形式有哪些?

答: 阀门气动和液动传动装置的形式有立式和卧式、不带手轮和带手轮、常开式和常闭式等。

11-90 阀门气动和液动传动装置的活塞与缸体磨损后的修复过程是怎样的?

答:(1)缸体的磨削和研磨。缸体内表面微有椭圆度、圆锥度以及轻微的擦伤、划痕等,可以直接采用磨削和研磨的方法,消除缺陷,恢复原有的精度和表面的粗糙度。

(2)缸体的手工打磨。缸体有轻微的擦伤、拉缸等缺陷,可先用煤油清洗缺陷处,再用半圆形油石在圆周方向打磨,然后用水砂纸蘸汽轮机油在圆周方向左右打磨,直到肉眼看不见擦痕为止。打磨完后,应清洗缸体。

(3)缸体的镀层处理。通常采用镀铬处理,使缸体恢复尺寸,增加耐磨性和耐腐蚀性。镀完铬后,应进行研磨或抛光。

(4)缸体的镶套。缸体严重磨损时,可以采用镶套的方法解决。套筒的壁较薄,压入缸体时会产生变形,因此,应预留一定的内孔精加工余量,待压入后,镗削加工内孔。经过镶套的缸体,应符合技术要求,经过1.5倍公称压力试压验收。

11-91 阀门气动和液动传动装置缸体破损的更换过程是怎样的?

答:缸体破损一般出于事故性质,破损的缸体一般应更换。

11-92 阀门气动和液动传动装置活塞的修复过程是怎样的?

答:润滑不良、装配不正、砂粒混入、活塞杆弯曲等因素,都会造成缸体和活塞的磨损,甚至引起活塞的局部破损。

(1)活塞局部破损的修复。可采用堆焊或粘接修复。

(2)活塞尺寸的恢复。缸体内表面镗大后,活塞与缸体间隙加大,活塞外圆表面均匀磨损,如无更换备件,可以采用二硫化钼-环氧树脂成膜剂恢复活塞尺寸。

(3)活塞的镶套修复。对于活塞与缸体间隙大、活塞槽磨损、活塞破损等缺陷,可采用镶套方法修复。镶套与活塞的连接可采用粘接和机械固定方法。

11-93 阀门气动和液动传动装置其他部件的修复过程是怎样的?

答:阀门气动和液动传动装置其他部件的修复过程如下:

(1)活塞盖渗漏的粘补方法。活塞盖上因松散组织、气孔等缺陷产生泄漏时,可用胶黏剂加压渗透法进行粘补。此法也适用于缸体的修复。

(2)管接头泄漏的修理。缸体、活塞盖上螺纹座与管接头泄漏时,一般用聚四氯乙烯薄膜包在螺纹处,即可止漏。如果螺纹滑丝、乱扣,可以制作一个特殊的内外螺纹件，内螺纹与原螺纹一样，外螺纹与扩大的螺孔相配，相配前涂上密封胶防漏。

11-94　阀门电动装置的型号和结构由哪些组成？

答： 阀门电动装置的型号和结构组成如下：

（1）阀门电动装置的型号。其是用来表示电动装置的基本技术特性的，分为五部分：①②-③/④⑤。

第一部分是汉语拼音字母，表示电动装置的形式。字母Z表示闸阀、截止阀、节流阀和隔膜阀用的电动装置，字母Q表示球阀和蝶阀用的电动装置。

第二部分是阿拉伯数字，表示电动装置输出轴的额定转距。第二部分与第三部分之间有一条短横线。

第三部分是阿拉伯数字，表示电动装置输出的额定转速。第三部分与第四部分之间有一条斜线。

第四部分是阿拉伯数字，表示电动装置输出轴的最大转圈数。

第五部分是汉语拼音字母，表示电动装置的防护类型。普通型从略，字母B表示防爆型，字母R表示耐热型，字母WFB表示户外、防腐、防爆型。

（2）电动装置的结构。电动装置是由电动机，减速器，转矩限制机，行程控制机构，开度指示器，现场操作机构（包括手轮、按钮），手、电动连锁机构、控制箱等部件组成。

11-95　阀门电动装置手动操作的过程是怎样的？

答： 将手、电动连锁机构切换到手动侧，用手轮操作阀门，在阀门开关过程中，操作应灵活、轻便、无卡阻现象。同时检查电动装置是否和阀门开关方向一致，开度指示显示值应与手轮操作方向一致并且同步。这样检查和调整几遍，确认无误后，将阀门操作到开闭的中间位置，以便电动操作。

11-96　阀门电动装置电动操作的过程是怎样的？

答： 接通电源，使用电动装置操作，半自动、手动、电动连锁机构应能自动切换到电动侧，动作应敏捷可靠。同时应检查电动装置旋转方向与操作方向是否一致。电动装置在开启和关闭过程中，应运转平稳无异常响声。用手触动行程开关和转矩开关，能正确地切断相应的控制电路，使电动机停止转动。在行程开关和转矩开关还未整定下来之前，用电动操作时不能把阀门开闭到上下死点位置，以免损坏阀门和电动装置。

11-97 阀门电动装置行程控制机构的调整过程是怎样的？

答：用手动操作使阀门全开（或全关）至上（或下）死点后，再倒转0.5～1.5圈（或1～2圈）作为阀门的全开（或全关）位置，固定行程开关，整定行程控制机构，使开阀（或关阀）方向的行程开关刚刚动作。

不同的行程控制机构，其整定方法有所不同，要视情况而定。有的行程控制机构，如果行程越过上限时会损坏零件，整定时应先使该机构与主传动机构脱开，再手动操作至全开位置；调整关闭方向的行程开关时，应注意大多数阀门关闭位置是按转矩定位的，也就是阀门的开关位置是该阀门操作转矩到规定值的位置。

这种情况下，行程开关主要是提供阀门位置信号，用来闭锁控制电路。

调整后，用电动操作阀门，反复开启和关闭，检查行程开关的工作情况。对于按行程定位的阀门，启闭时只行程开关起作用，转矩开关不应动作；对于按转矩定位的阀门，关闭过程中，行程开关应先动作，转矩开关后动作并切断控制电路。

11-98 阀门电动装置转矩限制机构的调整过程是怎样的？

答：转矩限制机构的调整最好在转矩试验台上进行；如不具备转矩试验台，可在现场调整。现场调整最好在阀门的正常工作状态下进行。先调整关闭方向的转矩开关，开始时转矩开关的整定值应小一点，用电动操作阀门关闭，转矩开关动作切断电源后，用手动检查阀门关闭程度。如手动能继续关闭，说明需要提供转矩整定值。用上述方法调整几次，使电动操作转矩开关动作后，用手不能继续关闭，又能使阀门用手动开启为止，这时可以认为转矩开关调整好了。

调整开阀方向的转矩开关时，可参考关阀方向的整定值来整定，由于开阀比关阀时需要的转矩大些，应将开阀方向转矩开关整定值调大些，以便阀门能打开、关严。

11-99 如何进行高压加热器联成阀的拆卸？

答：高压加热器联成阀的拆卸方法如下：

（1）操作传动装置手轮，使该阀门处于开启位置，然后卸传动装置及行程指示器。

（2）松开压兰螺栓，将压兰套从压兰室中取出。

（3）松开拉紧法兰螺栓，并将拉紧法兰盘从阀盖上拧下。

（4）取下定位环。

（5）取下自密封压块固定环。

（6）将自密封压块打出。

（7）吊住阀杆，将阀杆、上阀座、自密封垫、自密封环及阀盘一同吊出。

（8）将阀杆从阀盖上退出。

（9）拧开阀盘固定环，取下阀盘。

（10）拆下紧固螺钉，将导向套筒从阀盖上拆下。

11-100　简述高压旁路控制阀的结构及检修过程。

答：300MW 机组高压旁路控制阀采用的是苏尔寿公司制造的 ARS125 型高压蒸汽控制阀。

ARS125 型阀是一种 Z 形阀门，介质从上部进入，流经阀门底到下部流出，依靠蒸汽的作用力可将阀门打开。ARS125 型阀门主要由阀门本体、阀杆、阀盖、减温水喷水体、阀座、挡水罩等部件构成。

高压旁路控制阀的检修工艺如下：

（1）拆卸。

1）在开始工作之前必须确保该阀与系统解列，压力到零，并冷却至环境温度。

2）切断所有的液压连接。

3）标明阀盖与阀体、液压装置与阀体的相对位置。

4）拆开执行器活塞杆与阀杆之间的连接装置及执行器与阀体的连接螺栓，将执行器吊走；将阀体用钢丝绳吊住。

5）拆开喷水管法兰，将喷水管移开。

6）松开紧固螺栓，拧下压盖螺帽，然后将提取环（压兰盖）及压盖衬筒取出。

7）拧开阀盖螺栓，将阀盖连同减温水喷水体及挡水罩一同轻轻放下，然后将门杆轻轻放下。

8）拧开连接螺栓，将阀盖、喷水体及挡水罩解体开。

（2）清理检查及质量要求。

1）将拆下的各部件用煤油清洗干净，去除油污、锈垢等脏物。

2）对阀杆、导向套筒、阀芯和阀座密封面进行认真的检查。

3）检查减温水喷水体喷水孔是否有锈垢或杂物堵塞现象；检查挡水罩网眼有无损坏或被堵塞。如有，应进行清理或修复、更换。

4）检查清理阀盖与阀体密封面，阀盖与喷水体密封面，阀盖与喷水管

法兰密封面。这些密封面应光滑，无裂纹、沟痕等缺陷。

5）其他零部件的检查及质量要求同一般阀门。

（3）回装。

1）回装时必须保证各接触表面、阀体内部及各零件的清洁。

2）对各螺纹进行润滑。

3）更换新的垫片和填料。

4）按照与拆卸相反的步骤回装阀门，回装时应注意拆前标记。

5）紧阀盖与喷水体、阀盖与阀体及阀盖与喷水管法兰时应均匀对称地紧，不得紧偏，且紧力适中。

11-101 简述高压旁路喷水调节阀的结构及检修过程。

答： E45S型高压旁路喷水调节阀主要由阀体、阀座、阀杆、压力密封螺帽、压力密封盘根、导向衬套及压力密封盖等零件组成。

高压旁路喷水调节阀的检修工艺如下：

（1）拆卸。

1）在开始解体前，应确保该阀处于无压、排空状态，并冷却至环境温度。

2）切断所有的液压连接，拆开执行器活塞杆和阀杆之间的连接装置和执行器叉架螺栓，然后将执行器拆下。

3）拧开螺栓，拿下锁扣装置。

4）拧下压力密封螺帽，拧下固定螺栓，再取下压兰，然后即可将压力密封盖连同压力密封盘根一同拿出。

5）将锁紧螺栓拧开，再拧下压力螺帽，然后将提取环取出。

6）在阀杆上部拧入吊环，将阀杆吊出。

（2）回装。

1）回装时必须保证阀体内部及各零件清洁干净。

2）各螺纹无损伤，拧入自如，并在回装前对各螺纹进行润滑。

3）更换新的填料。

4）按照与拆卸相反的步骤回装阀门。

11-102 简述低压旁路阀的结构及检修过程。

答： N/C300/220-16.7/537/537 型 300MW 机组的低压旁路阀为瑞士苏尔寿公司生产的 NB64－50013g 型低压旁路阀，它主要由阀体、阀杆、阀盖、阀帽、阀瓣、压兰、阀盖垫等零部件组成。

低压旁路阀的检修工艺如下：

1. 拆卸步骤

（1）在该阀拆卸之前必须具备以下条件：

1）阀门处于无压、排空状态，并冷却至周围环境温度。

2）所有电器线路已经断电。

3）液压控制系统必须无压。

（2）切断所有的电源和液压连接。

（3）解体前应标明执行机构叉架、阀盖、阀体间的相互位置，以便回装时能顺利装配。

（4）将执行器用钢丝绳捆好并吊住。

（5）拆开执行器活塞杆和该阀阀杆之间的连接装置。

（6）将执行器叉架与该阀阀盖之间的连接螺栓拆掉，并将执行机构吊走。

（7）将阀盖螺栓松开并拆去，然后用拉出螺杆把它从阀体上小心提起。

（8）将拧紧螺栓拆下，取下压环及阀杆导套。

（9）压盖和阀杆的拆卸：

1）拆开定位螺钉，取下滴油盘。

2）将锁紧铁片弯回，拆开压兰螺栓，取出压兰盘、压兰衬套。

3）从阀盖中拉出阀杆。

2. 清理、检查及工艺要求

（1）彻底清理所有零件。

（2）检查阀瓣与阀座密封面有无磨损、腐蚀、麻坑、裂纹等缺陷；若有，应进行研磨和修复。

（3）检查阀杆表面是否有磨损、腐蚀、划伤等缺陷；若有，应采用磨光、喷镀等方法进行修复；无法修复时应予更换。

（4）检查阀杆是否有弯曲；若弯曲，应进行矫直。

（5）检查导向衬套内壁是否有磨损、腐蚀等缺陷，是否光滑，与阀杆的间隙应合适，否则应更换导向衬套。

（6）检查阀盖与阀体结合面有无裂纹、划痕、腐蚀等缺陷；若有，则应进行磨光、补焊等处理。

（7）其他零件的检查与工艺要求与一般阀门相同。

3. 阀门的安装

（1）安装导向衬套及其压圈并将拧紧螺栓拧紧，注意螺栓锁紧薄片应正确弯折。

（2）将阀杆装入阀盖，并重新填入新盘根，然后按照有关工艺要求紧

盘根。

1）先用手拧紧螺母，直到压兰套筒紧紧地压在盘根上为止。

2）再用扳手拧紧螺母，压紧量以不超过所填加盘根高度的8%为准。

3）在紧完盘根后，螺栓必须高出螺母至少两扣。

4）盘根不能紧的太紧，否则将使阀杆受到严重磨损，只能保证不漏即可。

(3) 阀盖及执行机构的组装。

1）必须保证阀盖和阀体的接触表面光滑无缺陷，阀体内部清理干净。

2）用润滑剂润滑各螺栓螺纹及阀体上的螺孔。

3）装入新的阀盖垫片，然后将阀盖装入阀体。

4）对称均匀地拧紧阀盖螺栓。

5）如有滴油盘时，将其装在阀杆上。

6）将执行机构吊起并装在阀体上，然后将螺栓均匀对称的拧紧。

(4) 进行执行机构和阀门开关及行程的调整。

1）将液压软管连在执行机构上。

2）用手和伺服阀将执行机构和阀杆压到阀座上。

3）操作执行机构使其返回到“阀开”位置，然后用相同的阀门行程将执行机构操作到“阀闭”位置。

4）然后按标记安装连接器，并拧紧连接器螺钉。

5）移动标尺至指针的零处。

6）操作执行机构使其端部“阀开”，并检查指针是否指向相应的行程。

7）如不是的话，操作执行机构使其到中间位置，然后拧松连接器螺钉，用转动阀杆的办法调整差别，重紧连接器螺钉。

8）再次操纵执行机构使其到“阀开”和“阀闭”位置，并检查标尺上的行程，是否指示正确。如果不正确，应按上述方法再次调整阀杆，直到行程指示正确为止。

9）行程调整好后，拧紧连接器螺钉。

11-103　简述安全阀的泄漏原因及处理方法。

答：安全阀泄漏的原因及排除方法是：

(1) 氧化皮、水垢、杂物等落在密封面上时，可用手动排汽吹扫。

(2) 密封面机械损伤或腐蚀时，可用研磨或车削后研磨的方法修复或更换。

(3) 弹簧因受载过大而失效或弹簧因腐蚀而弹力降低时，应更换弹簧。

(4) 阀杆弯曲变形或阀芯与阀座支撑面偏斜时，应找明原因，重新组装或更换阀杆等部件。

(5) 杠杆式安全阀的杠杆与支点发生偏斜而使阀芯与阀座受力不均时，应校正杠杆中心线。

第十二章　汽轮机泵类设备检修岗位技能知识

12-1　水泵检修时常用的测量工具有哪些？

答：常用的测量工具有塞尺、游标卡尺、深度尺、千分表和内外径千分尺等。

12-2　离心泵的大修程序分哪几个步骤？

答：离心泵的大修按程序来讲，就是拆卸、检查和组装三大步。

12-3　水泵调速的方法有哪几种？

答：水泵调速一般用以下几种方法：

（1）用电动机变速。

（2）用变速齿轮和液压联轴器变速。

（3）用给水泵汽轮机直接变速驱动。

12-4　对新换的轴套必须做哪些检查和修磨？

答：换新轴套必须检查密封面端面粗糙度与轴线垂直度，必要时做相对研磨。

12-5　离心泵平衡轴向推力的方法有哪些？

答：（1）单级泵轴向推力平衡的方法如下。

1）在叶轮前、后盖板处设有密封环，叶轮后盖板上设有平衡孔（平衡孔一般为4～6个，总面积五倍于密封面间隙面积）或装平衡管。

2）叶轮双面进水。

3）叶轮出口盖板上装背叶片，除此以外，多余的轴向推力由推力轴承承受。

（2）多级泵轴向推力平衡的方法如下。

1）叶轮对称布置。

2）平衡盘装置法。

3）平衡鼓和双向止推轴承法。

4）采用平衡鼓带平衡盘的办法。

12-6　离心泵空转会带来什么影响？

答：离心泵的空转时间不允许太长，通常以2～4min为限，因为时间过长将造成泵内的水温度升高过多，甚至汽化，致使泵的部件受到汽蚀或受高温而变形。

12-7　对水泵轴承振动值的大小有什么规定？

答：按转速规定的轴承振动值（双振幅）见表12-1。

表12-1　轴承振动值表

转速（r/min）	振幅（mm）		
	优	良	合格
$n \leqslant 1000$	0.05	0.07	0.10
$1000 < n \leqslant 2000$	0.04	0.06	0.08
$2000 < n \leqslant 3000$	0.03	0.04	0.06
$n > 3000$	0.02	0.03	0.04

12-8　离心泵为什么会产生轴向推力？有哪几种轴向推力？

答：因为离心泵工作时叶轮两侧承受的压力不对称，所以会产生轴向推力。还有因反冲力引起的轴向推力。另外，在水泵启动瞬间，由压力不对称引起的轴向推力会使泵向后窜动。

12-9　离心泵流量有哪几种调节方法？各有什么优、缺点？

答：离心泵流量调整一般有以下几种方法。

（1）节流调节法。用改变泵出口门开度的大小来改变管路特性曲线，从而达到改变泵的流量，这种方法节流损失大。

（2）变速调节法。通过改变泵的转速来改变泵的特性曲线，从而达到改变泵的流量，这种方法缺点少，没有节流损失。

（3）改变泵的运行台数。用改变泵的运行台数来改变管道的总流量，这种方法实行流量的微调很困难。

（4）汽蚀调节法。如凝结泵采用低水位运行方式，通过改变水位高低，改变水泵特性曲线，从而改变泵的流量。方法简单、省电，但容易造成叶轮损坏。

（5）轴流泵和混流泵常采用改变叶轮、叶片角度的办法，此法调节流量

十分经济。

12-10 对水泵叶轮如何找静平衡？

答：水泵叶轮找静平衡的方法如下：

（1）算出叶轮键槽中键的质量，把这个质量附加在键槽处。

（2）找显著不平衡，把装有假轴的叶轮放在已经找好水平的平衡架上，使其缓慢移动，由于显著不平衡质量仍存在，会使叶轮在轨道上来回摆动，最后在有显著不平衡处停下。在叶轮静止后记下记号，这样进行几次，若记号均在同一处，说明显著不平衡质量就在此处。然后在对应180°处加一平衡质量，两次移动叶轮，直到记号停留在任意一个位置上。所得质量为显著不平衡质量。

（3）找剩余不平衡。利用试加质量圆移法进行。把叶轮分成6～8等分，并编好号，依次将各点放在水平上，试加重物，直到叶轮开始转动为止。依次试完各点，得出剩余不平衡质量＝（最大试加质量—最小试加质量）/2。

（4）把显著不平衡质量和剩余不平衡质量叠加起来，用矢量合成（平行四边形法）。

（5）去掉附加平衡质量。在附加平衡质量的180°位置去掉附加平衡质量。Q＝比重×长×宽×高，求出长度画线，由铣工铣去不平衡质量。

12-11 如何测量泵轴弯曲程度？

答：首先把轴的两端架在V形铁上，且V形铁应放置平稳、牢固；然后把千分表支好，使测量杆指向轴心，并缓慢地盘动泵轴。在轴有弯曲的情况下，每转一周，则千分表有一个最大读数和一个最小读数，两读数的差值即表明了轴的弯曲程度。这个测量过程实际上是测量轴的径向跳动（即晃度），晃度的一半即为轴的弯曲值。

12-12 泵轴直轴的方法有哪些？

答：泵轴直轴的方法如下：

（1）捻打法。

（2）机械加压法。

（3）局部加热法。

（4）局部加热、加压法。

（5）内应力松弛法。

12-13 捻打法直轴的原理是什么？

答：捻打法直轴就是在轴弯曲凹下部用捻棒进行捻打振动，使凹处的金属分子间内聚力减小而使金属纤维伸尺，同时捻打处轴的金属表面，产生扭曲变形，其中的纤维具有了残余伸长，因而达到了直轴目的。

12-14　捻打法直轴的基本步骤是什么？

答：捻打法直轴的基本步骤如下：

(1) 根据对轴弯曲的测量结果，确定直轴的位置，并作好记号。

(2) 选择适当的捻打的捻棒，捻棒的材料一般选用45号钢，其宽度随轴的直径而定（一般为15～40mm）捻棒的工作端，必须与轴面圆弧相符。

(3) 直轴时，将轴凹面向上放置，在最大弯曲断面下部，用硬板支撑并垫以铅板。另外，直轴时最后把轴放在专用的台架上，并将轴两端向下压，以加速金属分子振动而使纤维伸长。

(4) 捻打的范围为圆周的1/3，此范围应预先在轴上标出。捻打时的轴向长度可根据轴弯曲的大小、轴的材质及轴的表面硬化程度来决定，一般控制在50～100mm的范围之内。捻打顺序按对称位置交替进行，捻打次数为中间多，两侧少。

(5) 捻打时可用1～2kg的手锤敲打捻棒，捻棒的中心线应对准轴上所标范围，锤击时的力量不可过大。

(6) 每打完一次，应用百分表检查弯曲的变化情况。一般初期的伸直较快，而后因轴表面硬化而伸直速度慢。如果某弯曲处的捻打已无显著效果，则应停止捻打并找出原因，确定新的适当位置再行捻打，直至校正为止。

(7) 捻打直轴后，轴的校直应向原弯曲的反方向稍过弯0.02～0.03mm。

(8) 检查轴弯曲达到需要数值时，捻打工作即可停止。此时，应对轴各个断面进行全面、仔细地测量并记录。

(9) 对捻打轴在300～400℃进行低温回火，以消除轴的表面硬化及防止轴校直后复又弯曲。

12-15　捻打法直轴的优、缺点是什么？

答：捻打法直轴是工作中应用最多的直轴方法，但它一般只适于轴颈较小且轴弯曲在0.2mm左右的轴。此法的优点是直轴精度高，易于控制，应力集中较小，轴校直过程中不会发生裂纹。其缺点是直轴后在一小段轴的内部残留有压缩应力，且直轴的速度较慢。

12-16　内应力松弛法直轴的原理是什么？

答：内应力松弛法直轴是把泵轴的弯曲部位整个圆周都加热到使其内部

应力松弛的温度（低于该轴回火温度 30～50℃，一般为 600～650℃）并应热透。在此温度下施加外力，使轴产生与原弯曲方向相反的一定程度的弹性变形，保持一定时间。这样，金属材料在高温和应力作用下产生自发的应力下降的松弛现象，使部分弹性变形转变成塑性变形，从而达到直轴的目的。

12-17 简述内应力松弛法直轴的工艺是怎样的。

答：内应力松弛法直轴的工艺如下：

（1）测量轴弯曲，绘制轴弯曲曲线。

（2）在最大弯曲断面的整修圆周上进行清理，检查有无裂纹。

（3）将轴放在特制的、设有转动装置和加压装置的专用台架上，把轴的弯曲处凸面向上放好，在加热处侧面装一块百分表。加热的方法可用电感应法，也可用电阻丝电炉法，加热温度必须低于原钢材回火温度 20～30℃，以免引起钢材性能的变化，测温时是用热电偶直接测量被加热处轴表面的温度。直轴时，加热升温不盘轴。

（4）当弯曲点的温度达到规定的松弛温度时，保持温度 1h，然后在原弯曲的反方向开始加压，施力点距最大弯曲点越近越好，而支撑点距最大弯曲点越远越好。施加外力的大小应根据轴弯曲的程度，加热温度的高低，钢材的松弛特性，加压状态下保持时间的长短及外加力量所造成的轴的内部应力大小来综合考虑确定。加外力所引起的轴内部应力一般应小于 0.5MPa，应以 0.5～0.7MPa 的应力确定出轴的最大挠度，并分多次施加外力，最终使轴弯曲处校直。

（5）加压后应保持 2～5h 稳定时间，并在此时内不变动温度和压力，施加外力应与轴面垂直。

（6）压力维持 2～5h 后取消外力，保温 1h，每隔 5min 将轴盘动 180°，使轴上下温度均匀。

（7）测量轴弯曲的变化情况，如果已经达到要求，则可以进行直轴后的稳定退火处理；若轴校直得过了火，需住回直轴，则所需的应力和挠度应比第一次直轴时所要求的数值减小一半。

12-18 采用应力松弛法直轴应注意哪些事项？

答：采用应力松弛法在轴应注意的事项如下：

（1）加力时应缓慢，方向要正对轴凸面，着力点应垫铝皮或紫铜皮，以免擦伤轴表面。

（2）加压过程中，轴的左右（横向）应加装百分表，监视横向变化。

（3）在加热处及附近，应用石棉层包扎绝热。

（4）加热时，最好采用两个热电偶测温，同时用普通温度计测量加热点附近的温度来校对热电偶温度。

（5）直轴时，第一次的加热温升速度以100～120℃/h为宜，当温度升至最高温度后进行加压，加压结束后，以50～100℃/h的速度降温进行冷却，当温度降至100℃时，可在室温下自然冷却。

（6）轴应在转动状态下进行降温冷却，这样才能保证冷却均匀，收缩一致，轴的弯曲顶点不会改变位置。

（7）若直轴次数超过两次以后，在有把握的情况下，可将最后一次直轴与退火处理结合在一起进行。

12-19　局部加热法直轴的原理是什么？

答：这种方法是在泵的凸面很快地进行局部加热，人为地使轴产生超过材料弹性极限的反压缩应力。当轴冷却后，凸面侧的金属纤维被压缩而缩短，产生一定的弯曲，以达到直轴的目的。

12-20　简述局部加热法直轴的工艺。

答：局部加热法直轴的工艺如下：

（1）测量轴弯曲、绘制轴弯曲曲线。

（2）在最大弯曲断面的整个圆周上清理，检查并记录好裂纹的情况。

（3）将轴凸面向上放置在专用台架上。在靠近加热处两侧装上百分表以观察加热后的变化。

（4）用石棉布把最大弯曲处包起来，以最大弯曲点为中心把石棉布开出长方形的加热孔。加热孔长度（沿圆周方向）约为该处轴颈的25%～30%，孔的宽度（沿轴线方向）与弯曲度有关，约为该处直径的10%～15%。

（5）选用较小的焊嘴对加热处的轴面加热。加热时焊嘴距轴面约为15～20mm，先从孔中心开始，然后向两侧移动，均匀地周期地移动火嘴。当加热至500～550℃时（轴表面呈暗红色），立即用石棉布把加热孔盖起来、以免冷却过快而使轴表面硬化或产生裂纹。

（6）在校正较小直径的泵轴时，一般可采用观察热弯曲值的方法来控制加热时间，热弯曲值是当用火嘴加热轴的凸起部分时，轴就会产生更加向上的凸起，在加热前状态与加热后状态的轴线的百分表读数差（在最大弯曲断面附近），一般热弯值为轴伸直量的8～17倍。

（7）当轴冷却后降低至常温时，用百分表测量轴弯，并画出弯曲曲线，若未达到允许范围，则应再次校正。

（8）轴的校正应稍有过弯，待轴退火处理后，这一弯值即可消失。

12-21 在使用局部加热法直轴时，应注意哪些问题？

答：在使用局部加热法直轴时，应注意的问题如下：

（1）直轴工作应在光线较暗且无空气流通的室内进行。

（2）加热温度不得超过500～550℃，在观察轴表面颜色时，不能带有色眼镜。

（3）直轴所需要的应力大小可用两种方法调节，一是增加加热的表面；二是增加被加热轴的金属层的深度。

（4）当轴有局部损伤，直轴部位局部有表面高硬心或泵轴材料为合金钢时，一般不采用局部加热法直轴。

最后，应对校直的轴进行处理，以免其在高温环境中复又弯曲，而在常温下工作的轴则不必进行热处理。

12-22 为什么要对水泵转子测量晃度？

答：测量转子晃度的目的就是及时发现转子组装中的错误及转子部件不合格的情况。

12-23 对新换装的叶轮，应进行怎样的检查工作并合格后才可以使用？

答：对新换装的叶轮，应进行如下检查工作并合格后才可以使用。

（1）叶轮的主要几何尺寸，如叶轮密封环直径对轴孔的跳动值、端面对轴孔的跳动、两端面的平行度、键槽中心线对轴线的偏移量、外径、出口宽度、总厚度等的数值与图纸尺寸相符合。

（2）叶轮流道清理干净。

（3）叶轮在精加工后，每个新叶都经过静平衡试验合格。

12-24 在什么情况下应更换新泵轴？

答：在下列情况下应更换新泵轴：

（1）轴表面有被高速水流冲刷出现的较深的沟痕，特别是在键槽处。

（2）轴弯曲很大，经多次直轴后，运行中仍发生弯曲。

12-25 简述联轴器拆装注意事项。

答：联轴器拆装注意事项是：

（1）拆联轴器时，不可直接用锤子敲打，而必须垫以紫铜棒。且不可打联轴器的外缘，因为外缘极易打坏，应打联轴器的轮毂处。

（2）装配联轴器时，要注意键的序号（对具有两个以上键槽的联轴器来说）。采用铜棒锤打法时，必须注意敲打的部位。

（3）对轮销钉、螺帽、垫圈、胶皮圈等必须规格大小一致，以免影响联轴器的动平衡。

（4）联轴器与轴的配合一般都采用过渡配合，即可能出现少量过盈，也可能出现少量间隙。对于轮毂较长的联轴器，可采用较松的过渡配合，因轴孔较长，由于表面加工粗糙不平，会使组装后自然产生部分过盈。如发现二者配合过松，影响孔、轴对中心时，则要进行补焊。在轴上打麻点和垫铜皮乃是权宜之计，不能算是理想的办法。

12-26　联轴器与轴的装配应符合什么要求？

答：联轴器与轴的装配应符合如下要求：

（1）装配前应分别测量轴端外径及联轴器的内径，对有锥度的轴头，应测量其锥度并涂色检查配合程度和接触情况。

（2）组装时应注意厂家的铅印标记，宜采用紧压法或热装法，禁止用大锤直接敲击联轴器。

（3）大型或高速转子的联轴器装配后的径向晃度和端面的瓢偏值都应小于0.06mm。

12-27　为什么要进行对联轴器找中心工作？

答：联轴器找中心的目的，就是根据联轴器的端面，外圆的偏差值，通过计算、调整使两联轴器的中心线最大限度地接近重合，因为水泵是由原动机带动的，所以要求两根轴连在一起，其轴心线能够重合，这样运转起来以后才能平稳，不振动。

12-28　在水泵找正时应注意些什么？

答：在水泵找正时应注意的问题如下：

（1）找正前应将两联轴器用找中心专用螺栓连接好。若是固定式联轴器，应将二者插好。

（2）测量过程中，转子的轴向位置应始终不变，以免因盘动转子时前后窜动引起误差。

（3）测量前应将地脚螺栓都正常拧紧。

（4）找正时一定要在冷态下进行，热态时不能找中心。

12-29　对机械密封安装有哪些要求？

答：对机械密封安装要求如下：

（1）泵轴及密封腔的尺寸符合安装要求。

（2）检查弹簧应无裂纹、锈蚀等缺陷，在同一机械密封中，各弹簧的自由高度差要小于0.05mm，且不得有歪、卡涩等现象。

（3）检查动、静环密封端面的弧偏应不大于0.02mm，动、静环密封端面的不平行度小于0.04mm。

12-30 对机械密封的密封端面修复有什么规定？

答：对机械密封的密封端面修复的规定如下：

（1）密封端面不得有内、外缘相通的划痕或沟槽，否则，不再修复。

（2）在安装和使用过程中，软质材料的密封端面若出现崩边，修复后要求$b/b_1 \leqslant 0.2$（b_1为密封面宽，b为崩边宽）。

（3）对石墨环的凸台为3mm、密封端面磨耗量小于1mm及凸台为4mm、密封端面磨耗量小于1.5mm的情况，可对密封端面进行研磨，达到技术要求后，重新使用。

（4）密封端面有热应力裂纹或腐蚀斑迹，一般不必修复。

12-31 选泵的型号的时候一般要考虑哪些因素？

答：选泵的型号的时候一般要考虑下列因素：

（1）根据装置的布置、地形条件、水位条件、运转条件、经济方案比较等多方面因素考虑选择卧式、立式和其他形式（管道式、直角式、变角式、转角式、平行式、垂直式、直立式、潜水式、便拆式、液下式、无堵塞式、自吸式、齿轮式、充油式、充水温式）。卧式泵拆卸装配方便，易管理，但体积大，价格较贵，需很大占地面积；在很多情况下立式泵的叶轮淹没在水中，任何时候可以启动，便于自动调节或远程控制，并且紧凑，安装面积小，价格较便宜。

（2）根据液体介质性质，对是否采用清水泵、热水泵、油泵、化工泵、耐腐蚀泵、杂质泵、不堵塞泵进行合理选型。

（3）安装在爆炸区域的泵，应根据爆炸区域等级，采用防爆电动机。

（4）振动量分为：气动、电动（电动分为220V和380V）。

（5）根据流量大小，选单吸泵还是双吸泵；根据扬程高低，选单吸泵还是多吸泵，高转速泵还是低转速泵（空调泵），多级泵效率比单级泵低，当选单级泵和多级泵同样都能用时，宜选用单级泵。

（6）确定泵的具体型号。选型确定后，可按最大流量和放大5%～10%余量后的扬程，这两个主要性能参数，在型谱图或系列特性曲线上确定具体型号。

12-32 为什么不允许离心式水泵长时间关闭出口门运行？

答：因为离心式水泵流量越小，出口压力越大。泵的耗功大部分转变成热能，使泵中液体温度提高，发生汽化，导致泵的损坏。

12-33　离心水泵在启动前应检查哪些内容？

答：离心水泵启动前应检查以下内容：

（1）检查水泵与电动机是否固定良好，螺栓有无松动和脱落。

（2）用手盘动靠背轮，水泵转子应转动灵活，内部无摩擦和撞击声，否则应将水泵解体检查，找出原因。

（3）检查各轴承的润滑是否充分，如用油环带油润滑轴承时，检查轴承中的油位应在油位计的1/2～2/3处，油质应良好，否则要换新油。

（4）有轴承冷却水时应检查冷却水是否畅通，有堵塞时应清理。

（5）检查泵端填料的压紧情况，其压盖不能太紧或太松，四周间隙应相等，不应有偏斜使某一侧与轴接触。

（6）检查水泵吸水池或水箱水位是否在规定以上，滤网上是否有杂质。

（7）检查水泵出入口压力表是否完备，指示是否在零位，电动机电流表是否在零位。

（8）对于新安装的水泵或大修后的水泵，必须检查电动机转动方向是否正确，接线是否有误。

12-34　对运行中的给水泵处理缺陷时，为什么要先解列高压侧后解列低压侧？

答：运行中停下的给水泵处于热备用状态，如果先从低压侧解列，当给水泵的出口止回门不严时，会使泵内压力升高，造成给水泵法兰、管道法兰垫损坏。所以，解列时要先关严高压侧的门，再关闭低压侧的入口门，并打开放水。

12-35　水泵停运后，为什么要检查转速是否到零？

答：水泵停运后，检查转速是否到零的原因如下：

（1）水泵停运后，如果出口止回门不严，会引起泵倒转，处理不及时会造成系统断水的事故。泵倒转时会引起轴套松动和动静摩擦。但在泵倒转时不能及时再启动，必须关严出口门以使转速到零。

（2）水泵停运后，如果两相电源未拉开而使泵两相低速运转，容易引起电动机烧坏事故。

12-36　离心式水泵在什么情况下启动前需要灌水？在什么情况下启动前需要放空气？

答：根据离心式水泵的工作原理，在泵启动以前，泵的叶轮内必须充满

水，否则在启动后叶轮中心就形不成真空，水就不能连续向泵内补充。所以离心泵装在液面以上时，启动前必须向泵内罐满水排出空气，如果离心泵装在液面以下时，启动前必须放尽泵内空气，这样泵才能正常运行。

12-37 为什么要测量平衡盘瓢偏？

答：因为平衡盘与平衡环之间易出现张口，导致平衡盘磨损，电动机过负荷，所以凡有平衡装置的水泵都应进行瓢偏值测量。

12-38 平衡盘是怎样平衡水泵轴向推力的？

答：采用平衡盘的水泵一般都是分段式多级水泵。其工作过程如下：从末级叶轮出来带有压力的水，经过调整套径向间隙流入平衡盘前的水室中，水室处于高压状态，平衡盘后有平衡管与水泵入口相连，其压力近似于入口压力，这样平衡盘两侧压力不相等，产生了向后的推力，既平衡力，平衡了叶轮的轴向推力。

12-39 怎样调整平衡盘间隙？

答：首先让平衡盘与平衡座靠死，然后在轴头上打百分表记下表读数，再装上推力轴承让转子串向低压侧，此时的百分表读数就是平衡盘间隙。可以通过在推力轴承或推力盘内侧加减垫片调整间隙大小。

12-40 采用调速给水泵来调节给水流量有什么优点？

答：采用调速给水泵来调节给水流量有以下优点：

(1) 可简化锅炉给水系统。

(2) 调节效率高，没有节流损失。

(3) 调节可靠，便于实现锅炉给水全程调节自动化。

(4) 减少给水管道阻力，提高给水管道的运行可靠性。

(5) 适应于负荷的变化，避免启停泵调节负荷，节省厂用电。

(6) 给水调节的质量高，稳定快速。

12-41 给水泵一般应设哪些保护？

答：给水泵一般应设的保护如下：

(1) 轴承润滑油压低保护。

(2) 轴承、盘根、密封装置冷却水压及密封水压低保护。

(3) 给水箱水位低保护。

(4) 任一轴承温度高保护。

(5) 液压联轴器出口油温高保护。

(6) 给水泵电动机绕组温度高保护。

(7) 给水泵电动机差动、过流及其他电气保护。

12-42　给水泵在隔离检修时，为什么不能先关闭进水门？

答：处于热备用状态下的给水泵，隔离检修时，如果先关闭进水门，若给水泵出口止回门不严，泵内压力会升高。由于给水泵法兰及进水侧的管道都不是承受高压的设备，将会造成设备损坏，所以在给水泵隔绝检修时，必须先切断高压水源，最后再关闭给水泵进水门。

12-43　给水泵平衡盘磨损有哪些现象？如何处理？

答：给水泵平衡盘磨损的现象有：

(1) 给水泵电流增大，并且摆动较大。

(2) 平衡室压力比正常增大，泵的轴向位移增大。

(3) 严重时泵内有金属摩擦声，密封装置冒烟。

给水泵平衡盘磨损时，应立即停止给水泵运行，联启备用泵。

12-44　给水泵有哪些测量装置？其安装有什么质量要求？

答：给水泵有流速测量装置、轴向位移测量装置、轴向推力监测装置和轴瓦温度监测装置。

在安装前应经过校验，动作灵活、准确，安装应牢固，位置和间隙应正确。

12-45　如何检查滑动轴承轴瓦？

答：轴瓦测量方法通常用压铅丝法，轴瓦的径向间隙一般为1/1000～1.5/1000D（D为泵轴直径），若测出的间隙超过标准，则应重新浇注轴瓦并研刮合格。此外，还应检查轴瓦合金层是否有剥落、龟裂现象。

12-46　对FA1D56型前置泵更换的新叶轮找动平衡，应如何进行磨削？

答：为了达到动平衡，可从新叶轮盘上切削去金属，但切削量应在以下限度之内：

(1) 叶轮盘的任何一点厚度的减薄量不允许超过1.6mm。

(2) 直径400mm以外处，禁止切削去金属。

(3) 按扇形计算切削金属量，扇形的弧度不能超过圆周的10%。

12-47　在给水泵大修中有哪些需特别注意的事项？

答：需特别注意的事项有：

(1) 转子的轴向窜动间隙。

（2）转子的晃动值。

（3）轴套防漏胶圈。

（4）均匀对称紧端盖与泵体的长杆螺栓。

（5）转子不要随便盘动。

（6）调整转子与定子的同心度。

（7）校中心时考虑热膨胀量。

12-48 更换给水泵推力瓦块的最后刮研为什么必须在组合状态下进行？

答：组合状态下刮研，可以保证消除因推力瓦与推力盘相对安装位置不一致，造成接触不良或不真实现象。

12-49 如何测量给水泵轴的总窜动量？

答：测量总窜动的方法：装入齿形垫，不装平衡盘而用一个旧挡套代替，装上轴套并紧固好锁紧螺母后，前后拨动转子，轴端放置好的百分表的两次指示数值之差即为轴的总窜动量。

另外，也可以采用只装上动平衡盘和轴套的方法，将轴套锁紧螺母紧固到正确位置后，前后拨动转子，两次测量的对轮端面距离之差即为转子的总窜动量。

12-50 为什么要对新换的叶轮进行静平衡测量？

答：因为水泵转子在高转速下工作时，如果质量不平衡，转动时就会产生一个比较大的离心力，使水泵振动，而转子的平衡是由其上各个部件（包括轴、叶轮、轴套、平衡盘等）的质量平衡来达到的。所以新换的叶轮都要进行静平衡的测量。

12-51 怎样找叶轮的显著不平衡？

答：找叶轮的显著不平衡方法如下：

（1）将叶轮装在假轴上且放到已调好水平的静平衡试验台上，假轴可以在试验台的水平轨道上自由滚动。

（2）记下叶轮偏重的一侧。如果叶轮质量不平衡，较重的一处总是自动地转到下方。在偏重的对方加重块（用面贴或用夹子增减铁片），直到叶轮在任何位置都能停止为止。

（3）称出重块质量，即为显著不平衡量。

12-52 水泵转子试装的目的是什么？

答：转子试装主要是为了提高水泵最后的组装质量。通过这个过程，可以消除转子的紧密晃度，可以调整好叶轮间的轴向距离，从而保证各级叶轮和导叶的流道中心同时对正，可以确定调整套的尺寸。

12-53　水泵转子试装的步骤有哪些?

答：水泵转子试装的步骤如下：

(1) 将所有的键都按号装好，以防因键的位置不对而发生轴套与键顶住的现象。

(2) 将所有的密封圈等按位置装好，把锁紧螺母紧好，并记下出口侧锁紧螺母至轴端的距离，以便水泵正式组装时作为确定套装部件紧度的依据。

(3) 在紧固轴套的锁紧螺母时，应始终保持泵轴在同一方位（如保持轴的键槽一直向上），而且在每次测量转子晃度完成后，应松开锁紧螺母，待下次再测时重新拧紧。每次紧固锁紧螺母时力量以套装部件之间无间隙、不松动为准，不可过大。

(4) 各套装部件装在轴上时，应根据各自的晃度值的大小和方位合理排序，防止晃度在某一方位的积累。测量转子晃度时，应使转子不能来回窜动且在轴向上不受太大的力。最后，检查组装好的转子各部位的晃度不应超过下列数值：

叶轮处	0.12mm
挡套处	0.10mm
调整套处	0.08mm
轴套处	0.05mm
平衡盘工作面轴向晃度	0.06mm

(5) 装好转子各套装部件并紧好锁紧螺母后，再用百分表测量各部件的径向跳动是否合格。若超出标准，则应再次检查所有部件的端面跳动值，直至符合要求。

(6) 检查各级叶轮出水口中心距离是否相符，并测量末级叶轮至平衡盘端面之间的距离以确定调整套的尺寸。

12-54　防止水力冲击而引起振动的方面有哪些?

答：防止水力冲击而引起振动的方面如下：

(1) 适当地增大叶轮外直径与导叶或泵壳舌部内直径的距离，即放大叶轮出水口的间隙。

(2) 变更流道的型线以缓和冲击。

(3) 水泵总装时，应将各级叶轮的叶片出口边按一定的节距错开，同时导叶片的组装位置不要相互重叠，而是按一定的顺序错落布置，这些措施都

将会减轻水力冲击。

12-55 什么是给水泵的"旋转失速"现象？

答：高压给水泵有设计规定的允许最小流量，若低于此流量运行，则会导致叶轮中的流动恶化，甚至在叶轮的进、出口处产生内部回流。形成局部的涡流区和负压并沿圆周方向旋转。由此而引起的压力脉动使泵的压力高低不定，流量时大时小，并且会引发压管路的剧烈振动和类似喘气的声响，我们把上诉这种现象称为"旋转失速"。

12-56 耦合器中产生轴向推力的原因何在？为什么要设置双向推力轴承？

答：轴向推力产生的原因是：

（1）由于工作轮受力面积不均衡，在此压力作用下必然会引起轴向作用力。

（2）液体在工作腔中流动时，要产生动压力，动压力的大小与旋转速度有关。

（3）由于泵轮和涡轮间存在滑差，因此在循环圆和转动外壳的腔内液体动力值是有差异的，也会引起轴向作用力。

（4）工作腔内充液量的改变，也会引起推力的变化，而耦合器在额定工作下工作时轴向力很小。在耦合器稳定运行时，两个工作轮承受的推力大小相等、方向相反。工作过程中随负荷的变化，推力的大小和方向都可能发生变化，因此要设置双向推力轴承。

12-57 怎样才能改变液力耦合器的工作油量？

答：工作油的改变可由工作油泵（或辅助油泵）经调节阀或涡轮的输入油孔（也有在涡轮空心轴中输入油的）来实现进油量来实现，亦可由改变转动外壳腔中的勺管行程来改变油环的泄油量来实现。

12-58 液力耦合器采用控制工作油进油量或出油量方式的缺点各是什么？

答：液力偶合器采用控制工作油进油量方式的缺点：当经过转动外壳上喷嘴的喷油量过小时，限制了单元机组突然甩负荷时要求给水泵迅速降速的能力。

液力耦合器采用控制工作油出油量方式的缺点：当机组迅速增加负荷时，要求涡轮迅速增速时，此方式无法满足。

12-59 液力耦合器在大修后试运过程中应对哪些项目进行检查？

答：液力耦合器在大修后试运过程中应检查的项目如下：

（1）听诊齿轮传动装置是否有不正常的撞击声、杂音或振动声。

（2）检查各轴承温度应不超过70℃。

（3）检查各轴承、齿轮的润滑油的入口温度应不得超过45～50℃。

（4）检查耦合器工作油温应不超过75℃。在冷油器冷却水温很高且滑差较大时，允许在运行中短时间内工作油温度达到110℃。

（5）检查油箱中的油温应不超过55℃。

（6）每隔4h将耦合器的负载提高额定负荷的15%，直至液力耦合器满负荷工作后，将驱动电动机电源切断，检查液力耦合器的齿轮啮合情况并记下齿在长、宽下的啮合印记所占的百分比。

（7）清理油过滤器，检查沉积在过滤器下的沉淀物的性质。

（8）在试运转完成后，将油箱中的油全部更换为清洁油。

（9）当发现齿轮传动装置运行异常时，必须找出原因并予以排除。

12-60　水泵用滚动轴承拆装方法有哪些？

答：水泵用滚动轴承拆装方法有：

（1）钢棒手锤法。

（2）套管手锤法。

（3）加热法。

（4）掳子法。

12-61　滚动轴承的轴向有哪些固定方式？

答：滚动轴承安装时，对其内、外圈都要进行必要的轴向固定，以防止运转中产生轴向窜动。

（1）轴承外圈的轴向固定。轴承外圈在机座孔中一般用座孔台肩定位，定位端面与轴线也需保持良好的垂直度。轴承外圈的轴向固定可采用轴承盖或孔用弹性挡圈等结构。

（2）轴承内圈的轴向固定。轴承内圈在轴上通常用轴肩或套筒定位，定位端面与轴线要保持良好的垂直度。轴承内圈的轴向固定应根据所受轴向载荷的情况，适当选用轴端挡圈、圆螺母或轴用弹性卡圈等结构。

12-62　怎样检查滚动轴承的好坏？

答：检查滚动轴承好坏的方法如下：

（1）滚动体及滚动道表面不能有斑、孔、凹痕、剥落、脱皮等缺陷。

（2）转动灵活。

（3）隔离架与内外圈应有一定间隙。

(4) 游隙合适。

12-63 滚动轴承拆装注意事项有哪些?

答: 滚动轴承拆装注意事项如下:

(1) 确保轴承安装时轴承受力部位准确，与轴配合的轴承打内圈，与外壳配合的打外围。应尽量避免滚动体与滚道受力变形、压伤。

(2) 要保证对称的施力，不可只打一侧而引起轴承歪斜，啃伤轴颈。

(3) 在拆装工作前，将轴和轴承清理干净，轴表面要光滑无毛刺，轴承内、外圈均无锈蚀点。

12-64 水泵填盘根过程如何进行?

答: 水泵填盘根过程如下:

(1) 首先应将填料涵内彻底清理干净，并检查轴套外表面是否有明显的磨损情况。若确认轴套可以继续使用，即可加入新的盘根。

(2) 盘根的规格应按规定选定使用，性能应与所输液体相适应，尺寸大小应符合要求。

(3) 盘根的切口要整齐，应为30°～45°的斜角。

(4) 切好的盘根装入填料涵内以后相邻两圈的接口要错开至少90°。如果轴套内有水冷却结构时，要注意使盘根圈与填料涵的冷却水进口分开，并把水封环的环形室正好对准此进口。

(5) 当装入最后一圈盘根时，将填料压盖装好并均匀拧紧，直至确认盘根已经到位，然后松开填料压盖，重新拧紧到适当的紧力。

(6) 盘根被紧上之后，压盖四周的间隙应相等。

12-65 水泵填料压盖对盘根紧力过大或过小的危害是什么?

答: 若压盖对盘根紧力过大，泄漏量虽然可以减少，但盘根与轴套表面的摩擦将迅速增大，严重时会发热冒烟，直至把盘根轴套烧毁；若紧力过小，泄漏量又会增大。因此，填料压盖的紧力必须适当，应使液体通过盘根与轴套的间隙时，逐渐降低压力并生成一层水膜，用以增加润滑，减少摩擦及对轴套进行冷却。

12-66 在水泵分解过程中，应注意哪些事项?

答: 在水泵分解过程中，应注意的事项如下:

(1) 拆下的所有部件均应存放在清洁的木板或胶垫上，用干净的白布或纸板盖好，以防碰伤经过精加工的表面。

(2) 拆下的橡胶、石棉密封垫必须更换，若使用铜密封垫，重新安装前应进行退火处理；若采用齿形垫，在垫的状态良好及厚度仍符合要求的情况下可以继续使用。

（3）对所有在安装或运行时可能发生摩擦的部件，如泵轴与轴套，轴套螺母、叶轮与密封环均应涂干燥的二硫化钼粉。

（4）在解体前应记录转子的轴向位置（将动静平衡盘保持接触），以便在修整平衡摩擦面后，可在同一位置精确复装转子。

12-67　如何检查泵体裂纹？

答：用手锤轻敲泵体，如果某部位发小的沙哑声，则说明壳体有裂纹，这时应将煤油涂在裂纹处，待煤油渗入后，用布擦尽面上油迹并擦上一层白粉，随后用手锤轻敲泵壳、渗入裂纹的煤油即会浸湿白粉，显示出裂纹的端点。若裂纹部位在不承受压力或不超密封作用的地方，则可在裂纹的始点和终点各钻一个ϕ3mm的圆孔，以防止裂纹继续发展；若裂纹出现在承压部位，则必须予以补焊。

12-68　如何检查水泵动、静平衡盘的平行度？

答：将轴置于工作位置，在轴上涂润滑油并使动盘能自由滑动，其键槽与轴上的键槽对齐。用黄油把铅丝粘在静盘端面上的上、下、左、右四个对称位置上，然后将动盘猛力推向静盘，将受撞击而变形的铅丝取下并记好方位，再将动盘转180°重测一遍，作好记录。用千分尺测量铅丝的厚度，测量数值应满足上下位置的和等于左右位置的和，上减下或左减右的差值应小于0.05mm，否则说明动静平衡盘变形或有瓢偏现象，应予以消除。

12-69　如何对泵的轴承进行宏观检查？

答：通常用细砂布将轴表面略微打光，检查是否有被水冲刷的沟痕、两轴颈的表面是否有擦伤及碰痕。

12-70　循环水泵进口真空变化的原因是什么？

答：循环水泵进口真空变化的原因是：

（1）冷却水水位变化。

（2）循环水泵进口滤网堵塞，水位降低。

（3）循环水泵流量增加。

（4）循环水泵进口油有杂物，吸水管阻力太大。

12-71　造成水泵中心不正的原因有哪些？

答：造成水泵中心不正的原因如下：

(1) 水泵在安装或检修后找中心不正。

(2) 暖泵不充分而造成水泵因温差引起变形，从而使中心不正。

(3) 水泵的进出口管路质量若由泵来承受，当其质量过大时，就会使泵轴中心错位。

(4) 轴承磨损也会使中心不正，此时振动是逐渐增大的。

(5) 联轴器的螺栓配合状态不良或齿形联轴器啮合状态不佳都会影响中心的对正。

(6) 联轴器刚性不好，也会造成泵轴的中心不对。

12-72 对泵轴检修时，应进行哪些检查工作?

答: 对泵轴检修时，应检查的工作如下:

(1) 检查裂纹。

(2) 检查硬度。

(3) 检查材质。

12-73 如何解体、检修常用的疏水泵?

答: 解体检查疏水泵的步骤是:

(1) 拆卸疏水管、进出水管、空气管、压力表接头、联轴器罩、联轴器螺栓、地脚螺栓，将泵吊至检修场地。

(2) 解体前先测量平衡盘窜动值并作好记录，然后用专用工具拉出联轴器，取下键，拆两端轴承压盖，松开轴承锁母，取出轴承，拆下轴承座螺栓，取下轴承座。

(3) 拆卸填料箱及尾盖，将轴套松开，取出轴套，拉出平衡盘。

(4) 拆卸平衡管，松 8 根拉紧螺栓，依次取出水室、末级叶轮中段键，最后将轴从低压端进水室取出。

(5) 检查修理泵壳、叶轮密封环、平衡装置、滚动轴承和轴承室、联轴器、轴套及轴，校验轴的弯曲度。

12-74 多级泵大修时，将水泵吊至工作场地的部分拆卸工作有哪些工序?

答: 部分拆卸工作的工序是:

(1) 拆开泵的进出口法兰连接螺栓。

(2) 卸下泵的地脚螺栓。

(3) 拆掉泵与电动机的联轴器螺栓。

(4) 将平衡盘后到进水管去的平衡管卸开。

（5）将轴承室内的油放入油桶里。

（6）卸掉与系统有连接的汽管、冷却水管、压力表管等。

12-75　使用拉轴承器（拉马）拆轴承应注意什么？

答：（1）拉出轴承时，要保持拉轴承器上的丝杆与轴的中心一致。

（2）拉出轴承时，不要碰伤轴的螺纹、轴颈、轴肩等。

（3）装置拉轴承器时，顶头要放铜球，初拉时动作要缓慢，不要过急过猛，在拉拨过程中不应产生顿跳现象。

（4）拉轴承器的拉爪位置要正确，三个拉爪与轴承内圈着力点之间夹角应为60°，并拉稳内圈，为防止拉爪脱落，可用金属丝将拉杆绑在一起。

（5）各拉杆间距离及拉杆长度应相等，否则易产生偏斜和受力不均。

12-76　SH型水泵大修时泵体部分检查清理有哪些工序？

答：检查清理的工序有：

（1）检查叶轮磨损、汽蚀情况，并查看是否有裂纹。

（2）卸下叶轮，将轴并清理干净后测轴的弯曲度。

（3）检查轴套的磨损情况，如磨损严重则须更换。

（4）检查叶轮密封环间隙。

（5）检查轴承及推力轴承。

12-77　怎样测量液力耦合器的大齿轮与小齿轮的啮合间隙？怎样对大齿轮进行清理、检查？

答：测量液力耦合器的大齿轮与小齿轮的啮合间隙的方法：用软铅丝涂上牛油贴在齿面上，轻轻盘动齿轮，取下压扁铅丝分别测量几点，取平均值作记录。

对大齿轮进行清理、检查的方法是：

（1）用煤油将大齿轮和轴清理后做宏观检查。

（2）检查大齿轮颈处的磨损情况（不圆度和圆锥度），测量齿轮的晃度。

（3）测量泵轮的轴向晃度和伞形传动齿轮的齿侧间隙。

12-78　分段式多级泵大修时，检查、清理工作有哪些工序？

答：分段式多级泵大修时，检查、清理工作的工序如下：

（1）检查轴瓦间隙、磨损情况。

（2）检查轴或轴套磨损情况。

（3）检查叶轮腐蚀情况。

（4）清扫泵的全部零件。

（5）测量叶轮密封环间隙。

(6) 测量泵轴是否有弯曲，如弯曲需要直轴。

(7) 测量转子的各主叶轮间距。

(8) 测量转子的径向跳动。

12-79 大修液力耦合器应具备哪些技术文件?

答: 大修液力耦合器应具备如下技术文件:

(1) 泵轮、涡轮及升速齿轮各部件的径向晃动和端面瓢偏值，齿轮配合间隙记录。

(2) 泵轮和涡轮的轴向间隙记录。

(3) 各支持轴瓦和推力轴瓦的间隙及轴承间隙、紧力记录。

(4) 喷嘴和进排油孔的孔径记录。

(5) 工作油系统各滑动部套的配合记录。

(6) 外壳水平结合面及轴颈水平扬度记录。

12-80 水泵检修后，试运行前必须检查哪些项目?

答: 水泵检修后，试运行前必须检查的项目如下:

(1) 地脚螺栓及水泵同机座连接螺栓的紧固情况。

(2) 水泵、电动机联轴器的连接情况。

(3) 轴承内润滑的油量是否足够，对于单独的润滑油系统应全面检查油系统，油压符合规程要求，确信无问题。

(4) 轴封盘根是否压紧，通往液压密封圈的水管是否接好、通水。

(5) 接好轴承水室的冷却水管。

12-81 新叶轮将流道修光后应做哪些检查、测量工作? 怎样清理、检查叶轮? 怎样修整磨损较严重的叶轮?

答: 需做下列检查、测量:

(1) 检查、测量叶轮内孔和轴的配合。

(2) 检查叶轮键槽与键的配合。

(3) 检查、测量叶轮轮毂与卡环（装在轴上）的径向间隙。

(4) 校正静平衡。

清理叶轮: 将叶轮表面和流道用 0 号砂皮打光后，宏观检查有无裂纹、变形和磨损。

叶轮磨损较严重时，应将叶轮装在芯轴上，在车床上进行车旋修整。

12-82 给水泵的抬轴承试验应注意哪些事项?

答: 抬轴试验应两端同时抬起，不得用力过猛，放入下瓦后转子的上抬量应根据转子的静挠度大小决定，一般为总抬量的1/2左右。当转子静挠度在0.02mm以上时，上抬量为总抬量的45%，在调整上下中心的同时，应兼顾转子在水平方向的中心位置，以保证转子对定子的几何中心位置正确。

12-83　如何用百分表测量、确定水泵轴弯曲点的位置?

答: 用百分表测量、确定水泵轴弯曲点的位置方法如下:

(1) 测量时，将轴颈两端支撑在滚珠架上，测量前应将轴的窜动量限制在0.10mm范围内。

(2) 将轴沿着长度方向等分若干测量段，测量点表面必须选在没有毛刺、麻点、鼓疱、凹坑的光滑轴段。

(3) 将轴端面分成8等份作为测量点，起始“1”为轴上键槽等的标志点，测量记录应与这些等份编号一致。

(4) 将百分表装在沿轴向方向各测量位置上，测量杆要垂直轴表面，中心通过轴心，将百分表小指针调整到量程中间，大指针调到“0”或“50”，将轴缓慢转动1周，各百分表指针应回到起始值。否则，查明原因，反复调整达到测量要求。

(5) 逐点测量并记录各百分表读数。根据记录，计算同一断面内轴的晃动值，并取各断面的最大晃动值的1/2为各断面的弯曲值。

(6) 将沿轴长度方向各断面同一方位的弯曲值用描点法画在直角坐标中，根据测到的弯曲向位图连接成两条直线，两线的交点为轴的最大弯曲点。

12-84　试写出循环水泵大修过程中的注意事项。

答: 循环水泵大修过程中的注意事项如下:

(1) 开工前要办理好工作票，并确保安全措施已正确执行。

(2) 起吊泵盖及转子时一定要注意起吊安全。

(3) 如要更换叶轮，一定要复测叶轮的各项尺寸是否符合要求。叶轮装在轴上的位置要作好标记。

(4) 装配叶轮时，要注意叶轮的叶片方向，以免装反。

(5) 复装泵盖，对称均匀地紧好螺栓，盘车应灵活、无卡涩现象。

(6) 叶轮与磨损环两测的间隙调整适当。

12-85　简述用压铅丝法测量循环水泵轴瓦紧力的过程。哪些因素会造成轴瓦紧力测量的误差?

答: 压铅丝法测量循环水泵轴瓦紧力的过程: 测量时，将上、下两半轴

瓦组装并紧固好后，在顶部垫铁处及轴瓦两侧轴承座的结合面前后均放上一段铅丝，扣上轴承盖，并均匀地稍紧螺栓，然后松螺栓吊走轴承盖，分别测量被压扁的铅丝厚度，紧力值等于两侧铅丝厚度的平均值减去顶部铅丝厚度的平均值，若差值为负数，说明轴瓦与轴承盖之间存在间隙。

造成误差的因素：轴瓦组装不正确，顶部垫铁处铅丝直径太粗，轴承盖螺栓紧力不均匀，轴承盖结合面、垫铁顶部等与铅丝接触不平整。在压紧力时，应在轴承结合面处垫上标准厚度垫片，若未垫，则容易紧偏。此外轴瓦洼窝等处有杂物等均可能引起紧力误差。

12-86　如果泵运行后检查发现泵壳平面吹蚀（少量），请问如何修补？

答：泵运行后检查发现泵壳平面吹蚀的修补方法如下：

（1）先将吹蚀处用砂轮将其表面打光，然后用不锈钢焊条堆焊（防止再次吹蚀）。

（2）将泵壳平面的双头螺栓拆除，并将平面清理干净。

（3）用钢直尺作为量具，将堆焊处进行磨削，直至堆焊处比原平面略高。

（4）用红丹粉涂于堆焊处，用小平板进行研磨，然后将硬点磨去，经过多次磨削，直至硬点均匀，用刀口直尺观察，堆焊处应与原平面等高。

12-87　有一泵轴，轴颈处退火后出现一道长约35mm、深约6mm的裂纹，试叙述修复的方法。

答：修复的方法如下：

（1）将裂缝及其附近清洗干净。

（2）找出裂纹端点位置，并在端点各钻一个$\phi3\sim\phi4$的止裂孔、深度大于6mm。

（3）选好适当的焊条堆焊，并由一人配合，当熄弧后立刻轻轻地锤击焊缝，消除焊缝收缩应力，直至使焊缝填满，并高出2～3mm加工量。

（4）将止裂孔焊死。

（5）手工锉平，用油石磨到与原来平面一样光滑为止。

12-88　写出圆筒形泵壳结构的给水泵更换芯包的注意事项及原因。

答：圆筒形泵壳结构的给水泵更换芯包的注意事项及原因如下：

（1）拆装轴瓦时应注意记号，防止装反，旋转轴瓦时选择可靠的位置，防止碰伤。

（2）测量平衡盘窜动量时应将主轴向进水端推到位，使平衡盘与节流衬套相接触。

（3）内外侧推力轴承弹簧垫圈应分开放置，以免搞错。

（4）内外侧推力瓦块也应分开用布包好。

（5）推力盘需要加热时，只能加热盘外圈，切不可用火焰加热工作面。

（6）所有拆下的大螺帽应按编号整齐放置在木板上，防止端面碰毛。

（7）用顶丝顶大端盖时注意均匀顶出，以免卡死。

（8）大端盖吊出后必须放在木板上。

（9）抽芯包时注意要调整好导向键的厚度，使整个芯包中心位于筒体轴线中心。

（10）拆掉前、后轴承座及下轴瓦后，在装上定中心工具之前，转子不得作任何轴向、径向移动，以免划伤叶轮及密封环。

（11）在不发生干扰的情况下解体工作可在传动端及非传动端同时进行。

12-89　运行中对凝结水泵有什么要求？

答：因为凝结水泵输送的是低压缸排汽压力对应的饱和水，凝结水泵入口处容易发生汽化，所以凝结水泵入口处要有一定的水柱静压。凝结水泵一般安装在凝汽器热水井 2m 以下。另外，凝结水泵入口处于高度真空状态，如果漏入的空气积聚在凝结水泵的入口，将使凝结水泵打不出水。所以，凝结水泵入口处应严密不漏空，而且在入口处装抽空气管，并将其与凝汽器连接，保证凝结水泵的入口的正常运行。

第十三章　汽轮机其他辅助设备检修岗位技能知识

13-1　凝汽器铜管的清洗方法有哪些？

答：当凝汽器冷却水管结垢或被杂物堵塞时，便破坏了凝汽器的正常工作，使真空下降，因此必须定期清洗铜管，使其保持较高的清洁程度。

清洗方法通常有以下几种：

（1）机械清洗。机械清洗即用钢丝刷、毛刷等机械，用人工清洗水垢。缺点是时间长，劳动强度大，此法已很少采用。

（2）酸洗法。当凝汽器铜管结有硬垢，真空无法维持时应停机进行酸洗。用酸液溶解去除硬质水垢。去除水垢的同时还要采取适当措施防止铜管被腐蚀。

（3）通风干燥法。凝汽器有软垢污泥时，可采用通风干燥法处理，其原理是使管内微生物和软泥龟裂，再通水冲走。

（4）反冲洗法。凝汽器中的软垢还可以采用冷却水定期在铜管中反向流动的反冲洗法清除。这种方法的缺点是要增加管道阀门的投资，系统较复杂。

（5）胶球连续清洗法。将比重接近水的胶球投入循环水中，利用胶球通过冷却水管，清洗铜管内松软的沉积物，是一种较好的清洗方法，目前，我国各电厂普遍采用此法。

（6）高压水泵（15～20MPa）法。即高速水流击振冲洗法。

13-2　简述凝汽器胶球清洗系统的组成和清洗过程。

答：胶球连续清洗装置所用胶球有硬胶球和软胶球两种，清洗原理也有区别。硬胶球的直径比铜管内径小1～2mm，胶球随冷却水进入铜管后不规则地跳动，并与铜管内壁碰撞，加上水流的冲刷作用，将附着在管壁上的沉积物清除掉，达到清洗的目的。软胶球的直径比铜管大1～2mm，质地柔软的海绵胶球随水进入铜管后，即被压缩变形与铜管壁全周接触，从而将管壁的污垢清除掉。

胶球自动清洗系统由胶球泵、装球室、收球网等组成。

清洗时，把海绵球填入装球室，启动胶球泵，胶球便在比循环水压力略高的压力水流带动下，经凝汽器的进水室进入铜管进行清洗。由于胶球输送管的出口朝下，所以胶球在循环水中分散均匀，使各铜管的进球率相差不大。胶球把铜管内壁抹擦一遍，流出铜管的管口时，自身的弹力作用使它恢复原状，并随水流到达收球网，被胶球泵入口负压吸入泵内，重复上述过程，反复清洗。

13-3　凝汽器胶球清洗收球率低有哪些原因?

答：凝汽器胶球清洗收球率低的原因如下：

(1) 活动式收球网与管壁不密合，引起“跑球”。

(2) 固定式收球网下端弯头堵球，收球网脏污堵球。

(3) 循环水压力低、水量小，胶球穿越铜管能量不足，堵在管口。

(4) 凝汽器进口水室存在涡流、死角，胶球聚集在水室中。

(5) 管板检修后涂保护层，使管口缩小，引起堵球。

(6) 新球较硬或过大，不易通过铜管。

(7) 胶球比重太小，停留在凝汽器水室及管道顶部，影响回收。胶球吸水后的比重应接近于冷却水的比重。

13-4　怎样保证凝汽器胶球清洗的效果?

答：为保证凝汽器胶球清洗的效果，应做好下列工作：

(1) 凝汽器水室应无死角，连接凝汽器水侧的空气管、放水管等要加装滤网，收球网内壁应光滑、不卡球，且装在循环水出水管的垂直管段上。

(2) 凝汽器进口应装二次滤网，并保持清洁，防止杂物堵塞铜管和收球网。

(3) 胶球的直径一般要比铜管大1～2mm或相等，这要通过试验确定。发现胶球磨损，直径减小或失去弹性，应更换新球。

(4) 投入系统循环的胶球数量应达到凝汽器冷却水一个流程铜管根数的20%。

(5) 每天定期清洗，并保证1h清洗时间。

(6) 保证凝汽器冷却水进出口一定的压差，可采用开大清洗侧凝汽器出水阀以提高出口虹吸作用和提高凝汽器进口压力的办法。

13-5　凝汽器铜管腐蚀、损坏造成泄漏的原因有哪些?

答：运行中的凝汽器铜管腐蚀、损坏造成泄漏的原因大致可分为以下三

种类型：

（1）电化学腐蚀。由于铜管本身材料质量关系引起电化学腐蚀，造成铜管穿孔，脱锌腐蚀。

（2）冲击腐蚀。由于水中含有机械杂物，在管口造成涡流，使管子进口端产生溃疡点和剥蚀性损坏。

（3）机械损伤。主要是铜材的热处理不好，管子在胀接时产生的应力以及运行中发生共振等原因造成的铜管裂纹。

凝汽器铜管的腐蚀，其主要形式是脱锌。腐蚀部分的表面因脱锌而成海绵状，使铜管变得脆弱。

13-6　防止铜管腐蚀的方法有哪些？

答：防止铜管腐蚀有如下方法：

（1）采用耐腐蚀金属制作凝汽器管子，如用钛管制成冷却水管。

（2）硫酸亚铁或铜试剂处理。经硫酸亚铁处理的铜管不但能有效地防止新铜管的脱锌腐蚀，而且对运行中已经发生脱锌腐蚀的旧铜管，也可在锌层表面形成一层紧密的保护膜，能有效地抑制脱锌腐蚀的继续发展。

（3）阴极保护。阴极保护也是一种防止溃疡腐蚀的措施，采用这种方法可以保护水室、管板和管端免遭腐蚀。

（4）冷却水进口装设过滤网和冷却水进行加氯处理。

（5）采取防止脱锌腐蚀的措施，添加脱锌抑制剂。防止管壁温度上升，消除管子内表面停滞的沉积物，适当增加管内流速。

（6）加强新铜管的质量检查试验和提高安装工艺水平。

13-7　简述射水抽气器的检修过程和要求。

答：射水抽气器的检修过程：

（1）拆前将各法兰打好记号，以便按号组装。

（2）检查喷嘴、扩散管的结垢和冲刷情况，将积垢打掉，对冲刷部分进行补焊，损坏严重者进行更换。

（3）检修抽气止回阀，使之严密性好，销子装设牢固。

射水抽气器的检修要求：

（1）组装时必须使喷嘴与扩散管中心对正。

（2）回装各法兰应满足严密性要求。

13-8　更换管材、弯头和阀门时，应注意检查哪些项目？

答：更换管材、弯头和阀门时，应注意检查的项目：

(1) 检查材质是否符合设计规范要求。

(2) 检查有无出厂证件、采取的检验标准和试验数据。

(3) 要特别注意检查使用的温度和压力等级是否符合要求。

13-9 阀门如何解体?

答: 阀门解体前必须确认该阀门所连接的管道已从系统中断开，管内应无压力，其步骤是:

(1) 用刷子和棉纱将阀门内外污垢清理干净。

(2) 在阀体和阀盖上打上记号，然后将阀门开启。

(3) 拆下传动装置或手轮。

(4) 卸下填料压盖，清除旧盘根。

(5) 卸门盖，铲除填料或垫片。

(6) 旋出阀杆，取下门杆上部密封压盖的两个限位环。

(7) 卸下螺纹套筒和平面轴承。

13-10 止回阀容易产生哪些故障? 其原因是什么?

答: 止回阀容易产生的故障和原因:

(1) 汽水侧流。其原因是阀芯与阀座接触面有伤痕或水垢，旋启式止回阀的阀碟脱落。

(2) 阀芯不能开启。其原因是阀芯与阀座被水垢粘住或阀碟的转轴锈死。

13-11 简述安全阀瓣不能及时回座的原因及排除方法。

答: 安全阀瓣不能及时回座的原因及排除方法:

(1) 阀瓣在导向套中摩擦阻力大、间隙太小或不同轴，需进行清洗、修磨或更换部件。

(2) 阀瓣的开启和回座机构未调整好，应重新调整。对弹簧安全阀，通过调节弹簧压缩量可调整其开启压力，通过调节上调节阀圈可调整其回座压力。

13-12 简述安全阀泄漏的原因及排除方法。

答: 安全阀泄漏的原因及排除方法:

(1) 氧化皮、水垢、杂物等落在密封面上时可用手动排汽吹扫。

(2) 密封面产生轻微机械损伤或腐蚀时，可用研磨或车削后研磨的方法修复，机械损伤和腐蚀面积超过密封面的50%，深度达2mm以上时，可考虑更换安全阀。

(3) 杆弯曲变形或阀芯与阀座支撑面偏斜时，应找明原因，重新组装或更换阀杆等部件。

(4) 弹簧因受载过大而失效或弹簧因腐蚀而弹力降低时，安全阀会发生提前动作或动作值不准的现象，需更换安全阀弹簧。

(5) 杆式安全阀的杠杆与支点发生偏斜而使阀芯与阀座受力不均时，应校正杠杆中心线。

13-13 在什么情况下，对压力容器要进行强度校核？

答：压力容器要进行强度校核的情况：

(1) 材料牌号不明、强度计算资料不全或强度计算参数与实际情况不符。

(2) 受汽水冲刷，局部出现明显减薄。

(3) 结构不合理且已发现严重缺陷。

(4) 修理中更换过受压元件。

(5) 检验员对强度有怀疑时。

13-14 简述阀门阀瓣和阀座产生裂纹的原因和消除方法。

答：阀门阀瓣和阀座产生裂纹的原因：

(1) 合金钢密封面堆焊时产生裂纹。

(2) 阀门两侧温差太大。

阀门阀瓣和阀座产生裂纹的消除方法：将裂纹处挖除补焊，热处理后车光并研磨。

13-15 除氧器的除氧头及水箱外部检修后应达到什么要求？

答：除氧器的除氧头及水箱外部检修后应达到下列要求：

(1) 防腐层、保温层及设备铭牌完好。

(2) 外表无裂纹、变形、局部过热等不正常现象。

(3) 接管焊缝受压元件无渗漏。

(4) 紧固螺栓完好。

(5) 基础无下沉、倾斜、裂纹等现象，水箱底座完好。

(6) 水位计完好透明、清晰。

13-16 安全阀不在调定的起座压力下动作的原因及处理方法是什么？

答：安全阀不在调定的起座压力下动作的原因及处理方法：

(1) 安全阀调压不当，调定压力时忽略了容器实际工作介质和工作温度的影响，需重新调压。

(2) 密封面因介质污染或结晶产生粘连或生锈，需吹洗安全阀，严重时需研磨阀芯、阀座。

(3) 阀杆与衬套之间配合间隙过小，受热时膨胀卡住，需适当加大阀杆与衬套之间的间隙。

(4) 调整维护不当，弹簧式安全阀的弹簧收缩过紧或紧度不够，杠杆式安全阀的配重块过重或过轻、需要新调定安全阀。

(5) 阀门通道被盲板等障碍物堵塞，应消除障碍物。

(6) 弹簧产生永久变形，应更换弹簧。

(7) 安全阀选用不当，如在背压波动大的场合，选用了非平衡式安全阀等，需要更换相应类型的安全阀。

13-17　阀门解体检查有哪些项目和要求?

答: 阀门解体检查的项目和要求：

(1) 阀体与阀盖表面有无裂纹和砂眼等缺陷，阀体与阀盖接合面是否平整，凹凸面有无损伤，其径向间隙是否符合要求，一般要求径向间隙为0.20～0.50mm。

(2) 阀瓣与阀座的密封面应无裂纹、锈蚀和刻痕等缺陷。

(3) 阀杆弯曲度一般不超过0.10～0.25mm，不圆度一般不超过0.02～0.05mm，表面锈蚀和磨损深度不超过0.10～0.20mm，阀杆螺纹完好，与螺纹套配合灵活，不符合要求则应更换。

(4) 填料压盖、填料盒与阀杆间隙应适当，一般为0.10～0.20mm。

(5) 各螺栓、螺母的螺纹应完好，配合适当。

(6) 平面轴承的滚珠、滚道应无麻点、腐蚀、剥皮等缺陷。

(7) 传动装置动作应灵活，各配合间隙应正确。

(8) 手轮等应完整、无损伤。

13-18　简述使用带压堵漏技术消除运行中阀门盘根泄漏的方法。

答: 消除运行中阀门盘根泄漏的方法如下：

(1) 选派受过专门培训的工作人员，熟悉带压堵漏工具的使用及操作工序。

(2) 根据泄漏阀门的工作压力、工作温度，选用合适的堵漏胶。

(3) 将与带压堵漏工具相匹配的套接头（DN6）焊于阀门填料盒上。

(4) 戴上防护用具，用电钻将阀门填料盒钻穿，并接上带压堵漏专用工具。

(5) 用带压堵漏工具将堵漏胶注入阀门填料盒，消除阀门盘根泄漏。

目前带压堵漏技术已日趋成熟，并广泛使用于现场，保证设备的安全可靠运行。

13-19 从维护和系统改造上如何防止高压加热器管束振动，以减小钢管泄漏？

答：从维护和系统改造上防止高压加热器管束振动，以减小钢管泄漏的主要方法如下：

(1) 维护上。避免低水位和无水位运行；防止疏水调节阀开度过大，在疏水冷却段内引起闪蒸；监视和控制高压加热器热力参数，防止流速过大激发振动；对于多根管子同时损坏，且损坏点位于隔板孔或管子跨度中心时，应考虑振动损坏的可能，从而寻找原因。

(2) 系统改造上。对于蒸汽冷却段内流速过高而引起管束损坏的高压加热器，可将部分蒸汽直接引入凝结段，减小进入蒸汽冷却段的流量来降低流速。

13-20 叙述高压旁路蒸汽变换阀卡涩的分析及处理方法。

答：高压旁路蒸汽变换阀卡涩的分析及处理方法主要包括：

(1) 阀杆与阀杆螺母严重咬合及推力轴承损坏。修理阀杆与阀杆螺母的梯形螺纹，更换推力轴承。

(2) 阀盖与笼式阀瓣严重咬合。解体阀门，清理阀盖与笼式阀瓣接合面的氧化层，如拉毛严重，应采用机械加工修理。

(3) 阀杆与填料盖或导向套咬合。修理拉毛的阀杆、填料盖及导向套表面，测量阀杆弯曲情况，如有可能，对阀杆表面进行完整加工，严重变形时，应考虑更换。调整填料盖四周间隙。

(4) 阀座与笼式阀瓣严重咬合。此时应解体阀门，修理阀座与阀瓣密封面及结合面，磨损严重时，可采用适当的溶剂清洗阀座和阀瓣，必要时将焊接阀座取出更换，同时调换阀瓣。

13-21 主蒸汽管道的检修内容有哪些？

答：主蒸汽管道的检修内容如下：

(1) 对主蒸汽管道进行需胀测量。高温、高压蒸汽管道长期在高温、高压条件下工作，管壁金属会产生由弹性变形缓慢转变成塑性变形的蠕胀现象，因此每次在主设备大修时，都要对主蒸汽管道的蠕胀测点进行测量，以便与原始段对照比较，监督蠕胀变化情况。

(2) 运行一段时间后，对主蒸汽管道需进行光谱复核，进行不圆度测量、壁厚测量，焊口有无损伤检查以及金相检查等。对于运行超过 10 万 h 的管道，应按金属监督规程要求做材质鉴定试验。

（3）主蒸汽管道的金相试验是对主蒸汽管道进行覆膜金相组织检查，也是监视主蒸汽管道金相变化的有效办法。

（4）支吊架检查。主要包括：

1）检查支吊架和弹簧有无裂纹、歪斜，吊杆有无松动、断裂，弹簧压缩度是否符合设计要求，弹簧有无压死。

2）固定支吊架的焊口和卡子底座有无裂纹和位移现象。

3）滑动支吊架和膨胀间隙有无杂物，影响管道自由膨胀。

4）弹簧吊架的弹簧盒是否有倾斜现象。

5）支架根部有无松动，本体有无变形。

（5）解体检修，检查保温是否齐全，凡不完整的地方，应进行修复。

13-22　高压阀门如何检查修理？

答：高压阀门的检查修理内容如下：

（1）核对阀门的材质，更换零件材质前应做金相光谱检验，阀门材质更换应征得金相检验人员同意，并作好记录。

（2）清扫检查阀体是否有砂眼、裂纹或腐蚀。若有缺陷，可采用挖补焊接方法处理。

（3）阀门密封面要用红丹粉进行接触试验，接触点应达到 80%，若小于 80%，需要进行研磨。对于密封面上的凹坑和深沟，应采用堆焊方法加以消除。

（4）门杆弯曲度、不圆度应符合要求，门杆丝扣螺母配合应符合要求，无松动、过紧和卡涩现象。

（5）检查阀杆与阀瓣连接处零件有无裂纹、开焊、冲刷变形或损坏严重现象，锁紧螺母丝扣是否配合良好，如有缺陷，应更换处理。

（6）用煤油清洁轴承，检查轴承有无裂纹，滚珠应灵活、完好、转动无卡涩，碟形补偿垫无裂纹或变形。

（7）门体、门盖、填料室、压环、固定圈、填料压盖、螺栓等各部件要清扫干净，见金属光泽。

（8）测量各部间隙。

（9）传动装置动作灵活，配合间隙合格。

13-23　阀门常见的故障有哪些？阀门本体泄漏是什么原因？

答：阀门常见的故障如下：

(1) 阀门本体漏。

(2) 与阀杆配合的螺纹套筒的螺纹损坏或阀杆头折断，阀杆弯曲。

(3) 阀盖结合面漏。

(4) 阀瓣与阀座密封面漏。

(5) 阀瓣腐蚀损坏。

(6) 阀瓣与阀杆脱离，造成开、关不动。

(7) 阀瓣、阀座有裂纹。

(8) 填料盒泄漏。

(9) 阀杆升降滞涩或开、关不动。

阀门本体泄漏的原因：制造时铸造不良，有裂纹或砂眼，阀体补焊中产生应力裂纹。

13-24 阀门在运行中产生振动和噪声的主要原因有哪些？如何减少振动与噪声？

答：阀门在运行中产生振动和噪声的主要原因如下：

(1) 介质压力波动、流体冲刷阀体、驱动装置运行造成机械振动，这种振动一般较小，但如产生在其自振频率下的共振，则会导致大应力，造成零件破坏。

(2) 汽蚀。

(3) 高温气体通过时的冲刷、收缩和扩张，引起冲击波和湍流运动，造成气体动力噪声，这是噪声的主要来源。

(4) 阀门的突然启闭会引起水冲击，产生振动和噪声，严重时会导致泄漏或阀件受损。

减少振动与噪声的方法如下：

(1) 改进结构设计以减少机械振动，主要零件应有足够的刚度，阀杆和导向套的配合间隙应调整适当，并采用耐磨、耐热材料，以防止间隙扩大；应用压力平衡结构减少不平衡力，利用弹性圈密封减振。

(2) 减少汽蚀。

(3) 通过通道结构设计，以减少气体流速和湍流范围，还可加装消声器。

(4) 控制阀门的启闭时间以防止水冲击。

13-25 管道焊接时，对其焊口位置有什么具体要求？

答：管道焊接时，对其焊口位置的具体要求如下：

(1) 管子接口距离弯管起弧点不得小于管子外径，且不小于 100mm，管子两个接口间距不得小于管子外径，且不小于 150mm。管子接口不应布置在支吊架上，至少应离开支吊架边缘 50mm。对焊后需热处理的焊口，该距离不得小于焊缝宽度的 5 倍，且应不小于 100mm。

（2）在连通管上的铸造三通、弯头、异径管或阀件处，应加短管，在短管上焊接，当短管公称直径大于或等于 150mm 时，短管长度应不小于 100mm。

（3）在管道附件上或管道焊口处，不允许开孔或连接支管和表座管。

（4）管道连接时，不得强力对口，管子与设备的连接，应在设备安装定位后进行，一般不允许将管道质量支撑在设备上。

（5）管子或管件的对口，一般应做到内壁齐平，局部错口不应超过壁厚的 10％另加 1mm，且不大于 4mm，否则应按规定做平滑过渡斜坡。

（6）管子对口时用直尺检查，在距中心线 200mm 处测量，其折口允许差值 a：当管子公称通径小于 100mm 时，$a \leqslant 1$；当管子公称通径大于或等于 100mm 时，$a \leqslant 2$mm。

13-26　高压管道的对口要求有哪些？

答：高压管道的对口要求如下：

（1）高压管道焊缝不允许布置在管子弯曲部分；对接焊缝中心线距离管子弯曲起点或距汽包联箱的外壁以及支吊架边缘，至少 70mm；管道上对接焊缝中心线距离管子弯曲起点不得小于管子的直径。

（2）凡是合金钢管子，在组合前均需经光谱或滴定分析检验，鉴别其钢号。

（3）除设计规定的冷拉焊口外，组合焊件时，不得用强力对正，以免引起附加应力。

（4）管子对口的加工必须符合设计图纸或技术要求，管口平面应垂直于管子中心，其偏差值不应超过 1mm。

（5）管端及坡口的加工，以采取机械加工方法为宜，如用气割施工，需再作机械加工。

（6）管子对口端头的坡口面及内外壁 20mm 内应清除油漆、垢、锈等，至发出金属光泽。

（7）对口中心线的偏差不超过 1/200mm。

（8）管子对口找正后，应点焊固定，根据管径的大小对称点焊 2～4 处，长度为 10～20mm。

（9）对口两侧各 1m 处设支架，管口两端堵死以防穿堂风。

13-27　阀门手动装置长时间使用会出现哪些缺陷？如何修复？

答： 阀门手动装置长时间使用会出现的主要缺陷及修复方法如下：

（1）手轮的轮辐及轮缘因操作不当、用力过大极易发生断裂，一般可在断裂处开好V形坡口进行补焊，或清理后采用粘接和铆接修复。

（2）手轮、手柄及扳手螺孔会使滑丝乱扣、键槽拉坏、方孔成喇叭口。键槽可用补焊方法将原键槽填满后，重新上车床加工或将键槽加工成燕尾形，嵌入燕尾铁后修成圆弧，也可采用粘接的方法。螺纹孔损坏可采用方锉重新加工好，然后用铁皮制成方孔或锥方孔套，将套嵌入相应的孔中，用粘接法固定，并保证孔与阀杆配合间隙均匀。

13-28　必须采取哪些条件才能在运行中的管道和法兰上，采用带压堵漏新工艺方法消除泄漏？

答： 采用带压堵漏新工艺方法消除泄漏必须具备的条件包括：

（1）采用带压堵漏工作，必须经分场领导批准。

（2）采用带压堵漏工作，必须按规定办理工作票，并经值长同意。

（3）工作人员必须是分场领导指定，经过专业培训，持证的熟练人员，并在工作负责人的指导和监护下进行工作。

（4）工作前要做可靠的防护措施（如穿防护服、戴防护手套、防护面罩）。

（5）工作人员必须了解带压堵漏设备的相关参数（如介质种类、温度、压力、设备运行年限）。

（6）工作中还要特别注意操作方法的正确性（注意操作位置，防止汽水烫伤）。

13-29　蒸汽管道发生破裂的主要原因有哪些？

答： 蒸汽管道发生破裂的主要原因如下：

（1）管子制造质量不合格或管材选择不当。

（2）焊缝质量不合格，有缺陷。

（3）支架下沉使管道挠度过度而弯曲。

（4）送汽时未充分预热或预热时疏水未拉尽，使管壁上、下部分产生不同的应力。

（5）管道坡降不良，凝结水不能及时排出。

13-30　防止蒸汽管道破裂及消除的方法有哪些？

答： 防止蒸汽管道破裂及消除的方法如下：

（1）拆除破裂的管子，安装质量合格的管子，按介质工作参数选用管材。

（2）修补或拆除重焊，焊缝质量要符合焊接规程的要求。

（3）修理破裂管道前，先修复支架，应定期检查支架工作情况。

（4）送汽时应严格执行操作规程，进行管道预热和启动疏水装置，排出管内存水，管道应分段安装合适的启动疏水阀。

（5）在热力管道两固定支架间装热伸长的补偿器；管道在滑动支架上应能自由滑动。

（6）调整管道坡度，在管道最低点安装排水装置。

13-31　凝汽器常见缺陷有哪些？如何消除？

答：凝汽器常见缺陷及消除缺陷方法如下：

（1）真空系统不严密或凝结水硬度增大，这可能是铜管破裂或脱口泄漏。此时应进行凝汽器查找漏点工作，找出泄漏部位，换管或加堵头，重新胀管。

（2）铜管腐蚀、脱锌、结垢严重，这可能是循环水水质不良引起的。应采取处理循环水的方法解决。

（3）凝汽器内铜管因有杂质和污物而堵塞，这可能是过滤网破裂或循环水太脏。此时应更换滤网，清理水池，改进过滤网的方式。

13-32　抽气器检修应检查哪些地方？

答：检修时清除水垢，检查抽气止回门的严密性，其检修要求如下：

（1）喷嘴和扩散管的内壁应光滑，无盐垢、蚀坑、锈污、毛刺和卷边等现象。

（2）喷嘴和扩散管的距离应正确，喷嘴所喷出的水流束中心线应与扩散管中心线吻合，并且全部射入扩散管内。

（3）空气侧的止回门动作应灵活、可靠，灌水试验应严密、不漏。

（4）检查喷嘴和止回门的弹簧应无裂纹。

13-33　射水抽气器在工作时不正常应检查什么？

答：射水抽气器若发生出力不足，抽真空能力下降时，在首先排除真空水泵工作正常的前提下，应对抽气器本体部分进行检查，打开检查孔，首先检查喷嘴是否完好，结垢是否严重，如严重时应及时清理；同时对喷嘴与扩散管的距离进行测量、校对，如与安装标准存在较大差异时，进行必要的调整。

13-34 真空泵常见故障及处理措施有哪些？

答：真空泵常见故障及处理措施如下：

（1）真空度降低及排气量不足。在真空泵运行过程中，经常会出现真空度持续降低，不能满足汽轮机正常运行需要的真空度，严重危及汽轮机组的安全运行的现象。

故障原因：管道漏汽，填料密封磨损，机械密封动、静磨损或弹簧失调，叶轮与端盖间隙过大，水环温度过高，冷却水不足。

处理措施：消除泄漏点，更换填料，检修机械密封或更换新的机械密封，调整间隙，增加冷却水量，降低冷却给水温度。

（2）振动过大或零部件发热。

故障原因：冷却水量太大，真空泵轴弯曲，轴与叶轮配合间隙不对或转子歪斜，转子动平衡性能较差，轴承损坏，填料过紧，轴承润滑不良或缺少润滑剂，地脚螺栓松动。

处理措施：调节冷却给水量；校直或更换真空泵轴；调整或检修叶轮与泵壳之间的间隙，使之满足标准；转子重新找动平衡；更换新轴承；调节压盖轴承；检查润滑情况；紧固地脚螺栓。

13-35 汽轮机真空下降的原因分析及相关处理方法有哪些？

答：（1）真空急剧下降的原因有：

1）循环水中断或水量大幅减少。

2）轴封供汽不足及中断。

3）凝汽器满水。

4）抽真空设备故障。

5）真空系统大量漏气。由于真空系统管道或阀门破裂损坏而引起大量空气漏入凝汽器。

（2）真空逐渐下降的处理方法有：

1）真空系统严密性不佳。通常表现为汽轮机同一负荷下的真空值比正常时低，并稳定在某一真空值，随着负荷的升高，凝汽器真空反而提高（升负荷使机组真空系统范围缩小）。真空严密性与泄漏程度可以通过定期的真空系统严密性试验来进行检验。若确认真空系统不严密，则要仔细地查找泄漏处，可以用烛焰或专用的氦质谱仪进行检漏，并及时消除。机组大修后，应对真空系统注水找漏，以消除泄漏点，确保真空系统的严密性。

2）循环水量不足。相同负荷下，若凝汽器循环水出口温度上升，即进、出口温差变大，说明凝汽器循环水量不足，应该检查循环水泵工作有无异常，检查循环水泵出口压力、凝汽器水室入口水压和循环水进口水位，检查滤网有无堵塞。

3）抽真空设备效率不佳。这种情况可以看出凝汽器端差增大，主要检查抽气器的气压是否正常，射汽式抽气器还可以检查疏水系统和冷却水量是否异常，射水抽气器的水池水位、水温是否正常，抽气器真空系统严密性如何，有条件可以试验抽气器的工作能力和效率。此外，对于直接空气冷却机组和间接空气冷却机组，除了应该检查真空泵的工作状况外，还要对空气冷却岛各联箱、焊缝用氦质仪进行检漏，发现漏点及时处理；如果没有漏点，应对空气冷却塔和空气冷却岛的散热器进行水冲洗，清除污物，提高散热效果，使真空度迅速回升。

4）凝汽器水位升高。凝汽器水位升高，往往是因为凝结水泵运行不正常或水泵故障，使水泵负荷下降所致，必要时启动备用凝结水泵，将故障泵停运检修或检查出凝结水硬度变高或加热器水位升高，可以判断为凝汽器或加热器铜管破裂而导致凝汽器水位升高，另外，若凝结水再循环水门泄漏，也能造成凝结水位升高。

5）凝汽器铜管结垢或闭式循环冷却水设备工作异常。凝汽器铜管结垢引起真空降低，端差一定会增大。冷却设备的喷嘴结构、泄漏或水塔淋水装置、配水槽道等工作异常，都将引起循环水进水温度升高，凝汽器真空降低。

13-36　汽轮机真空严密性不合格，对机组的危害有哪些？

答：当汽轮机真空下降时，一般会出现以下现象：排汽缸温度升高、真空表指示下降和凝汽器的端差明显增大。真空下降后，若保持机组负荷不变，汽轮机的进汽量势必增大，使轴向推力增大以及叶片过负荷；不仅如此，由于真空下降，使排汽温度升高，从面引起排汽缸变形，机组重心偏移，使机组的振动增加以及凝汽器铜管受热膨胀产生松弛、变形甚至断裂。因此，机组在运行中发现真空下降时，除按规定减负荷外，必须尽快查明原因，及时处理。

13-37　试述高压加热器的常见故障与检修过程。

答：高压加热器的常见故障与检修过程如下：

（1）管口焊缝泄漏及管子本身破裂。高压加热器最严重和最常见的故障是管子与管板连接处的管口焊缝泄漏或管子本身的泄漏破裂。这一故障可引起高压给水流入汽侧壳体，从而倒灌入汽轮机，严重时使高压汽侧壳体超压爆破。运行中管口和管子泄漏表现出的征象有以下几种：

1）保护装置动作，高压加热器自动解列，并且高压给水侧压力可能

下降。

2）汽侧安全阀动作。

3）疏水水位持续上升，疏水调节阀开至最大仍不能维持正常水位。

发生上述三种情况的任何一种，都可能是高压加热器泄漏了，必须立即停运检查和检修，首先检查保护装置系统的各阀门、管道等，然后检查汽侧安全阀、疏水调节阀及其自控系统有无故障。若确实无故障，再检查高压加热器本体。检查高压加热器本体的最简单方法是放空查漏。停高压加热器汽侧，而水侧继续运行，打开汽侧放水阀放尽疏水，经较长时间以后，若放水阀无水流继续滴下，则说明管子无泄漏；若发现仍有水流不断地滴下，则说明可能有管子或管口泄漏。

在水侧和汽侧都停运后找漏的最简便方法是做灌水试验。打开水室并冷却后，往水室内灌水直至水位与管口齐平，如发现某根管子内水位略低于管口，可再添水观察；如仍略低于管口，则可认为管口与管板连接处泄漏；如发现某管子内水位下降得非常低甚至看不见，则说明这根管子破裂了。

高压加热器本体查漏的可靠方法是做气密性试验。对U形管管板式高压加热器，先开启水、汽两侧的排空、放水阀，加热器内压力降至零，再缓开人孔门，并排除水室内剩水，拆除螺栓连接着的分程隔板，清理管板表面，封闭壳体上所有接口，然后往壳体内充气（正置立式高压加热器可在壳体内灌水，仅在管板以下留一百至数百毫米空间充气，可减少所充气体的用量），并充气升压（可充氮气或压缩空气），气压一般为0.6～1.5MPa。气压越高越易于发现泄漏，但不得超过高压加热器图纸规定的气密性试验压力，也不得超过壳体设计压力。人进入水室内，在管板表面涂肥皂液，如果管内有气体或水冲出，表明该管子损坏。

管口焊缝缺陷，可用尖头凿子铲去缺陷部位，把管口清理干净并使之干燥，然后对焊缝铲除部分用镍基合金焊条进行补焊。

管子破裂缺陷不能用补焊手段消除，只能用堵管的方法。用低碳钢车制成锥形堵头，堵头小头直径为$d-1$，大头直径为$d+1$（d为管子内径），把堵头打入破裂管的两头，然后与管端焊接牢固。

当堵管数超过全部管数的10%时，即使传热严重恶化，又加快给水流速时，应重新更换管系。

（2）切割壳体，检修管系。全封闭焊接结构的U形管管板式高压加热器，检修时一般不必切开壳体。如确需检修壳体内部或更换管系，则可按图纸规定的切割线位置把壳体割开；进汽管及疏水出口管等如有连接至体内包壳的内套管，也应予以割断，这样即可把管系抽出（或把壳体退出）。

（3）螺旋管等联箱式高压加热器的管系泄漏。螺旋管等联箱式高压加热器管系发生泄漏时，可将管系吊出。放尽管内积水后，即可进行修理。该缺陷常见的部位有：

1）管子焊至联箱的角焊缝存在皮下气孔等缺陷。可以用尖头凿子挑去缺陷，清理干净，以“J422”等优质低碳钢焊条补焊，焊后清理药皮，并作外观检查，应无裂纹、气孔等缺陷，再作水压试验。

2）管子本身的拼接焊缝泄漏或管子本身泄漏。原因为焊接质量不良或管子本身质量不良。

3）固定管子用的扁钢夹箍如焊至管子上，易把管子焊损而泄漏。

4）靠近联箱的传热管的小弯曲半径处，受给水离心力长期冲刷磨坏，这种损坏尤其多见于过热段和疏水冷却段的管子。

上述2）～4）项的管子损坏，应予更换管子。如检修时暂无换管条件，则可临时将坏管割去，留下的管口用锥形塞堵焊，但堵管数量超过总管数的10%时，必须重新更换新管。为了提高高压加热器可用系数，运行很多年后，发现第4）项的管子磨损泄漏，可使用测厚仪测量所有的管壁厚度，过薄的管子宜预先更换，把缺陷消灭在泄漏之前。如果大量管子在小弯曲半径处磨损泄漏，显示管子使用寿命即将终止，应更换全部管子。

（4）大法兰泄漏。管系（或水室）和壳体用大法兰螺栓连接的高压加热器，大法兰密封面易发生泄漏。泄漏的可能原因有：大法兰刚性不足、大法兰密封面变形翘曲或不平、密封垫料不合适等。经验表明，大多数原因是大法兰刚性不足，可以采取在法兰背面加焊肋板的补救措施，以增强刚性。每隔两个螺栓焊一块肋板，这对锻造法兰或平焊法兰均适用，焊后在机床上车平法兰密封面。如系大法兰密封面翘曲变形，应进行机械加工；如没有条件加工，只能用手工仔细刮削；如系密封垫片损坏引起泄漏，应更换新垫。

（5）水室隔板密封泄漏或受冲击损坏。在U形管管板式高压加热器的水室内，分程隔板常用螺栓螺母连接。在螺母松弛或损坏、隔板受给水的冲击而变形损坏或垫片损坏时，均会造成一部分给水泄漏，通过隔板未经加热走了短路，从而降低了给水出口温度。这些缺陷，应视具体情况予以处理消除。若是隔板损坏，应更换为不锈钢制造的分程隔板，并适当增加厚度，使其具备足够的刚性或采用增强刚性的结构。

（6）出水温度下降。高压加热器出水温度下降，降低了回热系统效果，增加了能耗，应找出具体原因，予以消除。出水温度下降的原因有：

1）抽汽阀门未开足或被卡住。

2）运行中负荷突变引起暂时的给水加热不足。

3）给水流量突然增加。

4）水室内的分程隔板泄漏。

5）高压加热器给水旁路阀门未关严，有一部分给水走了旁路或保护装置进出口阀门的旁路阀等未完全关严而内漏。

6）疏水调节阀失灵，引起水位过高，浸没管子。

7）汽侧壳内的空气不能及时排除而积聚，影响传热。

8）经长期运行后，堵掉了一些管子，传热面因此减少。

13-38 试述低压加热器的常见故障与检修过程。

答：低压加热器的一个主要故障是管口的泄漏和管子本身的损坏。这一故障可由主凝结水漏入汽侧引起水位升高等现象而被发现。寻找泄漏的管子，可在汽侧进行水压试验；也可以用启动抽气器在低压加热器的汽侧抽真空，用火焰在管板上移动能发现漏管；还可以在全部管子内装满水，如果哪根管子泄漏，这根管内就没有水。

胀接的管子，如果胀口漏了，可以重胀；但如果胀口裂了，则应换管。

铜管本身损坏，可以换管。在破裂的管端标上记号，把管系吊出，管板面着地成倒置垂直地竖立或者正立着悬挂在专用架子上，把破管割去，留下不大的一段直管，使用有凸肩的圆棒，顶着这段直管向水室方向打出去。如管子在管板中胀得不紧，可用工具夹住管端将管子拉出来；如胀得很紧，可用比管子外径略小的铰刀将管板中的管段铰去，然后把管子打出去。对胀接的钢管，可用上述最后一种方法换管。

如钢管不能更换，则可用锥形钢塞堵焊住。对铜管低压加热器，则可使用锥形铜塞打进管端内，把坏管暂时堵住。

焊接管口的钢管，如管口泄漏可用凿子凿去缺陷部位，注意凿去的面积不要扩大，用小直径低碳钢焊条补焊。如管口本身损坏，只能堵管，用锥形塞堵后焊上。

低压加热器大法兰密封面泄漏也是常见的故障，低压加热器水室大法兰更容易泄漏，大法兰泄漏的一个原因是垫片损坏或不良，可更换新垫片；另一个原因是大法兰刚性不够而变形，可加焊筋板增加刚性，焊后用车床精加工密封面，凡检修后的加热器均需进行水压试验。

13-39 直接空气冷却系统的日常运行维护内容主要有哪些？

答：直接空气冷却系统的日常运行维护内容主要有：

（1）运行值班员需注意 DCS 画面显示有关报警信号、提示性光字信号，如发现有报警信号发出，需立即联系有关人员处理。

（2）空气冷却凝汽器分段隔离阀的控制。每个分段隔离阀均可实现就地、远方和远方自动控制三种方式，值班员巡检时应注意分段隔离阀就地控制箱切换开关在“远操”位置，“开启”、“关闭”位置指示清晰并与集控DCS画面显示一致，集控监盘人员应注意观察在风机转速级切换时分段隔离阀的启闭是否正常。

（3）运行值班员监盘时应注意DCS画面空气冷却凝汽器有关参数，如凝结水/蒸汽联箱处凝结水温（16处测点）、抽空气温度（3处测点），风机电动机的电流、绕组温度、轴承温度，齿轮箱内的油位信号、油温显示，机械部分（包括轴承箱内的）轴承温度及振动报警信号。如发现异常应首先结合DCS画面上其他有关参数进行综合判断，通知有关检修人员处理。

（4）夏季高温时段运行，风机转速超过额定转速（风机电动机输入变频频率为50～55Hz）时，运行值班员需特别注意风机电动机绕组温度、齿轮减速器油箱油温、轴承温度及振动应处于正常范围。

13-40　直接空气冷却系统冬季运行时的注意事项有哪些？

答：直接空气冷却系统冬季运行时的注意事项如下：

（1）根据环境温度设定排汽背压，降低发生结冻的可能性。

（2）排汽背压设定：早8：00至晚8：00时，设定背压为15kPa；晚8：00至早8：00时，设定背压为20kPa。

（3）监视记录空气冷却各参数、保护以及风机的动作情况。

（4）由于防冻保护频繁动作，风机的启停次数增加，当出现风机停运后不能正常启动或启停故障时要及时联系热工或电气进行检查和处理，所有风机必须运行、备用正常。

（5）在启机时，从炉侧点火到旁路开启，空气冷却岛进汽，尽量保持炉侧的压力、温度高一些（保持压力为1.5MPa、温度为200℃左右），同时尽量开大高压旁路和低压旁路系统阀门，保障更多的蒸汽进入空气冷却散热翅片中，减缓结冻的可能性。

（6）合理调整燃烧，尽快达到冲转参数，减少空气冷却岛翅片管束内小流量的运行时间，在机组并网后，及时调整燃烧，加快带负荷的速度，使蒸汽流量能尽快达到150t/h以上，其主要意图是加大蒸汽流量，使得整个翅片管束的流程中都能存在汽水混合物，减小结冻的可能性。

（7）在机组掉闸时，进入空气冷却系统的蒸汽骤然减小，此时进入空气冷却岛的蒸汽为排气装置内积存的高温水的汽化、部分管道内的积水积汽以及汽封漏气，蒸汽量不会太大，此时，主、再热蒸汽系统的疏水不得开启，

其原因是：一是开启后，蒸汽的流量相对会大一些，此时发生结冻的可能性会更大，二是开启疏水，主再热蒸汽的温度会下降的更快，不利于机组的恢复。

13-41 直接空气冷却风机的检修与维护内容主要有哪些？

答：风机投入运行后应由专人进行日常维护、检修，及时观察运行情况，如发现异常声音或振动应立即停车，待排除故障后方可开机（至少每班交接时应进行巡视，即每班两次）。

风机应每年维护一次，从上到下的顺序清扫风机。维护内容如下：

(1) 仔细检查各紧固件是否松动，各零件有无损坏，发现锈蚀或损坏应更换。

(2) 用清水或中性洗涤剂清除附着在叶片轮毂上的污垢，发现叶片有破损或布层剥离时应及时修补或更换。

(3) 用清水或中性洗涤剂清理风筒内壁上的污垢。

(4) 外观检查，擦拭各零部件，对防腐层剥落部分应重新修补。

(5) 风机检修期可参照表 13-1 进行。

表 13-1 风机检修内容

设备名称	检修周期	检修内容
空气冷却风机减速机	A级检修	油泵、齿轮解体检修
	1年	(1) 每周检查机油温度及噪声变化。 (2) 每月检查油位及密封性。 (3) 每年至少检查一次机油含水量。 (4) 投入使用 500～800 运行小时进行首次更换机油，以后每隔 4 年或最多 20 000 运行小时更换一次机油。 (5) 清洁机油滤清器、检查固定螺栓是否牢固、彻底检查减速机与机油更换同时进行。 (6) 根据需要或者在定期更换机油时清洁减速机外壳
冲洗水泵	2年	(1) 轴径检查，轴弯曲测量。 (2) 转子小装①，晃度测量。 (3) 更换机械密封。 (4) 更换轴承，轴承室加油。 (5) 联轴器找正
	1年	(1) 检查轴承，必要时更换。 (2) 检查机械密封，必要时更换。 (3) 处理泵体泄漏。 (4) 联轴器找正

① 转子小装是把泵轴、叶轮、轴套、平衡盘、轴承等转动零件按其工作位置组装为一体，测量、调整或修理叶轮、平衡盘的径向及端面圆跳动，使之符合技术要求。

13-42 直接空气冷却系统减速机的维护管理内容有哪些?

答: 维护的首要任务是防止损坏，具体维护管理内容有：

(1) 仔细检查减速机齿轮的磨损或是齿面损坏（点蚀）情况，对产生原因立即加以研究，使用寿命缩短可能是由于基础的缺陷、超载或选择减速器时负载估计不足。

(2) 加油。油的级别必须选择推荐值或者采用与推荐油完全等效的油。而且油量要正确。每个减速器都附带标明所推荐的油的级别和数量的标牌。除此之外，每个减速器都有1个油位指示器，它是1个带有刻度的浸杆，上面标识着应达到的油位，当减速器停止以及泵（如果装的话）和油管加满油时，按油位指示器加满油是非常重要的。

在飞溅润滑的减速器中，负载接近热功率时，正确加注油量特别重要。在某些情况下仅仅是由于多加了15%的油，运行温度有可能升高到正常温度以上15～20℃。这可能引起油的润滑能力减少而使减速器严重损坏。当油位低于箭头所指示的油位时，齿轮可能够不到油而使飞溅润滑成为不可能。在储存的情况下必须特别注意油位，如有泄漏应检修。

(3) 油的更换。运行500～800h以后应进行首次换油。用过的油应趁热放出。如果需要，油槽应该用洗涤油清洗。虽然后来都采用合成油(PAO)，但开始加入的油可能用矿物油。

1) 矿物油。用矿物油，下次换油时间间隔为1年，如果在轴承箱内测量的运行温度高于80℃，则在3000h后换油。

2) 合成（PAO）。用合成油时，下次换油时间应为3年，如果在轴承箱内测量的温度高于90℃，应在12 000h后更换油。

如果止回器有1个分开的油室，换油间隔也应为1年。较大减速器的用油量很大。如果每年都对油进行分析，例如通过石油公司进行，且它们的稳定性允许继续使用，则所应用的矿物油的换油间隔也可以延长。如果换油时间间隔大于1年，建议通过石油公司对污染进行检查，以测试油的状态。特别是在室外或潮湿的条件下使用时应对油中水分进行检查，以保证其水分不超过0.05%。如果水分超过0.2%以上，必须将水滤出。

(4) 换油注意事项。换油时建议使用1台泵，并过滤油。当加油孔打开时应防止杂质进入油槽中，这些杂质会缩短轴承使用寿命。

1) 润滑油的最小纯度。减速器油的纯度根据国际标准ISO4406确定，运行的减速器油的不纯度级应当为21/18或更好些，换油时减速器停止后应立即将油从油槽中放出。

2) 轴承再次涂溶脂。在油脂润滑的轴承中，油脂不能漏到油池中，必

须限制重复涂油脂。最初给轴承涂油脂在工厂进行，推荐的油脂级别在减速器上的铭牌中标出。在要求再次涂油脂的零件、轴承室或盖上有一个油脂喷嘴，通过铭牌标识出，换油时，通常将它加入足够油脂。要小心，不要加入过量的油脂，以免增加轴承的使用温度。再次使用油脂的润滑说明书，每个减速器单独给出。

3）洗净外部表面。外部表面和冷却风扇（若有的话）以及电动机都必须保持清洁，积累的尘埃使运行温度升高。如果应用空气冷却的油冷却器，它的叶片也必须保持清洁。用压力洗涤时，水喷头不应直接对着密封或通风装置。通风装置的功能在换油时一并进行检查。

4）减速箱空气呼吸器硅胶应定期更换（正常颜色为天蓝色，失效后为白色）。

13-43 直接空气冷却器运行中的系统检漏、找漏方法有哪些？

答：直接空气冷却器运行中的系统检漏、找漏方法主要有：

（1）安装检漏为正压检漏。

（2）运行中检漏，可采用“超声波”找漏，“氦质普检漏仪”方法检漏。

（3）在真空泵出口管上开孔连接氦检漏仪探头。

（4）将氦气喷到怀疑泄漏的地方，从检漏仪显示屏上观察负压系统的氦含量变化值，确认泄漏部位。

（5）怀疑部位检测时要分部进行，也可先找面后找点。

（6）对于泄漏部位、漏点进行处理。均采用部分系统设备切除运行后，焊接处理。

（7）空气冷却岛换热管查漏采用超声波检漏仪查漏。“超声波”找漏方法，原理为利用超声波查找泄漏点的漩涡气流而进行报警，或者用“氦质普检漏仪”对空气冷却凝汽和真空系统进行查漏，此种方法可直观的从数量级上检测到漏点的大小及位置，可很好的解决真空系统漏泄时的查找问题。

13-44 直接空气冷却系统风机叶片检查内容有哪些？

答：直接空气冷却系统风机叶片检查内容有：

（1）检查轮毂上的U形卡箍及紧固螺栓有无松动。

（2）检查风机叶片有无裂纹及损伤。

（3）用角度测量仪检查调整叶片的角度，叶片角度为18°±0.5°。

（4）测量叶片顶部与筒体的间隙应为40mm。

13-45　直接空气冷却风机叶片角度的调速依据及调整方法有哪些?

答: 直接空气冷却风机叶片角度的调整主要是根据大气环境温度及轴功率变化情况，进行风机叶片角度调整，高转速时功率≤110kW，低转速时功率≤22kW，叶片角度为18°±0.5°。

调整方法如下：

(1) 松开轮毂上的U形卡箍，使叶片能够转动。

(2) 平尺水平横置在叶片边缘处，转动叶片，用专用的角度尺进行测量调整。

(3) 调整好叶片角度后将轮毂上的U形卡箍紧固，复查角度。

(4) 依次调整其他叶片角度。

13-46　直接空气冷却系统空气冷却岛喷淋降温系统的工作原理是什么?

答: 对直接空气冷却装置进行冷却是降低空气冷却机组背压的一种行之有效的方法。

冷却原理有两种。一种是蒸发冷却，原理是将雾化的除盐水直接喷在换热器表面，利用水气化吸热降低换热器表面温度，从而降低凝结水温度、降低机组背压；另一种是喷雾冷却，原理是将雾化的除盐水喷在冷却风机的出口或入口，利用水气化吸热降低换热器周围空气的温度，从而降低凝结水温度、降低机组背压。两种冷却原理最大的区别是除盐水用量，一般来讲喷雾冷却除盐水的用量是蒸发冷却的4倍。二者均对喷嘴的雾化效果、喷嘴的位置选取和运行控制有较高的要求。采用喷雾冷却和蒸发冷却相结合的方式，需要除盐水的量为75 t/h左右。

13-47　试述自然环境对直接空气冷却系统影响及解决措施有哪些。

答: 自然环境对直接空气冷却系统的影响十分敏感，特别是风从锅炉房后吹向主厂房前的空气冷却平台，当达到一定风速时会在空气冷却凝汽器处形成热回流，使机组的运行效率产生不同程度的降低，当高负荷高气温时，热回流就有可能会造成机组停机事故。

由此可以看出，机组在高气温、高负荷、高背压情况下，大风对空气冷却凝汽器系统性能影响极大。通过对风速、风向的分析，下列因素是导致空气冷却系统性能下降的主要原因：

(1) 大风导致空气冷却凝汽器排出的空气在某些条件下被轴流风机吸入的情况，提高了空气冷却散热器的入口空气温度，空气密度降低、真空度降低，空气冷却系统散热量减少。

(2) 大风在空气冷却散热器上部具有对空气冷却凝汽器散热的压抑作

用，阻碍散热，特别是风速高于空气冷却凝汽器出口风速时，空气供应系统阻力增加，通风受到严重阻碍。

(3) 大风在进风口形成负压区，抽吸作用使空气供应系统阻力增加，大风同时也导致空气密度不均匀，各风机进风量不均匀，进风量减少。

为减少大风对空气冷却系统性能的影响，直接空气冷却系统可采取以下几条措施：

(1) 根据风环境实际情况，对“火电厂空气冷却凝汽器验收标准 VGB-R131Me 解析与误差分析”关于在蒸汽分配管上方 1m 任何方向平均风速不能超过 3m/s，6m/s 峰值风速不超过 20 次/h 的规定作出修正，适当提高在蒸汽分配管上方 1m 任何方向的平均风速，从整个空气冷却凝汽器设计原始条件上有所提高，有利于保证空气冷却凝汽器全年平均性能。

(2) 在性能保证前提下给空气冷却系统留有适当裕量，采用提高风机风量裕量的方案，应用变频技术，将风机转速提高到 110%。

(3) 提高平台周围设置的挡风墙高度，超过蒸汽分配管顶高，提高对热回流的防护能力。

(4) 从不同分组空气冷却凝汽器单元之间设置隔墙，改为每个冷却单元之间设置隔墙，并对整个凝汽器除风道以外的缝隙采用抗腐蚀板进行封堵，避免相邻冷却单元相互影响和相邻风机的停运而降低通风率。

(5) 在空气冷却系统加装喷淋降温系统，利用水气化吸热降低换热器周围空气的温度，从而降低凝结水温度、降低机组背压。

尽管采取了以上措施，并适当增加了直接空气冷却系统的投资，也只是减小大风对空气冷却系统性能的影响，并不能彻底消除大风对空气冷却系统的威胁，机组在高气温、高负荷、高背压情况下，大风对空气冷却凝汽器系统性能的影响仍然存在。

13-48 试分析直接空气冷却系统的渡夏能力及应采取的措施有哪些。

答：在空气冷却凝汽器系统设计的原始理念中，为降低初期投资，系统规模经优化计算加上边界条件决定，一般不会有太大的裕量。当运行条件超过限定条件时，可采取降负荷的方式，对复杂外界条件的影响加以简单的回避。但目前，在国内已投产的各机组容量的直接空气冷却系统中，都发生过因夏季高温、高负荷时受外界大风影响而降低负荷的情况，引出对直接空气冷却系统渡夏能力的担忧。然而，渡夏能力的选择必须有一个尺度，否则在经济上要付出过多的代价。其中空气冷却面积和风机通风能力的选择是主要的因素，通常有以下方式可以适当提高空气冷却系统的渡夏能力：

(1) 降低空气冷却系统夏季考核背压。

(2) 提高空气冷却系统夏季考核气温。

(3) 空气供应系统轴流风机采用变频调速方式驱动。

(4) 在每年夏季来临之前，利用高压除盐水清洗空气冷却器的外表面，去除附着在散热器上的污垢、尘埃和漂浮物，减少热阻，保持散热器的良好传热效果，并根据机组真空度的下降情况，不定时地对空气冷却散热器进行冲洗，以提高机组的真空度，保证运行的经济性。

(5) 采用尖峰冷却方式如喷雾加湿系统，对空气冷却器迎风面喷水雾，利用汽化潜热吸收热量，并使雾化后的小水滴与环境空气直接换热，降低环境温度，增大传热温差，提高传热效果。

13-49　试述自然环境对间接空气冷却系统影响及解决措施有哪些。

答：自然环境对间接空气冷却系统影响及解决措施主要有：

(1) 气温的影响。在热季气温越高，间接空气冷却机组的运行背压越高，机组煤耗也越大，随着全球变暖趋势的进一步加剧，延长了机组在高温条件下的运行时间，造成空气冷却机组比湿冷机组平均煤耗高出 10～10.5g/kW·h。

而在冬季，当电厂环境温度≤5℃时，空气冷却机组即进入防冻期，空气冷却塔冷却后的水温需控制在 20～25℃之间，凝汽器的真空度为 90%～92%，如不考虑防冻，空气冷却塔设计保证值在 5℃时凝汽器的真空度为 94.4%，即为了防冻，人为地将空气冷却循环水温提高，从而使凝汽器的真空度降低，影响了机组的经济性。

(2) 大风的影响。同直接空气冷却系统一样，间接空气冷却系统同样也会受到环境风速变化的影响，但其影响程度相对于直接空气冷却系统要小。原因在于间接空气冷却系统大气环境的变化直接影响的是空气冷却塔的换热，而对汽轮机排汽的冷却是通过循环水进行的。直接空气冷却系统在风速大幅增加时，其背压可达 10kPa 左右，而间接空气冷却系统当风速大幅增加时背压变化在 5～6kPa，间接空气冷却系统由于采用双曲线的冷却塔，扇形段在冷却塔内或外部圆周方向布置，对于风向的敏感程度则不如直接冷却系统严重。

而应对风速变化的成熟手段之一，是迅速将迎风面扇形段的百叶窗关闭，可以有效地对机组背压进行控制。

13-50　试分析间接空气冷却系统的渡夏能力及应采取的措施有哪些。

答：间接空气冷却系统是依靠空气来散热的，与湿冷系统相比，空气比热小，冷却同容量蒸汽需要更多的空气量；同时，由于散热器空气侧传热系统较低，导致散热器总传热系数较小，所需要的翅片管面积较大。对于间接空气冷却机组无一例外地会受到环境温度、风速的影响。但是一味地追求冷却效果，增加空气冷却塔的面积和通风量，在经济上也是不可取的。为了提高机组的渡夏能力，当环境温度升高时，可采取以下措施进行应对：

（1）采取投入喷淋水的方法，在散热器的迎风面喷射除盐水雾，一部分与翅片管束进行热交换，水雾在管束表面升温后蒸发，利用汽化潜热吸收了热量；另一部分雾化后的小水滴与环境空气直接换热，降低了环境温度，增大了传热温差，强化了传热效果。另外，利用高压除盐水清洗散热器的外表面，去除附着在散热器表面的污垢、尘埃及其他飘浮物，减少热阻，也可以保持散热器良好的传热效果。

（2）设置带机械通风设备的尖峰冷却器，在夏季通过风机和风道可直接从空气冷却塔外吸入空气与尖峰冷却器的管束进行换热。

13-51 如何采取措施提高间接空气冷却系统的冬季防冻能力？

答：通过总结我国北方地区采用间接空气冷却系统机组的运行经验，应采取以下措施：

（1）进入冬季应及时全部关闭冷却塔的调节百叶窗，来提高循环水温度。

（2）调整冷却塔内散热器运行的扇段数，增加热负荷，达到防冻的目的。

（3）必要时调整机组的运行背压达到防冻的目的。

（4）特别注意机组在冬季停机后，投运空气冷却塔的操作步骤，投段后，运行人员要对每一组散热器的温升情况进行排查；尽量避免在冬季零度以下进行退段和投段工作，以减小冻管的几率。

（5）运行中要严密关注空气冷却塔和上、下水门及放水门的内漏情况，防止在冬季退段后，发生缓慢窜水而造成冻管。

第四部分

故障分析与处理

第十四章　汽轮机设备故障分析与处理

14-1　哪些原因会造成汽缸法兰变形?

答: 在制造汽缸过程中，由于回火处理不充分而残存较大的铸造、加工内应力，在运行中，温度不均匀而产生的温度应力，尤其是制造后时效处理不足，运行中内应力释放，是引起汽缸法兰变形的主要原因（投产初期）。

14-2　汽缸结合面间隙超标时如何处理?

答: 汽缸结合面间隙超标时的处理方法如下：

（1）研刮结合面。

（2）喷涂修补结合面局部间隙。

（3）补焊修刮汽缸法兰结合面局部间隙。

14-3　汽缸结合面发生泄漏的原因有哪些?

答: 汽缸结合面发生泄漏的原因如下：

（1）结合面涂料质量不好，含有坚硬的砂粒、铁屑等物。

（2）螺栓紧力不足或紧螺栓顺序不合理。

（3）汽缸制造过程中残存较大的内应力。

（4）运行中温度应力过大，造成汽缸法兰发生变形。

14-4　汽轮机转子发生断裂的原因有哪些?

答: 损坏机理，主要是低周疲劳和高温蠕变损伤。运行问题，主要是超速和发生油膜振荡。材料和加工问题，主要是存在残余应力、白点、偏析和夹杂物、气孔等，材质不均匀性和脆性，加工和装配质量差。

14-5　汽轮机转子发生弯曲的原因有哪些?

答: 大轴弯曲通常分为热弹性弯曲和永久性弯曲。热弹性弯曲是指转子内部温度分布不均匀，转子受热后膨胀造成转子的弯曲，即转子一侧高于另一侧，温度高的一侧大于另一侧，从而产生热弯曲。此时温度高的一侧为凸面，温度低的一侧为凹面，凸凹两面相互作用，凸面受到压应力，凹面受到拉应力，因为此时的应力一般没有超过转子材料的屈服极限，因而当转子内部温度均匀后，这种热弯曲会自然消失。永久性弯曲则不同，当转子局部受到急骤的加热或是冷却，该区域与其他部位产生很大的温度偏差，受热部位热膨胀（冷收缩）受到压缩（拉阻），产生高的压热应力（拉应力），当其应力超过转子材料屈服极限时，转子局部便产生压缩塑性变形。当转子内部温度均匀时，该部位会有残余拉应力（压应力），塑性变形不消失，从而造成转子的永久弯曲。

14-6 造成转子弯曲的原因有哪几个方面？

答：造成转子弯曲的原因如下：

（1）动静部分摩擦使转子局部过热。

（2）停机后在汽缸温度较高时，由于某种原因使冷水进入汽缸，引起高温状态的转子下侧接触到冷水，局部骤然冷却，出现很大的上下温差而产生热变形，造成大轴弯曲。据计算结果，当转子上下的温差达到150～200℃时，就会造成大轴弯曲。转子金属温度越高，越易造成大轴弯曲。

（3）转子的原材料存在过大的内应力，在较高的工作温度下经过一段时间的运转后，内应力逐渐得到释放，从而使转子产生弯曲变形。

14-7 主轴因局部摩擦过热而发生弯曲时，轴会朝哪个方向弯曲？原因是什么？

答：摩擦将位于轴的凹面侧。因为发生单侧严重摩擦，过热部分膨胀产生的应力一旦超过该温度下的屈服极限时，则产生永久性变形。冷却后，受压应力部分材料将缩短，形成弯曲的凹面。

14-8 根据不同的裂纹深度，处理转子叶轮键槽裂纹的方法有哪些？

答：有车削裂纹加衬套法和磨锉挖除裂纹法，但挖除裂纹后，要注意修好圆角，防止发生应力集中。

14-9 旋转隔板本身在运行中发生卡涩的原因有哪些？

答：旋转隔板本身在运行中发生卡涩的原因有：

（1）蒸汽夹带杂物，卡在回转轮与隔板或半环形护板之间的缝隙中。

（2）对减压式旋转隔板，可能因减压室与喷嘴之间存在较大的压差，使回转轮上的轴向推力过大，发生卡涩，甚至拉起毛刺，从而造成回转轮在各个位置都可能出现卡涩。

（3）隔板的轴向和径向间隙小。

（4）隔板整体瓢偏大，即出现弯曲，转动过程中出现卡涩。

（5）蒸汽质量差，隔板结垢影响间隙。

14-10 什么原因可能造成支持轴瓦温度升高？如何处理？

答：造成支持轴瓦油度升高的原因和处理方法如下：

（1）轴瓦接触面大，使摩擦阻力增大，热效应随同增大，使支持轴瓦温度升高。可以对支持轴瓦进行修刮，减小接触面。

（2）轴瓦进油温度升高，不能有效降低瓦温，使轴瓦温度升高。可以调节润滑油温，适当降低进油温度。

（3）轴瓦承载力加大，使轴瓦负荷高于正常值，轴瓦温度上升。可通过调整转子中心，适当分配载荷，降低轴瓦承载力。

（4）某一局部区域，轴瓦出现凹坑，润滑油在此处形成涡流，使瓦温升高。可对轴瓦进行修研，消除这一现象。

（5）热工测点安装位置过浅，接近乌金面，出现假象。可以改变测点位置。

14-11 造成轴瓦乌金损坏的原因有哪些？

答：造成轴瓦乌金损坏的原因如下：

（1）汽轮机发生水冲击、汽轮机平衡活塞失去平衡功能或蒸汽温度下降处理不当，造成蒸汽带水进入汽轮机；或因蒸汽品质不良、叶片结构等，造成汽轮机轴向推力明显增大，推力轴承过负荷。

（2）润滑油压降低，油量偏小或断油。

（3）油系统进入杂质，润滑油油质不合格，致使轴承油膜破坏。

（4）润滑油油温过高。

（5）机组发生异常振动，油膜破坏使轴瓦乌金研磨损坏。

（6）汽轮机转子接地不良，轴电流击穿油膜。

（7）运行中进行油系统切换时发生误操作，使轴承断油烧坏。

（8）油泵工作失常或厂用电中断。

14-12 造成机组振动的扰动因素主要有哪些？

答：造成机组振动的扰动因素主要有：

（1）外界干扰力。制造质量偏差，轴弯曲、发电机转子热不稳定性等引起的质量不平衡所产生的。

（2）离心力；转子连接不当；叶片复环断裂；汽缸热膨胀不畅等。

（3）自激力：轴承油膜不稳定引起的转子油膜振荡，通流部分蒸汽流动引起的振荡等。

14-13 引起机组振动的轴系中心偏差，常由哪些原因产生？

答：机组运行中轴承座热变形不一致，基础下沉、滑销卡涩造成轴承负荷分配不匀，以及联轴器端面不平或不同心造成转子连接偏心等。

14-14 汽轮机组振动试验，一般包括哪些内容？各有什么作用？

答：汽轮机组振动试验，包括的项目及作用如下：

（1）机组振动分布特性试验，以查明机组振动部位和轴承座的刚度。

（2）负荷试验，以查明振动与机组负荷的关系。

（3）真实环境下进行实际试验，以查明机组中心的热偏差。

（4）润滑油温试验，以查明油温与油膜不稳定的关系。

（5）励磁电流试验，以查明发电机磁场对振动的影响。

（6）转速试验，以查明转子有无质量不平衡和共振现象。

14-15 调速系统迟缓率过大，对汽轮机运行有什么影响？

答：迟缓率的存在，延长了自外界负荷变化到汽轮机调速汽门开始动作的时间间隔，即造成了调节的滞延。迟缓率过大的机组，在孤立运行时，转速会自发变化，造成转速摆动；并列运行时，机组负荷将自发变化，造成负荷摆动；在甩负荷时，转速将激增，产生超速，对运行非常不利，所以，迟缓率越小越好。迟缓率增加到一定程度，调速系统将发生周期性摆动，甚至扩大到机组无法运行。

14-16 EH系统油压波动的原因及处理方法有哪些？

答：EH系统油压波动的原因及处理方法如下：

（1）EH系统油压波动是指在机组正常工作的情况下（非阀门大幅度调整），EH油压上下波动范围大于1.0MPa。

（2）EH系统中配置的两台主油泵是恒压变量泵。恒压变量泵是通过泵出口压力的变化自动调整泵的输出流量来达到压力恒定的目的，所以，从理论上讲恒压泵是有一定的压力波动的。但如果压力波动范围超过1.0MPa，则认为该泵出现调节故障。当然，如果此时泵的最低输出压力大于11.2MPa，并不影响机组运行。

（3）出现EH油压波动现象，主要是由于泵的调节装置动作不灵活造成的。调节装置分为两部分：调节阀和推动机构。

1）调节阀装在泵的上部，感受泵出口压力变化并转化成推动机构的推力，其上的调整螺钉用于设定系统压力。当调节阀阀芯出现卡涩或摩擦阻力增大时，不能及时将泵出口压力信号转换成推动机构的推力，造成泵流量调整滞后于压力变化，使泵输出压力波动。出现这种情况，可以拆下调节阀并解体，清洗相关零件，检查阀芯磨损情况，复装后基本可以消除该阀故障。

2）推动机构在泵体内部，活塞产生的推动力克服弹簧力来决定泵斜盘倾角。当推动活塞发生卡涩或摩擦力增大时，调节阀输出的压力信号变化不能及时转化成斜盘倾角（即泵输出流量）变化，使泵的输出压力发生波动。出现这种情况，需清洗推动机构的相关零件，并检查推动活塞的表面质量。因该部分机构装在泵体内，最好由专业技术人员来完成。

14-17　抗燃油酸值升高的原因及处理方法有哪些?

答：抗燃油酸值升高的原因及处理方法如下：

（1）抗燃油新油酸度指标为0.03（mgKOH/g），新华公司规定的运行指标为0.1（mgKOH/g），当酸度指标超过0.1（mgKOH/g）时，我们认为抗燃油酸度过高，高酸度会导致抗燃油产生沉淀、起泡和空气间隔等问题。

（2）影响抗燃油酸度的因素很多，对于我们使用的EH系统来讲，影响抗燃油酸度的主要因素为局部过热和含水量过高，其中以局部过热最为普遍。因为EH系统工作在汽轮机上，伴随着高温、高压蒸汽，难免有部分元件或管道处于高温环境中，温度增加使抗燃油氧化加快，氧化会使抗燃油酸度增加，颜色变深。所以，我们在设计和安装EH系统时应注意：①EH系统元件特别是管道应远离高温区域；②增加通风，降低环境温度；③增加抗燃油的流动，尽量避免死油腔。

（3）由于冷油器的可靠性设计，由于冷油器中漏水进入抗燃油的例子鲜有发生，抗燃油中的水分多数是由于油箱结露产生的。水在抗燃油中会发生水解，水解会产生磷酸，磷酸又是水解的催化剂。所以，大量的水分会使抗燃油酸值升高。

（4）抗燃油的酸值升高后，必须连续投入再生装置。再生装置中的硅藻土滤芯能有效地降低抗燃油的酸度。当抗燃油的酸度接近0.1时（例如大于0.08），就应投入再生装置，这时酸度会很快下降。当抗燃油酸度超过0.3时，使用硅藻土很难使酸度降下来。当抗燃油酸度超过0.5时，已不能运行，需要换油。

14-18　油温升高的原因及处理方法有哪些?

答：EH系统的正常工作油温为20～60℃，当油温高于57℃时，自动投入冷却系统。如果冷却系统已经投入并在正常工作的情况下，油温持续在50℃以上，我们则认为系统发热量过大，油温过高。

油温过高排除环境因素之外，主要是由于系统内泄造成的。此时，油泵

的电流会增大。造成系统内泄过大的原因主要有以下几种：

（1）安全阀泄漏。安全阀的溢流压力应高于泵出口压力2.5～3.0MPa，如果二者的差值过小，会造成安全阀溢流。此时阀的回油管会发热。

（2）蓄能器短路。正常工作时蓄能器进油阀打开，回油阀关闭。当回油阀未关紧或阀门不严时，高压油直接泄漏到回油管，造成内泄。此时，阀门不严的蓄能器的回油管会发热。

（3）伺服阀泄漏。当伺服阀的阀口磨损或被腐蚀时，伺服阀内泄增大。此时，该油动机的回油管温度会升高。

（4）卸荷阀卡涩或安全油压过低。油动机上卸荷阀动作后发生卡涩会造成泄漏，当泄漏大时，油动机无法开启，当泄漏小时，造成内泄。此时，该油动机的回油管温度会升高。当安全系统发生故障出现泄漏时，安全油压降低，会使一个或数个卸荷阀关不严，造成油动机内泄。

14-19　DEH系统油动机摆动的原因及处理方法有哪些？

答：在输入指令不变的情况下，油动机反馈信号发生周期性的连续变化，我们称之为油动机摆动。油动机摆动的幅值有大有小，频率有快有慢。产生油动机摆动的原因主要有以下几个方面：

（1）热工信号问题。当两支位移传感器发生干涉时，当VCC卡输出信号含有交流分量时、当伺服阀信号电缆有某点接地时均会发生油动机摆动现象。

（2）伺服阀故障。当伺服阀接收到指令信号后，因其内部故障产生振荡，使输出流量发生变化，造成油动机摆动。

（3）阀门突跳引起的输出指令变化。当某一阀门工作在一个特定的工作点时，由于蒸汽力的作用，使主阀由门杆的下死点突然跳到门杆的上死点，造成流量增大，根据功率反馈，DEH发出指令关小该阀门。在阀门关小的过程中，同样在蒸汽力的作用下，主阀又由门杆的上死点突然跳到门杆的下死点，造成流量减小，DEH又发出开大该阀门指令。如此反复，造成油动机摆动。DEH对由于阀门突跳引起的油动机摆动无能为力，只有通过修改阀门特性曲线使常用工作点远离该位置。

注：VCC卡是用来在线查看每个阀门的工作状态，指令与反馈的偏差，相应的快慢程度的元件。

14-20　EH油管振动的原因及处理方法有哪些？

答：EH油管路特别是靠近油动机部分发生高频振荡，振幅达0.5mm以上，我们称之为EH油管振动，其中以压力油管为最多。油管振动会引起接头或管夹松动，造成泄漏，严重时会发生管路断裂。

引起油管振动的原因主要有以下几个方面：

（1）机组振动。油动机与阀门本体相连，例如200MW机组中压调速汽门，油动机在汽缸的最上部，当机组振动较大时，势必造成油动机振动大，与之相连的油管振动也必然大。

（2）管夹固定不好。《EH系统安装调试手册》中规定管夹必须可靠固定，如果管夹固定不好，会使油管发生振动。

（3）伺服阀故障，产生振荡信号，引起油管振动。

（4）控制信号夹带交流分量，使高压油管内的压力交变产生油管振动。

可以通过试验来判断是哪一种原因引起的振动。当振动发生时，通过强制信号将该阀门慢慢置于全关位置，关闭进油门，拔下伺服阀插头，测量振动。如果此时振动明显减小，说明是伺服阀或控制信号问题；如果振动依旧，说明是机组振动。对于前一种情况，打开进油门，使用伺服阀测试工具通过外加信号的方法将阀门开启至原来位置，如果此时没有振动，说明是控制信号问题，由热工检查处理；如果振动加大，说明是伺服阀故障，应立即更换伺服阀。

14-21　ASP油压报警的原因及处理方法有哪些？

答：ASP油压报警的原因及处理方法如下：

（1）ASP油压用于在线试验AST电磁阀。ASP油压由AST油压通过节流孔产生，再通过节流孔到回油管。ASP油压通常在7.0MPa左右。当AST电磁阀1或3动作时，ASP压力升高，ASP1压力开关动作；当AST电磁阀2或4动作时，ASP压力降低，ASP2压力开关动作。如果AST电磁阀没有动作时，ASP1或ASP2压力开关动作，或AST电磁阀复位后压力开关不复位，就存在ASP油压报警。

（2）ASP油压报警多数是由于节流孔堵塞造成的。当前置节流孔（AST到ASP的节流孔）堵塞时，ASP油压降低，ASP2压力开关动作，发出ASP油压报警；当后置节流孔（ASP到回油的节流孔）堵塞时，ASP油压升高，ASP1压力开关动作，发出ASP油压报警。可以通过检查清洗节流孔来清除故障。

（3）当然AST电磁阀故障也会发出ASP油压报警。报警后首先要确定是哪一只电磁阀故障，可以通过更换电磁阀的位置来判定。例如ASP高报警，说明AST电磁阀1或3故障。可以将电磁阀1与电磁阀2互换位置，如果此时仍为高报警，则说明电磁阀3故障，如果此时变为低报警，说明电

磁阀1故障。找到了故障电磁阀，就可以通过检修或更换来处理。

14-22 DEH调速系统（改造机组）在挂闸过程中常见问题及处理方法有哪些？

答： DEH调速系统在挂闸过程中常见问题及处理方法如下：

（1）在改造机组中，使用挂闸电磁阀进行远方挂闸。早期使用的挂闸电磁阀为美国Vickers的DG4S4型电磁阀。该阀在实际使用中时常会出现开泵挂闸和挂闸后又掉闸的问题。

（2）机组保安系统改造后，挂闸电磁阀一般安装在前箱外部。集油管内的压力油经过$\phi6$的节流孔到挂闸电磁阀，再到危急遮断器的挂闸油口，而集油管内的压力油经过$\phi6$的节流孔直接到危急遮断器的保安油口，管路短且经过的节流少，使保安油压先于挂闸油压建立，造成一开泵就挂闸。可以通过放大挂闸油路的节流孔至$\phi8$～$\phi10$或减小保安油路的节流孔至$\phi4$来解决。

（3）挂闸后又掉闸的问题是因为危急遮断滑阀的研磨面不好造成的。挂闸电磁阀通电后，危急遮断器的挂闸油口油压降低，保安油压推动危急遮断滑阀上移，使研磨面贴合，完成挂闸。挂闸电磁阀断电后，挂闸油口的油压由0上升至2.0MPa，对危急遮断滑阀有一个冲击。当危急遮断滑阀的研磨面不是很好时，就会将滑阀冲击掉下来。该问题可以通过减小挂闸油路的节流孔以减少冲击来解决。

（4）当这两种故障同时存在时，很难通过调配节流孔来解决。目前我们使用一种新型的挂闸电磁阀。该阀为DN15，采用旁路接法。经过实际使用检验，完全可以解决上面提到的两种问题。有一些使用进口挂闸电磁阀的厂家更换电磁阀后，也从根本上解决了在挂闸过程中出现的问题。

14-23 伺服阀主要故障有哪些？

答： 伺服阀主要故障如下：

（1）伺服阀主要故障为卡涩和电化学腐蚀，主要表现为油动机始终处于全开或全关位置而无法控制。伺服阀的阀芯与阀套间隙只有2μm左右，极易造成卡涩，一旦卡死，将导致调节过程无法控制；另外伺服阀的喷嘴与挡板之间也容易发生卡涩，伺服阀喷嘴与挡板之间的间隙在0.03mm左右，当油中有颗粒卡在当中时，就会使挡板始终靠近一个喷嘴且反馈杆无法将其拉回，主阀芯两端的压差始终存在，造成阀芯向一个方向开足，油动机就会处于全开或全关位置而无法控制。当其发生卡涩时，最好交给专业厂家修理。

（2）当EH油中的氯离子含量较高时，大量的氯离子会聚集在伺服阀的阀口处形成电化学腐蚀，造成伺服阀内漏，EH油压力降低，回油温度、压力升高。伺服阀通过调整阀的开口来控制输出流量，当伺服阀达到全流量701L/min时，其阀芯的行程也不超过1mm，可见阀口处的流速相当高，伺服阀属于零开口滑阀，其零位密封由阀芯台阶的尖角来保证，当阀芯尖角被腐蚀掉0.1mm后，其内泄就可能达到1020L/min，无法实现对汽轮机的精确控制，甚至无法开启油动机。伺服阀发生电化学腐蚀后，必须更换阀芯和阀套，在运行过程中必须严格控制抗燃油中的氯离子的含量，防止电化学腐蚀的发生。若氯离子含量超标，要对EH油系统进行彻底清洗并换油。

14-24 快速卸荷阀常见故障有哪些?

答: 卸荷阀的常见故障是杯状滑阀卡涩或关不严，造成系统泄漏，严重时油动机无法开启，内漏时大量压力油通过卸荷阀回到回油管，并产生大量的热量使回油管道发热，因此通过检查回油管道温度可以判断是否内漏。出现卸荷阀卡涩或关闭不严的故障后，可以通过清洗卸荷阀的方法排除。当调节螺钉未旋紧或针形阀处未关严时，危急遮断油通过先导阀泄去，油动机同样会产生内漏；压力油与危急遮断油之间的小孔堵塞，危急遮断油无法产生，油动机也会产生内漏。所以当油动机出现内漏后，这些地方都需要检查。

14-25 AST电磁阀主要故障有哪些?

答: AST电磁阀主要故障有:

(1) 电磁阀线圈无法带电。电磁阀带电后，其顶部有较强的磁性，可用铁质物质校验，若无磁性，说明电磁阀没有正常带电，可能是线圈故障，需要更换电磁阀或绕组。

(2) 节流孔堵塞，先导控制油压无法建立，主阀也不能关闭，需清洗检查后排除。

(3) 主阀关闭不严，当电磁阀出现卡涩或阀口处有杂质时，会造成主阀关闭不严，进油口与出油口之间有泄漏，可能造成危急遮断油压过低，需清洗检查后排除。

(4) 阀芯与阀套之间间隙过大。主阀与阀套之间是间隙配合，如果二者之间间隙过大，当控制油通过先导电磁阀卸压时，危急遮断油会通过间隙从阀芯的右侧到左侧补充控制油压，使阀芯的开口很小，可能造成打闸后危急遮断油压过高，需要更换阀芯或阀体。

14-26 EH油泵主要故障有哪些?

答: EH油泵主要故障如下:

(1) 当EH油系统压力波动较大时，大多数是由于主油泵的调节装置动作不灵活所致，另一方面是蓄能器存在缺陷，稳定性差。调节阀阀芯间隙很小，在0.02～0.03mm左右，若EH油中的杂质微粒随油进入调压阀，将阻塞间隙，造成卡涩。当调节阀芯出现卡涩时，不能及时将泵出口压力信号转换为推动机构的推力，根据阀芯卡涩的位置不同，油压可能越降越低，也可能越升越高，将阀芯冲到新的位置，从而造成泵输出压力大幅度波动。

(2) 由于调压阀动作频繁，长期运行会导致阀芯和阀套的磨损，间隙增大。这样会使得压力油从压力油口通过间隙进入调节油口，导致变量油缸无法回移，泵的输出流量、压力偏低。

(3) 当推动活塞发生卡涩时，调节阀输出的压力信号变化不能及时转化为斜盘倾角变化，也使泵的输出压力发生变化。

(4) 另外压力油口通道堵塞，会使压力油信号失真，不能指导调压阀阀芯正常动作；调节油口通道堵塞，会使变量油缸进油、排油速率减慢，迟缓率增加；泄油口通道堵塞，会使变量油缸中的油不能及时泄走，变量斜盘一直维持小偏角，低油量无法补充系统泄漏损失，系统油压下滑。

14-27 运行中油缸常见缺陷及处理方法有哪些?

答: 油缸活塞杆处渗油是影响油缸长期使用的主要原因。因油动机直接挂在蒸汽阀门座上，没有冷却装置。正常温度应小于65℃，实际局部温度远远高于EH油的抗劣化温度，其工作环境比较恶劣。

油缸长期工作在温度较高的环境中时，活塞杆表面的油膜会碳化，聚集在活塞杆表面，破坏活塞杆的粗糙度。当结碳处通过密封圈时，会损坏密封圈，如此反复多次就会造成渗漏，严重时会将铜制轴套拉毛，加速密封圈和活塞损坏；有时安装结构会使活塞受侧向力，加速活塞与轴套、密封圈之间的磨损，也是引起渗油的原因。另外O形圈耐高温能力也比较差，长期处于高温环境中会脆化，并产生“炭黑”小颗粒，卡涩油动机，阻塞伺服阀，造成油动机渗油。所以油缸大修时，应仔细检查活塞杆与轴套的磨损以及O形圈有无破损。

14-28 EH油油质控制的方法及注意事项有哪些?

答: EH油系统是高精密调节系统，对油质要求很高，EH油系统伺服阀、电磁阀、节流孔、通道等的故障也多和油质有关。因此EH油油质控制，对于该系统的安全可靠运行至关重要。为保证EH油油质，要加强油质的监督，定期进行油质检验。要定期滤油或保持在线滤油，以降低EH油中的酸值，降低水和氯的含量，除去油中颗粒。此外要定期更换油动机滤芯、抗燃油泵出口滤芯、抗燃油回油滤芯、再生装置滤芯，检修过程中注意保持油质的清洁。另外要防止 EH 油的局部高温氧化，可考虑加装冷却装置，停机后要保持 EH 油系统 3～4 天的运行时间。

14-29　PV29 变量泵压力的整定方法及步骤有哪些？

答：PV29 变量泵压力的整定方法及步骤如下：

（1）换上新泵后，泵内要加满抗燃油，加油方法：泵上面有一大外六角螺钉，拧松拿掉即可，装上泄油接头，然后往孔内加油，加满为止，再将接管接上。

（2）开泵通油，调整泵压力，先将调整螺钉拧松，使压力逐步下降，当压力到 0MPa 时，再拧紧螺钉使压力逐步上升，当压力上升到 17MPa 时不再上升了（此时，DB10 溢流阀起作用了），然后逐步将压力降到 15MPa，再拧紧调整螺钉的锁母即可。

（3）DB10 溢流阀的整定。将 DB10 阀杆拧紧，再将泵调整螺钉拧松，使压力逐步下降，当压力到 0MPa 时，再拧紧螺钉使压力逐步上升，当压力上升到 20MPa，此时再拧松 DB10 溢流阀阀杆，当系统压力回到 17MPa 时，再拧紧 DB10 阀杆。

（4）将泵调整螺钉拧松，使压力逐步下降，当压力到 0MPa 时，再拧紧螺钉使压力逐步上升，当压力上升到 17MPa 时再不往上升了，然后逐步将压力降到 15MPa，再拧紧泵调整螺钉即可。

注：DB10 溢流阀为先导型溢流阀的一种，是一种典型的三节同心结构先导型溢流阀，它由先导阀和主阀两部分组成。

14-30　EH 油系统冲洗需做哪些准备工作？

答：EH 油系统冲洗需做的准备工作如下：

（1）EH 油系统所有连接管组装完毕。详细检查各管路的接点正确无误，并装上各个接头的 O 形密封圈，拧紧螺母和接头。

（2）检查 EH 油箱上的各压力表、温度计、压力开关和差压开关应无损坏和松动，热工接线正确。

（3）将油箱顶部清理干净。

（4）用点动方式检查滤油泵和冷却泵的转向应正确。

（5）将抗燃油油桶顶部清洗干净，打开抽油孔，将供油装置吸油钢管（附件）放入油桶内，把吸油管连接到供油装置的吸油接口上。

（6）在新油桶中取样，化验分析其理化性能。

（7）在加油过程中，注意油箱中的油位，并请热工人员在现场做好调整

油箱的油位报警装置的准备。

(8) 当油箱油位到达下列各点时，停止加油。检查液位开关油位指示是否正确。并作好记录。

1) 200mm 油位低低遮断；300mm 油位低低报警。

2) 430mm 油位低报警；560mm 油位高报警。

(9) 油箱加油至液位 650mm 即结束。

(10) 空油桶请保存好，以备以后放油用。

(11) 启动滤油泵。并保持滤油泵连续运转。

14-31 EH 油系统冲洗时有哪些注意事项?

答：EH 油系统冲洗时注意事项如下：

(1) 冲洗时供油压力尽量高，但最大不得超过 3.5MPa，一般控制在 2.0～3.0MPa 之间。

(2) 冲洗时油温保持在 50～55℃，如油温不够，可以启动电加热装置。

(3) 油冲洗过程中，须 24h 连续运转，并尽可能保持两台泵同时运转。

(4) 为保证冲洗效果，可采用分步冲洗的方法，按一次冲洗 4～5 只油动机的原则，分别对各个执行机构、电磁阀组件和蓄能器组件进行冲洗。

(5) 在分步冲洗时，若压力或温度过高。则再打开一只油动机的进油截止阀；若压力或温度过低，则再关闭一只油动机的进油截止阀。

(6) 在油冲洗过程中。应经常用木棒轻打油管，帮助震掉附着在管壁上的脏污物。

(7) 在油冲洗过程中，每隔 2h 按照记录表格作好记录。

14-32 EH 油系统冲洗的步骤有哪些?

答：EH 油系统冲洗的步骤主要有：

(1) 冲洗前的准备工作：

1) 将油动机上的伺服阀和电磁阀拆下，换上相应的冲洗板，拆下主汽门油动机上进油节流孔，打开第一组冲洗各油动机的进油截止阀，关闭其他各油动机的进油截止阀。

2) 在电磁阀组件上，用六块冲洗板代替电磁阀。

3) 打开供油装置主油泵的二个进油阀和二个出油截止阀。

4) 关紧蓄能器组件的进油截止阀，打开蓄能器放油截止阀。检查蓄能器内氮气压力，若压力不足则补充氮气。高压蓄能器的充氮压力为 (9.1±0.2) MPa，低压蓄能器的充氮压力为 (0.21±0.05) MPa。

5) 关紧再生装置上的二个进油截止阀。

（2）冲洗步骤：

1）利用点动检查主油泵电动机转向是否正确，顺电动机方向看，叶轮转动方向应与电动机上的提示方向一致。

2）开动A泵，检查油路系统各点泄漏情况。若有泄漏，及时消除。2h后、停止A泵，启动B泵，检查系统泄漏情况。过2h后，再次启动A泵，两台泵同时运转。

3）将安全阀（DB10）的溢流压力设定为3.5MPa（调整时，可关闭两只油动机的截止阀使压力升高）。

4）至少冲洗5天后，换第二组油动机进行冲洗。

5）打开第二组油动机进油截止阀，关闭第一组油动机进油截止阀，对第二组油动机进行冲洗，至少5天。

6）按照上述方法，换第三组油动机进行冲洗，至少5天。

7）停两台主油泵，关闭第三组油动机进油截止阀，用两只冲洗接头换下电磁阀组件上的节流管接头，打开1只蓄能器的进油截止阀，启动两台油泵进行冲洗。

8）每隔1天更换1只蓄能器进行冲洗。最少冲洗4天。

9）开始投运再生装置，注意有无漏油（此时油箱油位将下降5cm左右），运行8h后，打开至滤油器的球阀，关闭进再生装置的两只截止阀。停主油泵，用两只节流管接头换下电磁阀组件上的冲洗接头，打开所有油动机截止阀，再冲洗直至油质合格。

14-33　更换伺服阀的步骤有哪些？

答：注意：①整个操作过程要注意清洁度，伺服阀周围要擦干净。②此项工作建议有两人参加，防止出差错。

（1）单侧进油的油动机（如DEH）上的伺服阀可以在线更换。

具体操作步骤：

1）由DEH控制装置操作，使需更换伺服阀的油动机指令信号为零。此时油动机可能关闭，也可能不会关闭。

2）拔下伺服阀的信号插头。

3）关油动机上的截止阀。

注意：一定要关紧。

4）此时应该在弹簧作用下，缓慢地关阀门。

注意：如果在10min之内阀门没有动，可以打开卸荷阀的手动卸荷或给卸荷电磁阀通电使其动作。如果阀门还没有动，说明油动机活塞杆、阀门杆

和操纵座组成的轴系有问题，可能已经卡死，不是伺服阀的问题。

5）阀门关到底后，拧松伺服阀的安装螺钉，观察余油，应该逐渐变小。

注意：如果余油一直较大或无变小的趋向，应拧紧安装螺钉，说明截止阀或止回阀有泄漏，应考虑停机停泵后检修伺服阀、止回阀或截止阀。

6）然后换上新的伺服阀及拧紧安装固定螺钉。

注意：底面O形圈是否缺少，弹簧垫圈是否遗失。

7）缓慢拧松截止阀，插上伺服阀插头并拧紧，通知DEH给伺服阀信号。阀门应能打开，控制自如，即可恢复正常工作。

(2）双侧进油油动机（如MEH）如果伺服阀要更换，需停机换阀。

具体操作步骤：

1）通知MEH，解除给伺服阀信号。

2）在蓄能器组件上，分别把三个截止阀拧紧，放开高压蓄能器的回油角式截止阀，把蓄能器内高压油全放掉。此时调节阀门不一定在关闭状态。

注意：关截止阀顺序为HP（高压油）、DP（有压回油）和DV（无压回油）截止阀。

3）拔下伺服阀的信号插头。

4）拧松伺服阀的安装螺钉，观察余油应该逐渐变小。

注意：如果余油较大或是无变小趋势，应拧紧安装螺钉，说明截止阀或止回阀有泄漏，应考虑停泵后检修伺服阀、止回阀或截止阀。

5）然后换上新的伺服阀及拧紧安装固定螺钉。

注意：底面O形圈是否缺少，弹簧垫圈是否遗失。

6）拧上伺服阀插头。

7）把高压蓄能器回油角式截止阀拧紧，分别按序拧松DV、DP和HP。

注意：拧开HP截止阀时，要缓慢开。检查伺服阀是否漏油。

8）通知MEH给伺服阀通电。检查伺服阀工作是否正常。

(3）旁路系统使用的伺服阀可以在线更换。

具体操作步骤：

1）旁路控制系统发出信号，给闭锁阀电磁阀通电，使闭锁阀闭锁，阀门保持原位置。

2）拧紧油动机集成块上的截止阀。

注意：不要关油动机前面的球阀。

3）拔下伺服阀的信号插头。

4）拧松伺服阀的安装螺钉，观察余油应该逐渐变小。

注意：如果余油一直较大或无变小的趋向，应拧紧安装螺钉，说明截止阀、止回阀有泄漏，应考虑停泵后检修伺服阀、止回阀或截止阀。

5）然后换上新的伺服阀及拧紧安装固定螺钉。

注意：底面O形圈是否缺少，弹簧垫圈是否遗失。

6）插上插头并拧紧，缓慢拧松截止阀，检查伺服阀是否泄油，正常后由旁路控制系统发出信号，给闭锁阀电磁阀断电，闭锁阀投入运行状态，阀门即投入闭环控制。

14-34 卸荷阀更换步骤有哪些？

答：对于200、300、600MW机组来说，从理论上说，卸荷阀均可在线调换。根据不同的油动机，我们共有三种不同形式的卸荷阀，即DB-20型先导溢流阀、电磁换向卸荷阀和DUMP（快速卸荷阀）。

故障的现象：一般都是伺服阀加上信号后油动机打不开阀门或阀门开不到应有的开度。此时VCC卡S值很大。

注：VCC卡是用来在线查看每个阀门的工作状态，指令与反馈的偏差，相应的快慢程度的元件：监视VCC卡输出至电液伺服阀线圈实时电压值S，正常运行闭环状态下，S代表伺服机构偏置，S值为正时，表示线圈失电后，伺服阀对油动机在放油状态，油动机能关下来。

更换步骤如下：

（1）DEH把该油动机指令信号变为零。

（2）把该油动机的截止阀拧紧。

注意：一定要拧紧。

（3）油动机及阀门已关到底。

（4）松开安装固定卸荷阀的螺钉，观察余油应该逐渐变小。

注意：如果余油一直较大或无变小的趋向，应拧紧安装螺钉，说明截止阀或止回阀有泄漏，应考虑停泵后检修。

（5）更换卸荷阀。

1）更换DB-20型先导溢流阀和电磁换向卸荷阀，拧紧安装螺钉。

注意：底面O形圈有否缺少。

2）对于DUMP阀来说，由于是组合式，所以如要更换，需与集成块一起更换。此时我们建议可先对DUMP阀的阀口、阀杆和节流孔等三处进行清洗。如果清洗还不能解决问题，则最好是停机检修。因为此时为中压调速汽门单边进汽，并且换集成块等时间较长，对汽轮机运行不利。

（6）打开截止阀，检查有否漏油。如正常，即可通知DEH给油动机指令，油动机应能正常工作。

14-35 EH主油泵常见故障有哪些?

答: EH主油泵常见故障主要有:

(1) 外泄漏大。

(2) 压力调整器坏,使系统压力升到17MPa。

(3) 系统压力抖动。

14-36 在线更换EH主油泵的步骤有哪些?

答: 在线更换EH主油泵的步骤有:

(1) 开启备份油泵,投入正常运行,停止事故油泵运行。运行人员使油泵连锁开关处于"切除"状态。

注意:事故油泵停运后,系统事故现象是否消失。如果不消失,说明不是主油泵问题,要寻找其他原因。

(2) 去除事故油泵的电源。

(3) 关事故油泵的吸油管道上的柱阀,与油箱隔离。关油箱顶上集成块上事故油泵一路的出口截止阀,与高压系统隔离。

注意:此柱阀和截止阀绝对不能关错,否则将造成运行油泵的损坏而停机。同时,旁边一台泵正在运行,所以要注意人身安全。

(4) 拧松泄油管进油箱处的管接头,防止油箱虹吸倒流,拧松事故油泵的吸油、出油和泄油管接头。

(5) 拧松联轴器与油泵轴上的止动螺钉。

(6) 松开固定油泵的螺钉,取出事故油泵。

(7) 换上新油泵,拧紧固定螺钉和止动螺钉。在泄油口处灌进干净的抗燃油。

(8) 连接所有的管接头,打开柱阀和集成块上的截止阀。

(9) 用手应能盘动联轴器。启动前盘动联轴器5min左右,让泵内充满抗燃油。

(10) 通知运行送电,准备启动油泵。

(11) 先把调整压力的螺钉松二圈(生产厂家出厂时按最高压力调整,其值约为20.0MPa),把调整压力值下降一些。

(12) 请运行人员开泵,此时二个泵同时运行,观察新泵的输出压力为多少,调整压力至14MPa左右。

注意:如果发现新泵系统压力已超过14MPa,则迅速把它调低到14MPa。

(13) 联系值班人员将原运行泵退出备用,再微调系统压力到14.5MPa,然后锁紧调整螺钉。

(14) 正常后，请运行人员把泵连锁开关转至“连锁”状态。

14-37　EH 油滤芯在线更换的步骤有哪些？

答：EH 滤芯的在线更换步骤如下：

1. 油动机滤芯的更换

油动机上滤芯的更换与调换伺服阀一样，即把油动机上进油截止阀拧死，阀门逐渐关下来，当阀门关到底后，即可把滤芯外面的滤器盖拧下来，然后可以把滤芯拔下来。滤芯与芯套是孔配合，无螺纹配合。

注意：拆滤芯时不可逆时针转动滤芯，否则可能把芯套拧松退出来，滤芯装不到头滤器盖就装不到位，将漏油。

2. 供油装置上滤芯的在线更换

(1) 主油泵吸油滤芯、出口滤芯的更换。当主油泵出口滤芯由于滤芯堵使压差开关报警时，需更换滤芯，一般在更换该出口滤芯时，吸油滤芯也同时更换。

更换步骤如下：

1) 启动备份油泵，停原工作油泵，暂时切除连锁开关，停电源。

2) 把油箱下面吸油滤器上游的柱阀关死，在油箱顶盖上集成块组件上关死出口截止阀。

注意：首先柱阀和截止阀不要弄错，别把运行泵的柱阀和截止阀关死，截止阀是细牙螺纹，关死一般要拧 15 圈以上，在开的时候也要拧 15 圈以上。

3) 把出口滤芯盖拧开，把滤芯拔出来，取出其中 O 形圈 $\phi25\times1.8$，放入新的滤芯中，把滤芯重新装入，然后把滤芯盖装好。

4) 拧开吸油滤器盖，把吸油滤芯逆时针方向拧出，换上新的滤芯，再把吸油滤器盖复装好。

注意：此滤芯是螺纹连接，所以需逆时针方向退，装滤芯时是顺时针方向拧。

5) 打开柱阀，再拧开集成块上的截止阀，因为是细牙，所以要拧开 15 圈。

6) 请集控室操作人员接上此泵电源。

7) 在现场与集控室用对讲机联系，启动此泵，观察有无漏油，如无漏油，即可关掉任何一台主油泵。

注意：启动此泵后，先观察是否漏油，如漏油即停泵，如不漏油，即可关任何一台泵。

(2) 回油滤芯的在线更换。当压力开关报警，说明回油滤芯堵了，回油

压力增大了。此时应该更换该滤芯。

注意：机组正常运行时，当油箱油温低于 25℃时，由于抗燃油的黏度较大，可能会引起滤芯阻力增大。当油箱油温大于 30℃时，压力开关还报警，则肯定要换滤芯。

更换步骤如下：

1）把回油滤器上的进油截止阀关死。

注意：因为是细牙螺纹，所以拧紧圈数较多一定要关死，滤芯更换完成后打开时，也要全打开。

2）把回油滤器盖上的螺钉拧下来，拆下盖，拧出螺纹压圈，然后拔出内盖。

注意：内盖因为有 O 形圈，所以较紧，内盖上有两个螺纹工艺孔，可装上螺钉，作为拔的把手。

3）取出旧滤油器，换上新滤油器。

注意：取出时，最好要有两个人，因为滤器里充满油，有一定质量，拉 1/2 后，待剩油下来一些后再取出，防止滤芯再度滑入筒内。

4）装上内盖、螺纹压圈和盖，拧上螺钉，打开截止阀。

（3）精滤芯的更换。精滤芯在滤油回路内，只要将滤油泵停止，随时可以更换，方法与回油滤芯相同。

14-38　EH 油系统哪些部件发生故障必须停机停泵后检修，不能在线更换？

答：EH 油系统下列部件发生故障，必须停机停泵进行更换：

（1）止回阀（安全油止回阀和回油止回阀）。

（2）截止阀。

（3）AST 电磁阀、OPC 电磁阀。

（4）隔膜阀。

（5）空气引导阀。

14-39　造成油系统进水的主要原因是什么？应采取哪些防止措施？

答：造成油系统进水的原因很多，主要有：

（1）由于汽封径向间隙过大或汽封块各弧段之间膨胀间隙过大，而造成汽封漏汽窜入轴承润滑油内。

（2）汽封连通管通流截面太小，漏汽不能从连通管畅通排出，而造成汽封漏汽窜入轴承润滑油内。

（3）汽动油泵漏汽进入油箱内。

(4) 轴封抽汽器负压不足或空气管阻塞，而造成汽封漏汽窜入轴承润滑油内。

(5) 冷油器水压调整不当，水漏入油内。

(6) 盘车齿轮或联轴器转动鼓风的抽吸作用造成轴承箱内局部负压而吸入蒸汽。

(7) 油箱负压太高，而造成汽封漏汽窜入轴承润滑油内。

(8) 汽缸结合面变形漏汽，而造成蒸汽窜入轴承润滑油内。

防止油中进水应采取下列措施：

(1) 调整好汽封间隙。

(2) 加大轴封连通管的通流面积。

(3) 消除或减低轴承内部负压。

(4) 缩小轴承油挡间隙。

(5) 改进轴封供汽系统。

(6) 保证轴封抽汽系统合理，轴封抽汽器工作正常。

14-40　试述油系统油温过高的原因及处理方法。

答：油温过高的原因及对应处理方法有：

(1) 个别轴瓦回油温度高。这通常是由于轴承进油分配不均匀，个别轴承进油不畅以及轴瓦本身工作不正常所引起的。如果发现个别轴瓦回油量显著减少，则应注意查明进油堵塞的原因并及时消除。有时轴瓦本身存在乌金碎裂、油膜不稳定等缺陷时，也会造成油温升高和温度不稳定的现象。当经过检查确认轴瓦本身工作正常，但却存在有的轴瓦温度很高，有的轴瓦油温很低时，可把油温高的进油孔放大一些。

(2) 各轴承温度普遍升高。这通常是由于冷油器冷却效果不良引起的，出现这种情况时，应首先打开冷油器水侧放空气门，以检查水侧是否有空气及冷却水压力是否足够。当阀门中有水流出，则说明水侧无空气。如果冷却水压力也是足够时，就应隔离冷油器，清理其水侧。清理水侧后效果仍不明显，则说明油侧铜管结垢或脏污严重，待停机后解体清理、检查油测。

(3) 盘车设备和轴承壳体温度过高，从而造成该处轴承回油温度过高。靠近盘车装置的轴承，往往由于盘车齿轮的鼓风摩擦造成回油温度过高，此问题通常可以通过加装盘车齿轮罩壳或缩小罩壳间隙的方法加以解决。

14-41　试分析调节阀门杆断裂的原因。

答：调节阀门杆断裂的原因主要是调节阀的振动导致门杆断裂或上部连接螺母脱落。

调节阀门杆断裂的原因如下：

(1) 由于调节阀工作不稳定而造成的。有的调节阀由于汽流旋转而将顶部门盖上口部分冲刷形成切割状态，在运行中当调节阀处在某一开度时，会产生汽流的脉冲。频率由几赫兹到几十赫兹，由于脉冲压力超过门前压力很多，从而引起作用在门杆上的压力发生剧烈波动，从而导致门杆振动。

(2) 调节阀振动的另一个原因是调节阀门杆与门杆套的间隙过大，门杆漏汽也会产生汽流脉动，导致门杆振动。

(3) 门杆振动使门杆经常处在交变应力的作用下产生疲劳而导致断裂，或者门杆螺母的丝扣磨损造成脱落。

(4) 门杆材质及加工、热处理工艺不合要求也是门杆断裂的一个原因。

14-42 汽轮机油系统防火必须采取哪些有效措施？

答：为了有效地防止汽轮机油系统着火必须采取的主要措施有：

(1) 在制造上应采取有效的措施，如将高压油管路放至润滑油管内或采用抗燃油做为调节油等；油箱放至零米或远离热源的地方。

(2) 在现有的系统中，高压油管路的阀门应采用铸钢阀门。管道法兰、接头及一次表管应尽量集中，便于按集中的位置制作防爆油箱。靠近热管道的法兰无法放置在防爆油箱内时，应制作保护罩或油挡板。

(3) 轴承下部的疏油槽及台板面应经常保持清洁无油污，大修拆保温层时应将油槽遮盖好，修后要将槽内脏物清扫干净，保持疏油畅通。

(4) 大修后试运时，应全面检查油系统中各结合面、焊缝处有无渗油现象和振动，否则要及时处理。平时在运行中发现漏油时，必须查明原因及时修好，漏出的油应及时擦净。如漏油无法消除可能引起火灾时，应采取果断措施，尽快停机处理。

(5) 凡靠近油管道的热源均应保温良好，保温层外部用玻璃丝布包扎，表面涂两遍漆，保温层表面不应有裂纹。有条件时可在管道保温层外采取加装铁皮或涂水玻璃等防油措施。

(6) 对事故排油的几点要求如下：

1) 事故排油门一般应设两个，一次门应在全开状态，二次门应为钢质球形门。

2) 事故排油的操作手轮开关标志应明显，应设在运转层操作方便并远离油箱和油管路密集的地方，要有两个以上的通道。

3) 事故油应排至主厂房外的事故排油坑或油箱内，严禁把油放至地沟及江河，以免造成浪费及污染，在大修和小修中应检查放油管路是否畅通。

放油时间与转子惰走时间相适应。

（7）汽轮机平台下布置和铺设电缆时，要考虑防火问题。电缆进入控制室、电缆层开关柜处应采取严密的封闭措施。

（8）防止氢压过高或密封油压过低，防止氢压超压而漏至油系统。

（9）现场应设置相应的消防灭火设备，水源、水压应满足要求，建立消防专责培训人员。

14-43 调节阀不能关闭严密的主要原因有哪些?

答：调节阀不能关闭严密的主要原因有：

（1）冷态时凸轮间隙调整不当，热态时间隙消失或凸轮角度安装不对，使得调节阀在油动机处于全关位置时，调节阀不能关闭。

（2）油动机在关闭调节阀侧富裕行程不够。

（3）调速器滑环富裕行程不够，当滑环到上限时，调节阀仍不能落到门座上。

（4）调节阀上部的弹簧紧力不够，特别是单侧进油式油动机的双座门。

（5）调节阀或传动装置发生卡涩。

（6）调节阀和门座磨损或腐蚀产生间隙，汽门座和外壳配合不严密，如有松动和砂眼等，这样蒸汽会绕过阀碟漏入汽轮机内。

14-44 试编制防止油系统漏油的措施。

答：防止油系统漏油的措施有：

（1）当汽轮机油系统的管路、法兰、阀门不合要求时应进行更换，在更换或改进中应按其工作压力、温度等级提高一级标准选用。

（2）为了系统安全可靠地运行，应尽量减少不必要的法兰、阀门、接头和部件，管路的布置尽量减少交叉，要设在远离热源的地方，以便于维护。

（3）对于靠近高温热源膨胀较大的地方，建议采用高颈带止口的法兰。

（4）平口法兰应内外施焊，内圈作密封焊，外圈应采用多层焊。焊缝应平整，焊前的坡口和间隙应符合标准，施焊时要采取措施，防止法兰产生过大的变形。

（5）如发现焊口有微细裂纹，检修时应彻底处理，最好将原焊肉铲除进行重新补焊。

（6）油管表面互相接触时，应及时采取隔离措施，各油管间及油管与其他设备间最好应保留一定距离。

（7）改善油泵轴的密封、门杆的密封及轴承挡油环的密封，做好动、静密封点的防漏工作。

(8) 凡油系统中由于螺栓丝扣漏油的，可采用罩螺母加紫铜垫的方法加以消除，或在丝扣部分涂上密封胶；机头活动部分或盘车轴外伸端漏油时一般多由于间隙过大或排油不畅通造成，检修时应设法消除。

(9) 热工引线要求在引出时应有一段从下往上的管段，以杜绝油流顺线流出。

14-45 做调速系统动态特性试验时应注意哪些事项?

答: 在甩负荷时，如转速升高到危急遮断器动作转速或有较大的波动而长期不稳定时，应停止试验，待消除缺陷后再进行试验，必须在低一级甩负荷成功后，才能进行高一级的甩负荷。甩负荷试验应注意下列事项：

(1) 要求频率接近额定值，避免偏高。

(2) 机组应处于正常负荷稳定运行状态，蒸汽的参数与额定值的偏差应小于5%。

(3) 手打危急遮断器、自动主汽门、抽汽止回门以及真空破坏门处，应配备汽轮机运行人员专门监视，以防在自动失灵时，能迅速采取措施。

(4) 在甩负荷时有专人监视转速，转速表上标明最高转速标记，当转速已超过记号而危急遮断器拒绝动作时，则打闸停机。

(5) 试验前后应全面精确地记录运行数据。

(6) 试验时需记录、操作、调整的工作项目较多，试验时必须按事先制订的程序进行。

14-46 主油泵工作失常，压力波动的主要原因有哪几个方面?

答: 主油泵工作失常、压力波动的主要原因有以下几个方面：

(1) 注油器工作不正常，出口压力波动，引起主油泵工作不正常；注油器喷嘴堵塞、油位太低、油箱泡沫太多，使注油器入口吸进很多泡沫，使主油泵出口压力不稳。

(2) 油泵叶轮内壁气蚀和冲刷严重，对油泵出口压力的稳定影响很大。

14-47 空负荷试验前应做哪些试验?

答: 空负荷试验前应做的试验有：

(1) 自动主汽门及调节阀严密性试验。

(2) 手动危急遮断器试验。

(3) 超速试验。

14-48 运行中油管接头、法兰甚至管子漏油应如何处理?

答: 运行中处理油管上的漏油或其他缺陷，必须采取措施后方可进行。

（1）检查接头、法兰漏油的原因，如果属于振动引起螺母和螺栓松动，则紧一下就可以，但切不可硬紧。

（2）如果螺母和螺栓不松动，则可能是接头裂开或其他缺陷引起漏油，必须采取临时加强措施，防止恶化，并定期检查，待停机后仔细检查处理。

14-49　油系统着火的主要原因是什么？

答：汽轮机油系统着火大多数是由于漏油至高温物体上引起的，另外，氢冷发电机氢压过高，氢气漏入油箱，引起爆炸而着火，一般漏油容易引起着火的部位有：热管道附近的高压油管法兰、油动机处及表管接头、前箱油挡等。

14-50　轴承润滑油膜是怎样形成的？影响油膜厚度的因素有哪些？

答：油膜的形成主要是由于油有一种黏附性。轴转动时将油粘在轴与轴承上由间隙大到间隙小处产生油楔，使油在间隙小处产生油压。由于转速的逐渐升高，油压也随之增大，并将轴向上托起形成油膜。

影响油膜形成的因素很多，如润滑油的油质、润滑油黏度、轴瓦间隙、轴颈和轴瓦的粗糙度、油的温度、油膜单位面积上承受的压力、机组的转速和振动等。

14-51　汽轮机大修后为什么要找中心？

答：汽轮机经过长期运行后，下瓦轴承合金有不同程度的磨损，在大修中要拆开对各部件进行清扫和检修，装复后有可能使中心发生偏移。因此，大修对汽轮机进行找中心，是一项十分重要的工作，其目的是使汽轮机转动部件与静止部件，在运行时其中心偏差不超过规定的数值，以保证转动与静止部件在辐向不发生摩擦，使汽轮机各转子的中心线能连接成为一根连续的曲线，以保证各转子通过联轴器连接成一根连续的轴，不然，机组运行中会产生振动。

14-52　造成油系统漏油的原因有哪些？

答：漏油的主要原因是设备结构、安装、铸造、检修等有缺陷所造成的。如法兰结合面变形，造成接触不良，密封垫材料选用不当，螺栓紧力不足或紧偏，螺栓紧力过大造成滑扣，油管道固定不牢产生振动，油管道蹩劲，阀门盘根密封不佳，管道之间磨漏，前箱铸造有砂眼，焊口裂纹有气孔、砂眼等原因造成了油系统的漏油。

14-53　如何防止油系统漏油？

答：防止漏油的方法有很多，用新型涂料和密封材料，采用新工艺、新

技术，提高检修质量，保证合理的间隙等都能防止油系统漏油。

14-54 阀门手动装置手轮断裂的修复过程是怎样的？

答：阀门的手轮的轮辐及轮缘，在操作不当用力过大时，极易发生断裂。修复方法一般可采用焊接、粘接和铆接。

（1）手轮的焊接修复。由于手轮一般为铸铁制成，所以焊前应在断裂处开好V形坡口，然后进行补焊。

（2）手轮的粘接和铆接修复。手轮局部产生裂缝，可在裂缝中间处钻孔攻丝，埋上一个螺钉，然后在裂缝处再粘接两层玻璃布。

手轮断裂后，也可采用铆接工艺。在手轮断裂处的反面，在砂轮上开一个槽，槽深2～5mm，用2～5mm的钢板嵌在槽中，用铆钉或螺钉连接。为了使手轮铆接的更牢，可用铆接粘接富合方法。修复后，将修复处打磨光滑。

14-55 阀门手动装置手轮和扳手孔的修复过程是怎样的？

答：手轮、手柄、扳手使用的时间长了，螺孔会滑丝乱扣，键槽会拉坏，方孔会成喇叭口，影响正常连接，需要修理。

（1）键槽的修复。键槽损坏后，可用补焊的方法将原键槽填满，然后上车床或用半圆锉车或修成圆弧。如果补焊不便，可将键槽加工成燕尾形，然后用燕尾铁嵌牢后修成与孔相同的圆弧。也可采用粘接方法。

键槽修补好后，按原规格在另一轮中心线处加工新的键槽。

（2）螺纹孔的修复。螺纹孔损坏后，一般用镶套方法进行修复。具体方法是：先将旧螺纹车除，单边车削量不少于5mm，然后车制一个与原螺孔尺寸相同的套筒，与手轮上的扩大孔配合。套筒与扩大孔配合的连接形式，可采用点焊、粘接、埋骑缝螺钉等方法固定。

（3）方孔及锥方孔的修复。方孔、锥方孔损坏了，应用方锉均匀锉削方孔或锥方孔内表面，加工成新的方孔或锥方孔，然后用铁皮制成方孔或锥方孔套，再将套嵌入相应的孔中，用粘接法固定。

修复好的方孔与阀杆配合间隙要均匀。修复好的锥方孔与阀杆配合应紧密，其锥度一致，上紧螺母后，锥方孔与阀杆凸肩应保持1.5～3mm的间距，有利于锥方孔与阀杆接触面密合，不松动。

14-56 阀门手动装置手轮、手柄和扳手的制作过程是怎样的？

答：阀门手动装置手轮、手柄和扳手的制作过程如下：

（1）手轮的制作。手轮制作的尺寸应符合手轮的尺寸，制作的材料为钢件。根据手轮的大小，选用小口径的无缝钢管，管内装满砂子，两头堵死，用氧-乙炔焰加热，把管子煨弯成所需要的圆圈，煨圈时可在弯管机上或大管子上进行。圆圈煨成后，在圆圈内测均匀加工好穿轮辐用的孔，再将圆圈两头焊死，校正成轮缘。

用碳钢棒车制加工成轮毂，轮毂尺寸应与原轮毂一样。

用管子加工轮辐，其直径比轮缘小一些，插入轮缘内侧孔中，然后在平整的铁板上将轮辐与轮缘及轮毂组焊成型。

(2) 手柄及扳手的制作。用钢板加工成圆柱体，其高度与阀杆方头高度一样，然后在圆柱体上钻孔。方孔可用锉削或方孔钻制成，制成的方孔与阀杆配合间隙为0.1mm左右。用钢板制成扳手或手柄，其厚度为圆柱体高度的一半。扳手小头成外圆弧，大头成内圆弧并弯成30°的角度，使内圆弧与圆柱体相并，组焊成型。

14-57　阀门常见故障及处理方法有哪些？

答：阀门常见故障及处理方法如下：

(1) 故障分析与排除方法见表14-1。

表14-1　　故障分析与排除方法

故障现象	故障原因	故障排除方法
外漏	(1) 填料函没压紧	(1) 压紧填料函或增加填料数量
	(2) 金属密封环没压紧或损坏	(2) 平衡紧固法兰螺母或更换金属密封环
内漏	(1) 阀门关闭不严	(1) 调整执行机构行程
	(2) 驱动装置力矩不够	(2) 调换或加大执行机构力矩
	(3) 阀座、阀芯被冲刷	(3) 更换阀座、阀芯，更换前必须对阀座、阀芯进行对研
卡滞	(1) 执行机构故障	(1) 检查排除执行机构故障或更换执行机构
	(2) 阀门内部有异物	(2) 解体阀门检查、清理异物，并更换被卡坏配件
	(3) 法兰螺母紧固不平衡	(3) 调整法兰螺母

（2）阀门在使用一个周期后应进行常规解体保养检查以确保阀门正常工作，解体以前必须确认易损备件已准备齐全并保证管道无压力状态。

（3）根据执行机构说明书拆卸执行机构。

（4）拆卸填料压板、取出填料盖。

（5）拆卸法兰上高压螺母，取出法兰。

（6）在阀体双头螺栓上对角旋回两到四个螺母（根据阀门大小或阀门锈蚀程度决定），放回法兰，放上专用拆卸板，旋上两个填料压板螺母（见图14-1），对角逆时针向上旋出法兰高压螺母使它向上顶法兰从而带出阀盖，如有旋不动情况，可用锤子敲击法兰边缘，边敲边旋直到金属密封环脱离阀体，取出阀盖密封环等部件。注意拆卸前须先清理阀体口上灰尘，防止金属密封环拉出时损坏阀体。

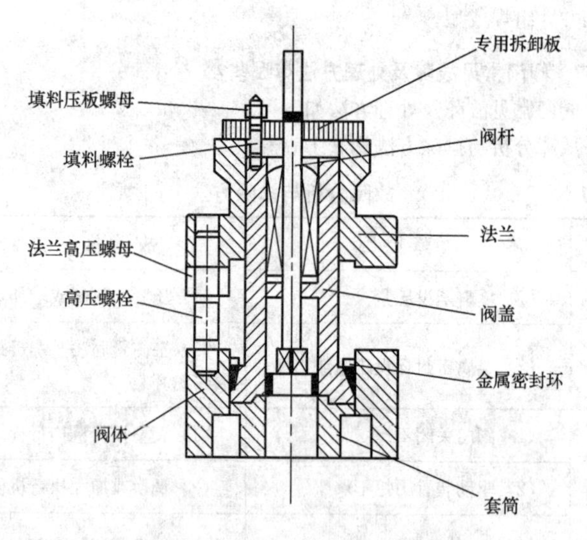

图 14-1　加装专用板取阀盖

（7）用专用吊杆取出节流组件（见图14-2）。

（8）取出阀座，完成阀门解体工作。

（9）检查阀座密封线是否有被冲刷现象，如有冲刷情况，必须更换。

（10）检查阀芯、阀杆是否有被冲刷或拉毛现象，如有也必须更换。

（11）检查节流组件内孔是否有严重拉毛或冲刷，如有必须考虑更换，对轻微拉毛冲刷可用锉刀、砂布修整后继续使用。

（12）如图14-3所示，对研阀座、阀芯。在阀座硬质合金面上放入120

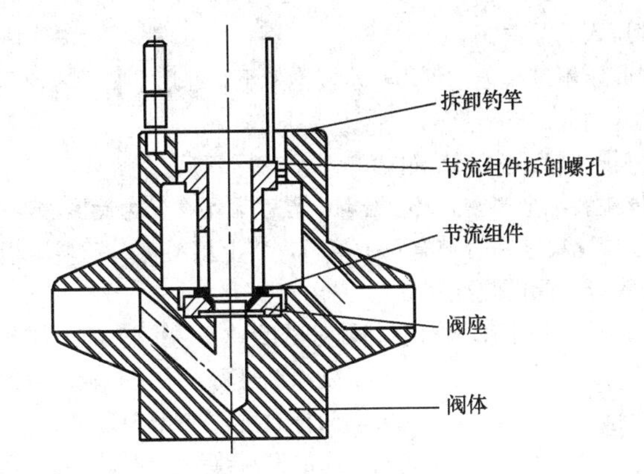

图 14-2　加装拆卸杆取窗口式阀门导向套

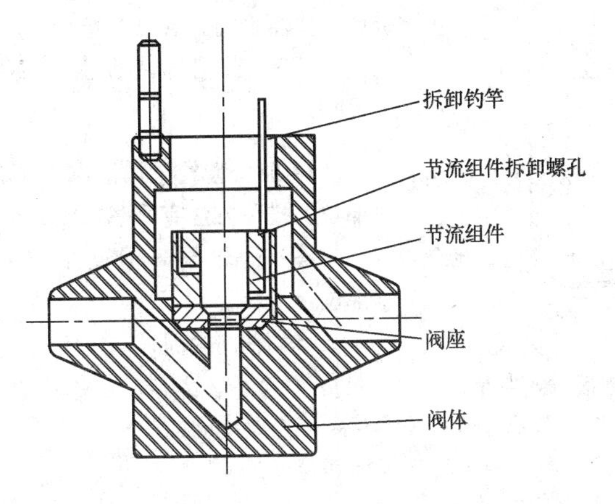

图 14-3　加装拆卸杆取蜂窝式阀门导向套

目研磨砂，以节流组件作导向，放入阀芯组件，轻压并单一方向转动阀芯数圈，取下阀座，检查密封面是否有完整一圈密封线，如没有需重新按上述方法继续研磨直至出现完整清晰一圈密封线为止，随后用 W10 研磨膏按上述方法继续对研阀座、阀芯至密封线光泽完整、清晰、均匀为止。

（13）清理阀腔。

（14）将阀座、节流组件依次装入阀腔内。

（15）如有聚四氟挡圈、密封圈的阀门将聚四氟挡圈、密封圈直接安装在阀芯上，先将挡圈放入阀芯密封圈档内，再将密封圈压入，注意密封圈开槽应向上，装上密封圈压板，旋紧压板四个螺栓（不要漏装螺栓止退垫圈），

将装好部件压入阀盖内。

如密封圈压不进阀盖，可用热水浸泡一下，并选平整地方滚压密封圈边缘，然后装入阀盖。

(16) 将预装好部件装入阀内。

(17) 依次装上金属密封环、压环、法兰，平衡匀力旋紧法兰高压螺母。

(18) 视情况决定是否补充石墨填料，装上填料盖、填料压板，适当旋紧填料压板螺母。阀门装配完成。

(19) 如图 14-4 所示，将门与阀芯进行组装，在门芯的下部和门座的下部分别涂红丹粉，用手轻轻压紧门杆，反复转动门杆数次，取出门杆和阀芯，检查门芯与门座的密封线是否完整、细实，如达不到以上质量要求，则应涂 W10 研磨膏进行对研，直至密封线合格为止。

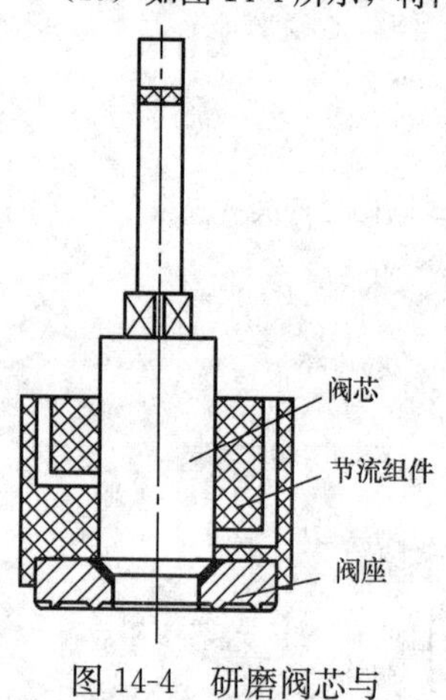

图 14-4 研磨阀芯与阀座接触密封面

(20) 根据拆装步骤安装、调整执行机构。

14-58 齿轮泵内泄漏主要发生在哪些部位？排除方法有哪些？

答： 齿轮泵内泄漏主要发生在以下部位：

(1) 轴向间隙处。齿轮端面与端盖之间的间隙。

(2) 径向间隙处。齿轮顶部与泵体内壁之间的检修。

(3) 侧向间隙。两齿轮的齿面啮合处。

排除方法如下：

(1) 减小轴向间隙。

(2) 提高装配精度。

(3) 提高泵的刚度，减少泵盖受压变形。

(4) 采用轴向液压间隙补偿机构。

14-59 螺杆泵流量不足或排出压力太低的原因是什么？

答： 螺杆泵流量不足或排出压力太低的原因如下：

(1) 吸液面偏低。

(2) 泵体或入口管路漏气。

(3) 入口管路或过滤器堵塞。

（4）螺杆间隙过大。

14-60　因水泵回转部件不平衡引起的振动，其特征是什么？

答：回转部件不平衡是泵轴产生振动的最可能原因，其特征是振动的振幅不随负荷大小及吸入口压力的高低而变化，而是与水泵的转速有关，泵轴振动的频率和转速高低相一致。

14-61　水泵用滚动轴承运行中温度高的原因有哪些？

答：水泵用滚动轴承运行中温度高的原因如下：

（1）油位过底，使进入轴承的油量过少。

（2）油质不合格，掺水，混入杂质或乳化变质。

（3）带油环不转动，轴承供油中断。

（4）轴承的冷却水量不足。

（5）轴承已损坏。

（6）轴承压盖对轴承施加的紧力过大而使其径向游隙被压死，轴承失去了灵活性，这也是轴承发热的常见原因。

14-62　在什么情况下应紧急停止水泵运行？

答：紧急停止水泵运行的情况有以下几种：

（1）威胁到设备和人身安全时。

（2）电动机冒烟着火或强烈振动。

（3）水泵强烈振动或明显听到泵内有金属摩擦声和撞击声。

（4）任一轴承断油、温度急剧上升或轴承冒烟。

（5）水泵严重汽化。

（6）水泵外壳或连接管道破裂。

（7）启泵开出口门后无流量，泵体发热。

14-63　水泵填料发热的原因有哪些？

答：水泵填料发热的原因有：

（1）填料压得太紧或四周紧度不均。

（2）轴和填料环、压盖的径向间隙太小。

（3）密封水不足或断绝。

14-64　水泵不出水的原因和排除方法是什么？

答：水泵不出水的原因和排除方法如下：

（1）进出口阀门未打开，进出管路阻塞，流道叶轮阻塞。其排除故障的

方法：检查，去除阻塞物。

（2）电动机运行方向不对，电动机缺相转速很慢。其排除故障的方法：调整电动机方向，坚固电动机接线。

（3）吸入管漏汽。其排除故障的方法：拧紧各密封面，排除空气。

（4）泵没灌满液体，泵腔内有空气。其排除故障的方法：打开泵上盖或打开排气阀，排尽空气。

（5）进口供水不足，吸程过高，底阀漏水。其排除故障的方法：停机检查、调整（并网自来水管和带吸程式使用易出现此现象）。

（6）管路阻力过大，泵选型不当。其排除故障的方法：减少管路弯道，重新选泵。

14-65　产生水泵流量不足的原因和排除的方法有哪些？

答：产生水泵流量不足的原因和排除的方法如下：

（1）管道、泵流道叶轮部分阻塞，水垢沉积，阀门开度不足。其排除故障的方法：去除阻塞物，重新调整阀门开度。

（2）电压偏低。其排除故障的方法：稳压。

（3）叶轮磨损。其排除故障的方法：更换叶轮。

14-66　水泵漏水问题可能产生的原因及排除方法是什么？

答：水泵漏水问题产生的原因及排除方法如下：

（1）机械密封磨损。其排除故障的方法：更换。

（2）泵体有砂孔或破裂。其排除故障的方法：补焊或更换。

（3）密封面不平整。其排除故障的方法：修整。

（4）安装螺栓松懈。其排除故障的方法：均匀复紧。

14-67　调速给水泵润滑油压降低的原因有哪些？

答：引起调速给水泵润滑油压降低的原因主要有：

（1）润滑油泵故障，齿轮碎裂，油泵打不出油。

（2）辅助油泵出口止回阀漏油，油系统溢油阀工作失常。

（3）油系统存在泄漏现象。

（4）油滤网严重阻塞，引起滤网前后压差过大。

（5）油箱油位过低。

（6）辅助油泵故障。主要有吸油部分漏空气，齿轮咬死，出口管段止回阀前空气排不尽等，从而引起油泵不出油。

14-68　给水泵运行中发生振动的原因有哪些？

答：给水泵运行中发生振动的原因有：

(1) 流量过大时，超负荷运行。

(2) 流量小时，管路中流体出现周期性湍流现象，使泵运行不稳定。

(3) 给水汽化。

(4) 轴承松动或损坏。

(5) 叶轮松动。

(6) 轴弯曲。

(7) 转动部分不平衡。

(8) 联轴器中心不正。

(9) 泵体基础螺栓松动。

(10) 平衡盘严重磨损。

(11) 异物进入叶轮。

14-69 给水泵运行中经常发生的故障有哪些?

答：给水泵运行中经常发生的故障有：

(1) 给水泵汽蚀。给水泵的流量过小或过大，除氧器压力或水位下降，入口滤网堵塞较多，从而引起给水泵汽化。

(2) 运行中给水泵平衡盘磨损。使用平衡盘平衡轴向推力的给水泵，启、停中不可避免地造成平衡盘与平衡座的摩擦，从而引起磨损。检修处理不当，也会造成平衡盘磨损。

(3) 运行中给水泵油系统故障。主要有轴承油压下降、油温升高、轴承故障、液力耦合器故障、油系统漏油、油系统进水、油泵故障等。

(4) 运行中给水泵发生振动。主要有轴承地脚螺栓松动，台板刚性减弱，水泵转子不平衡，水泵发生汽蚀，轴承损坏，水泵内部动静摩擦，水泵进入异物等。

14-70 给水压力异常变化有哪些现象？原因是什么?

答：给水压力异常变化的现象有：

(1) 给水母管压力下降，给水泵电流增大或锅炉给水量减少。

(2) 给水泵出口压力及给水母管压力都升高，给水泵内电流下降。

(3) 给水母管压力下降，给水泵电流下降。

原因如下：

(1) 给水调整不当，给水泵勺管和给水阀不能协调配合。

(2) 给水自动失灵。

(3) 炉侧或机侧给水管道破裂。

（4）并列运行的一台给水泵汽化或再循环门误开。

（5）给水泵出口门误关，高压加热器保护动作而旁路未及时联开，给水阀误关。

（6）厂用电电压、频率不稳。

14-71　给水泵流量变化的原因有哪些？

答：给水泵流量变化的原因有：

（1）给水泵入口滤网堵塞。

（2）平衡盘的径向间隙增大。

（3）给水泵入口发生汽化。

（4）给水泵出口门或止回门开度不足。

（5）给水泵内部有磨损或内部损失大、效率低。

（6）给水母管压力变化，给水管道破裂。

14-72　给水泵汽化的现象及原因是什么？

答：给水泵汽化的现象有：

（1）给水泵流量小且摆动大。

（2）泵内有不正常的冲击啸叫声。

（3）泵的转速升高，出口压力、电流下降。

（4）泵的振动增大。

给水泵汽化的原因有：

（1）入口滤网堵塞，滤网前后的压差增大。

（2）除氧器温度与压力不对应发生自沸腾或给水箱水位过低。

（3）给水泵入口门未开启或泵启后再循环门和出口门开不了，使给水泵打死水。

（4）有前置泵的给水泵，前置泵减速箱齿轮联轴器损坏。

（5）除氧器内部的压力降低。

（6）给水泵长时间在空负荷或流量很小的情况下运行。

14-73　给水泵机械密封损坏的原因是什么？

答：给水泵机械密封损坏的原因有：

（1）机械密封所用密封水、冷却水中断或调整不合适，以及水温、水压过高，都将改变密封装置动环和静环的间隙，造成磨损。

（2）安装或检修时，密封装置调整不合适，也会造成损坏。

14-74　给水泵倒转有什么现象？如何处理？

答：给水泵掉闸时，如果出口止回门关闭不严或卡住，而泵出口门又未关严，将造成给水泵倒转。给水泵倒转的现象有：

（1）在就地可观察到泵的转向与正常相反。

（2）锅炉给水压力下降，除氧器水位上升，给水泵入口压力波动。

给水泵发生倒转时转速很高，所以，为了防止轴瓦烧损，要检查辅助油泵的运行情况和润滑油压。如果油泵未联启，应立即启动。如果出口门未关闭，应立即关闭，必要时就地手摇关闭。此时，严禁关闭给水泵入口门，以防给水泵低压侧爆破。对倒转的给水泵，千万不能重合开关启动，因为这种情况下反力矩很大，如果强行启动，将会导致轴扭断或电动机损坏事故。

14-75　给水泵油系统有哪些故障？如何处理？

答：给水泵油系统常见故障及处理方法如下：

（1）油系统有漏油点，油箱油位下降。应及时补油，并联系处理漏油。如漏油严重且补油无效时，应停止给水泵的运行。

（2）油位升高。应调整密封水量，并及时进行油箱底部放水，联系化学运行人员化验油质，同时注意油压和轴承温度的变化。

（3）油温升高。检查冷油器的冷却水量和水压，以及冷油器冷却水门是否全开。如果液压联轴器工作油温升高，用调整勺管开度大小来降低油温。当以上这些都无效时，则对冷油器进行清理，提高冷却效果。

（4）油压下降。主油泵工作不正常，启动辅助油泵；油滤网堵塞，应切换清理油滤网；如果是油箱油位低，应及时补油。

14-76　在正常运行时，给水泵平衡盘是如何平衡轴向推力的？运行中给水泵平衡盘室压力升高的原因及危害是什么？

答：给水泵的轴向推力由带平衡盘的平衡鼓与双向推力轴承共同来平衡，限制转轴的轴向位移。正常运行时，平衡盘基本上能平衡大部分轴向推力，而双向推力轴承一般只承担轴向推力的50%左右。泵的轴向推力是从高压侧推向低压侧的，同时也带动了平衡盘向低压侧移动。当平衡盘向低压侧移动时，固定于转子轴上的平衡盘与固定于定子泵壳上的平衡圈之间的间隙就变小，从末级叶轮出口通过间隙流到给水泵入口的泄漏量就减少，因此平衡盘前的压力随之升高，而平衡盘后的压力基本不变，因为平衡盘后的腔室有管道与给水泵入口相通，平衡盘后的压力差正好抵消叶轮轴向推力的变化。随着给水泵负荷的增加，叶轮上的轴向推力随之增加，而平衡盘抵消轴向推力的作用也随之增加。在给水泵启、停或工况突变时，平衡盘能抵抗轴向推力的变化和冲击。

运行中给水泵平衡盘（室）压力升高的原因有：

（1）给水泵入口压力变化。

（2）给水泵内汽化。

（3）平衡盘有磨损。

（4）平衡盘与平衡圈径向间隙增大。

运行中给水泵平衡盘（室）压力升高的危害是：使平衡盘与平衡座之间的间隙消失，造成动静摩擦，损坏平衡盘。

14-77 简述机械密封的密封端面发生不正常磨损的可能原因及相应的处理方法。

答：机械密封的密封端面发生不正常磨损的可能原因及相应的处理方法如下：

（1）端面干摩擦。应加强润滑，改善端面摩擦状况。

（2）端面腐蚀。应更换端面材料。

（3）端面嵌入固体杂质。应加强过滤并清理密封水管路。

（4）安装不当。应重新磨研端面或更换新件回装。

14-78 机械密封的常见故障有哪些？

答：机械密封的常见故障一般表现在泄漏量大、磨损快、功耗大、过热、冒烟、振动大等。

14-79 滑动轴承损坏的原因及特点是什么？

答：滑动轴承损坏的原因及特点如下：

（1）机械损伤。滑动轴承机械损伤是指轴瓦的合金表面出现不同程度的沟痕，严重时在接触表面发生金属剥离以及出现大面积的杂乱划伤；一般情况下，接触面损伤与烧蚀现象同时存在。造成轴承机械损伤的主要原因是轴承表面难以形成油膜或油膜被严重破坏。

（2）轴承穴蚀。滑动轴承在气缸压力冲击载荷的反复作用下，表面层发生塑性变形和冷作硬化，局部丧失变形能力，逐步形成纹状腐蚀并不断扩展，然后随着磨屑的脱落，在受载表面层形成穴状腐蚀。一般轴瓦发生穴蚀时，是先出现凹坑，然后这种凹坑逐步扩大并引起合金层界面的开裂，裂纹沿着界面的平行方向扩展，直到剥落为止。滑动轴承穴蚀的主要原因是：由于油槽和油孔等结构要素的横断面突然改变引起油流强烈紊乱，在油流紊乱的真空区形成气泡，随后由于压力升高，气泡溃灭而产生穴蚀。穴蚀一般发生在轴承的高载区，如（柴油发动机或空压机等带有活塞类设备）曲轴的主轴承的下轴瓦上。

(3) 疲劳点蚀。轴承疲劳点蚀指由于发动机超负荷工作，使得轴承工作过热及轴承间隙过大，造成轴承中部疲劳损伤、表面点状腐蚀或者疲劳脱落。这种损伤大多是因为超载、轴承间隙过大或者润滑油不清洁、油中混有异物所致。因此，使用时应该注意避免轴承超载工作，不要以过低或过高的转速运转；怠速时要将发动机调整到稳定状态；确保正常的轴承间隙，防止发动机转速过高或过低；检查、调整冷却系统的工作情况，确保发动机的工作温度适宜。

(4) 轴承合金腐蚀。轴承合金腐蚀一般是由于润滑油不纯，润滑油中所含的化学杂质（酸性氧化物等）使轴承合金氧化而生成酸性物质，引起轴承合金部分脱落，形成无规则的微小裂孔或小凹坑。轴承合金腐蚀的主要原因是润滑油选用不当、轴承材料耐腐蚀性差或者发动机工作粗暴、温度过高等。

(5) 轴承烧熔。轴颈和轴承由于相对高速运转而产生摩擦，相互之间有微小的凸起，金属面直接接触，形成局部高温，在润滑不足、冷却不良的情况下，使轴承合金发黑或局部烧熔。此故障常为轴颈与轴承配合过紧所致；润滑油压力不足也容易使轴承烧毁。

(6) 轴承走外圆。轴承走外圆就是轴承在座孔内有相对转动。轴承走外圆后，不仅影响轴承的散热，容易使轴承内表面合金烧蚀，而且还会使轴承背面损伤，严重时烧毁轴承。其主要原因是：轴承过短，凸榫损伤，加工或者安装不符合规范等。

14-80　滚动轴承常见故障的形式及原因是什么？

答：滚动轴承常见故障形式如下：

(1) 轴承转动困难、发热。

(2) 轴承运转有异声。

(3) 轴承产生振动。

(4) 内座圈剥落、开裂。

(5) 外座圈剥落、开裂。

(6) 轴承滚道和滚动体产生压痕。

故障原因如下：

(1) 装配前检查不仔细。轴承在装配前要先清洗并认真检查轴承的内外座圈、滚动体和保持架，是否有生锈、毛刺、碰伤和裂纹；检查轴承间隙是否合适，转动是否轻快自如，有无突然卡止的现象，同时检查轴径和轴承座

孔的尺寸、圆度和圆柱度及其表面是否有毛刺或凹凸不平等。对于对开式轴承座，要求轴承盖和轴承底座结合面处与外座圈的外圆面之间，应留出0.1～0.25mm间隙，以防止外座两侧“瓦口”处出现“夹帮”现象导致间隙减小，磨损加快，使轴承过早损坏。

(2) 装配不当。

14-81 造成水泵机械振动的原因有哪些？

答：造成水泵机械振动的原因如下：

(1) 回转部件不平衡引起振动。

(2) 中心不正引起振动。

(3) 联轴器螺栓加工精度不高引起振动。

(4) 动、静部件摩擦引起振动。

(5) 泵轴接近临界转速引起振动。

(6) 油膜振荡引起振动。

(7) 平衡盘不良引起振动。

(8) 基础和泵座不良引起振动。

14-82 凝结水泵在运行中常见的故障有哪些？怎样消除？

答：凝结水泵在运行中常见的故障及消除的方法有：

(1) 泵的流量、扬程不够或打不出水。其原因是：泵的吸入管法兰或入口阀门漏入空气，应查找漏气地点，并进行消除；转子转向不对，应倒换电动机三相接线；入口阀门插板脱落或由于检修后吸入侧掉入杂物或水泵长期低水位运行造成叶轮严重汽蚀，以致损坏，应通过检修修复或更换叶轮。

(2) 轴承过热。应当检查润滑油质是否乳化或过脏，如油质不良应更换新油，油量不足应补充新油，还要检查轴承冷却水是否正常。如果是属于轴承本身方面的原因，如轴承磨损或间隙调整不当，则应更换轴承或重新调整间隙。

(3) 填料压盖过热。这种故障可能是填料压盖偏斜与轴摩擦或盘根加得不适当，应进行调整。故障还可能是水封管堵塞或填料盒内水封圈错位，应拆下检查。

(4) 泵组振动。这种故障可能是由于水泵或电动机转子不平衡，联轴器中心不对，轴弯曲、地脚螺栓松动、泵内机件松动摩擦等原因所致。消除的方法是：重新找转子的动、静平衡，重新找正，更换轴承或直轴，检查泵内叶轮是否损坏，若损坏应更换。

14-83　运行中引起凝结水流量变化的原因有哪些?

答: 引起凝结水流量变化的原因有:

(1) 负荷变化。

(2) 除氧器上水调整门开度变化。

(3) 加热器进入凝结水系统的疏水量变化。

(4) 凝汽器水位大幅度变化，没水、补水太多或铜管泄漏。

(5) 凝结水泵再循环门开度变化。

(6) 发电机用凝结水冷却的水量变化。

(7) 备用疑结水泵的出口止回门不严、泄漏。

(8) 凝结水泵运行异常，出力不足或入口滤网堵塞。

(9) 凝结水系统有误开或误关的门。

(10) 凝结水系统设备或管道有泄漏。

(11) 除氧器水位变化。

14-84　凝结水泵过负荷的原因有哪些?

答: 凝结水泵过负荷的原因有:

(1) 轴承损坏。

(2) 叶轮与壳体有摩擦。

(3) 填料压盖过紧。

(4) 电动机缺相运行。

(5) 泵流量过大。

14-85　凝结水泵合闸后不启动的原因是什么?

答: 凝结水泵合闸后不启动的原因有:

(1) 电动机故障或电气系统有问题。

(2) 异物进入转动设备、发生卡涩。

(3) 轴承故障，卡住或太紧。

14-86　循环水泵出力不足的原因有哪些? 如何处理?

答: 循环水泵出力不足的原因有:

(1) 吸入侧有杂物堵塞。

(2) 泵内部叶轮有不同程度的损坏。

(3) 出口门调整不当或未全开。

(4) 泵内吸入空气。

(5) 泵发生汽蚀。

(6) 转速低。

处理方法如下：

(1) 清理入口滤网、叶轮或吸入口。

(2) 调整出口门开度。

(3) 提高吸入侧水位或调整运行工况。

(4) 停泵检查叶轮情况，查明并消除转速低的原因。

14-87 循环水泵打空有哪些现象？如何处理？

答：循环水泵打空的现象有：

(1) 电流大幅度摆动。

(2) 泵出口压力下降。

(3) 泵内有异常声音，出口管道振动。

处理方法：如果是因为循环水水池水位低引起，应及时补水并减负荷，注意凝汽器真空；否则应启动备用循环泵，紧急停止故障泵，检查进水阀或滤网是否堵塞并及时清理。如果是泵本身故障所致，则停泵检修。

14-88 循环水泵异常振动的原因有哪些？

答：循环水泵异常振动的原因如下：

(1) 循环水泵靠背轮不同心。

(2) 泵内发生汽蚀。

(3) 轴承或叶转损伤。

(4) 轴弯曲或转子不平衡。

(5) 靠背轮螺栓连接不良。

(6) 转动部分松动、地脚螺栓松动或基础不牢固。

(7) 电动机振动或出口管路的影响。

14-89 给水泵液压联轴器易熔塞熔化有哪些原因？

答：给水泵液压联轴器易熔塞熔化的原因有：

(1) 给水泵内部发生故障时转子卡涩不动，此时联轴器的涡轮不转，泵轮在电动机带动下原速转动，电动机提供的功率绝大部分转换成热量，使油温急剧升高，造成易熔塞熔化。

(2) 联轴器工作油室内油循环量少，联轴器内的热量不能被及时带走，使油温急剧升高，造成易熔塞熔化。

(3) 冷油器工作不正常，冷却效果不好，使油温升高，造成易熔塞熔化。

14-90 给水泵耦合器勺管卡涩有什么原因？卡涩后如何处理？

答：给水泵耦合器勺管卡涩的原因有：

（1）给水泵油中带水，使扇型齿轮轴上的两个滚动轴承锈蚀而不能转动，从而使勺管不能升降。

（2）勺管与勺管套配合间隙过小而容易卡涩。

（3）电动执行机构限位调整不当，从而使勺管导向键受过载应力导向，局部变形，卡在勺管键槽内，使勺管无法移动。

（4）勺管表面氮化层剥落。

处理方法：

（1）严格监督给水泵油质，定期进行油质化验。如油质不合格应及时处理，运行中定期进行油箱底部放水。

（2）调换导向键，将电动执行机构转角限定在安全位置。

（3）将勺管与勺管套配合间隙放大至 0.015mm，并适当减少勺管套与排油腔筒体的配合过盈量，减少卡涩现象。

（4）氮化层剥落应及时调换勺管。

14-91 在线更换蓄能器的操作步骤有哪些？

答：一般来说供油装置的液位计上液位高度比正常时要低 2cm 以上，就要考虑蓄能器漏气的问题（当然要排除系统上有外泄漏）。要确定哪一个蓄能器漏气，就必须用专用测试工具测试（测试时把蓄能器进油阀关死，打开旁路截止阀，接通无压力管放油）。

注意：蓄能器更换前，必须用专用测压工具重新测一次，如确实无压力，则可以拧下充气阀，再次确定囊中已无气压。然后可以更换蓄能器。

更换蓄能器的操作步骤如下：

（1）把进入蓄能器进油的截止阀（或球阀）关死，打开旁路截止阀，把蓄能器中余压余油放净，然后再把旁路截止阀关死。

（2）松开螺母，把蓄能器从支架上移到平地上，平卧在地上。

（3）松开装在蓄能器上的不锈钢接头。

（4）拧下螺堵（有些蓄能器已取消）、拧松并取下并紧螺帽 A 和 B，轻轻敲一下衬套环，并取下。

（5）把菌形阀推进壳体内。

（6）取下 O 形圈、挡圈和支承环，并取出（注意有方向）。

（7）取出胶托和菌形阀。

（8）拉出胶囊。

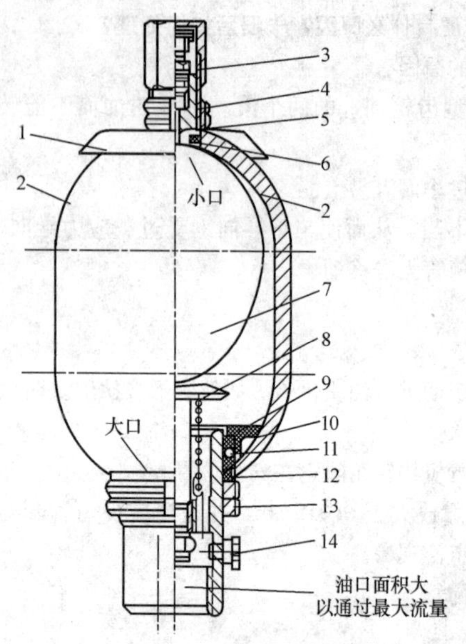

图 14-5 蓄能器的结构图

1—铭牌；2—壳体；3—充气阀；4—并紧螺帽A；5—充气阀座与皮囊模压成一体；6—O形胶皮圈；7—皮囊；8—菌型阀；9—橡胶托；10—支承环；11—O形圈挡圈；12—衬套环；13—并紧螺帽B；14—螺堵（系统放气用）

（9）用酒精清洗新胶囊外表面。

（10）把胶囊装入壳体内，注意检查充气阀座上是否有O形圈（m），充气阀座从壳体小口拉出，并用并紧螺帽A固定。

（11）装入菌形阀、胶衬和支承环（注意：支承环应装在胶衬相应的位置）。

（12）把菌形阀拉出，胶托、支承环刚好封死壳体大口。

（13）在缝内装入O形圈（n）和挡圈，并上衬套环。

（14）分别装上并紧螺帽B，在充气阀座上装上充气阀，注意紫铜垫片的清洁度、平直度。

（15）装上螺堵（注意紫铜垫片的清洁度、平直度）。

（16）充氮气，开始时要缓慢地充，注意菌形阀应缓慢向外移动，检查有无漏点。按规定压力充气，蓄能器的内部压力最高为（9.0±0.2）MPa。

（17）装上接头，安装在支架上，再把螺帽和接头拧紧。

（18）关死旁路截止阀，缓慢打开进油截止阀，当听到有嘶嘶进油声即停止，让高压油缓慢地进入蓄能器。